High-end
Fine Chemical
Product
Development
and Design

高端精细化工产品开发与设计

尚堆才　童忠良

编著

化学工业出版社

·北京·

内容简介

本书以高端精细化工产品开发与设计为主线，以绿色化学理论和技术为基础，全面详细地论述了高端精细化工产品技术分析、制备工艺、产品开发与设计及主要领域的研究成果、研究进展和实用技术。分门别类地分析和介绍了各类高端专用精细化学品的定义及其在精细化工行业中的地位与作用。专题介绍了高端精细专用化学品产业未来需要完成环保化替代、进口替代和满足增量需求三大任务及发展前景。

本书坚持了实用性、先进性，作为化工企业技术、科研、管理部门的新产品开发指南，是供技术开发人员、高级管理人员等参考的一部工具书。

图书在版编目（CIP）数据

高端精细化工产品开发与设计 / 尚堆才，童忠良编著. 一北京：化学工业出版社，2023.2
ISBN 978-7-122-42497-6

Ⅰ. ①高… Ⅱ. ①尚… ②童… Ⅲ. ①精细化工－化工产品－产品开发－研究②精细化工－化工产品－产品设计－研究 Ⅳ. ①TQ072

中国版本图书馆 CIP 数据核字（2022）第 208301 号

责任编辑：夏叶清
文字编辑：王云霞 陈小滔
责任校对：田睿涵
装帧设计：刘丽华

出版发行：化学工业出版社
　　　　　（北京市东城区青年湖南街 13 号 邮政编码 100011）
印　　装：北京建宏印刷有限公司
710mm×1000mm 1/16 印张39¼ 字数483千字
2023年5月北京第1版第1次印刷

购书咨询：010-64518888
售后服务：010-64518899
网　　址：http://www.cip.com.cn
凡购买本书，如有缺损质量问题，本社销售中心负责调换。

前　言

　　精细化工是当今世界化学工业激烈竞争的焦点，其发展程度成为衡量一个国家化学工业发展水平的重要标志之一，发展精细化工也是我国化学工业结构调整的重大战略之一，国家把高端精细化工列为重点发展领域。

　　目前针对国内电子、汽车、建筑、信息、医药等产业快速发展，对精细化工产品的需求明显增加的市场形势，重点发展汽车用化学品、建筑用化学品、电子和信息用化学品等功能材料和专用化学品;着力开发功能涂料及水性涂料、染料新品种及其产业化技术、重要化工中间体绿色合成技术及新品种、电子化学品、高性能水处理化学品、造纸化学品、油田化学品、功能型食品添加剂、高性能环保型阻燃剂、表面活性剂、高性能橡塑助剂等。

　　由于传统的化学工业生产当中资源利用不合理以及浪费对生态环境造成了不良的影响，而现代社会对于绿色环保越来越重视，并且由于我国人口基数大，资源紧张，精细化工生产对于生态环境的影响大，因而发展绿色高端精细化工产品有着重要的战略意义，现代化工产业也必须从绿色、环保、高端角度出发，促进绿色高端精细化工生产来保证生态的可持续发展。

　　本书以高端精细化工产品开发与设计为主线，以绿色化学理论和技术为基础，全面详细地论述了高端精细化工产品技术分析、制备工艺、产品开发与设计及主要领域的研究进展和实用技术。分门别类地分析和介绍了各类高端专用精细化学品的定义及其在精细化工行业中的地位与作用。专题介绍了高端精细专用化学品产业未来需要完成环保化替代、进口替代和满足增量需求三大任务及发展前景。

本书旨在提出采用最新的绿色精细技术进行生产，这些技术包括生物技术、电化学法、酶催化、非光气法、新催化剂的制备、纳米技术等，它们在 21 世纪技术领域中占有举足轻重的地位。

本书的特点在于所阐述的绿色精细化工产品中间体具有原料易得、生产工艺简单和具有高性能、高附加值的发展优势。由于这些技术具有投资少、见效快的特点，易于推广应用，特别适合中小企业自主开发。

王大全、夏宇正等人参加了本书的审核，陈羽、高洋、崔春芳、王月春、高新、杨经伟、张淑谦、童思佳、陈海涛、童晓霞、张建玲、周雯、范立红等同志为本书的资料收集和编写付出了大量精力，在此一并致谢！由于时间仓促，书中纰漏之处在所难免，敬请各位读者批评指正。

编者
2021.6.18

目　录

第五章　高端精细化学品合成与设计过程　　468

参考文献　　　　　　　　　　　　**607**

第一章

精细化工产品概论

第一节

概述

一、精细化工产品的定义

精细化工是精细化学工业的简称，是化学工业中生产精细化学品的领域。近年来，各国专家对精细化学品的定义有了一些新见解，欧美一些国家把产量小、按不同化学结构进行生产和销售的化学物质，称为精细化学品；把产量小、经过加工配制、具有专门功能或最终使用性能的产品，称为专用化学品。中国和日本等国则把这两类产品统称为精细化学品。

二、精细化工产品的分类

众所周知，精细化工即精细化学工业，是生产精细化学品的工业。国际上将化工产品分为如下四类。

① 通用化学品（commodity chemicals）指大量生产的非差别性制品，如化肥、硫酸、烧碱和通用塑料等。

② 拟通用化学品（pseudo-commodity chemicals）也称半通用化学品（semicommedity chemicals），指大量生产的差别性制品，如炭黑和合成纤维等。

③ 精细化学品（fine chemicals）指少量生产的非差别性制品，如染料、颜料、医药和农药的原料。

④ 专用化学品（specialty chemicals）指少量生产的差别性制品，如医药、农药、感光材料和调和香料等。

目前，"精细化学品"和"专用化学品"这两名词在国外一般通用。日本将精细化学品分为 34 类；而我国暂分为 11 类（据化学工业部 1986 年 3 月 6 日颁发的《精细化工产品分类暂行规定》），即：a.农药；b.染料；c.涂料（含油漆和油墨）；d.颜料；e.试剂和高纯物；f.信息用化学品（包括感光材料、磁性材料等能接受电磁波的化学品）；g.食品和饲料添加剂；h.胶黏剂；i.催化剂和各种助剂；j.化工系统生产的化学药品（原料药）和日用化学品；k.高分子聚合物中的功能高分子材料（包括功能膜、偏光材料等）。

三、精细化工产品的特征

精细化工的研究和应用领域十分广阔，其主要的特征是：

① 具有特定的功能和实用性特征。

② 技术密集程度高。

③ 小批量，多品种。

④ 生产流程复杂，设备投资大，对资金需求量大。

⑤ 实用性、商品性强，市场竞争激烈，销售利润高，附加值高。

⑥ 产品周期短，更新换代快，多采用间歇式生产工艺。

四、精细化工原料与副产物的绿色开发

精细化工生产所用的原料同有机合成所用的原料一样，主要以煤、石油、天然气和农副产品为主。

（1）利用石化工业副产物开发新的精细化工产业

发挥石化工业的资源优势，开展石油精细化学品的生产技术开发，重点加强对石油加工过程中产生的干气、液化气以及 $C_5 \sim C_9$ 产品的综合利用，利用新技术，发展新产业。

（2）开发干气利用技术

干气是石油加工过程中产生的不可压缩液化气体的总称，主要成分为甲烷、乙烷、乙烯和氢气等。当前干气主要用于合成氨或作为燃料，部分进行了综合利用。要把不同乙烯含量干气的利用技术开发作为重点，实现干气制乙苯技术的产业化。同时，深化以乙苯和苯乙烯为原料的精细化工产品生产技术研究开发工作。

（3）炼厂液化气的利用研究

炼厂液化气的主要成分为 C_3、C_4 组分，富含丙烯、丁烯、异丁烯等烯烃，具有极高的利用价值。要加强炼厂液化气的分离与应用技术的开发，充分挖掘丙烯、丁烯、异丁烯等基本精细化工原料的价值，开展其下游精细化工产品的应用开发工作。

（4）$C_5 \sim C_9$ 组分的分离研究

$C_5 \sim C_9$ 是乙烯装置的副产物，含有环戊二烯、戊烯和异戊二烯等，实现分离后可以得到重要的化工原料和中间体。继续加大 $C_5 \sim C_9$ 分离技术的科技产业化工作，开展戊烯类的综合利用技术研究，重点开展异戊二烯用于合成橡胶和萜烯类化合物及生产二氯菊酸乙酯（高效低毒农药杀虫剂）等的研究工作。

第二节
绿色精细化学产品及技术开发与设计

一、绿色精细化学的产生

　　绿色精细化工是精细化工的延伸，是基于可持续发展理念而对化工行业提出的新要求。绿色精细化工要求化工行业在无公害、低污染的条件下进行生产，以保护环境为前提进行生产技术的创新和生产水平的提高。绿色精细化工的提出是人类对环保以及可持续发展理念的进一步理解和践行，也是化工行业整体的进步。绿色精细化工的突出之处在于生产原料、生产设备、生产流程均实现绿色无污染、无公害。对原料的控制不仅包括尽量选择绿色原材料，也包括在原料的采集过程中贯穿绿色无污染理念，从源头减少对环境的污染与破坏。采用先进的绿色生产设备也能很好地减少生产过程中的意外，防止出现原材料泄漏事故。生产工艺的改良能够减少生产能耗，提高生产效率，增加生产原料选择，对生产过程中产生的废料也能进行回收利用，目前我国的绿色精细化工生产工艺已经较为成熟。绿色精细化工的最终目的是生产无污染的产品，在绿色精细化工理念的引导下，化工产品对环境、人体以及对其他生物的影响也将逐渐降低，也就是所谓的环境友好型产品。

二、绿色精细化学的内涵

　　绿色精细化学是指利用化学原理在化学品的设计、生产和应用中消除或减少有毒有害物质的使用和产生，设计研究没有或只有尽可能少的环境副作用、在技术上和经济上可行的产品和化学过程，是在始端实现污染预防的科学手段。绿色精细化学的理想在于不再使用有毒、有害的物质，不再产生废物，不再处理废物。从科学观点看，绿色化学是化学科学基础内容的更新；从环境观点看，它是从源头上消除污染，是一门从源头上阻止污染的化学；从经济观点看，它合理利用资源和能源，降低生产成本，降低能耗符合经济可持续发展的要求。

　　绿色精细化学不同于环境化学。环境化学是一门研究污染物的分布、存在形式、运行、迁移及其对环境影响的科学。绿色精细化学的最大特点在于它是在始端就采用污染预防的科学手段，因而过程和终端均为零排放或零污染。它研究污染的根源——污染的本质在哪里，它不是对终端或过程污染进行控制或进行处理。绿色精细化学关注在现今科技手段和条件下能降低对人类健康和环境有负面影响的各个方面和各种类型的化学过程。绿色化学主张在通过化学转换获取新物质的过程中充分利用每个原子，具有"原子经济性"，因此它既能够充分利用资源，又能够防止污染。很明显，绿色精细化学要求副作用尽可能小，是人们应该倾力追求的目标。

三、精细化工过程绿色化

　　① 在化学反应过程中尽可能采取无毒无害的原料、催化剂和溶剂；

　　② 设计、生产的产品在其加工、应用及生命周期内各个阶段均不会对人类健康和生态环境产生危害；

　　③ 化工过程强化——在生产和加工过程中运用新技术和新设备，极大地减小设备体积或极大地提升设备生产能力，显著地

提高能量效率，同时极大地减少废弃物的排放；

④ 发展化工新结构材料，对反应设备或反应器进行"模块化"设计，建立理想的"芯片"化工厂，这也是化工过程绿色化研究领域的重要内容和目标。

四、绿色精细化工技术的特点

"绿色化学"与"绿色化学化工"概念相同，绿色化工是利用先进的化工技术和方法来减少或消除那些对人类健康、社区安全、生态环境有害的各种物质的一种技术。绿色化工技术是指在绿色化学基础上开发的从源头上阻止环境污染的化工技术。绿色化工是研究和开发环境友好的新反应、新工艺和新产品。绿色化工技术的核心是利用化学原理从根本上消除化学工业对环境的污染，它具有少产生废物，甚至不产生废物，达到"零排放"的特点。

在全球提倡可持续发展、绿色发展的今天，绿色化工责无旁贷成为了化工行业可持续发展的必然选择，它是人类和化工行业可持续发展的客观要求，是控制化工污染的最有效手段。近年来这类技术最理想的是采用"原子经济"反应，即原料中的每一个原子都转化成产品，不产生任何废物和副产品，实现废物的"零排放"，也不采用有毒有害的原料、催化剂和溶剂，并生产环境友好的产品。

高端精细化工专用化学品技术的特点：未来需要完成环保化替代、进口替代和满足增量需求三大任务，任重道远，发展前景广阔。

五、绿色精细化工生产的关键技术

相比于传统的生产技术，绿色精细化工生产技术可以有效降低环境污染问题，实现现代化工企业的可持续发展，但是面对尚未成熟的绿色精细化工生产关键技术，还需要我们去进一步探索与研究。

（1）计算机分子模拟设计技术

此技术的应用主要是优化精细化工产品。对产品的分子性能、加工方法与内部构造等特点进行充分考虑，使用计算机的辅助设计功能，把绿色环保与创新作为考虑方向，模拟产品内在结构的合成、反应与精制过程，找到影响产品质量与绿色环保生产的主要因素，在之后的生产过程中优化这些因素，力求生产出无"三废"的化工产品。

（2）提高生产技术

生产技术的提高对我国绿色精细化工的可持续发展起到了决定性作用。要想提高生产技术最好的方法就是进行创新。可以先从催化剂开始，催化剂能够缩短化学物质的反应时间，提高工作效率，研制出更高效的催化剂能够有效地提高工作效率。在研制催化剂的时候还要注意一个重要的问题，就是对环境的污染，所以在研制催化剂的时候，既要注重催化剂提高生产效率，还应该注重对环境的保护。生产技术的提高还有一种方法就是及时引进先进的技术，我国的绿色化工技术相对落后，但是很多国家的化工生产技术都很超前，所以我国可以对国外先进的绿色精细化工进行考察，结合我国的实际情况，将国外的先进技术应用到我国的实际中来。

（3）电合成技术

电合成技术就是通过电化学反应进行生产，主要是通过电子的转移来实现合成的目的。电合成技术是绿色精细化工中很重要的一项技术，主要分为电池反应和电解反应两类，其实现反应的环保清洁，包含的具体技术主要有自发型、间接型和配对型三类电合成法。自发型是指化学反应在反应器中可以自发地进行而不需人为过多地去控制，该反应在生成产品的同时，其产生的阴阳离子能够给反应器提供充足的电能，因此非常节能；间接型需要借助一定的媒介来完成反应，媒介用于传递电子；配对型需要合适的电极配对，利用阳极和阴极两者之间的反应生成产物。

（4）催化剂绿色关键技术

催化剂对于化工产业的生产具有很大的影响，催化剂可以加快化工业的发展。如何运用酶催化技术是提高绿色精细可持续发展的关键。其中酶催化剂是近年来应用最为广泛的，通过酶对生物蛋白进行催化反应得到想要的产物。生物酶催化技术有很多优点，如较高的催化活性，反应条件相对温和，资源消耗低等。相转移催化技术是两个互不相容的体系，两者的反应物在催化剂的作用下进行化学反应，还能加快化学反应的反应速率。在实际化工生产中应用这种技术能够降低反应过程所消耗的能量，反应条件较为温和。

六、绿色精细化学设计的主要内容

（1）设计或重新探索对人类健康和生存环境更安全的目标物质

这是绿色精细化学的关键部分，它是利用化学构效关系和分子改性以达到效能和毒性之间的最佳平衡。

绿色精细化学不仅重视新化合物的设计，同时要求对多种现有精细化工产品重新评价和设计。例如：联苯胺是一种很好的染料中间体，但具有极强的致癌性，已被很多国家禁用。但对其分子结构加以改造，变为二乙基联苯胺后，既保持了染料的功能，又消除了致癌性。

（2）着眼于基本原料的改变

如生产尼龙的己二酸，一直用有致癌作用的苯为起始物制备，如通过遗传工程利用微生物为催化剂，以葡萄糖为起始物成功地合成了己二酸。这个新技术去除了大量有毒的苯，在技术上、经济上都完全可行，是绿色精细化学的一个范例。

（3）逐步用良性试剂淘汰有毒试剂

过去在有机合成和精细化学工艺中一向最重视反应回收率，而对毒性考虑较少，这给绿色化学留下广阔的用武之地。

研究新的合成转换反应和新试剂。例如，美国等西方国家通过将二氧化碳转化成碳酸镁和碳酸钙或其他有机物或燃料，控制空气中二氧化碳的排放。

又如关于氯氟烃类（CFCs）化合物及其替代问题。氯氟烃类化合物被认为是破坏高空臭氧层以及牵涉温室效应的主要污染物。因此，除了减少排放、分解、回收和再利用之外，最彻底的办法是开发新的可以取代它们的化合物。

（4）全面改变反应条件

方法之一是使过去的分步操作变为"一锅煮"。

方法之二是用水或超临界流体为反应介质取代有挥发性的有毒有机溶剂。

七、绿色精细化学品替代能源与天然气化工

目前我国所需的能源和有机化工原料绝大部分来自于石油和

煤。一方面，这些矿物质是不可再生资源；另一方面，对环境和生态造成严重污染和破坏。因此，在努力发展化石能源的高效、清洁实用技术的同时，寻求替代能源技术和实现有机化工原料合成路线的变更，自然成为旨在消除污染、修复生态、以可持续发展为目标的向高端绿色化学品替代能源与天然气化工的重要研究内容。

天然气转化是当前替代能源和变更有机化工原料合成路线研究中最重要的课题，在近中期能源发展战略中占据重要地位。然而，天然气也是一种化石资源，终究有耗尽、枯竭的一天。从绿色精细化学的角度看，可再生的生物质是人类能够长久依赖的理想资源和能源。目前，从生物质制取燃料（乙醇、氢能、天然气等）和有机化学品的研究已不乏成功实例，采用生物质资源替代石油生产机动车燃料和有机化学品将成为势不可挡的时代潮流。

八、绿色精细化学的核心内容——原子经济性

原子经济性（atom economy）这一概念最早是 1991 年美国斯坦福（Stanford）大学的著名有机化学家 Trost（为此他曾获得了 1998 年度的"总统绿色化学挑战奖"的学术奖）提出的，即原料分子中究竟有百分之几的原子转化成了产物。理想的原子经济反应是原料分子中的原子百分之百地转变成产物，不产生副产物或废物，实现废物的"零排放"。他用原子利用率衡量反应的原子经济性，认为高效的有机合成应最大限度地利用原料分子的每一个原子，使之结合到目标分子中（如完全的加成反应：$A+B \Longrightarrow C$），达到"零排放"。

在一般的有机合成反应中：$A + B \Longrightarrow C \quad + \quad D$

主产物　副产物

反应产生的副产物 D 往往是废物，成为环境的污染源。

　　传统的有机合成反应以产率来衡量反应的效率，有些反应尽管产率高但原子利用率很低，这和绿色精细化学的原子经济性有本质区别。绿色化学中原子经济性的反应有两个显著优点：一是最大限度地利用了原料，二是最大限度地减少了废物的排放。原子利用率的表达式是：

$$原子利用率=\frac{期望产品的摩尔质量}{化学方程式中按计量所得物质的摩尔质量}\times100\%$$

九、原子经济性化学反应设计的主要内容

　　① 导向有机合成的金属有机化学。

　　② 有机小分子催化的原子经济性反应。

　　③ 基于自由基中间体的原子经济性反应。

　　④ 原子经济性反应中的有关立体、区域和化学选择性的调控机制研究。

　　⑤ 原子经济性反应在目标分子合成中的应用。

　　另外，还需设计与研究基于联烯、炔烃、烯烃的原子经济性反应，揭示反应中的选择性调控规律；发展新型催化剂，实现原子经济性反应中有关立体、区域和化学选择性的有效调控。

十、绿色精细化学功能材料实现"原子经济"反应目标

　　① 新催化材料是创造发明新催化剂、开发绿色化工技术的重要基础。研制新催化材料是提高反应原子经济性的有效途径之一。重点实验室以应用基础研究为重点，致力于具有烃类选择氧化/酸催化性能和手性结构的新型分子筛材料、功能化离子液体、纳米金属簇催化剂新体系、烧结纤维结构化微米颗粒的催化剂-反应器一体化设计及新型复合材料等的研究和开发。以实际应用为背景，

将材料研究与催化化学研究密切结合，以开展从基础研究到炼油化工、精细化工、环境保护等方面的新催化剂的开发。

② 通过配位键构筑特定结构和功能的配位聚合物及配位超分子材料是近年来异常活跃的一个多学科交叉的前沿领域。研究主要集中在：a.设计合成有特定拓扑结构的配位聚合物及配位超分子；b.发展长程有序分子磁体、单分子和单链纳米磁体及多功能分子磁性材料；c.利用配位化学方法对结构和功能进行裁剪和复合，合成动态的多孔配位聚合物。

虽然，绿色精细化学的核心目标是实现"原子经济"反应，但目前还不可能将所有的化学反应的原子经济性都提高到 100%。因此，不断寻求新的反应途径或不断提高现有化学反应过程的选择性，以提高合成反应的原子利用率，仍然是十分重要的目标。致力于从新合成原料、新催化材料，到新合成加工途径、新反应器设计等化学工程的研究以及各学科交叉结合，提高反应选择性，始终是重要的研究方向。

十一、绿色精细化学 12 项原则和 5R 理论

（1）绿色精细化学的 12 项原则

Anastas 和 Waner 曾提出绿色化学的 12 项原则，这 12 项原则简述了绿色精细化学的主要观点，对今后从事绿色精细化学的研究具有一定的指导作用。

① 防止——防止产生废弃物要比产生后再去处理和净化好得多。

② 讲原子经济——应该设计这样的合成程序，使反应过程中所用的物料能最大限度地进入终极产物中。

③ 减少有危害性合成反应的出现——无论如何要使用可以

行得通的方法，使得设计合成程序只选用或产出对人体或环境毒性很小最好无毒的物质。

④ 设计要使所生成的化学产品是安全的——设计化学反应的生成物不仅具有所需的性能，还应具有最小的毒性。

⑤ 溶剂和辅料是较安全的——尽量不使用辅料（如溶剂或析出剂），当不得已使用时，尽可能应是无害的。

⑥ 设计中能量的使用要讲效率——尽可能降低精细化学过程所需能量，还应考虑对环境和经济的效益。合成过程尽可能在大气环境的温度和压强下进行。

⑦ 用可以回收的原料——只要技术上、经济上是可行的，原料应能回收而不是使之变坏。

⑧ 尽量减少派生物——应尽可能避免或减少多余的衍生反应（用于保护基团或取消保护和短暂改变物理、化学过程），因为进行这些步骤需添加一些反应物同时也会产生废弃物。

⑨ 催化作用——催化剂（尽可能是具有选择性的）比符合化学计量数的反应物更占优势。

⑩ 要设计降解——按设计生产的生成物，当其有效作用完成后，可以分解为无害的降解产物，在环境中不继续存在。

⑪ 防止污染进程能进行实时分析——需要不断发展分析方法，在合成过程中进行实时监测和控制，特别是对形成的危害物质的控制方面。

⑫ 特别是从精细化学反应的安全上防止事故发生——在化学过程中，反应物（包括其特定形态）的选择应着眼于使气体释放、爆炸、着火等化学事故发生的可能性降至最低。

从上述 12 项原则可以看出，在选择有机合成途径时，除了考虑理论产率外，还应考虑和比较不同途径的原子利用率。在化工生产中要尽量减少化学反应的步骤，从原料到产品尽可能做到直达，在生产过程中尽可能不采用那些对精细产品的化学组成来说没有必要的原料。

（2）5R 理论——绿色精细化学的现代内涵

① 减量——Reduction。减量是从省资源、少污染的角度提出的。a.减少用量：在保护产量的情况下减少用量，有效途径之一是提高转化率、减少损失率。b.减少"三废"排放量：主要是减少废气、废水及废弃物（副产物）排放量，必须达到排放标准以下。

② 重复使用——Reuse。重复使用这是降低成本和减废的需要。诸如化学工业过程中的催化剂、载体等，从一开始就应考虑可重复使用的设计。

③ 回收——Recycling。回收主要包括：回收未反应的原料、副产物、助溶剂、催化剂、稳定剂等非反应试剂。

④ 再生——Regeneration。再生是变废为宝，节省资源、能源，减少污染的有效途径。它要求化工产品生产在工艺设计中应考虑有关原材料的再生利用。

⑤ 拒用——Rejection。拒用是杜绝污染的最根本办法，它是指对一些无法替代，又无法回收、再生和重复使用的毒副作用、污染作用明显的原料，拒绝在化学过程中使用。

第三节
精细高分子的结构分析与功能设计

一、聚合物的结构与性能

一般精细高分子的有机物同分异构种类有碳链异构、官能团位置异构和官能团种类异构三种。对于同类精细高分子，由于官能团的位置不同而引起的同分异构是官能团的位置异构，如聚氯乙烯的 8 种异构体就反映了碳-碳双键及氯原子的不同位置所引起的异构。

对于同一种原子组成，却具有不同的官能团，从而形成了不同的聚合物类别，这就是官能团的种类异构。如相同碳原子数的醛和酮，相同碳原子数的羧酸和酯，都是由于不同的官能团造成精细高分子的有机物种类不同的异构。

高性能聚合物热稳定性好，熔点高，能在 300℃以上长期使用。

高性能聚合物一般具有强氢键和芳杂环，结构规整对称，分子堆砌紧密，为半梯形和梯形聚合物。

二、官能团对精细高分子性能的影响

官能团对精细高分子的有机物性质起决定作用，如—X、—OH、—CHO、—COOH、—NO$_2$、—SO$_3$H、—NH$_2$、RCO—，这些官能团就决定了精细高分子中卤代烃、醇或酚、醛、羧酸、硝基化合物或亚硝酸酯、磺酸类有机物、胺类、酰胺类的化学性质。

一般含有什么官能团的精细高分子有机物就应该具备这种官能团的化学性质，不含有这种官能团的精细高分子有机物就不具备这种官能团的化学性质。例如，醛类能发生银镜反应，或被新制的氢氧化铜悬浊液氧化，可以认为这是醛类较特征的反应；但这不是醛类物质所特有的，而是醛基所特有的，因此，凡是含有醛基的物质，如葡萄糖、甲酸及甲酸酯等都能发生银镜反应，或被新制的氢氧化铜悬浊液氧化。

一般精细高分子中的有机物基团之间存在着相互影响，这包括官能团对烃基的影响，烃基对官能团的影响，以及含有多官能团的物质中官能团之间的相互影响。

① 醇、苯酚和羧酸的分子里都含有羟基，故皆可与钠反应放出氢气，但由于所连的基团不同，在酸性上存在差异。

R—OH 呈中性，不能与 NaOH、Na_2CO_3 反应；与苯环直接相连的羟基成为酚羟基，不与苯环直接相连的羟基成为醇羟基。

C_6H_5—OH 呈极弱酸性，比碳酸弱，但比 HCO_3^- 要强。不能使指示剂变色，但能与 NaOH 反应。苯酚还可以和碳酸钠反应，生成苯酚钠与碳酸氢钠；

R—COOH 呈弱酸性，具有酸的通性，能与 NaOH、Na_2CO_3 反应。

显然，羧酸中，羧基中羰基的影响使得羟基中的氢易于电离。

② 醛和酮都有羰基（$\diagup C = O$），但醛中羰基碳原子上连接一个氢原子，而酮中羰基碳原子上连接着烃基，故前者具有还原性，后者比较稳定，不被弱氧化剂所氧化。

③ 同一分子内的原子团也相互影响。如苯酚，—OH 使苯环易于取代，苯基使—OH 显示酸性（即电离出 H）。果糖中，多羟基影响羰基，可发生银镜反应。

由上可知，我们不但可以由精细高分子中所含的官能团来确定有机物的化学性质，也可以由物质的化学性质来判断它所含有的官能团。如葡萄糖能发生银镜反应，加氢还原成六元醇，可知具有醛基；能跟酸发生酯化生成葡萄糖五乙酸酯，说明它有五个羟基，故为多羟基醛。

精细高分子化学反应主要发生在官能团上，因此，要注意反应发生在什么键上，以便正确地书写精细高分子化学反应方程式。

如醛的加氢发生在醛基的碳氧键上，氧化发生在醛基的碳氢键上；卤代烃的取代发生在碳卤键上，消去发生在碳卤键和相邻碳原子的碳氢键上；醇的酯化是羟基中的 O—H 键断裂，取代则是 C—O 键断裂；加聚反应是含碳-碳双键（$\diagup C = C \diagdown$）（并不一定是烯烃）的化合物的特有反应，聚合时，将双键碳上的基团上下分开，打开双键中的一个键后再连起来。

三、结构形态对精细高分子性能的影响

精细高分子化合物不同寻常的结构，使它表现出了非同凡响的特性。例如，高分子主链有一定内旋自由度，可以弯曲，使高分子链具有柔性；高分子结构单元间的作用力及分子链间的交联结构，直接影响它的聚集态结构，从而决定高分子材料的主要性能。

精细高分子化合物固、液、气三种存在状态的变化一般并不很明显。固体高分子化合物的存在状态主要有玻璃态、橡胶态和纤维态。固体状态的高分子化合物多是硬而有刚性的物体。无定形的透明固体高分子化合物很像玻璃，故称它为玻璃态。在橡胶态下，高分子链处于自然无规则和卷曲状态，在应力作用下被拉伸，去掉应力又恢复卷曲，表现出弹性。纤维是由高分子化合物构成的长度比直径大很多倍的纤细材料。

影响高分子化学反应的因素有化学和物理两方面。

（1）化学因素

① 几率效应。高分子链上的相邻基团作无规成对反应时，中间往往留有孤立基团，最高转化率受到几率的限制，称为几率效应。

② 邻近基团效应。高分子链上的邻近基团，包括反应后的基团都可以改变未反应基团的活性，这种影响称为邻近基团效应，如聚甲基丙烯酸酯类碱性水解有自动催化作用。

（2）物理因素

① 结晶性。对于部分结晶聚合物而言，由于在其结晶区域（即

晶区）分子链排列规整。分子链间的相互作用强，链与链之间的结合密切，小分子不易扩散进晶区，因此，反应只能发生在非晶区。

②溶解性。溶解性是物质在形成溶液时的一种物理性质。它是指物质在一种特定溶剂里溶解能力大小的一种属性。溶解度是指达到（化学）平衡的溶液便不能容纳更多的溶质，是指物质在特定溶剂里溶解的最大限度。聚合物的溶解一般随着化学反应的进行不断发生变化，溶解性好对反应有利，但假若沉淀的聚合物对反应试剂有吸收作用，由于使聚合物上的反应试剂浓度增大，反而使反应速率增大。

③温度。一般温度提高有利于反应速率的提高。但温度太高可能导致不期望发生的氧化、裂解等副作用。

四、精细高分子的设计方法

精细高分子材料具有较高的强度、良好的塑性、较强的耐腐蚀性、很好的绝缘性和质量轻等优良性能，在工程上是发展最快的一类新型结构材料。

高分子材料一般分天然和人工合成两大类。天然高分子材料有蚕丝、羊毛、纤维素和橡胶以及存在于生物组织中的淀粉和蛋白质等。

工程上的高分子材料主要是人工合成的各种有机材料，通常根据力学性能和使用状态将其分为塑料、橡胶和合成纤维三大类。

人工合成的高分子材料，就是把低分子材料（单体）聚合起来所形成的，其聚合过程称为聚合反应。最常用的聚合反应有加成聚合反应（简称加聚反应）和缩合聚合反应（简称缩聚反应）两种。

聚合后材料的分子量多数在 5000～1000000 之间。一般把分子量大于 5000 的定为高分子材料。常用的加聚树脂有聚乙烯（PE）、聚氯乙烯（PVC）、聚苯乙烯（PS）、丙烯腈-丁二烯-苯乙烯（ABS）树脂、聚醋酸乙烯（PVAC）、聚丙烯（PP）和聚甲基丙烯酸甲酯（PMMA）等。常用的缩聚树脂有酚醛树脂（PF）、脲醛树脂（UF）、环氧树脂（EP）、不饱和聚酯树脂（UP）、聚氨酯树脂（PU）和聚酯树脂（PES）等。

如纳米聚合物用于制造高强度质量比的泡沫材料、透明绝缘材料、激光掺杂的透明泡沫材料、高强纤维、高表面吸附剂、离子交换树脂、过滤器、凝胶和多孔电极等。

未来精细高分子材料主要趋势是向高性能化、功能化、复合化、精细化和智能化发展，因此，精细高分子的设计方法，首先应普遍采用全新的绿色技术，制取天然产品所用的绿色精细化工工艺有：膜技术、超临界流体技术、生物催化技术，这些技术生产条件温和，产生的"三废"少，并且易于治理。其次，充分利用国内各种天然资源制取高附加值的产品，包括①制取药用植物资源，在利用药用植物资源时，可从中提取、分离、制备单一有效成分，如从银杏中提取银杏黄酮，从麻黄中提取麻黄碱等。或者提取具有一定有效成分含量的提取物，如白藓皮提取物，用于治疗湿疹、风症等症；五味子提取物，可用于治疗各种肝炎疾病，疗效显著。美国和欧共体的处方药中约有 25% 来源于药用植物。②利用农副产品资源，制取农副产品时，利用红薯茎叶为原料提取多糖，或以玉米芯为原料制取木糖等，既可以变废为宝、提高农副产品的综合利用价值，又能为人们提供安全无毒、健体强身的天然新产品。③提取芳香植物资源，一般从芳香植物的根、茎、枝、秆或花经水蒸气蒸馏或有机溶剂萃取后所得的天然精油，是很好的天然香料和香原料，如丁香油、缬草精油等。有些精油香气好，可以直接用于调配香精，大多数精油的一些主要成分可用物理和化学方法分离、提纯，制成单一香料，也可进一步合成价值更高的精细化工产品。

第四节
绿色精细化工与纳米技术开发与应用

绿色精细化工产业中，纳米技术对化学工业发展有着深远的影响，纳米技术不仅能推动化学反应、催化和许多单元操作的突破性改进，而且提供了纳米多孔材料、纳米粒子、纳米复合材料、纳米传感器等新型材料以及化学机械抛光、药物可控释放、独特去污作用等功能应用，为高端化工新材料发展及其应用开辟了广阔的前景。

纳米技术正全力推动着化学工业未来的发展。随着一些纳米技术的工业产品问世以及所显示出的诱人前景，现在"纳米技术"已经成为家喻户晓的名词。纳米技术能在小于100nm的水平上合成、处理和表征物质，这是一个涉及多门学科的广阔领域，它包含有纳米材料、纳米生物技术、纳米电子学和纳米系统［如纳米电子机械系统（NEMS）和分子机械］等。而纳米技术在绿色精细化工产业的应用，主要是新型催化剂、涂料、润滑剂，过滤技术以及一些最终产品，诸如纳米多孔材料制品和树状聚合物制品已成为化学工业的创新点。

一、化学反应和催化方面的应用

化学工业及其相关工业，特别是一些化学反应起着关键性作用的产业盛行用纳米技术来改进催化剂性能。纳米多孔材料中的沸石在原油炼制中的应用已有很长历史，纳米多孔结构新型催化剂的发展，为许多化学合成工艺的创新提供了机会，或者使化学反应能在较温和条件下进行，大幅度地降低工艺成本。例如用此类催化剂可以将甲烷有效地转化为液体燃料，作为柴油代用品，而现用的方法比较昂贵。

纳米粒子催化剂的优异性能取决于它的比表面积较大，同时，负载催化剂的载体对催化效率也有很大的影响，如果也由具有纳米结构的材料组成，就可以进一步提高催化剂的效率。如将 SiO_2 纳米粒子作催化剂的载体，可以提高催化剂性能 10 倍。但在某些情况下，用 SiO_2 纳米粒子作催化剂载体会因 SiO_2 材料本身的脆性而受影响。为了解决此问题，可以将 SiO_2 纳米粒子通过聚合而形成交联，将交联的纳米粒子用作催化剂载体。

在能源工业中，神华（Shen Hua）集团公司、大庆油田化工有限公司和美国能源部在中国进行煤液化项目建设，采用了纳米催化剂，取得了 100 多亿美元效益。此工艺可以生产非常清洁的柴油，在中国许多地方它可与进口原油或柴油（以全球平均价格计）竞争。燃料电池也是纳米催化剂起重要作用的领域，当前工业样品应用的是铂催化剂，约 2nm 宽。

二、过滤和分离方面的应用

在过滤工业中，纳米过滤（nanofiltration，简称纳滤）广泛应用于水和空气纯化以及其他工业过程中，包括药物和酶的提纯、油水分离和废料清除等。还可以从氮分子中去掉氧（氧与氮分子大小差别仅 0.02nm）。应用此方法生产纯氧可不需要采用深冷工艺，因而可以降低成本。法国于 2000 年在 Generale des EaMx 建成世界上第一座用纳滤技术生产饮用水的装置，所用聚合物膜其孔径略小于 1nm。与传统净化工艺相比，虽然电能消耗较高，但带来一些其他的好处，如不需要用氯。

由于可以精确地控制孔径，所以具有可观的近期应用前景。美国太平洋西北地区（Pacific Northwest）国家试验室已经创制一类称之为 SAMMS 结构，为在介孔载体上自组装的单层结构，含有规整的 1 ~ 50nm 的圆柱形孔，孔上用自组装方法涂上活性基团单层，可用于不同领域。已经利用 SAMMS 成功地从水溶液和非水溶液中萃取出各种金属和有机化合物。

纳米多孔材料的吸收和吸附性能也提供了在环境治理方面应用的可能性，如去除重金属（如砷和汞等）。使用其他纳米材料的过滤技术也取得了长足进步。例如德国的纳米材料公司开发的用直径为 2nm 的纤维制成的高产率系统，可以过滤病毒、砷和其他污染物。

一些聚合物-无机化合物复合材料也可用作气体过滤系统，而且效率也很高。如有一种用排列成行的碳纳米管（carbon nanotube）制成的膜，由于纳米管与气体分子间互不作用，可以高产率地分离出气体。此种材料可满足高流速低压气体的分离需要。此种膜可以从气流中去除 CO_2，或从 CO 中分离出 H_2。这种技术可应用于新一代发电厂、煤液化工厂或气体液化厂。

由精密控制尺寸的纳米管组成的膜在分离生物化学品方面也具有很大潜力。

三、复合材料方面应用

复合材料是以一种材料为基体，另一种材料为增强体组合而成的材料。两种材料在性能上互相取长补短，再加入纳米技术，产生协同效应，使复合材料的综合性能优于原组成材料而满足各种不同的要求，扩大材料的应用范围。

1.热塑性复合材料

热塑性复合材料（CFRTP）具有密度低、强度高、耐冲击、韧性好、加工快、可回收等突出特点，属于高性能、低成本、绿色环保的新型复合材料，已部分替代价格昂贵的工程塑料、热固性复合材料（FRP）以及轻质金属材料（铝镁合金），得到航空航天、高速列车、汽车工业、电子等诸多领域广泛的关注和应用。

如HP-RTM（High Pressure Resin Transfer Molding）是高压树脂传递模塑成型工艺的简称。近年来推出的一种应对大批量生产高性能热固性复合材料零件的新型RTM工艺技术。它采用预成型件、钢模，真空辅助排气，高压混合注射和在高压下完成树脂对纤维的浸渍和固化的工艺，实现低成本、短周期（大批量）、高质量生产。

又如高性能绿色环保HPE泡沫材料的应用成功。该泡沫材料为闭孔结构，泡孔尺寸仅为PVC泡沫的1/50，吸胶量低，最高耐热温度140℃，耐疲劳性能优异，可承受500万次动态载荷而不发生破坏，该材料目前国内已在75.5m叶片产品上完成设计认证、实验室测试、样片制作、全尺寸静载测试和动载荷疲劳测试、小批量试用等工作。

2.生物基复合材料

随着人们环境保护意识的增强，用植物纤维与来源于植物的可降解树脂制备环境友好的生物基复合材料，成为复合材料发展的必然趋势。以我国丰富的可再生天然资源为原料，通过生物源高分子提纯、溶解、纺丝、深加工等共性技术和关键技术研究，解决了我国生物源纤维产业化过程中的技术瓶颈，推动了可再生天然资源在纺织行业和国民经济其他领域的广泛应用。如中航复材的植物纤维预浸料及生物质树脂预浸料和艾达索高新材料芜湖有限公司可降解环氧树脂、可降解固化剂、可降解胶黏剂等。又如中国纺织科学研究院生物源纤维制造技术国家重点实验室的再生生物基纤维是以针叶树，木材下脚料，毛竹，麻类，藻类，虾、蟹等水产品和昆虫等节肢动物的外壳为原料，原料广且环保自然。合成生物基纤维采用农林副产物为原材料，经发酵制得生物基原料，制得生物基聚酯类、生物基聚酰胺类等，它们都是极具发展前景的纺织材料。

3.功能复合材料

高性能纤维是指高强、高模、耐高温、耐腐蚀以及阻燃性能等传统纤维所不具备的优良特性的纤维材料，主要包括碳纤维、芳纶纤维和超高分子量聚乙烯等。

近几年来取得了一定进展，国内碳纤维原丝技术和规模化生产技术有所突破，产品质量的稳定性也有所提高，未来两年随着国产大飞机项目的不断推进，飞机用功能复合材料规划用量会不断扩大，对复合材料高效率，低成本的生产需求也越来越强。

如国内纳米功能碳纤维复合材料在汽车领域的应用，从 F1 赛车到超豪华轿车，其中，除了轻量化等先进性指标，成本也是重要考量因素，小批量（数千台以下）复合材料的制造成本小于金属零部件。

随着我国电子科学技术的飞速发展，电子器件广泛应用于无线通信、高频电路元器件等相关领域。近年来，随着电磁污染防治的日益重视和军事武器需求的日益增加，迫切需要低厚度、轻质、宽频率范围高反射损耗的微波吸收样品。目前，许多国内研究都致力于开发功能复合材料，在这些微波吸收材料中，由碳和磁性颗粒组成的碳基复合微波吸收材料，包括 Fe_3O_4 多壁碳纳米管（CNTs）、Fe_3C/CNT 纳米复合材料和多孔 Co/CNTs，受到越来越多的关注。Fe_3C 纳米粒子具有良好的稳定性和优异的磁性，国

内一些研究表明 Fe_3C 和碳纳米纤维的结合可以显著提高微波吸收性能。如北京科技大学和北京师范大学的研究者通过对聚丙烯腈（PAN）基纳米纤维前驱体进行碳化，得到了一系列 Fe_3C/N 掺杂碳复合纳米材料。结果表明，磁性 Fe_3C 纳米粒子（NPs）均匀分散在 N 掺杂碳纤维上；与相关文献中的其他磁性碳杂化纳米复合材料相比，所制备的六种材料表现出优异的微波吸收性能，具有较低的填料含量，填充率为 10%。

总而言之由于功能复合材料具有重量轻、强度高、加工成型方便、弹性优良、耐化学腐蚀和耐候性好等特点，已逐步取代木材及金属合金，广泛应用于航空航天、汽车、电子电气、建筑、健身器材等领域，在近几年更是得到了飞速发展。

四、涂料方面应用

涂料是一种材料，这种材料往往可以用不同的施工工艺涂覆在物件表面，形成粘附牢固、具有一定强度、连续的固态薄膜。我国早期的涂料大多以植物油为主要原料，故又称作油漆。现在合成树脂已取代了植物油，故称为涂料。涂料并非液态，粉末涂料是涂料品种的一大类。

纳米涂料具有纳米微粒的小尺寸效应、表面效应、量子尺寸效应和宏观量子隧道效应等使得它们在磁、光、电、敏感等方面呈现常规材料不具备的特性。因此纳米微粒在磁性材料、电子材料、光学材料、高致密度材料的烧结、催化、传感、陶瓷增韧等方面有广阔的应用前景。

总的来说，纳米涂料必须满足两个条件：首先，涂料中至少有一相的粒径尺寸在 1～100nm 的粒径范围;其次，纳米相的存在使涂料的性能要有明显的提高或具有新的功能。以纳米粒子为基础的涂料具有各种优异的性能，比如：强度、耐磨耗、透明和导电。纳米粉体是难以储运的，美国海洋部门采用微型凝聚（microscale agglomerate）方法，即在应用时用等离子（一种热的离子化气体）技术或热喷涂技术，使粉体被融熔，形成涂层。

目前市场推出一种用纳米粒子和聚合物制备的喷涂涂料，在干燥时自组装成一种纳米结构的表面，呈现出类似荷叶的效应，即当水落到表面上，由于与表面的互粘性甚小，可以形成水珠而流去，并把灰尘带走。

Inframat 公司用纳米涂料作为船壳防污涂料可以防止海藻、贝类附着生长。此种涂料很坚硬，但并不发脆。该公司的纳米氧化铅-氧化陶瓷涂料，主要用于涂装潜水艇的潜望镜。应用纳米粒子技术可以制造氧化铝纳米粒子，用于地砖的抗划痕涂层，使之容易清洗，同时还为眼镜工业提供抗划痕涂料。

用纳米粒子强化的涂料还可能在生物医用方面应用。例如铜的纳米粒子可以降低细胞在表面上生长，从而解决移植上的一个主要问题。

五、树状聚合物的作用

（1）添加剂和树状聚合物的作用

在复合材料领域中，纳米黏土和 POSS 已经取得进展。在不远的将来，碳纳米管可能产生较大影响。但是，各种不同形状的树状分子结构以及它能易于功能化的性能，可以创制特殊结构的复合材料，使之具有各种性能。早在 20 世纪 90 年代中期，Bert Meijer 教授就阐明了树状聚合物的结构，它是一群小分子，或是小分子的容器。一个"树状聚合物箱"，如同有一个硬壳建于软性树状聚合物周围。如果一个小分子，如染料分子进入树状聚合物中，即可被封装在空穴中。通过对其末端基因的化学改性，全部或部分烷基化，树状聚合物就可以形成与线型聚合物可化学兼容的物质，以改进混合性能。在此情况下，树状聚合物的作用在于创建了分子微观环境，或是在塑料原料中形成"纳米观口袋"（nanoscopic pocket）来聚集染料分子。作为一种形态的、结构的或是界面改性剂，树状聚合物还可提高材料韧性，而对其加工性没有影响。在材料共混和复合中，它们还起着材料组分间的兼容剂和黏合剂的作用，因此可用于工程塑料添加剂。树状多支链聚合物已经被用作环氧树脂的增韧剂，加入质量分数5%的树状聚合物可显著提高材料的坚韧性。通过可控相分离工艺，可以使树状聚合物良好地分散在树脂中，树状聚合物和树脂作用可以使接枝在树状结构上的环氧基团的化学键得到加强。杜邦公司制造和应用多支链结构物质作为聚合物共混中的添加剂，可以改善聚合物的加工性能。DSM公司已经将多支链的聚丙烯亚胺（PPI）聚合物工业化，主要用于廉价塑料和橡胶制造中作为添加剂，降低黏度。在涂料、油墨和黏合剂生产中也可应用。美国宇航局向Dow Corning公司和Matcrials Electrochemical Research公司进行项目投资，开发等离子沉积树状聚合物涂料和树状聚合体富勒烯纳米复合材料，以用于微型和亚微型表面润滑。

（2）树状聚合物及去污作用

树状聚合物特别适用于去污，它起着清道夫的作用，可以去掉金属离子，清洁环境。改变一种介质的酸度可以使树状聚合物释放出金属离子。而且树状聚合物可以通过超滤进行回收和再用。树状包覆催化剂可用同样方法从反应产物中分离，回收再用。密西根大学的生物纳米技术中心计划开发树状聚合物加强超滤方法，作为新的水处理工艺，从水中去掉金属离子。树状聚合物可以在其分子间或是在它们经改性的终端基团上捕捉小分子，使其能适用于吸收或吸附生物和化学污染物。美国军事部门对它的应用前景作出了好的评价。

六、纳米保护方面的应用

树状聚合物在护肤膏中作为一种反应型的组分是很有效的。此应用可以扩展到保护衣服。固定的树状聚合物层可以抗洗和耐环境气候条件变化。有一种称之为"类似树状聚合物"（amphilic dondrimcr），它一半是树状聚合物，另一半具有末端结构，用以在保护膜中固定活性树状聚合物。

近年来，一些部门在研究用纳米粒子来监测和防止化学武器袭击。Nanospherc 公司不久前推出一个系统，可以用来监测生物武器，如炭疽杆菌。该系统采用美国西北大学开发的金纳米粒子传感器。Altair 纳米技术公司和西密西根大学联合开发用二氧化钛钠米粒子为基础材料的传感器，可用来监测生物和化学武器。NanosPhere 材料公司开发氧化镁纳米粒子用于口罩的过滤层，因为它能杀死大部分细菌（包括炭疽杆菌）。新华纳米材料有限公司和 Nucrgst 公司生产银纳米粒子用于抗菌服。NanoBio 公司推出一种抗菌液，可以破坏细菌孢子、病毒粒子和霉菌，它的作用是让表面张力发生爆炸性释放，而这种产品对人体组织没有伤害，现在主要用户是美国军事部门。

七、燃料电池方面的应用

随着对便携式电子产品电能需求不断增加，要求降低供电元器件的质量和尺寸，由此而开辟纳米粒子的新市场。

AP 材料公司与 Millennium 电池公司合作执行美国军方一份合同。开发纳米级二硼化钛用于高级电池组和其他储能系统。Altar 公司最近宣布该公司高级固体氧化物燃料电池系列示范试验获得成功，包括连接器、电解质、阴极和阳极等都是由微米和纳米级材料构成。而且，还开发了纳米锂基电池电极材料，其充电和发电率都比当前所用锂离子电池材料快 1 倍。

有一些公司工业生产甲醇基燃料电池，并在 2004 年前后应用于便携式电子设备。在这类电池中，所用催化剂是处在淤浆状态的铂纳米粒子。针对电池应用，Brookhaven 国家实验室已制成锂-锡纳米晶体合金，用作高性能电极。用氢化锂与氧化锡反应，前者需过量使反应完全。生产的锂-锡合金中含有剩余氧化锂。重复用氢处理最后生成粒径为 20～30nm 的纳米复合材料，形成稳定金属氢化物的其他元素也可用此法制造纳米复合材料，未来的应用不仅在电池领域，还可以用在催化方面。

纳米管和纳米角（nanohorn）也在进行研究，主要是探索其在燃料电池中的应用，用于储存氢和烃类。Nanomix 公司长期的燃料电池计划是用氢作燃料，使系统拥有 5～6kg 氢，每辆车价格能在 1000 美元以下。另一种储氢介质是 BASF 公司的纳米管，但此技术近期尚无法放大和降低成本，个人用电子设备是其市场开发的第一个目标。

综上所述，纳米技术将不断发生变化，前景是光明的。当然，纳米技术也与其他技术一样，对环境和社会有正反两方面的影响。提高能源生产和供应效率，对产业和环境都是有好处的，例如通过减轻复合材料质量，应用替代能源（提高太阳能和风能效率及经济性）以及扩大燃料电池应用等，达到节省大量能源的效果。其他具有竞争力的方面为纳米粒子在医学上的应用，有效地控制药品释放，但纳米粒子对人类健康的影响尚无定论。任何一种新的化合物和产品在批准应用之前都必须进行全面鉴定，在工业化前要经过长期应用研究。当前用以评价这类产品的通用程序和方法将面临许多挑战。

第五节

精细化工向绿色高端产品的创新发展与技术应用

精细化工是一个技术含量高、技术水平要求高的领域，创新水平和创新能力就是精细化工行业发展和竞争力的关键。我国石化产业多年来一直是大国而不是强国的关键瓶颈是创新，石化产品结构一直处于中低端的制约是创新，我国精细化工率与发达国家一直相差约 20 个百分点的短板也是创新，很多石化产品质量稳定性的差距也是因为创新，这就要求我们一定要把创新摆在精细化工发展的首位。

精细化工向绿色高端产品创新发展离我们并不遥远，而是就在我们身边，就在我们现有的工作岗位中，创新概况展示如下。

一、精细化工产品绿色创新概况

近年来，我国在精细化工领域科技创新方面取得了一系列值得推广的成熟技术。2018 年实现工业总产值 37020.85 亿元，较上年同期增长 11.47%；产品销售利润 3835.32 亿元，利润总额为 2305.29 亿元。五年来，以精细化学品为主的专用化学品行业在化工行业生产中的比重快速增加并跃居行业排名首位。

精细化工是当今世界化学工业激烈竞争的焦点，其发展程度成为衡量一个国家化学工业发展水平的重要标志之一，发展精细化工也是我国化学工业结构调整的重大战略之一。为提高精细化工率，"十一五"初期石化行业就把新领域精细化工列为重点发展领域。一直到"十三五"结束，针对机械、电子、汽车、建筑、信息、医药等产业快速发展，对精细化工产品的需求明显增加的市场形势，重点发展汽车用化学品、建筑用化学品、电子和信息用化学品等功能材料和专用化学品；着力开发功能涂料及水性涂料、染料新品种及其产业化技术、重要化工中间体绿色合成技术及新品种、电子化学品、高性能水处理化学品、造纸化学品、油田化学品、功能型食品添加剂、高性能环保型阻燃剂、表面活性剂、高性能橡塑助剂等。

精细化工行业开发的替代光气、氯化亚砜等有毒有害原料合成氯甲酰胺的"绿色化学"技术，不仅从工艺源头上消除了安全和环保隐患，还使用水量下降65%，平均能耗降低35%，综合生产成本下降50%。这项"推动医药、农药和染料行业可持续发展"的关键中间体绿色合成新工艺，使氯甲酰胺、酸酐、碳酸酯、异氰酸酯、酰氯等数十种医药、农药、染料和高分子材料的关键中间体合成实现了绿色化、清洁化。全国几千家企业的数千种产品应用该技术进行绿色化改造，取得了良好的经济和社会效益。

合成气直接制低碳烯烃、甲烷制烯烃、轻质原油直接制化学品、微通道反应技术、自然光分解水制氢以及聚酰亚胺高端纤维和膜材料、碳纤维复合材料、高纯光刻胶等重点技术和关键材料是创新，实际上精细化学品创新就在我们身边。精细化学品或功能化学品与传统基础化工产品没有截然的分界线，有些基础产品通过创新和技术进步可以实现高端化、精细化，可以为新兴产业配套。硝酸钠、硝酸钾、硝酸锂复配以后可以作为光伏和风电等新能源的储能材料，纯碱用于玻璃行业就是基础化工产品，而索尔维公司把它做成食品级、医用级就实现了高端化；硫酸、盐酸、硝酸等用于磷肥等工业过程就是传统基础化工品，而做成电子级纯度就是电子信息产业不可或缺的电子化学品；磷酸铵、磷酸钙等用于肥料就是传统磷肥产品，像兴发集团做到食品添加剂就是精细产品；炭黑用于汽车轮胎、汽车内饰材料就是传统化工产品，而用于牙膏、蛋糕等领域就是食品级精细产品。

新型反应-分离集成技术是化工中间体实现清洁生产和节能减排的重要途径之一。如南京工业大学开发的不同工况反应分离集成技术，将不同工况反应与蒸馏集成技术成功用于精细化工中间体生产，大幅度提高了反应的转化率和选择性，降低了原料和能源消耗，减少了副产物的生成量和排放量。该技术应用在氯乙酸、苯甲醛等多种化工中间体的十几套生产装置中，有效促进了精细有机中间体向低能耗、低污染、低成本的清洁生产方向发展，取得了显著的经济和社会效益。

乙草胺甲叉法生产新工艺采用低毒性的非芳烃作溶剂，在新型催化剂和稳定剂条件下，提高转化率、消除杂质颜色，产品含量达 97%，产率达 92%；避免了传统氯甲基乙醚路线中大量的高含盐、高化学需氧量（COD）废水以及高含量氯化氢废气的生成，避免了致癌致畸物氯甲基乙醚的生产和使用，提高了资源利用率，减排 97%以上。作为共性创新技术，甲叉法新工艺在丁草胺和异丙甲草胺等氯乙酰胺类除草剂生产中具有良好的推广前景。

山东省化工研究院开发成功的水相合成技术，应用于很多有机化学品生产装置，不仅实现了清洁生产，而且提高了反应过程的转化率和目的产物的产率，已成功应用在吡啶、2,4-D 酸、羟胺等一些过去一直难以解决的产品生产过程。当然，绿色发展当前仍然是石化行业，尤其是精细化工领域的一大短板，面临的要求不断提高、压力不断加大，这就要求我们大力创新绿色技术，推进清洁生产，做好源头预防、过程控制、综合治理，加大绿色清洁工艺和新技术的创新和推广应用，全面提升各企业和全行业绿色发展的水平。

中国石油化工股份有限公司胜利油田分公司在开发表面活性

剂+聚合物二元复合驱技术的过程中，攻克了无碱条件下仅靠表面活性剂作用达到超低油水界面张力的国际性难题，并在实践中不断提高油藏采收率，使二元复合高效驱油技术成为我国三次采油的"驱油卫士"。该成果已在胜利油区的孤东油田、孤岛油田、胜坨油田和垦东油田进行大规模推广应用，实现利润超百亿元。

实际上，精细化工不仅是国民经济、制造强国不可或缺的重要产品，也是石化产业产品结构高端化、差异化的重要方向，看看发达国家和跨国公司近二十年来走过的转型路径和未来的转型战略，精细化学品的重要性就一目了然。当然，技术进步到今天，焚烧技术的成功及其应用，固体废弃物及其高浓度有机废水的处理不再是难题，加氢还原代替铁粉还原、离子液体氧化和双氧水氧化代替强酸氧化等新工艺、新技术的研发成功及其应用，使得过去的污染难题都成为了清洁生产工艺。

二、高端精细化工基础材料与产业发展

高端精细化工新材料产业不仅是战略性新兴产业的重要组成部分，也是其他战略性新兴产业发展的基石。新材料产业将有力支撑节能环保、新一代信息技术、生物、高端装备制造、新能源汽车等产业的发展。然而，长期以来，我国新材料自主创新能力薄弱，很多关键产品依赖进口，关键技术受制于人。

根据科技部印发的《"十三五"材料领域科技创新专项规划》在精细化工方面，2025年将我国重点基础材料高端产品平均占比提高15%～20%，减少碳排放5亿吨/年。典型钢铁品种、高端有色金属材料的国内市场自给率超过80%，钢铁与有色金属生产综合能效提高10%，化工新材料和精细化学品的产值率达到60%；特种工程塑料等高端产品的自给率5年内从30%提高到50%；实现轻工重点材料国产化率从15%提高40%；化纤差别化率由56%

提升至 65%，产业用纺织纤维加工量由 23%增加到 30%以上；建材新兴产业的产值比重达到建材总量的 16%左右。

我国的产业结构调整显著，基础材料产品结构实现升级换代，国内市场占有率将超过 90%。到 2025 年，高端精细化工重点领域所需战略材料制约问题基本解决，关键战略材料国内市场占有率超过 85%。部分产品进入国际供应体系，关键品种填补国内空白，实现自主知识产权体系。到 2025 年，实现前沿新材料技术、标准、专利等有效布局；高端精细化工前沿新材料取得重要突破并实现规模化应用，部分领域达到世界领先水平。

我国高端先进基础材料是指具有优异性能、量大面广且"一材多用"的新材料，主要包括基础材料中的高端材料，对国民经济、国防军工建设起着基础支撑和保障作用。

目前我国基础材料产业是实体经济不可或缺的发展基础，我国百余种基础材料产量已达世界第一，但大而不强，面临总体产能过剩、产品结构不合理、高端应用领域尚不能完全实现自给等三大突出问题，迫切需要发展高性能、差别化、功能化的先进基础材料，推动基础材料产业的转型升级和可持续发展。

开发高端关键战略材料主要包括高端装备用特种合金、高性能分离膜材料、高性能纤维及其复合材料、新型能源材料、电子陶瓷和人工晶体、生物医用材料、稀土功能材料、先进半导体材料、新型显示材料等高性能新材料，是实现战略新兴产业创新驱动发展战略的重要物质基础。

关键战略材料是支撑和保障海洋工程、轨道交通、舰船车辆、核电、航空发动机、航天装备等领域高端应用的关键核心材料，也是实施智能制造、新能源、电动汽车、智能电网、环境治理、医疗卫生、新一代信息技术和国防尖端技术等重大战略需要的关键保障材料。目前，在国民经济需求的百余种关键材料中，约三分之一国内完全空白，约一半性能稳定性较差，部分产品受到国外严密控制，突破受制于人的关键战略材料，具有十分重要的战略意义。

目前我国已实现 30 种以上关键战略材料产业化及应用示范。有效解决新一代信息技术、高端装备制造业等战略性新兴产业发展急需，关键战略材料国内市场占有率超过 70%；初步形成上下游协同的战略新材料创新、应用示范体系和公共服务科技条件平台。到 2025 年，高端制造业重点领域所需战略材料制约问题基本解决，关键战略材料国内市场占有率超过 85%。部分产品进入国际供应体系，关键品种填补国内空白，实现自主知识产权体系。

目前我国还需要高性能分离膜材料。海水淡化反渗透膜产品脱盐率大于 99.8%，水通量提高 30%，海水淡化工程达到 200 万吨/日，装备国产化率大于 80%。陶瓷膜产品装填密度超过 $300m^2/m^3$，成本下降 20%，需求量达到 20 万平方米，突破低温共烧结技术，形成气升式膜分离装备，能耗下降 30%。离子交换膜产品膜性能提高 20%，氯碱工业应用超过 1000 万吨规模，突破全膜法氯碱生产新技术和成套装置。渗透汽化膜产品渗透通量提高 20%，膜面积达到 10 万平方米，突破大型膜组器和膜集成应用技术，推广应用规模超过百万吨溶剂脱水和回收，节能 30% 以上。

开发高端精细化工高性能纤维及复合材料。2020 年国产高强碳纤维及其复合材料技术成熟度达到 9 级，实现在汽车、高技术轮船等领域的规模应用；到 2025 年，国产高强中模、高模高强碳纤维及其复合材料技术成熟度达到 9 级；力争在 2025 年前，结合国产大飞机的研发进程，航空用碳纤维复合材料部分关键部件取得中国民用航空局/美国联邦航空管理局/欧洲航空安全局（CAAC/FAA/EASA）等适航认证。碳纤维（T800 级）拉伸强度≥5.8GPa，CV≤4%，拉伸模量 294GPa，CV≤4%。到 2025 年，国产对位芳纶纤维及其复合材料技术成熟度达到 9 级。重点发展金属基和陶瓷基先进复合材料、构件及相关工艺装备。

此外，开发高端精细化工新型能源材料、新一代生物医用材料、电子陶瓷和人工晶体、稀土功能材料、先进半导体材料、显示材料均要取得重点突破。

另外，对纳米聚合物用于制造高强度质量比的泡沫材料、透明绝缘材料、激光掺杂的透明泡沫材料、高强纤维、高表面吸附剂、离子交换树脂、过滤器、凝胶和多孔电极等这些都是高端精细化工产品绿色创新发展与技术应用的方向。

三、开发高性能绿色生物基合成材料、建筑材料、轻化材料、纺织材料

重点突破高熔融指数聚丙烯、超高分子量聚乙烯、发泡聚丙烯、聚丁烯-1（PB）等工业化生产技术，实现规模应用。目前要重点发展环保型聚氨酯材料如水性聚氨酯材料，加快发展脂肪族异氰酸酯等原料。重点发展聚偏氟乙烯、PET、其他氟树脂以及硅树脂、硅油等。重点发展异戊橡胶并配套发展异丁烯合成异戊二烯；发展硅橡胶、溶聚丁苯橡胶和稀土顺丁橡胶；发展卤化丁基、氢化丁腈等具有特殊性能的橡胶等。重点突破生物基橡胶合成技术，生物基芳烃合成技术，生物基尼龙制备关键技术，新型生物基增塑剂合成及应用关键技术，生物基聚氨酯制备关键技术，生物基聚酯制备关键技术，生物法制备基础化工原料关键基础技术等。

重点开发高端先进建筑材料，如极端环境下重大工程用水泥基材料、节能绿色结构及功能一体化建筑材料、环境友好型非金属矿物功能材料。开发高效冶金保护渣、高端石墨制品、高效催化剂、助滤剂、缓控释药物和化肥、高性能聚合物等典型新材料。

开发高端先进轻工材料，如重点发展聚乳酸（PLA）、聚丁二酸丁二酯（PBS）、聚对苯二甲酸二元醇酯（PET、PTT）、聚羟基烷酸（PHA）、聚酰胺（PA）等产品。PLA 关键单体 L-乳酸和 D-

乳酸的光学纯度达 99.9%以上，成本下降 20%。重点发展脂肪酶、脂肪氧合酶、葡萄糖氧化酶、天冬酰胺酶、氨基甲酸乙酯降解酶等食品工业用酶。关键产品酶活在现有基础上提升 100%～300%。重点发展基于热塑性聚酰亚胺（PI）工程塑料树脂、杂萘联苯型聚醚砜酮共聚树脂（PPESK）、高端氟塑料的加工成型的特种纤维、过滤材料、耐高温功能膜、高性能树脂基复合材料、耐高温绝缘材料、耐高温功能涂料、耐高温特种胶黏剂。

开发高端先进纺织材料，实现可吸收缝合线、血液透析材料的自主产业化，部分替代国外进口产品；满足热、生化、静电、辐射等功能防护要求；高温过滤、水过滤产品性能满足各应用领域要求；土工材料满足复杂地质环境施工要求。到 2025 年满足多功能复合防护要求，同时实现轻质、舒适和部分智能化，过滤产品寿命和稳定性进一步提升，实现低成本应用和智能化监测预警等功能结合。

四、高端精细化工前沿新材料实现规模化应用

一般高端精细化工新材料的发明、应用会引领着国内的技术革新，推动着高新技术制造业的转型升级，同时催生了诸多新兴产业。在发挥高端精细化工前沿新材料引领产业发展方面，我国的自主创新能力严重不足，迫切需要在 3D 打印材料、超导材料、智能仿生与超材料、石墨烯等新材料前沿方向加大创新力度，加快布局自主知识产权，抢占发展先机和战略制高点。

为实现高端精细化工绿色创新发展，为满足航空航天、生物医疗、汽车摩配、消费电子等领域对个性化、定制化复杂形状金属制品的需求，3D 打印金属粉末需求量将年均增长 30%。石墨烯材料集多种优异性能于一体，是主导未来高科技竞争的超级材料，广泛应用于电子信息、新能源、航空航天以及柔性电子等领域，

可极大推动相关产业的快速发展和升级换代，市场前景巨大，有望催生千亿元规模产业，因此高端精细化工前沿新材料实现规模化应用非常重要。

高端精细化工绿色创新发展不仅要满足农业（地膜、育秧薄膜、大棚膜等）和工业（电气和电子工业广泛使用塑料制作绝缘材料）的需求，日常生活中塑料应用更为广泛，如雨衣、牙刷、塑料袋、保鲜膜等塑料产品已经融入到我们的生活中。作为煤制烯烃产业链的下游产品，塑料制品直接面对消费者，由此可见，其对整个产业链发展至关重要。

高端精细化工绿色创新发展与传统技术相比，新技术具有广阔的市场前景：原材料大部分为天然材料，具有成本低、环境友好等特点；制备涂料时，添加工艺简便，生产条件无须高温高压，温和节能；所制备的助剂具有较强的热稳定性和光稳定性，适用于大部分涂料。

高端精细化工绿色创新发展对于合成树脂、橡胶等石化基础材料以及涂料、染料等精细化学品至关重要，是汽车、建筑、纺织等行业发展不可或缺的原料和材料；特种工程塑料、氟硅新材料、电子化学品等则是航空航天、电子电气、核能、新能源等国家战略性新兴产业及尖端技术领域急需的新材料。随着这些高新技术产业的迅速发展，性能好、特种、安全环保化工新材料、精细化学品的应用范围也越来越广。

然而在我国，性能高、品种特殊、安全环保的化工新材料及精细化学品仍然匮乏，这在一定程度上制约着我国重大工程和重点产业的发展。以乙丙橡胶为例，国外牌号超过几十个，可适用于多种环境和不同场合。国内却只有5种，且全部是通用牌号，产品性能和附加值低。高端材料领域的低自给率与我国高速发展的经济和巨大的市场需求极不相称。又如信息网络领域中配套的电子化学品，其进口产品的份额已超过50%。因此，高端精细化工专用化学品未来需要完成环保化替代、进口替代和满足增量需求三大任务，任重道远，发展前景广阔。

近年来新材料及精细化学品已经被列为化工行业的发展重点，并朝着高端化、差异化、高附加值化的方向发展。经过科研人员的努力，我国在高端化工新材料、精细化学品开发上取得了一系列重大突破。荣获国家科技奖的反式异戊橡胶、动态硫化橡胶、长碳链尼龙以及生物法聚氨基酸等代表了我国在该领域的成果。

第二章

精细化工技术与产品分析

第一节

绿色催化技术

一般传统的化学工业生产当中资源利用不合理以及浪费的现象对生态环境造成了不良的影响，而现代社会对于绿色环保越来越重视，并且由于我国人口基数大，资源短缺，精细化工生产对于生态环境的破坏大，因而发展绿色精细化工有着重要的战略意义，现代化工产业也必须从绿色环保的角度出发，促进绿色精细化工生产来保证生态的可持续发展要求。

催化剂是化学反应中一类特殊的物质，它能够降低反应的活化能，改变化学反应速率而自身在反应前后并无变化。催化剂在化学反应中起到重要的作用，如果不使用催化剂，一些反应可能就无法进行。从整个化工行业看使用催化剂的相对量并不大，但绝对量却很大。传统意义上的催化剂如浓 H_2SO_4 等具有良好的催化性能，但在使用后难以处理，或多或少地对环境造成污染。

绿色催化技术是化学工艺的基础，主要包含离子液体催化体系及反应、碳催化体系及反应、胺醇绿色催化烷基化、电催化、非光气催化体系及反应等内容。催化技术是化学反应工业应用的关键步骤。催化作用具体包括生物催化与化学催化，其能够很大程度上提升化学反应选择性以及目标产物产率，并且同时能够抑制副反应的发生，有效地减少甚至消除副产物的产生，从而最大程度利用现有资源，减少对生态环境的破坏。

如今绿色催化剂有了很大的进步，例如酶催化剂、固体酸碱催化剂、不对称合成反映催化剂、纳米催化剂等，都一定程度上推动了化学合成工业的绿色化。

目前国内精细化工催化广泛采用酸碱、金属及金属化合物、配位化合物等催化剂。不断开发的精细化工催化剂有超强酸碱催化剂、稀土配合物催化剂、择形催化剂、手性催化剂等；发展的新型催化技术有相转移催化技术、立体催化合成技术、电催化合成技术、固定化酶催化技术、膜催化技术等。

本章节主要对不对称催化、相转移催化、酶催化、光催化、绿色精细化工催化技术及应用实例等分别介绍如下。

一、不对称催化

（1）不对称催化方法的定义

不对称催化方法是通过使用手性催化剂来实现不对称合成反应的方法。其中不对称合成，也称手性合成、立体选择性合成、对映选择性合成，是研究向反应物引入一个或多个具手性元素的化学反应的有机合成分支。这里，反应剂可以是化学试剂、催化剂、溶剂或物理因素。

按照不对称催化方法的定义，目前我国对不对称催化研究的最新成果，也包括了我国科学家在该领域取得的出色成绩。所涵盖内容系统全面，主要包括了从手性放大与传递、手性催化剂设计合成、不对称催化反应、催化剂的负载和催化反应机理，到不对称催化的工业应用等不对称催化合成的各个方面。

（2）不对称催化的原理

不对称催化，又称不对称合成，一般是生成有旋光性产物的反应。在反应过程中因受分子内或分子外的手性因素的影响，试剂向反应物某对称结构的两侧进攻，进而在形成化学键时表现出不均等，结果得到不等量的立体异构体的混合物，具有旋光活性。

（3）不对称催化主要类型及拆分

不对称转化的主要类型有前手性底物的不对称催化、外消旋体的动力学拆分和动态动力学拆分及其相应的能量图。

一般而言，不对称催化反应是使用非外消旋手性催化剂进行反应的，仅用少量手性催化剂，可将大量前手性底物对映选择性地的转化为手性产物，具有催化效率高、选择性高、催化剂用量少、效率高，对环境污染小，成本低的优点。外消旋体的拆分，一般用物理、化学或生物的方法将一外消旋体拆分为纯的左旋体和右旋体的过程。

拆分方法一般指外消旋体与另一手性化合物作用生成非对映异构体混合物，利用非对映异构体的物理性质差异较大的特点，可以通过结晶的方法分离，这样的手性化合物称为拆分剂。选择拆分剂固然十分重要，假如选择的不合适，或者比例不恰当的拆分剂，都会造成拆分的产物不完全。如对于胺类化合物，一般用手性酸拆分。因此，一般常见的手性酸拆分剂有：酒石酸，苹果酸，樟脑酸，樟脑磺酸，双丙酮-L-古龙酸，苯氧丙酸，氢化阿托酸及它们的衍生物。

（4）手性催化中的新概念与新方法

随着对手性催化研究的逐步深入，化学家在不断地总结和发现一些新概念和新方法，一方面可以进一步提高手性催化的效率，另一方面，也为认识手性起源和手性催化的规律提供了新的线索和思路，为新型手性催化剂和新的手性催化反应的设计提供了理论指导。

目前，手性催化反应的设计在国内外已经取得了重要的进展，比如 Kagan 等提出的非线性效应、Noyori 等提出的不对称放大、Yamamoto 与 Faller 提出的"不对称毒化"等概念，以及如瑞士洛桑联邦理工学院的祝介平（Jieping Zhu）教授团队设计了一种在催化不对称反应中能够有效提高对映选择性的新策略，显著地提高了反应的对映选择性，曾为设计手性催化剂提供了全新的思路。此外，还包括 Soai 等提出的"不对称自催化"和 Sharpless 等提出的"配体加速的催化反应"等。这些概念和最近提出的"组合不对称催化""超分子手性催化"等成为了国内外手性催化研究的热点。

近年来，我国科学家在新概念和新方法研究方面也取得了一些重要进展，例如：丁奎岭等运用组合化学方法，基于不对称活化、毒化、手性传递、非线性效应等概念，发展了一系列新型、高效和有应用前景的手性催化剂体系。该方法的主要内容就是选用两个（或多个）配体和一个金属离子配位，以平行方式来构建自组装的手性催化剂库。他们依据这种组合策略，详细研究了醛与双烯的不对称杂 Diels-Alder 反应以及羰基-烯反应，获得了超高活性的手性催化剂体系。用单一催化剂同时催化两个不同的反应进而实现串联反应是手性催化研究新近发展的另一新方法，被形象地称为"一石二鸟"，丁奎岭等利用非手性亚胺活化手性催化剂的策略，成功实现了单一催化剂在一锅中、相同反应条件下催化两个不同的不对称反应，并获得了优异的非对映和对映选择性。他们还基于不对称活化策略，发展了第一例采用外消旋配体在光学纯手性添加剂存在下进行的不对称烷基化反应。丁奎岭等还将这种"组合手性催化剂"进一步拓展到手性桥联配体与金属的"组装手性催化剂"，首次提出了手性催化剂的"自负载"概念。

（5）高端手性螺环催化剂的发现

不同手性的分子结构相似而性能不同，甚至大相径庭。在用于治疗的药物中，有许多是手性药物，手性药物的不同对映异构体，在生理过程中会显示出不同的药效。然而，在一般化学合成中，手性分子的这两种对映异构体出现的比例是相等的，所以对于医药公司来说，他们每生产 1kg 药物，还要费尽周折，把另一半分离出来。能像"酶"一样精准、高效地创造手性分子是科学家的梦想和追求，不对称催化由此诞生并成为创造手性分子最有效的方法。

手性螺环催化剂在许多不对称反应中都表现出很高的催化活性和优异的对映选择性，在多个不对称催化反应中保持了最高的催化活性和对映选择性记录，特别是超高效的手性螺环铱催化剂在酮的不对称催化反应中转化数达到 450 万，成为迄今为止最高效的手性分子催化剂。手性螺环催化剂将手性分子的合成效率提高到了一个新的高度，改变了人们对人工催化剂极限的认知。

现在手性螺环催化剂已经被广泛应用。系列手性螺环催化剂被列入国际著名试剂目录，已在 200 多个不对称反应中得到应用，并且被用于多个手性药物的生产。手性螺环催化剂显著推动了合成化学学科的发展。

二、相转移催化

（1）相转移催化的定义

在有机合成中常遇到非均相有机反应，这类反应通常具有速率慢，产率低，反应不完全的缺点。但如果用水溶性无机盐，用极性小的有机溶剂溶解有机物，并加入少量（0.05mol以下）的季铵盐或季磷盐，反应则很容易进行，这类能促使提高反应速率并在两相间转移负离子的𨱏盐，称为相转移催化剂。

目前相转移催化剂已广泛应用于有机反应的绝大多数领域，如卡宾反应、取代反应、氧化反应、还原反应、重氮化反应、置换反应、烷基化反应、酰基化反应、聚合反应，甚至高聚物修饰等，同时相转移催化反应在工业上也广泛应用于医药、农药、香料、造纸、制革等行业，带来了令人瞩目的经济效益和社会效益。

（2）相转移催化的原理

相转移催化是指，一种催化剂能加速或者能使分别处于互不相溶的两种溶剂（液-液两相体系或固-液两相体系）中的物质发生反应。反应时，催化剂把一种实际参加反应的实体从一相转移到另一相中，以便使它与底物相遇而发生反应，催化机理符合萃取机理。

以卤代烷与氰化钠的反应为例，相转移催化反应的过程大致如下：

① 水相反应：$NaCN+Q^+X^- \longrightarrow NaX+QCN$（$Q^+X^-$为相转移催化剂）；

② QCN进入有机相；

③ 有机相反应：$RX+QCN \longrightarrow RCN+Q^+X^-$；

④ Q^+X^-返回水相。

相转移催化剂在反应中并未损耗，只是起传递离子的作用，因此用量很少。常用的相转移催化剂是冠醚和季铵盐。

相转移催化使许多用传统方法很难进行的反应或者不能发生的反应能顺利进行，而且具有选择性好、条件温和、操作简单、反应速率快等优点，具有很好的实用价值。

相转移催化剂（phase transfer catalyst，PTC）是可以帮助反应物从一相转移到能够发生反应的另一相当中，从而加快异相系统反应速率的一类催化剂。一般存在相转移催化的反应，都存在水溶液和有机溶剂两相，离子型反应物往往可溶于水相，不溶于有机相，而有机底物则可溶于有机溶剂之中。不存在相转移催化剂时，两相相互隔离，几个反应物无法接触，反应进行得很慢。相转移催化剂的存在，可以与水相中的离子所结合（通常情况），并利用自身对有机溶剂的亲和性，将水相中的反应物转移到有机相中，促使反应发生。

（3）相转移催化的要求及其种类

相转移催化剂的要求如下：

① 具备形成离子对的条件，或者能与反应物形成复合离子。

② 有足够的碳原子，以便形成的离子对具有亲有机溶剂的能力。

③ R 的结构位阻应尽可能小，R 基为直链居多。

④ 在反应条件下，应该是化学稳定的，并便于回收。

相转移催化剂分为以下几类：

① 聚醚：链状聚乙二醇，$H(OCH_2CH_2)_nOH$；链状聚乙二醇二烷基醚，$R(OCH_2CH_2)_nOR$。

② 环状冠醚类：18 冠 6、15 冠 5、环糊精等。

③ 季铵盐：常用的季铵盐相转移催化剂是苄基三乙基氯化铵（TEBA）、四丁基溴化铵（TBAB）、四丁基氯化铵、四丁基硫酸氢铵、三辛基甲基氯化铵、十二烷基三甲基氯化铵、十四烷基三甲

基氯化铵等。

④ 叔胺：R_4NX、吡啶、三丁胺等。

⑤ 季铵碱（其碱性与氢氧化钠相近）。

⑥ 季鏻盐。

（4）相转移催化剂应用新方法

将相转移催化剂加入到异戊基黄原酸盐的合成中，有效地加快了反应速率，极大地缩短了时间，同时催化剂的加入对异戊基黄原酸盐的选矿效果无明显影响。

三、酶催化

（1）酶催化的定义

酶催化可以看作是介于均相与非均相催化反应之间的一种催化反应。既可以看成是反应物与酶形成了中间化合物，也可以看成是在酶的表面上首先吸附了反应物，然后再进行反应。

（2）酶催化的原理

在自然界中，大约有三分之一的酶需要金属离子作为辅助因子或活化剂。有些含金属的酶，其所含的金属离子，特别是铁、钼、铜、锌等过渡金属离子与蛋白质部分牢固地结合，形成酶的活性部位。这种酶称为金属酶，例如使大气中游离的氮分子固定为氨的、含钼和铁的固氮酶；使底物氧化同时将氧分子还原为水的铜氧化酶；使 H_2（或 H^+）转化为 H^+（或 H_2）的含铁、硫的氢酶；一类含钼的氧化还原酶（如硝酸盐还原酶、嘌呤脱氢酶、黄嘌呤氧化酶、醛氧化酶、亚硫酸氧化酶和甲酸脱氢酶）等。在这些酶的大分子内部含有由若干金属原子组成的原子簇，作为活性中心，以络合活化底物分子。它们使底物络合活化的方式和通过配位体实现电子与能量偶联传递的原理，与相应的均相络合催化和多相络合催化过程有相似的地方。

（3）酶催化技术

酶是存在于生物体内且具有催化功能的特殊蛋白质，通常所讲的生物催化主要指酶催化，其具有以下特点。

① 催化的高效性。对于同一反应，酶催化比一般化学催化效率高 $10^6 \sim 10^{13}$ 倍。酶催化剂用量少，一般化学催化剂的摩尔分数是 $0.1\% \sim 1\%$，而酶催化反应中酶的摩尔分数为 $10^{-6} \sim 10^{-5}$。

② 选择性高。每种酶只能加速一种特定结构的底物或结构相似底物的化学反应。例如，酯酶只能催化酯类化合物的水解，过氧化氢酶只能催化过氧化氢的分解。这种高选择性也就是酶催化的专一性，包括结构专一性和立体异构专一性。

（4）酶催化反应与酶催化剂的特点

酶催化反应有如下特点：

① 高效性。酶的催化效率比无机催化剂更高，使得反应更快。

② 专一性。一种酶只能催化一种或一类底物，如蛋白酶只能催化成多肽、二肽酶可催化各种形成的二肽。

③ 温和性。是指酶所催化的化学反应一般是在较温和的条件下进行的。

④ 活性可调节性。包括抑制剂和激活剂调节、共价修饰调节和变构调节等。

⑤ 有些酶的催化性与辅因子有关。

⑥ 易变性。由于大多数酶是蛋白质，因而会被高温、强酸、强碱等破坏。

酶催化剂有如下特点：

① 酶催化效率高。

② 反应条件温和。

③ 高度特异性。

（5）酶催化反应特征与作用

酶催化反应表现出一种在非酶促反应中不常见到的特征，即可与底物饱和。当底物浓度增加时，酶反应速率达到平衡并接近一个最大值 V_m（图 2-1）。

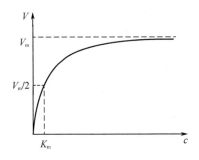

图 2-1　酶催化反应

酶具有加快或减慢化学反应的作用。在一个活细胞中同时进行的几百种不同的反应都是借助于细胞内含有的相当数目的酶完成的。

它们在催化反应专一性，催化效率以及对温度、pH 的敏感等方面表现出一般工业催化剂所没有的特性。在许多情况下，底物分子中微小的结构变化会丧失一个化合物作为底物的能力。

例如尿素酶只能催化尿素，使之水解为氨和二氧化碳，而对结构非常相似的甲基尿素却毫无催化作用。有些酶表现的专一性程度低一些，能作用于具有某种特殊化学基团的多种化合物。

酶的催化效率显然比其他类型催化剂高，在一定条件下，每个过氧化氢酶在 1min 内能转化 5000000 个过氧化氢分子，比其他催化剂效率要高几个数量级。在化学实验室中需几天或几个月才能完成的复杂反应序列，酶能在数秒钟之内催化完成。

　　酶催化反应用于工业生产，可以简化工艺流程、降低能耗、节省资源、减少污染。酿造工业利用酶催化反应生产酒、有机酸、抗菌素等产品，已成为一项重要的产业。

（6）酶促反应动力学研究

　　酶促反应动力学简称酶动力学，主要研究酶促反应的速率和底物（即反应物）浓度以及其他因素的关系。在底物浓度很低时酶促反应是一级反应；当底物浓度处于中间范围时，是混合级反应；当底物浓度增加时，向零级反应过渡。

　　① 酶动力学的定义。酶动力学是研究酶结合底物的能力和催化反应速率的科学。一般通过酶反应分析法来获得用于酶动力学分析的反应速率数据。如酶催化剂参与的生物反应过程中，酶反应速率及影响酶反应速率的各种因素。它能提出底物到产物之间可能的历程与机理，获取反应速率和影响此速率的诸因素，例如温度、pH、反应物系的浓度以及有关抑制剂等的关系，以满足酶反应过程开发和生物反应器设计的需要。

　　② 酶动力学的影响。

　　温度的影响：酶对温度极为敏感，绝大多数酶在60℃以上即变性、失活。在低温时酶反应进行缓慢；当温度逐渐升高时，反应速率也逐渐升高；到最高峰时，温度如继续升高反应速率很快降低。

　　一种酶在一定的温度和pH条件下，只能在某一温度时才表现出最大活力，这个温度就是这种酶反应的最适温度。当底物浓度大大超过酶的浓度时，酶的浓度与反应速率呈正比关系。但各种酶都有它的最适温度。最适温度的出现，是由于温度对酶的反应有双重影响的结果。一方面同一般化学反应一样，随着温度升高酶催化的反应速率也加快；另一方面是由于酶是蛋白质，随着温度升高会加速酶蛋白的变性，使酶的活性丧失。

pH 的影响：酶常常在某一 pH 范围内才表现出最大活力，这种表现出酶最大活力时的 pH，就是酶的最适 pH。在最适 pH 范围内，酶反应速率最大，否则酶反应速率就降低。

酶反应介质的 pH 可影响酶分子，特别是活性中心上必需基团的解离程度和催化基团中质子供体或质子受体所需的离子化状态，也可影响底物和辅酶的解离程度，从而影响酶与底物的结合。只有在特定的 pH 条件下，酶、底物和辅酶的解离情况，才最适宜于它们互相结合，并发生催化作用，使酶促反应速度达最大值，这种 pH 称为酶的最适 pH。它和酶的最稳定 pH 不一定相同，和体内环境的 pH 也未必相同。

一方面是由于酶本身是蛋白质，过酸或过碱易使酶变性失活；另一方面主要是影响了酶分子的活性中心上有关基团的解离或底物的解离，影响酶与底物的结合，从而影响酶的活力。不同酶的最适 pH 可分布在很广的范围内，从大约 pH 为 2 的蛋白酶到大约 pH 为 10 的精氨酸酶。某些酶具有跨越几个 pH 单位的广阔的最适 pH 范围，而其他一些酶则有非常窄的最适 pH 范围。与最适温度一样，一种酶的最适 pH 可以随所用的底物及其他实验条件而变化。

③ 米氏方程与酶相互转化及辅助因子研究

米氏方程（Michaelis-Menten equation）是表示一个酶促反应的起始速度与底物浓度关系的速率方程。是基于质量作用定律而确立的，而该定律则基于自由扩散和热动力学驱动的碰撞这些因素。在酶促反应中，在低浓度底物情况下，反应相对于底物是一级反应；而当底物浓度处于中间范围时，反应（相对于底物）是混合级反应。当底物浓度增大时，反应由一级反应向零级反应过渡。然而，由于酶/底物/产物的高浓度和相分离或者一维/二维分子运动，许多生化或细胞进程明显偏离质量作用定律的假定。在这些情况下，可以应用分形米氏方程。

　　长期以来，人们已经知道许多化学反应的速率随着反应物浓度的增大而加快。对于一个单底物不可逆的酶反应，当底物浓度增大时，酶反应的速率不断增大并接近一个最大值。一般认为，反应介质的氢离子浓度也相当大地影响酶的活力。在酶的浓度不变的情况下，底物浓度对反应速率影响的作用呈现矩形双曲线。当底物浓度大大超过酶的浓度时，酶的浓度与反应速率呈正比关系。在底物浓度很低时，反应速度随底物浓度的增加而急骤加快，两者呈正比关系，表现为上述提到的一级反应。

　　随着底物浓度的升高，反应速率不再呈正比例加快，反应速率增加的幅度不断下降。如果继续加大底物浓度，反应速率不再增加，表现为零级反应。此时，无论底物浓度增加多大，反应速率也不再增加，说明酶已被底物所饱和。一般所有的酶都有饱和现象，只是达到饱和时所需底物浓度各不相同而已。

　　酶相互转化：我们从已知有将近 2000 种不同的酶，其中至少已有 200 种已制出结晶物质。大多数酶都是蛋白质，其分子量范围约从 10000 到 1000000 以上。假如按照酶所催化的反应来分类和定名，如氧化还原酶可催化电子传递反应，在细胞呼吸和能量产生中起着重要的作用；转移酶可催化一种化学基团，从一个底物转移到另一底物；水解酶可催化蛋白质、核酸、淀粉、脂肪、磷酸酯及其他物质的水解；裂合酶可催化底物发生非水解性裂解并生成双键；异构酶可催化异构物相互转化等。

　　④ 酶辅助因子研究。辅因子（cofactor）是指与酶（酵素）结合且在催化反应中必要的非蛋白质化合物。某些分子如水合部分常见的离子所扮演的角色和辅因子类似，但由于含量不受限制且普遍存在，因此不归类为辅因子。

　　有些酶类的活性仅由它们的蛋白质结构所决定，而另一些酶类还需要一种或多种的非蛋白质组分，称为辅因子。辅因子可以是金属离子或金属配合物，也可以被称为辅酶的有机分子；有些酶类两者都需要。

（7）酶催化中的新方法与新发展

一般一种酶可以催化多种反应的多功能性在近年研究中不断被发现，如水解酶可以催化 Michael 加成、Markovnikov 加成、Henry 反应和羟醛缩合等，酶催化多功能性发现进一步拓宽了酶在有机合成中的应用。另外，微波辐射和酶催化是现代有机合成化学中两种强有力的催化手段。目前国内一种新的研究动向是将两者结合起来用于催化有机合成反应，这种新型催化方法可以被称作微波辐射-酶耦合催化（MIECC）。由 MIECC 方法催化的有机合成反应可以被分为湿法和干法两大类型。

弄清自然界在亿万年进化过程中巧妙设计的各种酶作用机理，不仅能揭开生物催化过程的奥妙，也能为人类利用其中某些原理来研究开发新型高效催化剂奠定科学基础，并带动催化边缘学科（光助催化、电催化和光电催化）的发展。

四、光催化

（1）光催化的定义

光触媒是一种在光的照射下，自身不起变化，却可以促进化学反应的物质，光触媒是利用自然界存在的光能转换成为化学反应所需的能量，来产生催化作用，使周围的氧气及水分子激发成极具氧化力的自由负离子。几乎可分解所有对人体和环境有害的有机物质及部分无机物质，不仅能加速反应，亦能运用自然界的定律，不造成资源浪费与附加污染形成。最具代表性的例子为植物的光合作用，吸收二氧化碳，利用光能转化为氧气及有机物。

（2）光催化的原理

一般而言，光催化原理是基于光催化剂在光照的条件下具有的氧化还原能力，从而可以达到净化污染物、物质合成和转化等目的。如以纳米粒子 TiO_2 为例：当半导体氧化物 TiO_2 纳米粒子受到大于禁带宽度能量的光子照射后，电子从价带跃迁到导带，产生了电子-空穴对，电子具有还原性，空穴具有氧化性，空穴与氧化物半导体纳米粒子表面的—OH反应生成氧化性很高的羟基自由基（·OH），活泼的（·OH）可以把许多难降解的有机物氧化为 CO_2 和 H_2O 等无机物。

（3）光催化有机合成反应的特点

通常情况下，光催化氧化反应以半导体为催化剂，以光为能量，将有机物降解为二氧化碳和水。因此光催化技术作为一种高效、安全的环境友好型环境净化技术，对室内空气质量的改善已得到国际学术界的认可。

光催化有机合成反应的特点如下：

① 光是一种非常特殊的生态学上清洁的"试剂"。

② 光化学反应条件一般比热化学要温和。

③ 光化学反应能提供安全的工业生产环境，因为反应基本上在室温或低于室温下进行。

④ 有机化合物在进行光化学反应时，不需要进行基团保护。

⑤ 在常规合成中，可通过插入一步光化学反应大大缩短合成路线。

因此，光化学在合成化学中，特别是在天然产物、医药、香料等精细有机合成中具有特别重要的意义。

（4）纳米光催化剂的制备方法

纳米 TiO_2 的制备方法主要有两种，固相法和液相法。童忠良

教授自制纳米 TiO_2 光催化剂，主要采用硫酸法钛白生产的中间产品硫酸氧钛（$TiOSO_4$）为原料，以尿素为沉淀剂，经过均匀沉淀-溶胶-絮凝制备出纳米 TiO_2 粒子。最佳的工艺条件：反应温度（98±2）℃，反应 2~3.5h，反应物物质的量之比为 $TiOSO_4:CO(NH_2)_2=$ 2:1，溶胶剂与偏钛酸浓度之比 4:1，絮凝剂用量为 9.5mg/L；得到的纳米 TiO_2 粒径为 20~50nm，产率达 92%。该法制备的特点是：可人为控制粒径的大小，并在 100℃以下温度下进行，反应条件温和，可得到高纯度、均匀、多孔质、质地白的 TiO_2 粒子；比表面积大，分散性好，品质优良，经济，可产业化生产。

（5）光催化剂在农药、染料、石油化工中的应用分析

农药分为除草剂和杀虫及杀菌剂，大都为有机磷、有机氯及含氮化合物。他们在大气、土壤和水体中停留时间长，危害范围广，且难以降解，故其在自然界中的环境化学行为深受人们的关注。郑巍等研究了由羧甲基纤维素钠（CMC-Na）附载普通 TiO_2 光催化降解咪呀胺农药的过程，降解率达 50%以上，降解速率符合假一级动力学方程，并探讨了以自然光为光源催化降解咪呀胺的可行性。陈士夫等以四异丙醇钛为原料，用 S-R 法制备的 TiO_2 胶体，经 600℃烧结后生成的粉末负载于玻璃纤维，对有机磷农药进行了光催化降解的研究。结果表明，浓度较低的有机磷农药在 375W 中压汞照射下短时间内被完全分解为 PO_4^{3-}，效果显著。光催化分解农药的优点是它不会产生毒性更高的中间产物，这是其他方法所无法比拟的。

在染料的生产和使用中，有大量盐度高、色度深、异味大的染料废水进入环境，对生态环境和饮用水造成极大的污染。近年来用普通 TiO_2 粉末对染料的脱色、光解等进行了大量的研究，并取得了一定的成果。近两年人们又在尝试用纳米 TiO_2 粉体对染料进行脱色和光解处理以期提高脱色和光解效率。符小荣等利用自

制的纳米 TiO_2 薄膜对染料丽春红进行了光催化降解研究，受到了良好的效果。瞿萍等用纳米 TiO_2 粒子作光催化剂，在可见光照射下成功地对曙红、罗丹明 B、二号橙等染料进行了光降解处理。此外，张汝冰等用纳米 TiO_2 对甲基橙、亚甲基蓝等染料分子进行了光催化降解的实验研究，取得了好的效果。

对石油化工的炼油厂工业废水处理，童忠良等利用自制的纳米 TiO_2 进行悬浮体系和固定体系的研究并筛选出最佳的光催化工艺条件，取得研究成果，结果令人满意。

（6）光催化剂在工业催化剂、纺织染整助剂、环境净化中的应用分析

大气污染主要来自汽车尾气、工业废气与人类日常生活中带来的氮氧化物和硫氧化物。大家都在探索一种去除这类废气的有效方法。将纳米 TiO_2 粒子固定在基质上制备负载型工业催化剂，利用纳米 TiO_2 粒子的光催化作用可将有害气体氮化，形成蒸气压低的硫酸和硝酸，可在降雨过程中除去，达到减轻大气污染的目的。日本四家公司联合开发出了一种处理汽车尾气中的氮氧化物的方法：将含 TiO_2 光催化剂的水泥喷涂到地面上，形成 0.3～0.5mm 厚的涂层。在模拟实验中尽管受到汽车轮胎的磨损，但是五年后涂层仍保存 80%，汽车尾气中的氮氧化物可以除去约 25%。

纳米 TiO_2 粒子在紫外光照下产生载流子（空穴对），空穴能分解周围的水产生活性羟基自由基，电子能使空气中的氧还原成活性氧离子，因而显示出极强的氧化能力。如纺织染整助生产过程中所产生废气、污水、细菌、恶臭分子等被吸附在纳米 TiO_2 粒子的表面而分解成 CO_2 和 H_2O 等无害物质。因此纳米 TiO_2 工业催化剂在治理纺织染整助剂的废气、废水与环境净化方面有着广泛的应用。

（7）纳米 TiO_2 光催化剂在涂料中的应用分析

童忠良自制纳米 TiO_2 光催化剂为第二种子与纳米 SiO_2 为第三种子，采用三元种子法，通过在乳液聚合过程中加入含 SiMPC/MMA/BA 的乳液，引入接枝粒径较小的单分散有机硅单体种子乳液生成水性的高固含量三元聚合纳米复合乳液，于北京建材科学研究院完成中试生产并在天津建厂。中试产品在北京、河北、浙江、广西、江苏等地应用于水性材料的抗紫外线防老化保护，如家具涂料、防水涂料、户外使用的材料涂料等作为黏接乳液及保护剂，已展示了广阔的发展潜力。目前光催化剂与三元聚合纳米复合乳液在国内已经在五个方面得到推广使用。a.城市道路和高速公路的隔音壁、护栏、标识、信号、照明等及隧道内壁必须用光催化涂料来减低其周围空气中 NO_x 的浓度，以达到环保要求；b.道路或高速公路附近的建筑物外墙涂料也应采用具有光催化净化空气（减低 NO_x 含量）的涂料；c.玻璃窗、镜子、标识指示的表面涂料还应采用具有防污、防雾功能；d.各种空调器、空气净化的过滤装置上采用光催化材料，能灭菌、除臭（香烟臭味）、防污；e.屋内浴室、卫生间、墙壁及卫生洁具应具有防污、灭菌、除臭的光催化功能。

五、绿色精细化工催化技术及应用实例

1.绿色催化与化学反应技术

随着人们环境意识的逐渐提高以及对环境要求的日益严格，绿色化学将成为 21 世纪化学发展的主流，绿色化学是指利用化学的技术和方法去减少或消灭那些对人类健康和生态环境有害的原料、催化剂、溶剂和试剂、产物及副产物等的使用和产生。相对于传统化学它是未来化学化工发展的主要方向之一。催化在绿色

化学目标的实现过程中起着非常关键的作用。

　　绿色催化是替代传统多步化学计量反应的有机合成过程以大幅度降低精细化学品合成中污染物排放和提高过程经济性的重要手段。可以说，化学工业的重大变革、技术进步大多都是随着新催化材料或新催化技术的产生而产生的，要发展环境友好的绿色化学，就要大力发展绿色催化技术。

2.绿色催化工艺研究进展

　　随着科学技术的发展以及化学工业的迫切需求，许多高新技术如新催化材料、超临界流体技术、新反应器和生物工程等，都潜移默化地进入基础有机原料合成工艺，并在绿色催化工艺开发中发挥重要作用。

　　近几年，超临界流体技术在国内外发展的最新成果及动向，尤其在催化反应和金属有机反应中表明，将超临界流体技术应用于催化反应中，将提高催化剂的活性、选择性及寿命，并可提高反应速率，改变反应历程，特别是在开展可控制化学及环境友好的绿色化学反应方面的研究具有很大的潜在优势（表 2-1）。

表 2-1　超临界流体在催化反应中的部分应用实例

反应类型	反应物	催化剂	反应条件	效果
烷基化反应	异丁烷、异丁烯	脱铝氢型Y型沸石	溶剂：异丁烷 50～140℃，3～5MPa	提高活性，延长催化剂寿命
酯化反应	油酸、甲醇	离子交换树脂	溶剂：CO_2，40～60℃，0.9～1.3MPa	提高活性
加氢反应	油脂	负载钯催化剂	溶剂：丙烷，50～100℃，7～12MPa	提高活性和选择性
异构化反应	1-己烯	负载铂催化剂	溶剂：CO_2(共溶剂戊烷)，250℃，18MPa	提高活性和选择性，延长催化剂寿命

反应类型	反应物	催化剂	反应条件	效果
氧化反应	甲苯制苯甲酸	Co/氧化铝	溶剂：CO_2，$180\sim200℃$，8MPa	提高选择性

（1）新催化材料的绿色催化工艺

国内在工业上大约有 1/4 的单体和化学中间体是通过选择性氧化工艺生产的，而所用的催化剂都是固体催化剂。

一般在选择性氧化领域，最有突破意义的是微孔钛硅催化剂（TS-1）的发现和应用，它的问世引起了相当大和普遍的对于杂原子微孔材料用于液相氧化反应的兴趣。但是 TS-1 催化剂有一个本质的缺陷：它的孔径太小（通常小于 6Å，$1 Å=10^{-10}m$），不能让较大分子通过孔道和微孔里的活性中心接触。通常大分子氧化在精细化工和药物化学中是很重要的，因此具有较大孔径的介孔钛硅材料一直被人们探索与研究。

国内新型分子筛、纳米材料、离子液体等新催化材料已逐渐显露其在绿色催化工艺中的作用。其中将掺 Al 后的介孔分子筛 MCM-41 用于苯酚与叔丁醇的烷基化反应，其产物对叔丁基苯酚选择性明显优于 SAPO-11、β-沸石和 Y 沸石，其选择性可高达 91.5%，相比之下，β-沸石仅 58.1%。

（2）超临界流体技术的绿色催化工艺

目前国内作为新兴绿色技术的超临界流体技术在化学反应、萃取分离、化学分析、材料制造、石油化工及环保等领域得到了广泛的应用。

超临界流体具有高扩散性、低黏度和适中的密度，其良好的流动性和传质性能用作化学反应介质可提高反应选择性和加快反应速率。在超临界状态下进行化学反应，可以使多相反应物甚至催化剂都溶于超临界流体内，从而消除扩散限制，增大反应速率。同时具有提高催化剂催化活性、延长催化剂寿命等性质。例如在超临界加氢反应中，由于 H_2 能混溶到超临界相中，从而消除了从气相到超临界相的传质阻力，因此在超临界流体中进行加氢反应具有很大的优越性。

（3）新反应器技术的绿色催化工艺

世界上最早工业化的催化精馏工艺是甲基叔丁基醚的合成，该工艺由美国 Chemical Research & Licensing 公司于 1978 年开发，1981 年在美国休斯敦炼厂实现工业化应用。

一般新反应器的设计要求以最省的投资费用和最低的能耗将原料最有效地转化为所需产品。目前主要有催化精馏反应器、循环流化床提升管反应器、膜催化反应器等。

由于催化反应和精馏过程的高度耦合，反应过程中可以连续移出反应产物，使得催化精馏工艺具有高选择性、高生产能力、高产率、低耗能和低投资等优点。

催化精馏是将催化剂引入精馏塔，固体催化剂在催化精馏工艺中既作为催化剂加速化学反应，又作为填料或塔内件提供传质表面。

催化精馏反应器是一种将催化剂置于精馏塔内，既能作为催化剂加速化学反应又能作为填料或塔内件提供传质表面的多功能反应器（图 2-2）。与传统工艺相比，具有产品选择性高、原料转化率高、生产能力大、投资费用省和能耗低等优点。催化精馏技术最早应用于甲基叔丁基醚（MTBE）和乙基叔丁基醚（ETBE）等合成工艺中，现已广泛应用于包括酯化、醚化、异构化、烷基化、叠合过程、烯烃选择性加氢等诸多领域。膜催化反应器也是新一代多功能反应器。

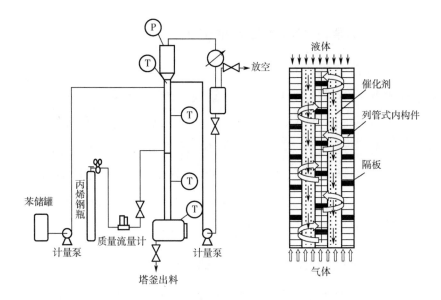

图 2-2　催化精馏反应装置及其内部结构

一般而言，与传统反应器相比，膜催化反应器具有打破化学平衡、提高转化率、节约能源等一系列优点。将钯膜催化反应器用于乙苯脱氢反应，由于有选择性地将反应产物的部分和全部从反应器内移出，从而打破了化学平衡，使乙苯在钯膜催化反应器上的脱氢转化率高达 100%，而在相同条件下的热力学平衡转化率仅 18.9%（图 2-3）。

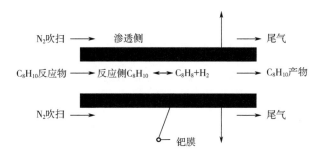

图 2-3　钯膜反应器乙苯脱氢原理示意图

（4）清洁原料路线的绿色催化工艺

现有基础有机原料合成工艺中，有不少工艺至今仍采用对环境存在严重污染的原料。如以氢氰酸为原料用丙酮氰醇法生产甲基丙烯酸甲酯（MMA）；以氯气和丙烯为原料用氯醇法生产环氧丙烷等。但今后这类工艺有望被清洁原料路线所替代。其中有望替代氯醇法制环氧丙烷工艺是以 TS-1 为催化剂，以 H_2O_2 为氧化剂的丙烯直接氧化工艺。在 MMA 生产方面，传统丙酮氰醇法正向对环境无污染的异丁烯两步法工艺转换。

3.微通道反应器在绿色催化非均相反应中的作用

化学合成在为人类提供所需物质的同时，也产生了许多人们不期望的副产物，不仅浪费了资源，而且污染环境。为了保证可持续发展，必须综合考虑环境和资源等方面的限制因素，革新原有工艺，使新工艺在高效获得产品的同时很少产生甚至不产生污染物。绿色催化则成为实现无公害工艺梦想的重要手段。

催化科学发展到今天已经成为化学品、燃料生产和环境保护的支柱技术。我国的微通道反应器也将在绿色催化领域发挥重要的作用。

非均相催化反应在化学催化方面占有重要地位，相对于均相催化，它具有不会对产物产生金属离子污染、易于与反应体系分离、利于重复利用、降低成本等优点。但是另一方面非均相催化反应也具有一系列的难题需要克服。

一般以典型的非均相反应催化加氢为例，首先在非均相的加氢反应中，不同相之间的混合接触效果将会极大地影响反应速度和转化率，在传统的釜式反应中，很难依靠搅拌等方法实现很好的物料混合效果。其次，气液反应一般都会需要较高的压力才会提高转化率，所以会对设备产生更高的要求，同时氢气具有易燃易爆特性，一旦在反应过程中发生氢气泄漏，将会发生爆炸的危险。

（1）微通道反应器的分类

微反应器，即微通道反应器，利用精密加工技术制造的特征尺寸在 10~300μm（或者 1000μm）之间的微型反应器，微反应器的"微"表示工艺流体的通道在微米级别，而不是指微反应设备的外形尺寸小或产品的产量小。微反应器中可以包含有成百万上千万的微型通道，因此也能实现很高的产量。微反应器又可分为气固相催化微反应器、液液相微反应器、气液相微反应器和气液固三相催化微反应器等。

① 气固相催化微反应器。由于微反应器的特点适合于气固相催化反应，迄今为止微反应器的研究主要集中于气固相催化反应，因而气固相催化微反应器的种类最多。最简单的气固相催化微反应器莫过于壁面固定有催化剂的微通道。复杂的气固相催化微反应器一般都耦合了混合、换热、传感和分离等某一功能或多项功能。运用最广的是甲苯气固催化氧化。

② 液液相反应器。到目前为止，与气固相催化微反应器相比，液相微反应器的种类非常少。液液相反应的一个关键影响因素是充分混合，因而液液相微反应器或者与微混合器耦合在一起，或者本身就是一个微混合器。专为液液相反应而设计的与微混合器等其他功能单元耦合在一起的微反应器案例为数不多。如主要有BASF 设计的维生素前体合成微反应器和麻省理工学院设计的用于完成化学反应的微反应器。

③ 气液相微反应器。一类是气液分别从两根微通道汇流进一根微通道，整个结构呈 T 字形。由于在气液两相液中，流体的流动状态与泡罩塔类似，随着气体和液体的流速变化出现了气泡流、节涌流、环状流和喷射流等典型的流型，这一类气液相微反应器被称作微泡罩塔。另一类是沉降膜式微反应器，液相自上而下呈

膜状流动，气液两相在膜表面充分接触。气液反应的速率和转化率等往往取决于气液两相的接触面积。这两类气液相微反应器气液相接触面积都非常大，其内表面积均接近 $20000m^2/m^3$，比传统的气液微相反应器大一个数量级。

④ 气液固三相催化微反应器。气液固三相反应在化学反应中也比较常见，种类较多，在大多数情况下固体为催化剂，气体和液体为反应物或产物，美国麻省理工学院发展了一种用于气液固三相催化反应的微填充床反应器，其结构类似于固定床反应器，在反应室（微通道）中填充了催化剂固定颗粒，气相和液相被分成若干流股，再经管路汇集到反应室中混合进行催化反应。

（2）国内微通道反应器的应用

微通道反应器是近些年来逐渐兴起的一种新型反应器，一方面微通道反应器具有良好的传质效果，能够使不互溶的两种物料很好的混合。而且因为微通道反应器的瞬时储料量非常少，所以基本不会发生泄漏等的危险。除此之外良好的换热效果，精准的物料配比，无放大效应等优点使得微反应器在化学反应中得到越来越广泛的应用。

① 不锈钢微通道反应器。我国的自主研发生产的不锈钢微通道反应器（图 2-4），在以钯碳作为催化剂的非均相催化加氢反应中具有非常好的效果（见图 2-5）。例如在将肉桂酸乙酯还原为苯丙酸乙酯的反应中，运用微通道反应器进行反应比传统的釜式反应器提高大约 10%的产率。

② 加氢反应装置的搭建。如图 2-6 所示，利用控制面板控制氢气的进样量和压力，其中控制面板上含有球阀、单向阀、泄压阀、压力表等设备，物料 A 采用隔膜泵进料，隔膜泵进料需要控制浆料的固含量和颗粒粒径的大小，隔膜泵的面板上同样含有背压阀、泄压阀、压力表等装置，可以根据具体的实验要求调

节流量。

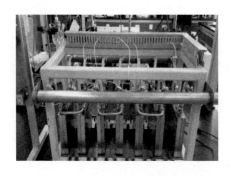

图 2-4 不锈钢微通道反应器

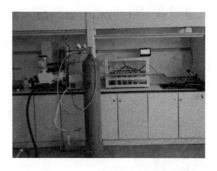

图 2-5 加氢反应实验场景

微反应器采用的是某公司研发的 316L 不锈钢微反应设备，该设备采用五组十片的构造模式，每个反应片上均设有热电偶，可以很好地检测反应各片段的实时温度；夹套双换热的结构，能够很好地达到换热效果，避免因釜式反应器换热不及时带来的生命和财产危害，同时还能提高产物的产率和选择性。

图 2-6 加氢反应实验装置的搭建

③ 加氢反应过程。加氢反应主要分为两大类：a.氢气与一氧化碳或有机化合物直接加氢，例如一氧化碳加氢合成甲醇；己二腈加氢制己二胺。b.氢气与有机化合物反应的同时，伴随着化学键的断裂，这类反应又称为氢解反应，例如烷烃加氢裂化，甲苯加

氢脱烷基制苯，硝基苯加氢还原制苯胺以及油品加氢精制中非烃类的氢解等。

我国自主研发的不锈钢微通道反应器实现了将还原试剂由水合肼转变为氢气的工艺改造。能够将工艺成本降低 30%左右。

第二节
有机电化学合成技术

有机电化学合成很大程度上减少了传统有机合成生产工艺所带来的环境污染，使其成为 21 世纪的热门学科，被称作为"绿色合成"技术，在很多有机合成中得到应用。

尤其在有机电化学合成中，电极材料作为一种特殊的功能性材料，不仅涉及反应过程中的能耗，还直接影响反应的产率和产品质量，所以在有机电化学合成过程中，制备和选择合适的电极材料是非常重要的。一般电化学反应在电池或者电解池中进行，利用电化学合成技术可以做到清洁合成，其是绿色化工技术的重要组成部分。

一、有机电化学合成概述

1.合成定义

有机电化学合成，又称有机电解合成或简称有机电合成，也有直接称之为有机电化学合成的。有机电化学合成是用电化学的方法进行有机合成的技术，列入有机合成与电化学技术相结合的一门边缘学科。通过有机分子或催化媒质在"电极/溶液"界面上的电荷传递、电能与化学能相互转化实现旧键断裂和新键形成。

2.基本类型

有机电化学合成的主要类型包括采用电化学方法进行碳-碳键的生成和官能团的加成、取代、裂解、消去、偶合、氧化、还原以及利用媒质的间接电合成等反应。

3.电化学合成特点

柯尔贝电解法是制备烃类的一种方法。该法用高浓度羧酸盐（通常用钠盐）在较高分解电压下用铂阳极电解，在阴极得到氢气、氢氧化钠，在阳极得到烃、二氧化碳。

反应式为：$2RCOONa+2H_2O \xrightarrow{\text{通电}} R_2+2NaOH+2CO_2+H_2$

该反应为自由基机理，羧酸根失电子后，脱去一分子二氧化碳，形成自由基，再由两自由基形成烃。

4.电化学合成技术

电化学合成技术是在电化学反应器（习惯称为电解池或电解槽）内进行以电子转移为主的合成有机化合物的清洁生产技术。电化学合成主要有燃料电池法、牺牲阳极电化学合成法、固相萃取（SPE）法有机电化学合成以及配对电化学合成法等。发展有机电化学合成是实现绿色精细化工的重要目标，而随着化学工业的不断发展，有机电化学合成技术也将发挥出更大的作用，有着更为广阔的应用范围。

5.电化学反应器及特征

电化学反应器是一种实现电化学反应的设备或装置。在电化学工程的三大领域，即工业电解、化学电源、电镀中应用的电化学反应器，包括各种电解槽、电镀槽、一次电池、二次电池、燃料电池，它们结构与大小不同，功能及特点迥异。电化学反应器的基本特征是：

① 所有的电化学反应器都是由两个电极（一般是第一类导体）和电解质（第二类导体）构成。

② 所有的电化学反应器都可归入两个类别，即由外部输入电能，在电极和电解液界面上促成电化学反应的电解反应器，以及在电极和电解质界面上自发地发生电化学反应产生电能的化学电源反应器。

6.电化学合成影响因素

① 电极要求。a.电流分布尽量均匀；b.具有良好的催化活性；c.稳定性好；d.导电性能优良；e.具有一定的机械强度。

② 隔膜要求。a.电阻率低；b.有效防止某些反应物的扩散渗透；c.有足够的稳定性；d.价廉、易加工、无污染。

③ 介质要求。a.反应物的溶解度好；b.较宽的可用电位范围；c.适合于所需的反应要求，特别是介质与产物不应发生反应；d.导电性良好，为此需要加入足够量的导电盐。

④ 温度。a.提高温度对降低过电位、提高电流密度有益；b.温度过高会使某些副反应加速，同时有可能使产物分解。

7.电化学电极材料和隔膜材料

（1）超级电容器的电极材料

随着经济的快速发展，对能源需求的不断增加和化石燃料的持续消耗，环境污染问题日益凸显，为缓解能源危机和改善环境，越来越多的研究者致力于研究清洁能源。而超级电容器作为一种储能设备引起了研究者的广泛关注，这是由于超级电容器具有较高的功率密度、优异的循环稳定性、对环境友好和成本低等优点。

超级电容器的电容性能主要取决于超级电容器的电极材料，所以对超级电容器电极材料的制备和性能的研究是这一领域的研究重点。

近年来，人们不断寻找适合超级电容器电极材料，取得了一定的研究成果。最近，过渡金属钒酸盐已经被一些研究人员进行了研究并且被认为是较好的超级电容器电极材料。

许多研究人员制备出的 $Ni_3V_2O_8$ 以及复合物都表现出了比较优异的电化学性能，但是其合成方法耗时较长。这就致使我们要探索出一种比较高效率的方法，同时制备的样品又拥有较优的电化学性能。

（2）电化学领域的隔膜材料

近几十年来，膜领域的研究主要集中在膜材料合成、膜制备和膜应用三个方面，特别是在膜传质机理、膜材料稳定性及相转化成膜机理等方面许多研究学者已进行了大量的研究；我国科学家在膜材料微结构及其在应用过程中的演变规律也开展了很有成效的研究工作。

双极性膜是近年来发展比较迅猛的一种新膜，它是由阳离子交换层（N 型膜）和阴离子交换层（P 型膜）复合而成的一种新型离子交换复合膜，是近年来从离子膜中分开并单独成为比较活跃的研究领域。

由于阴阳膜的复合，给双极膜的性能带来了很多新的特性，如同半导体技术，由于 P-N 结发现，导致了许多新型半导体器件的发明一样，使用具有不同离子电荷密度、厚度和性能的膜材料，在不同的复合条件下，可制成不同性能和用途的双极膜，如不同价态离子的分离膜、防结垢膜、抗污染膜、反渗透膜、水解离膜等。以双极膜技术为基础的水解离领域已成为电渗析工业中新的增长点，也是目前增长最快和潜力最大的领域之一。

二、有机电化学合成方法

除了要对有机电化学合成的基本理论、研究方法、电合成反应器、电极材料、隔膜材料、性能评价方法等内容及时掌握外，更需要对有机电化学合成方法（基本条件、反应步骤、显著优点）进行了解。

1.基本条件

有机电化学合成基于电解来合成有机化合物，反应通过电极上的电子得失来完成，因此需满足三个基本条件：a.持续稳定供电的直流电源；b.满足电子转移的电极；c.可完成电子转移的介质。其中最重要的是电极，它是实施电子转移的场所，起到反应基底和催化剂的作用。

2.反应步骤

① 反应物自溶液体相向电极表面区域传递，这一步骤称为液相传质步骤。

② 反应物在电极表面或临近电极表面的液层中进行某种转化，例如表面吸附或发生化学反应。

③ "电极/溶液"界面上的电子传递，生成产物，这一步骤称为电化学步骤或电子转移步骤。

④ 产物在电极表面或表面附近的液层中进行某种转化，例如表面脱附或发生化学反应。

⑤ 产物自电极表面向溶液体相中传递。

任何一个有机反应的电极反应过程都包括①、③、⑤三步，有些还包括步骤②、④或其中一步（见图 2-7）。

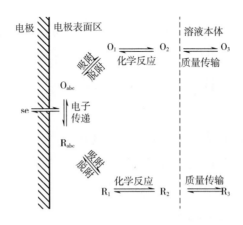

图 2-7　有机电极过程的反应途径

3.显著优点

① 避免使用有毒或危险的氧化剂和还原剂,电子是清洁的反应试剂,反应体系中,除了原料和产物,通常不含其他试剂,减少了物质消耗,而且产品易分离、纯度高,环境污染小。

② 在电合成过程中,电子转移和化学反应这两个过程可同时进行,可以通过控制电极电位来有效和连续改变电极反应速率,减少副反应,使得目标产物的产率和选择性较高。

③ 反应可在常温、常压下进行,一般无须特殊的加热和加压设备,节约了能源,且降低了设备投资;电合成装置具有通用性,在同一电解槽中可进行多种合成反应,在多品种生产中有利于缩短合成工艺;

④ 可以合成一些通常的方法难以合成的化学品(如难以氧化或还原的),几乎所有类型的有机反应都能够用电解反应来实现。

三、有机电化学合成技术及应用实例

1.有机电化学在杂环合成中的应用

有机电化学是有机合成与电化学技术相结合的一门交叉科

学，其独特的优势引起了研究者的兴趣，并为有机合成方法学提供了新的策略和思路。由于有机电化学借助电极表面的电子得失直接或者间接实现氧化还原反应，因此可以避免有毒、有害氧化还原试剂的使用。

有关有机电化学合成的研究归纳为如下几点：

① 20多年以来电化学合成杂环化合物的研究进展，主要分为分子内环化、分子间环化两大部分，对一系列杂环化合物的电化学合成进行了归纳总结。

② 在认真归纳总结分子内环化构建杂环化合物主要采用电化学氧化或者电化学还原手段构建 C—C 和 C—X 键。分子间环化构建杂环化合物主要包括电化学原位产生的苯醌类化合物、电化学产生的碱、CO_2 固定以及偶联反应等。

③ 总结表明电化学有机合成作为绿色合成的手段，已成为合成杂环化合物的重要手段。更为重要的是，借助电化学氧化或者还原过程可以实现极性反转反应。

④ 同时，指出有机电化学往往需要使用化学计量的电解质以保证溶液的导电性，开发新型的流动反应、减少电解质的使用是有机电合成的一个重要研究方向，对从事有机电合成研究领域的工作者具有较为重要的参考意义。

2.有机电化学在有机合成中的应用

对一个完整的有机电化学反应而言，有机电化学基本的研究对象应该是各类有机反应在电化学体系内的反应可能性和反应机理。鉴于化学反应的本质是反应物外层电子的运动，故任何一个氧化还原反应原则上都可以按照化学和电化学这两种实质上不同的反应机理进行反应。例如：

$$A+B \longrightarrow [AB] \longrightarrow C+D$$

A 与 B 粒子通过相互碰撞可以形成一种活化配合物中间态

[AB]，然后转换成产物。

如果将上述反应按图 2-8 的装置进行反应，则阴极反应为：

$$A+e^- \longrightarrow [A]^- \longrightarrow C$$

阳极反应：

$$B-e^- \longrightarrow [B]^+ \longrightarrow D$$

电化学反应：

$$A+B \longrightarrow C+D$$

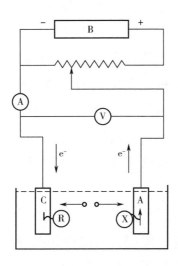

图 2-8　电化学合成电路示意图

A—阳极；B—直流电源；C—阴极

从上述反应组合可见，似乎所有的氧化还原反应都可以通过电化学方法合成，但在实际操作过程中已经发现，某些有机反应的电极电位往往超过电化学体系中介质的电化学电位范围，致使这些反应难以用电化学方法合成。由此表明，有机反应在电化学体系中是有选择性的，必须符合有机电化学合成的基本条件才有可能在电化学体系中进行合成。

有机电化学合成的主要类型包括官能团的加成、取代、裂解、消除、偶合以及氧化和还原等反应。

四、丁二烯电化学合成山梨酸技术分析

一般丁二烯电化学合成山梨酸产品，多数应用 Mn^{2+}/Mn^{3+} 氧化还原，研究由乙酸和丁二烯经电化学法合成乙酰氧基己烯酸（AA），然后水解成山梨酸的工艺。建立了一套循环电解化学反应装置。研究根据反应温度、压力、催化剂用量、反应物和反应介质以及电极材料对反应的影响，作逐一技术分析。

广东工业大学李秀珍等人认为，在乙酸-乙酸酐体系中以丁二烯为原料、二价锰阳极氧化生成的三价锰作为氧化剂，通过间接电氧化合成山梨酸前驱体乙酰氧基己烯酸，乙酰氧基己烯酸水解得到山梨酸。采用吸光光度法和滴定法测定了 25℃时在 1.5mol/L 乙酸钾+乙酸-乙酸酐体积比为（3:1）体系中 Mn^{3+} 歧化成 Mn^{4+} 和 Mn^{2+} 的表观歧化平衡常数。

通过 Mn^{3+} 氧化有丁二烯存在的乙酸-乙酸酐体系，合成山梨酸的前驱体乙酰氧基己烯酸，温度控制在 90℃，反应 5h，得到乙酰氧基己烯酸。该体系丁二烯的反应级数为零级。Mn^{3+} 的反应级数为一级，Mn^{3+} 的反应速率常数为 0.03313min。用吸光光度法分析了丁二烯电化学合成山梨酸的前驱体乙酰氧基己烯酸。

中南大学化学化工学院潘湛昌团队采用吸光光度法测定乙酰氧基己烯酸，用吸光光度法分析了丁二烯电化学合成山梨酸的中间产物乙酰氧基己烯酸。

上述的吸光光度法是通过对光的选择性吸收而建立起来的分析方法。

① 方法原理。吸光光度法是借助分光光度计测定溶液的吸光度，根据朗伯-比尔定律确定物质溶液的浓度。吸光光度法是比较有色溶液对某一波长光的吸收情况。

② 吸光度（absorbance）。一般是指光线通过溶液或某一物质前的入射光强度与该光线通过溶液或物质后的透射光强度比值的以 10 为底的对数 [即 lg (I_0/I_1)]，其中 I_0 为入射光强，I_1 为透射光强，影响因素有溶剂、浓度、温度等。

③ 实验技术分析。潘湛昌团队实验表明，AA 测定的线性范围为 0 ~ 10.1μg/ 10mL，最大吸收波长 λ_{max} 为 530nm，摩尔吸光系数为 $764×10^4$L/（mol·cm）。催化剂 CuCl 最佳用量为 0.75μg/ 10mL，最佳 pH 为 2.7 ~ 3.3，温度条件为 27 ~ 37℃，水解时间为 30min，样品测定结果满意，回收率达 92.6% ~ 103.2%。

第三节
超临界流体科学技术与应用

随着科学技术的发展，超临界流体技术发展的一些难题逐渐得到了解决。该技术正作为一种共性技术，逐渐渗透到有关材料、生物技术、环境污染控制等高新技术领域。被认为是一种"绿色、可持续发展技术"。

超临界流体技术的开发与应用已经有着 100 多年的历史，但其应用于工业领域只有 30 余年。在精细化工当中其主要用于天然精细化学品提取，药品原料的浓缩与精制，有毒物质的脱臭、脱色以及脱酸等。如今超临界流体技术发展迅速，其中以超临界二氧化碳流体技术为代表，超临界二氧化碳技术在生理活性物质提取领域有着广泛的应用空间，此外超临界流体技术在薄膜材料以及纳米材料等方向也有着很大的进展。作为一种绿色化工技术，超临界流体技术有着广泛的应用前景。

一、超临界流体的概念与特征

超临界流体温度、压力高于其临界状态的流体。温度与压力都在临界点之上的物质状态归之为超临界流体（SCF）。超临界流体具有许多独特的性质，如黏度、密度、扩散系数、溶剂化能力等性质对温度和压力变化十分敏感，黏度和扩散系数接近气体，而密度和溶剂化能力接近液体。

1.超临界流体定义

纯净物质要根据温度和压力的不同，呈现出液体、气体、超临界气体萃取三种典型流程固体等状态变化。在温度高于某一数值时，任何大的压力均不能使该纯物质由气相转化为液相，此时的温度即被称之为临界温度 T_c；而在临界温度下，气体能被液化的最低压力称为临界压力 P_c。在临界点附近，会出现流体的密度、黏度、溶解度、热容量、介电常数等所有流体的物性发生急剧变化的现象。当物质所处的温度高于临界温度，压力大于临界压力时，该物质处于超临界状态。例如，当水的温度和压强升高到临界点（$t=374.3℃$，$p=22.05MPa$）以上时，就处于一种既不同于气态，也不同于液态和固态的新的流体态——超临界态，该状态的水即称之为超临界水。

2.超临界流体性质

超临界流体由于液体与气体分界消失，是即使提高压力也不液化的非凝聚性气体。超临界流体的物性兼具液体性质与气体性质。它基本上仍是一种气态，但又不同于一般气体，是一种稠密的气态。其密度比一般气体要大两个数量级，与液体相近。它的黏度比液体小，但扩散速度比液体快（约 2 个数量级），所以有较好的流动性和传递性能。它的介电常数随压力变化而急剧变化（如介电常数增大有利于溶解一些极性大的物质)。另外，根据压力和温度的不同，这种物性会发生变化。

3.超临界流体优点

超临界流体是处于临界温度和临界压力以上，介于气体和液体之间的流体，兼有气体和液体的双重性质和优点：

① 溶解性强。密度接近液体，且比气体大数百倍，由于物质的溶解度与溶剂的密度成正比，因此超临界流体具有与液体溶剂相近的溶解能力。

② 扩散性能好。因黏度接近于气体，比液体小 2 个数量级。扩散系数介于气体和液体之间，为液体的 10~100 倍。具有气体易于扩散和运动的特性，传质速率远远高于液体。

③ 易于控制。在临界点附近，压力和温度的微小变化，都可以引起流体密度很大的变化，从而使溶解度发生较大的改变（对萃取和反萃取至关重要）。

4.超临界流体应用原理

物质在超临界流体中的溶解度，受压力和温度的影响很大。超临界流体萃取 CO_2-SFE 工艺利用升温、降压手段（或两者兼用）将超临界流体中所溶解的物质分离析出，达到分离提纯的目的（它兼有精馏和萃取两种作用）。例如在高压条件下，使超临界流体与物料接触，物料中的高效成分（即溶质）溶于超临界流体中（即萃取）。分离后降低溶有溶质的超临界流体的压力，使溶质析出。如果有效成分（溶质）不止一种，则采取逐级降压，可使多种溶质分步析出。在分离过程中没有相变，能耗低。

5.超临界流体的特点

超临界流体技术在萃取和精馏过程中，作为常规分离方法的替代，有许多潜在的应用前景。其优势特点是：

① 超临界萃取可以在接近室温（35～40℃）及 CO_2 气体笼罩下进行提取，有效地防止了热敏性物质的氧化和逸散。因此，在萃取物中保持着药用植物的有效成分，而且能把高沸点、低挥发性、易热解的物质在远低于其沸点温度下萃取出来。

② 使用超临界流体萃取（SFE）是最干净的提取方法，由于全过程不用有机溶剂，因此萃取物绝无残留的溶剂物质，从而防止了提取过程中对人体有害物的存在和对环境的污染，保证了100%的纯天然性。

③ 萃取和分离合二为一，当饱和的溶解物的 CO_2 流体进入分离器时，由于压力的下降或温度的变化，使得 CO_2 与萃取物迅速成为两相（气液分离）而立即分开，不仅萃取的效率高而且能耗较少，提高了生产效率也降低了费用成本。

④ CO_2 常温常压下是一种无色无味或无色无臭而其水溶液略有酸味*的气体*，一般萃取过程中不发生化学反应，且属于不间歇式萃取器燃性气体，无味、无臭、无毒、安全性非常好。

⑤ CO_2 气体价格便宜，纯度高，容易制取，且在生产中可以重复循环使用，从而有效地降低了成本。

⑥ 压力和温度都可以成为调节萃取过程的参数，通过改变温度和压力达到萃取的目的，压力固定时通过改变温度也同样可以将物质分离开来；反之，将温度固定，通过降低压力使萃取物分离。因此工艺简单容易掌握，而且萃取的速度快。

二、超临界流体萃取

超临界流体萃取（SFE）是一种以超临界流体代替常规有机溶剂，对中草药有效成分进行萃取和分离的新技术。其基本原理是当气体处于超临界状态时，成为性质介于液体和气体之间的单一相态，具有和液体相近的密度，黏度却明显低于液体，扩散系数为液体的 10 ~ 100 倍，因此，对物料有较好的渗透性和较强的溶解能力。超临界流体的萃取特点是萃取、分离为一体，不存在物料的相变过程，不需要高温加热，不需要回收溶剂。操作方便，大大缩短了工艺流程，降低成本，节约能耗。常用的超临界流体为 CO_2。

近年来，用 CO_2-SFE 萃取的天然药物很多，该技术设备属于高压设备，一次性投资较大，运行成本高。目前，在工业化生产中，已有部分大型中药制药企业应用，但还难以普及。同时，超临界流体萃取主要提取脂溶性成分，对水溶性成分的提取具有局限性。

超临界流体萃取是指以超临界流体为溶剂，从固体或液体中萃取可溶组分的分离操作。最早将超临界 CO_2 萃取技术应用于大规模生产的是美国通用食品公司，之后法、英、德等国家也很快将该技术应用于大规模生产中。目前，超临界流体萃取已被广泛应用于从石油渣油中回收油品、从咖啡中提取咖啡因、从啤酒花中提取有效成分等工业中。

总之，SFE 技术基本工艺流程为：原料经除杂、粉碎或压片等一系列预处理后装入萃取器中。系统冲入超临界流体并加压。物料在 SCF 作用下，可溶成分进入 SCF 相。流出萃取器的 SCF 相经减压、调温或吸附作用，可选择性地从 SCF 相分离出萃取物的各组分，SCF 再经调温和压缩回到萃取器循环使用。SC-CO_2 萃取工艺流程由萃取和分离两大部分组成。在特定的温度和压力下，使原料同超临界二氧化碳（SC-CO_2）流体充分接触，达到平衡后，再通过温度和压力的变化，使萃取物同溶剂 SC-CO_2 分离，SC-CO_2 可循环使用。整个工艺过程可以是连续的、半连续的或间歇的。

三、超临界流体中的有机合成

超临界流体应用于有机合成的新成果及新动向，包括催化氢化、DielsAlder 反应、烯键易位反应、环化反应、费托合成、傅-克烷基化反应、酯化反应、氧化反应、烷基化反应、重排反应和水解反应等方面。它在绿色化学反应方面具有很大的潜在优势。

超临界流体中的有机合成反应速率较慢，副反应多，而且需要在一定的溶剂中进行。根据相似相溶原理，溶剂大多数为有机物，分离后对环境造成严重污染，如果用超临界水或超临界 CO_2 做溶剂，将产生良好的效果。

四、超临界二氧化碳中的化学反应

一般如超临界流体萃取、超临界水氧化技术、超临界流体干燥、超临界流体染色、超临界流体制备超细微粒、超临界流体色谱和超临界流体中的化学反应等工艺技术中，以超临界流体萃取应用得最为广泛。很多物质都有超临界流体区，但由于 CO_2 的临界温度比较低（364.2K），临界压力也不高（73.8MPa），且无毒、无臭、无公害，所以在实际操作中常使用超临界 CO_2（SC-CO_2）流体。

利用超临界流体进行萃取。将萃取原料装入萃取釜，采用 CO_2 为超临界溶剂。CO_2 气体经热交换器冷凝成液体，用加压泵把压力提升到工艺过程所需的压力（应高于 CO_2 的临界压力），同时调节温度，使其成为 SC-CO_2 流体。CO_2 流体作为溶剂从萃取釜底部进入，与被萃取物料充分接触，选择性溶解出所需的化学成分。

含溶解萃取物的高压 CO_2 流体经节流阀降压到低于 CO_2 临界压力以下进入分离釜（又称解吸釜），由于 CO_2 溶解度急剧下降而析出溶质，自动分离成溶质和 CO_2 气体两部分，前者为过程产品，定期从分离釜底部放出，后者为循环 CO_2 气体，经过热交换

器冷凝成 CO_2 液体再循环使用。

整个分离过程是利用 CO_2 流体在超临界状态下对有机物有特异增加的溶解度，而低于临界状态下对有机物基本不溶解的特性，将 CO_2 流体不断在萃取釜和分离釜间循环，从而有效地将需要分离提取的组分从原料中分离出来。

两个 SC-CO_2 在电化学反应中的应用如下：

（1）超临界纳米电镀技术

超临界流体技术与电镀技术结合。一般在该技术中，电镀反应是在 SC-CO_2、电镀液与表面活性剂所形成的微乳液中实现的。与传统的电解液中获得的金属薄膜相比，利用该技术得到的金属薄膜具有更高品质，如较高的表面均一性，较小的金属晶粒尺寸，高的硬度，以及表面几乎没有针孔等缺陷。

（2）超临界电化学合成技术

超临界流体技术与电化学有机合成技术结合。一般在该技术中，导电性高分子薄膜的电化学合成反应是在 SC-CO_2、有机溶剂的均一体系中实现的。利用该技术得到的导电性高分子薄膜的表面粗度只有在传统的有机溶剂中获得的产物的十分之一。

五、超临界二氧化碳-微乳液体系

一般微乳液体系针对超临界二氧化碳-微乳液技术在超临界流体技术和微乳液技术的基础上，结合了超临界二氧化碳和微乳液的优点，拓展了超临界流体技术的应用领域。才能清晰阐述超临界二氧化碳-微乳液体系的结构表征方法和分子动力学模拟进展。

超临界二氧化碳-微乳液体系结合了超临界流体和微乳液的双重优势，成为近年来绿色化学化工研究的一个热点。由于超临界二氧化碳-微乳液热力学稳定、物化性质可调、结构组成可设计等，使得其在化学反应、材料制备、萃取分离等领域显示出诱人的潜在应用前景。

我国专家对超临界二氧化碳-微乳液萃取应用在分离发酵液方面的研究，同时分析讨论了含有离子液体的新型微乳液体系类型和纳米材料应用情况。作为典型绿色溶剂，包含离子液体的微乳液体系是绿色化学的热点课题，它既对环境友好又扩大了绿色溶剂的应用范围。

超临界微乳液在蛋白质分离、食品加工、环境科学以及材料科学方面有巨大的应用潜力。1996 年 Johnston 等首次在 *Science* 杂志上报道了含全氟表面活性剂的超临界二氧化碳-微乳液。后来，出现了一些全氟表面活性剂的超临界微乳液的基础和应用研究。含氟表面活性剂具有一定的毒性不能被广泛使用，要使超临界微乳液工业化，必须采用无毒性、无环境污染、容易降解的食品级表面活性剂形成的超临界微乳液。超临界二氧化碳因具有适中的临界温度和压力、易于回收利用、无毒、廉价和不易燃等特性而被广泛使用。

我国对采用食品级表面活性剂与二氧化碳形成的超临界微乳液的报道颇为罕见，它们的 p-V-T 性质的研究未见报道，该团队采用自制的可变压力、温度和体积的可视高压相态釜，研究以二(2-乙基己基)磺基琥珀酸钠为表面活性剂形成的超临界二氧化碳-微乳液的 p-V-T 性质。

六、超临界二氧化碳-离子液体混合体系

国内传统的化学工业中使用大量的挥发性有机化合物（VOCs），这些挥发性有机溶剂成为了当今世界污染的主要来源。离子液体（IL）作为一种绿色溶剂没有可测的蒸气压，不释放挥

发性有机物，引起了化工研究者的关注。另外，有人研究离子液体与超临界二氧化碳结合起来使用的应用领域，期望能达到更绿色的效果。随着离子液体应用研究的不断深入，对离子液体各方面物性的研究有了需求。

华北理工大学侯彩霞团队对离子液体-二氧化碳（IL-CO$_2$）两相体系及 IL 面临的挑战进行分析和研究。利用 CO$_2$ 从 IL 回收溶质、从有机溶剂中分离 IL、IL-CO$_2$ 体系的高压相行为、IL 在 CO$_2$ 相的溶解度和 IL-CO$_2$ 体系分子水平的交互作用几个方面，如压力、温度、阴离子的性质和阳离子烷基链长度对 CO$_2$ 溶解度的影响，对尚存的问题提出了建议，并对两相体系的发展提出了方向。

尤其离子液体对二氧化碳有良好的溶解性能，可以实现二氧化碳的固定与转化。超临界二氧化碳可以从离子液体-有机物体系中选择性萃取有机物，避免相间的交叉污染，实现离子液体的回收。从 CO$_2$ 在离子液体中的溶解度实验测定方法、IL-CO$_2$ 二元体系高压相平衡测定、超临界二氧化碳-离子液体-有机物的三元体系相平衡研究以及模型预测四个方面介绍了 IL-CO$_2$ 体系相平衡研究的最近进展，也分析了这一研究领域的发展方向。

七、超临界流体技术制备超细微粒技术

超细微粒材料由于有特殊的物理化学性质，在材料、化工、轻工、冶金、电子、医学、生物等领域有着重要的应用价值，并已经得到广泛应用，因此超细微粒材料的制备是当前研究的一个热点，是近十几年来国内外正在积极研究、开发的一项新技术。与传统的微粒形成方法如机械粉碎与研磨、溶液结晶、化学反应等相比，这种方法具有产品纯度高、几何形状均一、粒径分布窄、制造工艺简单、操作适中等许多优点，尤其对热敏感、结构不稳定和具有生物活性的物系的处理具有明显优势。

在这方面研究最多、应用最广泛的技术大致分为三类：

① 超临界溶液快速膨胀技术；

② 气体饱和溶液微粒形成技术；

③ 超临界流体抗溶剂技术。

1.超临界溶液快速膨胀技术

超临界溶液快速膨胀（RESS）主要是利用超临界流体对温度和压力变化十分敏感这一特性，改变温度和压力可以显著的改变超临界流体的溶剂化能力。超临界流体在 RESS 过程中作为溶剂使用，其基本原理为：先将溶质溶解于一定温度和压力的超临界流体中，然后是超临界溶液在非常短的时间（10～15s）内通过一个特制的喷嘴（25～80μm）进行减压膨胀，并形成一个以音速传递的机械扰动。由于在很短的时间内溶液达到高度过饱和状态，使溶质在瞬间形成大量的晶核，并在较短的时间内完成晶核的生长，从而生成大量微小的、粒度分布均匀的超细微粒。

RESS 的显著特点是快速推进的机械扰动和快速降压所产生的极高过饱和度，机械扰动和降压使得微粒粒度均一、粒径分布较窄，极高的过饱和度使得微粒粒径很小。RESS 过程使用的超临界流体在常态下通常为气体，因而所获得的产品中溶剂的残留极少，它的结晶过程仅通过改变体系的压力而实现，无须添加其他物质，避免了其他杂质对产品的污染；不涉及大量有机溶剂的使用，减少了废水排放和溶剂回收所需要的能耗；超临界流体一般只需再压缩即可循环使用，大大简化了工艺流程；可获得粒度分布狭窄的晶体并且易于调整。影响微粒形态和尺寸的主要因素有：原料的性质和组成、操作温度、压力降、喷嘴大小等，其中 RESS 过程的喷嘴是决定流体膨胀特性，并最终决定产物形态和质量的关键部件。RESS 操作容易，过程简单，是研究得较早的一项技术。但在 RESS 过程中，溶质在超临界流体中要有一定的溶解度是制备微粒的必要条件，而这一点也限制了 RESS 的应用。因为在超临界流体（如超临界 CO_2）中有理想溶解度的物质是很少的。目前有人采用加入助溶剂的办法提高溶质在超临界流体中的溶解度，但产品中的溶剂残留也是一个问题。此外，采用 RESS 过程，超临界流体的消耗量比较大、成本高，这也是一个限制因素。

2.气体饱和溶液微粒形成技术

超临界流体（广义理解为气体）溶解于液体溶液中形成饱和溶液，溶有超临界流体的饱和溶液快速经过喷嘴，在短时间内减压，形成微粒，此即气体饱和溶液微粒形成（PGSS）技术。根据通过喷嘴形成固体微粒的机理不同（对应于不同的液体类型），PGSS 分为两类：一类是因为过冷度，即熔融结晶形成大量固体微粒的 PGSS 过程 PGSS-C；另一类是具有喷雾干燥机理的 PGSS 过程 PGSS-D。因此，前者对应超临界流体饱和的熔融的脂类、高分子物质；后者对应超临界流体或压缩气体饱和的水或者有机溶液。在机理上，PGSS-C 过程是因为超临界流体的溶胀的饱和溶液快速经过喷嘴，脂类或高分子物质在喷嘴特别是在喷嘴出口达到过冷状态，使得熔融溶质在瞬间形成大量晶核，并在短时间内完成晶核的生长，从而最终形成大量均一的微粒；PGSS-D 过程是当超临界流体或压缩气体的饱和溶液（对一般水溶液的溶胀程度不高，但加入有机溶液，溶胀程度也可以很高）快速经过喷嘴，产生雾化的过程，并用外加加热载体（如氮气或空气）将雾化液滴中的液体快速蒸发，使雾化体系形成过饱和状态产生晶体，形成大量固体微粒。基于 PGSS 技术而发展起来的其他方法还包括 CAN-BD、DELOS 等，基本原理都与 PGSS 相同，只是操作方式上有所不同，这里不再赘述。采用 PGSS 技术可以避免使用溶剂或少量使用有机溶剂，且超临界流体的消耗量相对 RESS 大大减少。PGSS 因过程简单而具有更加广泛的用途，多种物质（液滴、固体材料、液体溶液、悬浮液等）均能用 PGSS 处理。但 PGSS 过程影响因素比较复杂，具有超临界条件、多相变化、高速湍流和喷嘴微细结构等特点。其实验研究的过程规律和模型研究的参数影响还不是很清晰，并且影响微粒形态的因素很多而且相互牵制，对于不同体系表现出不同的影响规律。

3.超临界流体抗溶剂技术

当溶液溶解了一定的气体之后，就会发生溶胀，这是最早的关于气体抗溶剂的描述，特别是当溶液被气体有效地溶胀之后，对溶质就不再具有良好的溶解能力，造成溶质成核析出。早在1954 年 Francis 等就对此有了清楚的定义。Mc Hugh 等最早采用气体抗溶剂技术成功降低了近临界点附近高聚物溶液中的高聚物浓度。Gallagher 等在 1989 年提出了超临界流体抗溶剂（SAS）技术制备微粒。随后经过几十年的发展，以 SAS 技术为基础发展出来许多新过程，根据操作方式的不同，大致分为以下几种：

① SAS-R，超临界流体抗溶剂重结晶，有时也称为气体抗溶剂技术。

② ASES，气凝胶溶剂萃取系统。

③ SEDS，超临界流体增强溶液扩散技术。

第四节
高端精细高分子材料制备方法

高端精细高分子材料制备方法主要指非传统技术的制备方法。非传统技术指的是采取超声波、超临界、等离子体、超短接触、辐射、微波以及光电磁能等操作条件去完成常规的操作条件难以完成的生产。其中等离子体技术在化工生产中的应用较为广泛。

一、超声波技术

超声总的来说分为检测超声和功率超声，检测超声中超声作为信号使用，如 B 超、雷达、水声应用。功率超声就是大功率超声，利用声能的机械作用、热作用、空化作用、生物医学作用（粉碎、乳化等）、化学作用，可以用来进行超声焊接、超声催化、超声清洗、超声加工（打孔、雕刻、抛光等）、超声治疗、超声手术、超声美容、超声雾化、超声测距、超声马达与超声悬浮。

例如：一种超声法脂质体的制备方法。一般对于各种磷脂水分散体进行超声处理，是最早采用的处理两亲性脂质的机械方法之一。由于局部受热和高能量的输入，样品不必加热到相变温度上。超声技术有两种：一种是将超声仪的探头浸入脂质体分散体中；另一种是将样品放在试管或烧杯内，再置于水浴式超声仪中。此法将极高的能量输入脂质分散体中，探头处能量的释放会导致局部过热，因此（盛有样品的）容器必须进入冰/水浴中。

注意：超声达到 1h，会有 5% 以上的磷脂发生脱酯化（水解）。

超声法制备脂质体设备包括简易台式离心机与自制的专用耐热玻璃锥形离心管（也可用普通烧瓶，如 25mL 或 50mL 的圆底烧瓶）和超声波细胞破碎仪。原料包括棕榈酰、油酰、甘油、磷脂酰胆碱。

制备过程为 a.取 1～10mL MLV 分散体（参照手摇法）置于锥形离心管中，之后放在 0℃水浴中；b.将超声波细胞破碎仪的换能器探头浸入样品中，并准确调整其高度至稍高于容器底部 1cm；c.通入氮气（如果使用不饱和磷脂，此步骤尤为重要）；d.接通超声波细胞破碎仪，调节超声功率至输出功率为 100W 左右；e.将定时器设为 10~60min，有效超声时间为 50~100min。分散体必须从乳白色转变为乳光状——对着日光能透过样品看清窗框；f.用简易台式离心机以 12000r/min 的转速离心 10~15min，除去较大的粒子（<3%）和从换能器探头上脱落的金属（钛）屑。

注意：超声法制得的小囊泡（$d<40nm$）通常处于亚稳态。融合成直径为 60~80nm 的囊泡后，可将脂质双分子层的高曲率能量释放出来。因此，建议将囊泡置于暗处，室温放置过夜。

二、等离子技术

等离子技术是利用等离子体获得高温热源的一项技术。在化学工业中，利用等离子技术能实现一系列的反应过程。

如当电离过程频繁发生，电子和离子的浓度达到一定的数值时，物质的状态也就起了根本的变化，它的性质也变得与气体完全不同。为区别于固体、液体和气体这三种状态，我们称物质的这种状态为物质的第四态，又起名叫等离子态。

等离子态下的物质具有类似于气态的性质，比如良好的流动性和扩散性。但是，由于等离子体的基本组成粒子是离子和电子，因此它也具有许多区别于气态的性质，比如良好的导电性、导热性。等离子体的比热容与温度成正比，高温下等离子体的比热容往往是气体的数百倍。等离子体的用途非常广泛。

1.等离子体定义

等离子体是指处于电离状态的气态物质，其中带负电荷的粒子（电子、负离子）数等于带正电荷的粒子（正离子）数。通常与物质固态、液态和气态并列，称为物质第四态。通过气体放电或加热的办法，从外界获得足够能量，使气体分子或原子中轨道所束缚的电子变为自由电子，便可形成等离子体。

2.等离子体特点

① 等离子体中具有正、负离子，可作为中间反应介质。特别是处于激发状态的高能离子或原子，可促使很多化学反应发生。

② 由于任何气态物质均能形成等离子体，所以很容易调整反应系统气氛，通过对等离子介质的选择可获得氧化气氛、还原气氛或中性气氛。

③ 等离子体本身是一种良导体，所以能利用磁场来控制等离子体的分布和运动，这有利于化工过程的控制。

④ 热等离子体提供了一个能量集中、温度很高的反应环境。温度为 $104 \sim 105℃$ 的热等离子体是目前地球上温度最高的可用热源。它不仅可以用来大幅度地提高反应速率，而且还可借以产生常温条件下不可能发生的化学反应。此外，热等离子体中的高温辐射能引起某些光电反应。

3.等离子体用途

（1）等离子体机械加工

利用等离子体喷枪产生的高温高速射流，可进行焊接、堆焊、喷涂、切割、加热切削等机械加工。等离子弧焊接比钨极氩弧焊接快得多。1965 年问世的微等离子弧焊接，火炬尺寸只有 2 ~ 3mm，可用于加工十分细小的工件。

① 等离子弧堆焊表面涂覆技术。等离子弧堆焊工艺是表面涂覆技术的一个分支，是焊接工艺方法在表面工程领域中的重要应用。与其他类型的表面工程技术如化学领域中的电镀、热处理领域中的表面热处理和化学热处理等相比，等离子弧堆焊是一种表面处理新技术在国内外获得了很快的发展。

② 等离子弧堆焊。等离子弧堆焊可在部件上堆焊耐磨、耐腐

蚀、耐高温的合金，用来加工各种特殊阀门、钻头、刀具、模具和机轴等。利用电弧等离子体的高温和强喷射力，还能把金属或非金属喷涂在工件表面，以提高工件的耐磨、耐腐蚀、耐高温氧化、抗震等性能。等离子体切割是用电弧等离子体将被切割的金属迅速局部加热到熔化状态，同时用高速气流将已熔金属吹掉而形成狭窄的切口。等离子体加热切削是在刀具前适当设置一等离子体弧，让金属在切削前受热，改变加工材料的力学性能，使之易于切削。这种方法比常规切削方法提高工效 5 ~ 20 倍。

（2）等离子体化工

利用等离子体的高温或其中的活性粒子和辐射来促成某些化学反应，以获取新的物质。如用电弧等离子体制备氮化硼超细粉，用高频等离子体制备二氧化钛（钛白）粉等。

（3）等离子体冶金

从 20 世纪 60 年代开始，人们利用热等离子体熔化和精炼金属，现在等离子体电弧熔炼炉已广泛用于熔化耐高温合金和炼制高级合金钢；还可用来促进化学反应以及从矿物中提取所需产物。

（4）等离子体表面处理

用冷等离子体处理金属或非金属固体表面，效果显著。如在光学透镜表面沉积 $10\mu m$ 的有机硅单体薄膜，可改善透镜的抗划痕性能和反射指数；用冷等离子体处理聚酯织物，可改变其表面浸润性。这一技术还常用于金属固体表面的清洗和刻蚀。

（5）气动热模拟

用电弧加热器产生的高温气流，能模拟超高速飞行器进入大气层时所处的严重气动加热环境，从而可用于研制适于超高速飞行器的热防护系统和材料。

此外,燃烧产生的等离子体还用于磁流体发电。70年代以来,人们利用电离气体中电流和磁场的相互作用力使气体高速喷射而产生的推力,制造出磁等离子体动力推进器和脉冲等离子体推进器。它们的比冲（火箭排气速度与重力加速度之比）比化学燃料推进器高得多,已成为航天技术中较为理想的推进方法。

三、超临界技术

20世纪90年代初,中国开启了超临界萃取技术的产业化进程,发展速度很快。实现了超临界流体萃取技术从理论研究、中小水平向大规模产业化的转变,使中国在该领域的研究、应用已同国际接轨,在某些方面达到了国际领先水平。

目前,超临界流体萃取已被广泛应用于从石油渣油中回收油品、从咖啡中提取咖啡因、从啤酒花中提取有效成分等工业中。

四、辐射技术

辐射技术就是一门与高分子材料学、环境科学、生物技术及医学等领域息息相关的学科。目前,在高分子材料领域,辐射技术已用于聚烯烃的辐射交联、不饱和聚酯类树脂的辐射固化、橡胶的辐射硫化、聚合物辐射降解以及辐射接枝改性等,已有不少产品实现工业化生产。

1.辐射交联

作为一项产业化技术,它已广泛用于照明用电线电缆及汽车、家电、飞机、宇宙飞船用电子设备线路的制造。在美国,飞机用电缆全部采用辐射交联产品,阻燃电线电缆也已广泛用于海上石油平台。由于以聚乙烯、聚氯乙烯为基材的电线电缆经辐射后高分子链自由基复合发生交联反应，因此材料的耐热性、绝缘性、抗化学腐蚀性、抗大气老化及机械强度等都得到很大改善。如辐射交联聚乙烯的使用温度上限可提高至 200~300℃。

利用辐射交联技术生产的另一大类产品是具有特殊"记忆效应"的热收缩材料。它是利用聚乙烯等结晶型高分子材料加热后扩张，然后冷却成型，当再加热，材料又回到扩张前状态，利用它可收缩的特性来做电线电缆接头处的绝缘材料或防腐包覆层等。

2.辐射固化

辐射固化与化学固化相比，具有固化速度快、能源消耗低、产品质量好等优点。特别因避免使用溶剂而不会造成污染，使其受到普遍欢迎。现在它已较成熟地用于涂层的辐射固化，如金属、磁带、陶瓷、纸张等产品的表面加工处理。另外，由于电子束辐射的高穿透性，使其在研制轻质、高强度、高模量、耐腐蚀、抗磨损、抗冲击和抗损伤的先进复合材料方面独具优势。这些增强复合材料可广泛用于交通运输、运动器材、基础结构、航天及军工业等方面。如今，加拿大已利用辐射固化技术进行空中客车飞机机身及整流罩的修复试验，并计划进一步开发电子束固化修复飞机复合材料部件。

3.辐射硫化

橡胶工业中，天然胶乳或橡胶分子在辐射作用下可进行交联反应，它类似于橡胶硫化的过程，故称之为辐射硫化。但这类辐射硫化可不加硫化剂和促进剂等助剂，避免了传统的化学热硫化由于使用的交联剂在基材内部分布不均而造成交联不均匀，以及温度梯度的影响造成的材料性能下降。最近，北京射线应用中心研发的辐射硫化橡胶，具有优良的耐臭氧、耐老化、耐磨损、耐疲劳性能等，非常适合用作载重车轮胎、密封垫以及长期户外使用的橡胶制品，如塑钢窗的密封条、汽车雨刷等。

4.辐射降解

在辐射作用下，聚合物不仅能产生交联，而且可能发生主链断裂，即辐射降解。辐射降解同样具有工业应用价值，如废塑料的处理和橡胶的再生利用。聚四氟乙烯废料及加工后的边角料经辐射处理后，可用作润滑剂及耐磨性能改进剂等。我国20世纪90年代进行的辐射法再生丁基橡胶中试开发研究与其他橡胶再生方法相比，具有能耗低、工艺简单、不产生"三废"等优点。以辐射法再生的丁基橡胶可代替部分进口丁基橡胶制造橡胶制品，且掺入辐射再生胶后，可改善丁基橡胶的加工工艺，如半成品胶料强度大、收缩小、口型尺寸易掌握等。另外，辐射降解丁基橡胶还可用作润滑油添加剂。由于我国丁基橡胶主要依赖进口，其再生利用可减少丁基橡胶的进口，节约外汇。

5.辐射接枝改性

辐射接枝技术是研制各种性能优异的新材料，或对原有材料进行辐射改性的有效手段之一。由于辐射接枝是由射线引发，不需要向体系添加引发剂，可得到非常纯的接枝聚合物，是合成医用高分子材料的有效方法。随着医学领域技术的不断发展，人造器官的不断出现，大量高分子材料开始应用于医学领域。为了改善聚合物的抗血凝性，减少血栓的生成，通常要对聚合物进行本体或表面改性，如接枝亲水性单体。韩国同位素辐射及应用小组等利用辐射诱导接枝改性技术，将不同官能团引入到聚丙烯膜表面，提高了膜的血液相容性，可用于人工肺。对聚乙烯和聚丙烯类性能优良、价格低廉的高分子材料的辐射接枝改性，一直很受关注，并已得到了一些很有价值的新材料，如离子交换树脂、共混增溶剂等。利用辐射接枝将极性分子接枝到聚乙烯表面，可改善其表面亲和性，有利于进行材料的粘接、印刷及涂层等二次加工。另外，在棉纤维或真丝绸上接枝丙烯酰胺或丙烯类单体，可改善织物的表面性能，如提高真丝绸的抗皱性等。现在，采用辐射技术对天然胶孔等进行接枝改性制备粉末橡胶的研究，也已取得阶段性进展。改性后的粉末橡胶除可制造橡胶制品外，还可作为增韧剂和增容剂，用于工程塑料的增韧等方面。

第五节
高端精细化工产品技术分析

一、硅烷处理技术

硅烷化处理是以有机硅烷水溶液为主要成分对金属或非金属材料进行表面处理的过程。硅烷化处理与传统磷化相比具有以下多个优点：无有害重金属离子，不含磷，无须加热。硅烷化处理过程不产生沉渣，处理时间短，控制简便，处理步骤少，可省去表调工序，槽液可重复使用，有效提高油漆对基材的附着力。可共线处理铁板、镀锌板、铝板等多种基材。但就目前的国内技术来说，不是十分成熟，有待于提高。尤其是硅烷和助剂的选型上，得很下功夫。

1.金属表面硅烷化处理的机理

硅烷是一类含硅基的有机/无机杂化物，其基本分子式为：$R'(CH_2)_nSi(OR)_3$。其中 OR 是可水解的基团，R'是有机官能团。

硅烷在水溶液中通常以水解的形式存在：$Si(OR)_3+H_2O$⸺$Si(OH)_3+3ROH$。

硅烷水解后通过其 Si—OH 基团与金属表面的 M—OH 基团（M 表示金属）的缩水反应而快速吸附于金属表面：$SiOH+M—OH$⸺$SiOM+H_2O$。

一方面硅烷在金属界面上形成 Si—O—M 共价键，使得硅烷与金属之间的结合是非常牢固的；另一方面，剩余的硅烷分子通过 Si—OH 基团之间的缩聚反应在金属表面形成具有 Si—O—Si 三维网状结构的硅烷膜。

硅烷膜在烘干过程中和电泳漆或喷粉通过交联反应结合在一起，形成牢固的化学键。这样，基材、硅烷和油漆之间可以通过化学键形成稳固的膜层结构。

2.金属表面硅烷化处理的特点

① 硅烷化处理中不含锌、镍等有害重金属及其他有害成分。镍已经被证实对人体危害较大，世界卫生组织（WHO）规定，2016年后镍需达到零排放，要求磷化废水、磷化蒸气、磷化打磨粉尘中不得含镍。

② 硅烷化处理是无渣的。渣处理成本为零，减少设备维护成本。磷化渣是传统磷化反应的必然伴生物。比如一条使用冷轧板的汽车生产线，每处理 1 辆车（以 $100m^2$ 计），就会产生约 600g 含水率为 50%的磷化渣，一条 10 万辆车的生产线每年产生的磷化渣就有 60t。

③ 不需要亚硝酸盐促进剂，从而避免了亚硝酸盐及其分解产物对人体的危害。

④ 产品消耗量低，仅是磷化的 5%～10%。

⑤ 硅烷化处理没有表调、钝化等工艺过程，较少的生产步骤和较短的处理时间有助于提高工厂的产能，可缩短新建生产线，

节约设备投资和占地面积。

⑥ 常温可行，节约能源。硅烷槽液不需要加热，传统磷化一般需要 35～55℃。

⑦ 与现有设备工艺不冲突，无须设备改造而可直接替换磷化；与原有涂装处理工艺相容，能与目前使用的各类油漆和粉末涂装相匹配。

3.工艺流程及技术分析

根据硅烷化的用途及处理板材不同，分为不同的工艺流程。它的处理工艺比以前的磷化，要求更严格。

① 铁件、镀锌件。工艺流程为：预脱脂——脱脂——水清洗——水清洗——硅烷化——烘干或晾干——后处理。

② 铝件。工艺流程为：预脱脂——脱脂——水洗——水洗——出光——水洗——硅烷化——烘干或晾干——后处理。

③ 常用的硅烷试剂。

BSA：N，O-双（三甲基硅烷基）乙酰胺

BSTFA：双（三甲基硅烷基）三氟乙酰胺

DMDCS：二甲基二氯硅烷

HMDS：1，1，1，3，3，3-六甲基二硅烷

MTBSTFA：N-（叔丁基二甲基硅烷基）-N-甲基三氟乙酰胺

TBDMCS：叔丁基二甲基氯硅烷

TFA：三氟乙酸

TMCS：三甲基氯硅烷

TMSDEA：三甲基硅烷基二乙胺

TMSI：三甲基硅烷咪唑

二、芳烃成套技术

芳烃是化学工业的重要根基，广泛用于三大合成材料以及医

药、国防、农药、建材等领域。对二甲苯简称 PX，是用量最大的芳烃品种之一。芳烃指结构上含有苯环的烃。作为基本有机原料应用最多的是苯、乙苯、对二甲苯，此外还有甲苯和邻二甲苯。芳烃的来源有：炼油厂重整装置；乙烯生产厂的裂解汽油；煤炼焦时副产。目前通过煤炼焦获得的芳烃已不占重要地位。不同来源获得的芳烃其组成不同，因此获得的芳烃数量也不相同。裂解汽油中苯和甲苯多，二甲苯少；重整汽油是苯少，甲苯和二甲苯多。乙苯在这两种油中都少。这种资源与需求的矛盾促进了芳烃生产技术的发展。

　　乙苯是制苯乙烯的原料，苯乙烯是聚苯乙烯、丁苯橡胶（在合成橡胶中产量最大）的原料。因此，乙苯通常采用合成法，即由乙烯和苯制成乙苯，再由乙苯制苯乙烯。甲苯资源较多，但应用较少，为弥补苯的不足，可由甲苯制苯。这一工艺应用很少，一是苯供应充足；二是技术上困难较多；三是经济上不够合理。还应指出，二甲苯有三种异构体：邻二甲苯、间二甲苯、对二甲苯。对二甲苯需求量最大，邻二甲苯居中，间二甲苯最小；供应量却是间二甲苯最大，邻二甲苯和对二甲苯相近。为满足要求（主要是生产涤纶），首先把对二甲苯分离出来（采用吸附法和低温结晶法），通过异构化反应，把间二甲苯转化成对二甲苯。此外把资源较多的甲苯（由 7 个碳原子组成）和应用较少的碳九芳烃（由 9 个碳原子组成）进行反应，可制成碳八芳烃（二甲苯的混合物）。芳烃的制取方法说明：只有深入开展科学研究，掌握和利用规律，才能充分利用已有资源，满足人们日益增长的需求。2017 年我国消费对二甲苯约 2500 万吨，生产的化学纤维相当于替代约 2.3 亿亩（1 亩=666.67m²）土地产出的棉花，为守住 18 亿亩耕地红线做出了重要贡献。然而，我国对二甲苯自给率仅为 50%，生产技术长期依赖进口，技术费用昂贵，产业发展受制于人。因此，打破国外技术垄断，开发自主芳烃成套技术是几代化学化工人的梦想。

1.芳烃定义

芳烃是芳香烃的简称，因在有机化学发展初期此类化合物取自具有芳香气味的树脂、香液、香油脂而得名。目前是指含苯环结构的碳氢化合物的总称。根据分子中苯环数目的不同，可以分为单环芳烃（苯的同系物）和多环芳烃，其中最重要的是苯、甲苯和二甲苯，包括对二甲苯（PX）、邻二甲苯（OX）、间二甲苯（MX），统称为 BTX；其次是乙苯、异丙苯和萘。

芳烃最早从催化重整油和裂解汽油中抽提出来。同时，21 世纪初期的高油价也催生了新来源，包括来自煤化工、金属冶炼行业等。

2.芳烃技术

芳烃技术主要分为三个步骤：原料精制与精馏、芳烃异构与转化和吸附分离。这三大步骤的有机结合则是芳烃成套技术的难点所在。芳烃成套技术是复杂的系统工程，系统集成度高、开发难度大，芳烃生产技术是一个国家石油化工发展水平的重要标志之一。

PX 是用量最大的芳烃品种之一，也是芳烃联合装置最主要的产品。因此，芳烃产业链的主要技术创新与难点都聚焦于 PX 配套技术与应用。PX 的生产技术难点主要包括三个方面：一是需要开发高效的催化材料，提高芳烃资源利用率。催化材料包括新型歧化催化剂和新型异构化催化剂。二是需要开发高效吸附材料、工艺及专用设备（如新型吸附剂、格栅、模拟移动床新工艺、精准的控制系统等），提高分离效率。三是需要提高安全、节能、环保性能。

分离混合二甲苯是得到 PX 的主要方法。混合二甲苯简称 C_8 馏分，由 PX、MX、OX 和乙苯（EB）组成，各组分间的沸点差异很小，PX 与 EB 的沸点差为 2.18℃，而 PX 与 MX 沸点差仅为 0.75℃，因此采用传统的精馏方法难以实现良好的分离效果，工业上分离 PX 的方法主要有结晶分离法和吸附分离法两种。典型技术是霍尼韦尔 UOP 吸附分离技术。

3.芳烃成套核心技术与创新

芳烃成套技术包括原料精制与精馏、芳烃异构与转化、吸附分离等工艺及工程技术，系统集成度高，开发难度大，之前仅两家外国著名公司掌握，技术壁垒非常高。该项目在国家科技部 973 计划、中国石化十条龙攻关等项目的支持下，通过物理化学、催化材料、智能控制、工艺工程等原理与方法创新，显著提高芳烃资源利用效率，大幅节能降耗、减少固废排放，成功开发了处于国际领先水平的高效环保芳烃成套技术，取得了五个方面的核心技术创新与成果。

① 首创原料精制绿色新工艺。以化学反应替代物理吸附，实现了原理创新，固废排放减少 98%。

② 首创芳烃高效转化与分离新型分子筛材料。首创两相共生分子筛，并开发了两种新型芳烃转化催化剂，重芳烃转化能力提高 70%～80%，资源利用率提高 5%；开发了亚微米分子筛高性能吸附剂和高效模拟移动床吸附分离工艺，PX 分离效率提高 10%。

③ 集成创新控制方法实现智能控制。集成模拟移动床控制系统、集散控制系统和安全联控系统，确保了装置长周期本质安全与高效精准运行。

④ 首创芳烃联合装置能量深度集成新工艺。装置运行实现由"外供电到外送电"的历史性突破，单位产品综合能耗比国际先进水平降低 28%。

⑤ 创新设计方法与制造工艺实现关键装备"中国创造"。创

新设计并建造了世界上规模最大的单炉膛芳烃加热炉、世界最大的多溢流板式芳烃精馏塔；开发了实现流体高效混合与分配的新型结构吸附塔格栅专利设备等。我国目前该项目已获得 40 余项国内外专利授权，形成了完整自主知识产权。成套技术自 2011 年先后在扬子石化和海南炼化工业应用；多项单元技术已在国内广泛应用，并推广到沙特阿拉伯、伊朗、印度尼西亚、白俄罗斯等国家。工业应用结果表明，与同类先进技术相比，该项目单位产品物耗低 5%、能耗低 28%，每吨产品成本低 8%，环保监测指标全面优于最新国家标准，减排 CO_2 27%，处于国际领先水平，具有明显竞争优势。

4.芳烃抽提工艺流程的模拟与优化

近年来，随着计算机与化工系统工程的紧密结合，数值模拟技术越来越受到广大工程设计人员的重视，对工艺工程的设计、优化都起到了关键的作用，大大提高了工作效率。天津大学化工学院何西涛团队采用 SIMSCI 公司开发的流程模拟软件 PRO/II 对实际生产中预分离塔、抽提精馏塔、溶剂回收塔、苯塔、甲苯塔、二甲苯塔进行逐塔模拟并优化，进而对全流程进行模拟，给出了模拟结果，最终获得最佳的工艺操作参数，所得产品符合国家质量要求。采用 SIMSCI 公司开发的 PRO/II 软件对实际生产中的芳烃抽提工艺进行模拟，设计出工艺流程并模拟优化，最终获得最佳的工艺操作参数及相关结论。

目前工业上广泛应用的是溶剂抽提法，其步骤是宽馏分重整汽油进入脱戊烷塔，脱戊烷塔顶流出戊烷成分，塔底物流进入脱重组分塔，塔顶分出抽提进料进入芳烃抽提部分，塔底重汽油送出装置。抽提进料得到芳烃物质和混合芳烃物质，非芳烃送出装置，混合芳烃经过白土精制，芳烃精馏后，得到苯、甲苯、二甲苯等产品，重芳烃送出装置。

何西涛团队对芳烃抽提工艺流程的确定，根据催化重整或裂解加氢汽油中分离芳烃原理的不同，芳烃抽提工艺可分为液液萃取和抽提精馏工艺。生产要求决定工艺流程，一般液液萃取常用于处理芳烃质量分数小于 70%的原料，对于芳烃质量分数大于 70%的原料则采用抽提精馏。如某炼油厂的芳烃分离装置处理量为 11500kg/h，且要求分离得到的苯、甲苯和二甲苯必须达到国家标准。

根据催化重整或裂解加氢汽油中分离芳烃原理的不同，何西涛团队的芳烃抽提工艺可分为液液萃取和抽提精馏工艺。生产要求决定工艺流程，一般液液萃取常用于处理芳烃质量分数小于 70%的原料，对于芳烃质量分数大于 70%的原料则采用抽提精馏。如某炼油厂的芳烃分离装置处理量为 11500kg /h，且要求分离得到的苯、甲苯和二甲苯必须达到国家标准。根据上述对芳烃抽提工艺流程的确定，通过试验（芳烃抽提溶剂采用四二乙醇醚，容积比为 3.5～6.环丁砜 2～3.5）在原料中非芳烃分布含量仅占原料总量的 12.22%，因此采用抽提精馏工艺分离。在分离过程中，由于原料中 C 9 以及 C 9 以上组分占原料的 54.9%（一般在≥150℃中芳烃与非芳烃的总的质量分数），并且非芳烃含量很少，而在 C 8 以下组成中非芳烃含量占 C 8 以下组成的 17.9%。同时，非芳烃的沸点排列分布在各个芳烃之间，而所得产品苯、甲苯和混合二甲苯均为 C 8 以下。如果将原料直接进入抽提塔进行抽提，无论从溶剂的使用量还是从能耗上来说都不合理。在进行抽提精馏之前先对原料进行预分离，将切割出的 150℃以下馏分进入抽提精馏塔，使进入抽提精馏塔的物料组成满足抽提精馏的条件，而 150℃以上馏分则从塔底抽出有待后续分离。因此，分离结果得到的苯、甲苯和二甲苯达到了国家标准。

何春桥，环丁砜法芳烃抽提工艺采用液-液抽提和抽提蒸馏相结合的技术，主要由抽提塔、汽提塔、溶剂回收塔、水洗塔、水汽提塔等五塔组成，是当今世界上最为普遍采用的一种芳烃抽提工艺。

三、生物柴油技术

1.定义

生物柴油（biodiesel）又称为生质柴油，是用未加工过的或者使用过的植物油以及动物脂肪通过不同的化学反应制备出来的一种被认为是环保的生质燃料。这种生物燃料可以像柴油一样使用。

2.制备方法

目前，生物柴油的制备方法主要有直接混合法、微乳化法、高温裂解法和酯交换法。前两种方法属于物理方法，虽然简单易行，能降低动植物油的黏度，但十六烷值不高，燃烧中积炭及润滑油污染等问题难以解决。高温裂解法过程简单，没有污染物产生，缺点是在高温下进行，需催化剂，裂解设备昂贵，反应程度难控制，且高温裂解法主要产品是生物汽油，生物柴油产量不高。酯交换法主要有以下几类。

① 酸碱催化法　酸碱催化法生产生物柴油是目前研究最为成熟的技术，投产的生物柴油生产厂家大多数都选择了这种方法。其基本原理是利用酸碱催化剂催化经过处理的动植物油脂与甲醇等发生酯化或转酯化反应，从而生成低分子量的脂肪酸甲酯（生物柴油）和甘油。

该法制备生物柴油的研究比较多，其催化剂种类可分为液体酸碱催化剂、固体酸催化剂和固体碱催化剂。

② 生物酶催化法　生物酶法制备生物柴油具有反应条件温和、醇用量小、后处理简单、无污染物排放等优点，而且还能进

一步合成一些高价值的副产品，因此日益受到人们的重视。生物酶法主要是利用脂肪酶来催化油脂与甲醇的酯交换反应。

③　超临界法　超临界法是一种不使用催化剂进行酯交换制备生物柴油的方法，所不同的是在超临界状态下，甲醇和油脂成为均相，反应的速率常数较大，因此可以在较短时间内完成反应。同时超临界法对原料的要求较为宽松，油脂中的游离脂肪酸和水分不会影响产品收率，是一种高效、简便的方法。

目前超临界法制备生物柴油有很好的前景，但是也存在耗能高、对设备要求高等缺点，大规模工业化生产比较困难，需要进一步加强研究。

3.应用领域

生物柴油可用作锅炉、涡轮机、柴油机等的燃料，工业上应用的主要是脂肪酸甲酯。

生物柴油是一种优质清洁柴油，可由各种生物质提炼，因此可以说是取之不尽、用之不竭的能源，在资源日益枯竭的今天，有望取代石油成为替代燃料。

柴油是许多大型车辆如卡车和内燃机车及发电机等的主要动力燃料，其具有动力大、价格便宜的优点，中国柴油需求量很大，柴油应用的主要问题是"冒黑烟"，我们经常在马路上看到冒黑烟的卡车。冒黑烟的主要原因是燃烧不完全，对空气污染严重，如产生大量的颗粒粉尘，CO_2排放量高等。

发动机燃料燃烧产生的空气污染已成为空气污染的主要问题，如氮氧化物为其他工业部门排放的一半，一氧化碳为其他工业排放量的三分之二，有毒碳氢化合物为其他工业排放的一半。尾气中排出的氮氧化物和硫化物和空气中的水可以结合形成酸雨，尾气中的二氧化碳和一氧化碳太多会使大气温度升高，也就是人们常说的"温室效应"。为解决燃油的尾气污染问题及日益恶化的环境压力，人们开始研究采用其他燃料如燃料酒精代替汽油，目前燃料酒精在北美洲如美国及加拿大等和南美国家如巴西、阿根廷等已占有相当比例，装备有燃料酒精发动机的汽车已投放市场。对大多数需要柴油为燃料的大动力车辆如公共汽车、内燃机车及农用汽车如拖拉机等主要以柴油为燃料的发动机而言，燃料酒精并不适合。而且柴油造成的尾气污染比汽油大得多，因此人们开发了柴油的代用品生物柴油。

四、变压吸附技术

1.吸附技术

① 吸附过程。来自空气压缩机的压缩空气，首先脱除水分，然后进入由两台吸附塔组成的 PSA 制氮装置，利用塔中装填的专用碳分子筛吸附剂选择性地吸附掉 O_2、CO_2 等杂质气体组分，而作为产品气的 N_2 将以 99%的纯度由塔顶排出。

② 吸附剂再生。在降压时，吸附剂吸附的氧气解吸出来，通过塔底逆放排出，经吹洗后，吸附剂得以再生。完成再生后的吸附剂经均压升压和产品升压后又可转入吸附。两塔交替使用，达到连续分离空气制氮的目的。

2.技术优点

变压吸附（pressure swing adsorption，PSA）是一种新型气体吸附分离技术，它有如下优点：

① 产品纯度高。

② 一般可在室温和不高的压力下工作，床层再生时不用加热，节能经济。

③ 设备简单，操作、维护简便。

④ 连续循环操作，可完全达到自动化。

因此，当这种新技术问世后，就受到各国工业界的关注，竞相开发和研究，发展迅速，并日益成熟。

利用吸附剂的平衡吸附量随组分分压升高而增加的特性，进行加压吸附、减压脱附操作。吸附是放热过程，脱附是吸热过程，但只要吸附质浓度不大，吸附热和脱附热就都不大，因此变压吸附仍可视作等温过程。变压吸附一般是常温操作，无须供热，故循环周期短，易于实现自动化，对大型化气体分离生产过程尤为适用。

3.吸附技术原理及分类

任何一种吸附对于同一被吸附气体（吸附质）来说，在吸附平衡情况下，温度越低，压力越高，吸附量越大。反之，温度越高，压力越低，吸附量越小。因此，气体的吸附分离方法，通常采用变温吸附或变压吸附两种循环过程。

① 变温吸附。如果压力不变，在常温或低温的情况下吸附，用高温解吸的方法，称为变温吸附（TSA）。显然，变温吸附是通过改变温度来进行吸附和解吸的。变温吸附操作是在低温（常温）吸附等温线和高温吸附等温线之间的垂线进行，由于吸附剂的比热容较大，热导率（导热系数）较小，升温和降温都需要较长的时间，操作上比较麻烦，因此变温吸附主要用于含吸附质较少的气体净化方面。

② 变压吸附。如果温度不变，在加压的情况下吸附，用减压（抽真空）或常压解吸的方法，称为变压吸附（PSA）。可见，变压吸附是通过改变压力来吸附和解吸的。

4.变压吸附法制氧及技术分析

变压吸附法制氧和氮在常温下进行，其工艺有加压吸附/常压解吸或常压吸附/真空解吸两种，通常选用沸石分子筛制氧、碳分子筛制氮。日本三菱重工制成世界上最大的 PSA 制氧设备，其氧产量可达 8650m³/h。我国的变压吸附/加压吸附真空解吸（PSA/VPSA）制氧设备逐渐系列化，近年来锂基分子筛因其性能更为稳定、高效，被越来越多的大规模应用，实现装置大型化生产，单套变压吸附装置产量最高可达 40700m³/h，氧纯度≥90%，产品氧能耗可达 0.32 ~ 0.37kW·h/m³。

5.变压吸附的工业应用

变压吸附的工业应用有以下几个方面：a.空气和工业气体的减湿；b.高纯氢的制备；c.空气分离制富氧或富氮空气；d.混合气体的分离，如烷烃、烯烃的分离。e.生物降解洗涤剂中间物，石脑油高纯度正构烷烃溶剂和异构体的分离；f.制取高纯度一氧化碳，回收利用工业尾气。

我国用碳分子筛制氮主要是基于氧和氮在碳分子筛中的扩散速率不同，在 0.7 ~ 1.0MPa 压力下，即氧在碳分子筛表面的扩散速率大于氮的扩散速率，使碳分子筛优先吸附氧，而氮大部分富集于不吸附相中。碳分子筛本身具有加压时对氧的吸附量增加，减压时对氧的吸附量减少的特性。利用这种特性采用变压吸附法进行氧氮分离。从而得到 99.99% 的氮气。

现在主要使用的吸附剂有变压吸附硅胶、活性氧化铝、高效 Cu 系吸附剂（PU-1）、锂基制氧吸附剂（PU-8）等。其中山东辛化硅胶有限公司生产的变压吸附硅胶是针对变压吸附气体分离技术来研究的脱炭、提纯专用吸附剂。第三代（SIN-03）通过特殊的吸附剂生产工艺，控制吸附剂的孔径分布及孔容，改变吸附剂的表面物理化学性质，使其具有吸附容量大，吸附、脱炭速度快，吸附选择性强，分离系数高，使用寿命长等特点。

Skarstrom 提出 PSA 专利，他以 5A 沸石分子筛为吸附剂，用一个两床 PSA 装置，变压吸附制氮，从空气中分离出富氧，该过程经过改进，投入了工业生产。目前变压吸附技术的工业应用取得了突破性的进展，主要应用在氧氮分离、空气干燥与净化以及氢气净化等。其中，氧氮分离的技术进展是把新型吸附剂碳分子筛与变压吸附结合起来，将空气中的 O_2 和 N_2 加以分离，从而获得 N_2。随着分子筛性能改进和质量提高，以及变压吸附工艺的不断改进，使产品纯度和回收率不断提高，这又促使变压吸附在经济上立足和工业化的实现。

五、碳四芳构化技术

一般醚后 C_4 就是醚化反应掉异丁烯剩余的 C_4，主要是 1-丁烯、丁烷、顺-2-丁烯、反-2-丁烯等，和抽余 C_4 相比就是少了异丁烯。

1.定义

C_4 中的异丁烯与甲醇发生醚化反应生成甲基叔丁基醚（MTBE）。产品 MTBE 用于生产高纯度异丁烯，或作为高标号汽油生产中提高辛烷值的添加剂，醚化反应中过剩的甲醇被回收使用。醚化反应后的混合 C_4 被称为醚后 C_4，其主要组分为异丁烷、正丁烷、正丁烯、顺-2-丁烯、反-2-丁烯及少量丁二烯。醚后 C_4 可以当作民用液化气，但是其价格较普通民用气来讲会高一些，而且纯燃烧使用效果并不如民用气。

随着无铅汽油的推广和应用，作为汽油优质调和组分的 MTBE 的需求量日益增加，为有效有利用 C_4 馏分中的异丁烯生产高纯度的 MTBE 产品提供契机。

2.碳四芳构化技术应用

醚后 C_4 作为炼油厂烷基化装置的生产原料，来生产高辛烷值汽油组分——烷基化油。

在 MTBE 合成装置中，原料 C_4 和甲醇进入反应器，在大孔强酸性阳离子树脂催化剂的作用下，C_4 中的异丁烯与甲醇发生醚化反应，生成 MTBE。反应后的物料包括过剩甲醇、醚后 C_4、产品 MTBE、副产物二甲醚、C_4、甲基仲丁基醚（MSBE）、叔丁醇等，被送往共沸蒸馏塔分离。在共沸蒸馏塔底部流出纯度为 98%以上的 MTBE 粗产品。粗 MTBE 送入 MTBE 精馏塔进一步分离，可得到高纯度的 MTBE 精产品。在共沸蒸馏塔内甲醇与醚后 C_4 形成的共沸物从塔顶排出并送往甲醇萃取塔。在甲醇萃取塔中，以水为萃取剂，将醚后 C_4 中的甲醇萃取，将形成的甲醇水溶液送进甲醇回收塔进行甲醇回收。甲醇回收塔底的水返回甲醇萃取塔，作为萃取水循环使用。而醚后 C_4 则从甲醇萃取塔塔顶采出，并送往炼油厂，作为烷基化装置的生产原料。

齐鲁石化和青岛炼化的炼油及乙烯装置副产的炼厂 C_4 和混合 C_4。先通过甲醇醚化后，得到 MTBE，进一步生产异丁烯和叔丁醇等产品；醚后 C_4 通过萃取技术分离出正丁烯，其中部分作为甲乙酮的原料，另一部分通过氧化脱氢工艺生产丁二烯；剩余的混合丁烷产品，返回给炼厂作为乙烯裂解原料。整个工艺流程提高了炼油乙烯联合装置的双烯收率。

3.醚后碳四生产混合芳烃

混合芳烃（BTX）广泛用于合成纤维、合成树脂、合成橡胶以及各种精细化学品，是最基础的化工原料。BTX 主要来源于蒸汽裂解制乙烯工艺和贵金属铂重整工艺，这两种工艺均需用石脑油（石油的轻馏分）为原料。按照现有生产模式，增产芳烃需要相应地增加原油处理量。我国原油消费量已达 3.8 亿多吨，其中一半靠进口解决。如果继续按原有技术路线增产芳烃产品来满足不断增长的市场需求，就意味着我国对进口石油的依赖度越来越大。

这对国家能源安全是一个重大挑战。

我国炼化企业副产的大量醚后 C_4、裂解 C_5、重整拔头油和芳烃抽余油等低碳烃资源尚未得到合理利用。我国巨大的醚后 C_4 资源还主要是作为民用燃料烧掉。由于我国石油资源紧缺，大量依赖进口，进口原油价格居高不下，因此低碳烃资源有效利用率低已经严重影响了相关行业的总体经济效益。我国西部大开发战略和西气东输工程的顺利实施，以及从煤出发合成二甲醚（用作管道煤气、汽油和柴油代用品）技术的大规模使用，表明醚后 C_4 终将被管道天然气等廉价燃料逐渐挤出民用燃料市场。因此，在我国利用液化气等低碳烃资源增产芳烃蕴藏着重大机遇。

用液化气等低碳烃生产三苯的优势在于：a.不与铂重整、乙烯装置和催化裂化装置争抢石油原料，相反还能为乙烯装置提供优质裂解原料（乙烷、丙烷和丁烷），与炼化企业相容性好。b.由于液化气等低碳烃资源价格相对便宜，而 BTX 的附加值高，因此将液化气转化为 BTX，能够有效地改善我国炼化企业的经济效益。c.BTX 产品的市场需求量大，能够大量消化液化气等低碳烃副产品。因此本技术有可能成为炼化企业解决液化气等副产品压库问题的有力手段。d.液化气制 BTX 技术采用沸石分子筛催化剂，此类催化剂无腐蚀无污染，可以反复再生使用，除了催化剂烧炭再生过程中排放含 CO_2 的烟道气之外，没有其他三废排放，对环境友好。特别是具有较强的抗硫、抗氮能力，能省略液化气原料预精制步骤，从而简化工艺，降低投资。另外，本工艺采用的固定床反应器在常压下操作，技术成熟，投资少，安全性高。e.国内醚后 C_4 总量在 1600 万吨/年，如果利用一半来生产 BTX，将可减少进口原油近 1000 万吨，不仅很好地利用了 C_4 资源，相应地减少进口原油量，具有良好的经济效益和社会效益。

4.碳四芳构化气相产物生成规律与利用

黄剑锋等在装填 ZSM-5 沸石分子筛 SHY-DL 催化剂的 500 mL 固定床装置上，考察了反应温度对 C_4 芳构化气相产物生成规律的影响，采用美国 KBR 公司的实验室热裂解装置对气相产物中的 C_3、C_4 组分液化石油气（LPG）进行了裂解评价，结果表明，反应温度从 340℃升高到 360℃，热裂化反应加剧，干气和 LPG 产物产率分别增加 1.05%和 3.11%，LPG 产物裂解的双烯产率可以达到 46.71%，是优质的乙烯裂解原料。

中国石油集团石油化工研究院兰州化工研究中心以大庆石化公司混合 C_4 为原料，在 500mL C_4 芳构化模型试验装置上进行了 C_4 烃芳构化产物综合利用的研究。研究结果表明，在反应温度 360 ~ 400℃、反应压力 2.0 MPa、氢油体积比 50:1、体积空速 1.0h^{-1} 的条件下，采用纳米分子筛为基础研制的 C_4 芳构化催化剂具有较高的活性，产品结构合理，芳构化产物中的 C_3 ~ C_4 馏分可以作为乙烯裂解原料的一个补充，C_3 ~ C_{10} 馏分可以作为高辛烷值汽油调和组分。

近几年，湖北金鑫科技有限公司 20 万吨醚后 C_4 芳构化生产混合芳烃，惠州宇新化工有限责任公司 30 万吨/年 C_4 烯烃异构化等项目上马。因此，积极开发新技术以拓展芳烃的生产原料来源，对于支撑我国的国民经济持续发展和保障我国的能源安全都具有积极意义。

六、甲醇制烯烃技术

近年来，国内甲醇制烯烃（MTO）技术有了巨大的进步，领先于世界首先实现工业化。在 DMTO 工艺基础上，大连化物所进一步开发了 DMTO-Ⅱ工艺，该工艺增加了 C_4 以上重组分裂解单元，即将烯烃分离单元产出的 C_4 及 C_4 以上组分进入裂解反应器，裂解反应器采用流化床反应器，催化裂解单元使用催化剂与甲醇转化所用催化剂相同，在流化床反应器内，实现 C_4^+ 组分的催化裂解，生成以乙烯、丙烯为主的轻组分混合烃。所得混合烃与甲醇转化产品气混合，进入分离系统进行分离。通过增加裂解单元，可将乙烯、丙烯产率由 80% 提高到 85% 左右，使 1t 轻质烯烃的甲醇单耗由 3t 降低到 2.6~2.7t。

煤制烯烃工艺技术（图 2-9）包括煤气化、变换及低温甲醇洗、甲醇合成及精馏、甲醇制烯烃（MTO）、烯烃分离等几个主要部分。

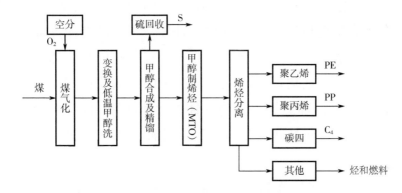

图 2-9　煤制烯烃工艺技术

MTO 工艺过程中，关键技术有两项，即 MTO 工艺和 MTO 催化剂。国内外开发的技术中，MTO 催化剂有两种，即 SAPO-34 和 ZSM-5，前者适合于将甲醇转化为 C_2~C_4 低碳烯烃，后者适合于将甲醇转化为丙烯、石脑油和 LPG。

1984 年，美国 UCC（后为 UOP 的一部分）公司开发了 SAPO-n 系列分子筛，其中 SAPO-34 已被公认为 MTO 的最佳催化剂。UOP 和 Norsk Hydro 建立了一套 UOP/Hydro-MTO 示范装置，以流化床为核心设备，改性的 SAPO-34 分子筛为催化剂，甲醇生产负荷为 0.75t/d，连续平稳运转 90 多天取得了良好的结果，甲醇转化率保持 100%，乙烯和丙烯的产率达 80%以上。

七、ε-己内酯生产技术

20 世纪 30 年代ε-己内酯首次在实验室成功合成。近年来，随着ε-己内酯及下游产品用途及应用领域的不断扩大，ε-己内酯单体的市需求量也逐年增加。

1. ε-己内酯结构式

ε-己内酯单体是一个很有用的化学中间体，在合成化合物中，它能给合成物提供许多优异的化学性能。由ε-己内酯开环后得到的己内酯衍生物，如己内酯改性的多元醇、己内酯丙烯酸单体、己内酯聚合物很成功地用作化学反应中间体和改性剂。用来改善聚氨酯（PU），丙烯酸等聚合物的性能如色泽纯，同等固含量下黏度低。当然，也包括优异的柔韧性、抗冲击性、耐候性、耐溶剂和耐水性。

ε-己内酯还可以作为一种强溶剂，溶解许多聚合物树脂，对一些难溶的树脂表现出很好的溶解力，如它能溶解氯化聚烯烃树脂和"ESTANE"的聚氨酯树脂。但是值得注意的是，由于ε-己内酯反应活泼性较高，在它作为一种非反应性溶剂时，应避免长期储存和加热储存，以免产生聚合反应。

在活泼氢化合物存在下，ε-己内酯很容易发生聚合反应，并且产生的聚合物不易分解。当受到活泼氢进攻时，通常是ε-己内酯羰基发生反应。

2. ε-己内酯工艺路线分析

ε-己内酯生产工艺路线有环己酮和非环己酮路线。以环己酮为起始原料的工艺路线包括过氧酸氧化法、双氧水氧化法和氧

气/空气氧化法等；非环己酮工艺路线包括己二酸酯化加氢法、1,6-己二醇催化脱氢法和6-羟基己酸缩合法。综合比较，有机过氧乙酸法是目前经济成本最具有竞争力的工艺，而符合我国国情的工业化工艺路线为双氧水间接制备过氧酸的路线，采用双氧水和乙酸酐或者双氧水和丙酸制备过氧酸，过氧酸再将环己酮氧化为ε-己内酯。

3. ε-己内酯单体主要应用

ε-己内酯一种无毒的新型聚酯单体，是一种无毒的有机化工中间体，主要作为单体来制备高性能聚合物。ε-己内酯还可以作为强溶剂，对一些高分子材料具有很好的溶解性。ε-己内酯作为单体主要用于生产热塑性聚己内酯、聚己内酯多元醇、聚己内酯型聚氨酯，己内酯-丙交酯共聚物、聚合物分散剂等。

己内酯、聚己内酯（PCL）应用甚广，主要用于合成环保材料（可降解塑料），它是一种热塑性结晶型聚酯，可以被脂肪酶水解成小分子，然后，进一步被微生物同化。目前，美国UCC公司已进行批量生产，并已经用于外科用品、黏结膜、脱膜剂等产品。PCL与聚-β-羟丁酸（PHB）共混后，也可以制备生物降解塑料。脂肪族聚酯与尼龙进行胺酯的交换反应，合成聚酰脂共聚物（CPAE），CPAE则是一种新型的生物降解塑料。广泛应用于生物降解塑料、医用高分子材料、合成革、胶黏剂、涂料等。

（1）热塑性聚己内酯

热塑性聚己内酯是ε-己内酯开环聚合所得到的高分子量聚合物，热塑性聚己内酯具有良好的生物降解性能，同时还具有形状记忆特性、低温柔韧性、耐水解性等诸多优点。这也使得热塑性聚己内酯的应用越来越广。

热塑性聚己内酯的熔点约为60℃，在55～75℃下，具有非常好的变形特性和记忆特性，被广泛用于整形外科的骨科夹板、牙印模和放射治疗系统，以及骨折体内固定材料，如体内骨骼固定板、骨钉等，还可用于手术缝合线。

另外，热塑性聚己内酯可与聚乳酸共混，用于制备吹塑薄膜、层压材料和包装材料等产品。如生物降解农用薄膜、一次性餐具、生物降解塑料袋等。聚己内酯与很多聚合物具有优异的相容性，可用于增塑剂、改性料以及色母粒载体等。

（2）聚己内酯多元醇及聚己内酯型聚氨酯

聚己内酯多元醇是由 ε-己内酯在多元醇的引发下所得到的具有多个端羟基的低分子量聚合物。聚己内酯多元醇可以与二异氰酸酯反应来制备高性能的聚己内酯型聚氨酯。聚己内酯多元醇具有调节聚氨酯弹性体中软段的功能，用聚己内酯多元醇制备的聚氨酯的水解稳定性和低温柔韧性远远优于通常以聚醚二元醇或其他聚酯二元醇为原材料生产的聚氨酯。此外，用其制得的弹性体的高温适应性、力学性能和耐溶剂性能都优于其他普通聚氨酯，可广泛应用于制鞋、家电、汽车、纺织和轮胎等行业。聚己内酯型聚氨酯还具有其他优异性能，如低温柔顺性、耐候性、光稳定性、高抗撕裂强度及耐水解性等。

八、加氢碳九石油树脂

1.定义

碳九石油树脂是石油裂解所副产的 C_9 馏分，经前处理、聚合、蒸馏等工艺生产的一种热塑性树脂，它不是高聚物，而是分子量介于 $300 \sim 3000$ 的低聚物。

2.产品性能

加氢碳九石油树脂产品无味无臭，具有酸值低、混溶性好、耐水、耐乙醇和耐化学品等优点，对酸碱具有化学稳定性，并有调节黏性和热稳定性好的特点。应用于 SBC 系热熔压敏胶、EVA 系热熔胶、压敏黏合剂、PP 薄膜改性剂等产品中，也用作橡胶增黏剂及增强剂、干性油改性剂、纸张施胶剂、油墨展色剂及连接料。经溶剂与乳化剂乳化的碳九石油树脂乳液可与氯丁胶乳液混溶制成附着力及耐候性强的外墙涂料和防锈涂料；与乳化沥青混溶可制造防水涂料；用作铸造黏合剂，可提高铸造成品率。

3.产品作用

石油树脂一般不单独使用，而是作为促进剂、调节剂、改性剂和其他树脂一起使用。

① 涂料。涂料主要使用高软化点的 C_9 石油树脂、双环戊二烯（DCPD）树脂、C_5/C_9 共聚树脂，涂料中加入石油树脂能够增加涂料光泽度，提高漆膜附着力、硬度、耐酸性、耐碱性。

② 橡胶。橡胶主要使用低软化点的 C_5 石油树脂、C_5/C_9 共聚树脂及 DCPD 树脂。此类树脂和天然橡胶胶粒有很好的相容性，对橡胶硫化过程没有太大的影响，橡胶中加入石油树脂能起到增黏、补强、软化的作用。特别是 C_5/C_9 共聚树脂的加入，不但能增大胶粒间的黏合力，而且能够提高胶粒和帘子线之间的黏合力，适用于子午线轮胎等高要求的橡胶制品。

③ 黏合剂行业。石油树脂具有很好的黏接性，在黏合剂和压敏胶带中加入石油树脂能够提高黏合剂的黏合力、耐酸性、耐碱性以及耐水性，并且能够有效地降低生产成本。

④ 油墨行业。油墨用石油树脂，主要是高软化点 C_9 石油树脂、DCPD 树脂。油墨中加入石油树脂能起到展色、快干、增亮的效果，提高印刷性能。

⑤ 其他：树脂具有一定的不饱和性，可用于纸张上胶剂、塑料改性剂等。

九、氨化催化法脱硝技术

1.烟气脱硝改造

烟气脱硝采用高灰型选择性催化还原烟气脱硝（SCR）工艺，工艺系统按入口 NO_x 浓度 $400mg/m^3$、处理 100% 烟气量及最终 NO_x 排放浓度小于 $100mg/m^3$ 进行设计。

采用蜂窝式催化剂，按"2+1"模式布置，备用层在最下层，催化剂支撑梁的层间高度不小于 $3.5m$。SCR 反应器利用现有烟道混凝土支架加固后支撑，SCR 进口烟道设置灰斗，脱硝配置耙式半伸缩蒸汽吹灰器+声波吹灰器，采用液氨作为脱硝还原剂，两台机组共用一个液氨储存、制备与供应系统。脱硝采用集中控制方式。

2.高分子脱硝剂脱硝

高分子脱硝剂技术是将脱硝剂在 $700℃$ 以上的高温下激活、气化，瞬间与 NO_x 进行化学反应，还原成 N_2 和 H_2O，从源头上解决 NO_x 的生成，从而达到脱硝目的，这种工艺前期施工周期很短，一般 $10\sim15d$ 即可完成；这种技术操作简单，采用粉体输送系统，在炉体烟气口及炉膛高温区选择几处适合的位置打 $60\sim80mm$ 的圆孔，将脱硝剂喷入，即可达到脱硝效果。

特别值得一提的是，该技术还可以通过 PLC 自动化控制系统调节脱硝剂输送量，达到脱销所相应指标，该项技术所需要设备占石灰石、氨水、双碱、液氨等传统脱硝方法所需设备及项目建设的 $15\%\sim30\%$ 即可，能耗小，$20\sim130t$ 锅炉只需要动力 $30\sim35kW$；运行成本低，脱硝剂用量成本约在 $10\sim15$ 元/t 煤左右；脱硝效果好，能瞬间将 NO_x 排放浓度同时将至国家最新烟气排放标准之内，脱硝效率达到 $70\%\sim80\%$（根据锅炉含氧量）。

脱硝脱硫的化学方程式是：

$$4CO(NH_2)_2+6NO_2 == 7N_2+4CO_2+8H_2O$$

反应 $4NO(g)+4NH_3(g)+O_2(g) \rightleftharpoons 4N_2(g)+6H_2O(g)$ $\Delta H=-1627.2kJ/mol$ 是放热反应。升温平衡逆向移动，温度升高时还会发生氨气的催化氧化。氧气在Ⅱ电极上发生氧化反应，电极Ⅰ上发生还原反应。NO_2 被氧化生成的氧化物只能是 N_2O_5。电极Ⅰ上的电极反应式为：$NO_2+NO_3^- -e^- == N_2O_5$。

气体送料装置由我国自主开发，经过不懈努力，领先开发出性能优异的上料系统，能满足混合粉料高位输送之要求。各类机型均配备储料仓、真空吸料系统、中间料仓、正压吹送系统，并装有马达过载保护装置，具有轻便耐用、吹送力强、上料均匀、安装简便、操作简易的特性。

十、羰基合成生产技术

1.定义

羰基合成（oxo-synthesis）是指一氧化碳和氢与烯烃在催化剂的存在和一定压力下生成比原来所用烯烃多一个碳原子的脂肪醛的过程，所以又称"醛化（反应）"或"氢甲酰化反应"（hydroformylation）。

羰基合成（氢甲酰化）是烯烃与一氧化碳和氢气在催化剂作用下，在烯烃双键上同时加上氢原子和甲酰基，从而生成比原来烯烃多一个碳原子的两种异构醛的反应过程。由于工业中最终产品为醇，因此又常把醛加氢为醇的反应包括在羰基合成中。羰基合成是羰化（或羰基化）的一种，后者是指把 CO 引入另一个分子中的反应，如甲醇羰化生产乙酸。

2.类型

羰基合成是均相液相反应过程，实际生产过程，可分为以下两种情况。

① 在钴或铑催化剂作用下,烯烃与氢及一氧化碳进行氢甲酰化生成两种异构醛,经分离出催化剂后,在另一反应器中,再催化加氢成醇。

② 在改进的钴催化剂作用下,在同一反应器中同时进行烯烃、氢与一氧化碳的氢甲酰化反应和醛的催化加氢反应而制得醇。

3.催化剂

各种过渡金属羰基配合物对氢甲酰化反应均有催化作用。但只有钴和铑的羰基配合物用于工业化生产。

① 钴催化剂。主要采用八羰基二钴$[Co_2(CO)_8]$。它可以预先制成,然后加入反应器中;也可用金属钴、钴的氧化物、碳酸钴或钴的脂肪酸盐,在反应器中与原料气一氧化碳和氢反应制得。在反应条件下,由 $Co_2(CO)_8$ 生成的四羰基氢钴$[HCo(CO)_4]$,是催化活性体。$Co_2(CO)_8$ 即使在室温下也极易分解。为了保持更多的 $HCo(CO)_4$,反应必须在较高的一氧化碳分压下进行。使用这种催化剂时,存在着催化剂的回收、循环以及设备腐蚀问题,同时所得产物中的正、异构醛之比较低,约为 1:1,而异构醛的用途不大。对钴催化剂的改进,是在原催化剂中引入有机膦配体,形成 $Co_2(CO)_6[P(n\text{-}C_4H_9)_3]_2$ 配合物,以提高正构产物的选择性,使正、异构醛之比提高至 4:1 左右。改进的钴催化剂热稳定性较好,并有加氢活性,羰基合成过程可在较低压力下进行,并可在同一反应器中同时进行氢甲酰化和催化加氢。

② 铑催化剂。以 $HRh(CO)\cdot[P(C_6H_5)_3]_3$ 为主,该催化剂活性高、热稳定性好,可用于较低压力的操作过程;选择性高,产物中正、异构醛之比大约为 10:1。

近年来,正在开发一种非均相催化剂,它既具有均相催化剂的高活性和选择性,又具有负载型固体催化剂的优点,而不存在产物与催化剂分离的问题。

4.反应器

由于反应介质有腐蚀性，工业上羰基合成过程是在不锈钢制的连续釜式反应器或管式反应器中进行，反应热通常由内部冷却管用热载体移出，或者将一部分物料在反应器外冷却后，再循环至釜式反应器中。

5.过程条件

羰基合成是强放热反应，反应热大约为 125kJ/mol，反应过程中热量的移除至关重要。羰基合成过程中的反应平衡常数，在一般反应温度范围内较大。从平衡观点来看，反应可以不加压；但为了保持催化剂的稳定性，反应必须在加压下进行。实际过程条件与所使用的催化剂密切相关。使用羰基钴催化剂时，如果原料气中氢气与一氧化碳的物质的量之比为 1:1，反应温度为 100～180℃，则反应压力为 20～30MPa。降低温度、增加一氧化碳分压，对提高正、异构醛之比和减少催化剂的分解都有利。用改进的钴催化剂时，因其目的产物为醇，原料气中氢气与一氧化碳的物质的量之比为 2:1，反应压力为 2～10MPa，但由于催化剂活性较低，需较高的反应温度。用改进的铑催化剂时，反应条件较缓和，适宜温度为 100℃左右，一氧化碳和氢气分压分别小于 0.3MPa 和 1.4MPa。

6.工业应用

工业上，适用于羰基合成过程的原料烯烃包括直链和支链的 C_2～C_{17} 单烯烃。其中直链烯烃主要是乙烯、丙烯、1-丁烯和 2-丁烯，以及 α-烯烃和内烯烃（双键不在链端）的混合物。支链烯烃主要是异戊烯，由 C_3 和 C_4 烯烃齐聚得到的己烯、辛烯、壬烯、十二烯，以及由异丁烯、1-丁烯和 2-丁烯二聚和共聚得到的庚烯等。使用铑催化剂时，丙烯等原料气的预处理是必要的，因为催化剂遇硫化物、卤化物和氰化物时极易中毒。

羰基合成是用烯烃生产高碳醛和醇的方法，因此，在工业上得到广泛的应用。其中主要有由丙烯制 1-丁醇和 2-乙基己醇；由庚烯生产辛醇；用混合烯烃合成用于生产增塑剂和合成洗涤剂的 $C_8 \sim C_{10}$ 醇和 $C_{12} \sim C_{16}$ 醇；用乙烯生产丙醛，而丙醛是合成 1-丙醇和丙酸的主要原料；以及由 1-丁烯和 2-丁烯生产戊醇等。

7.制备方法实例

实例一：一种在催化剂存在和高温高压下，用 5 ~ 24 个碳原子的异构烯烃混合物经过氢甲酰化反应制备高级羰基合成醇的方法，其中氢甲酰化反应一步完成，烯烃的一次操作转化率限制在 40% ~ 90% 之间，直接除去催化剂后，将反应混合物进行选择性氢化，通过蒸馏分离出氢化混合物，烯烃馏分被再循环到氢甲酰化反应中。

实例二：在高温和高压、有钴催化剂或铑催化剂存在下，通过两段氢甲酰化反应，由含 5 ~ 24 个碳原子的异构体烯烃的混合物制备高级羰基合成醇的方法，该方法包括选择性地氢化第一氢甲酰化段的反应混合物，在蒸馏中将氢化混合物分成粗制醇和主要由烯烃构成的低沸化合物，把这些低沸化合物送到第二氢甲酰化段，再次选择性地氢化第二氢甲酰化段的反应混合物，在一次蒸馏中将氢化混合物分成粗制醇和低沸化合物，粗制醇经蒸馏加工成纯醇，并除去某些低沸化合物，以排出饱和烃。

十一、覆膜滤料制备技术

玻纤覆膜滤料是一种新兴工程滤料，以其特有的表面过滤性能得到广泛应用。

上海市纺织科学研究院用聚四氟乙烯微孔膜与聚四氟乙烯针刺毡通过高温热压覆合制备了一种纯聚四氟乙烯覆膜滤料。采用傅立叶红外光谱法和差示扫描量热法对纯聚四氟乙烯覆膜滤料进行组成分析，一般在图谱中未发现聚四氟乙烯特征峰和聚四氟乙烯非晶区的振动峰以外的其他图谱。通过扫描电镜对聚四氟乙烯覆膜滤料进行形貌观察，并对覆膜滤料的性能进行测试。结果表明：聚四氟乙烯微孔膜与聚四氟乙烯基布通过高温物理热黏合，与传统的覆膜滤料相比，纯聚四氟乙烯覆膜滤料更能满足高温、高湿、高腐蚀性的烟气除尘工况要求。

目前对烟气、粉尘的处理主要采用袋式除尘器，袋式除尘器的布袋滤料主要选用芳纶胺纤维、聚苯硫醚纤维、聚芳族酰亚胺纤维及玻璃纤维等。虽然这些布袋滤料具有不同的优点，但是对于不同性质的烟气、粉尘，也存在不同的缺点，如纶胺纤维在有水分及化学成分时操作温度将降低，尤其在 SO_x 存在，具有水分时，会被腐蚀，强度保留率降低；聚苯硫醚纤维对氧化剂敏感；聚芳族酰亚胺纤维不耐水解，价格较高；玻璃纤维对氢氟酸、强碱的耐腐蚀性差。这些问题会在实际操作中降低布袋的使用寿命，并使袋式除尘器整机对烟气、粉尘处理的效果欠佳，同时，影响除尘器整机的连续正常工作。

重工业的快速发展，使得环境中残留的高温烟气污染物越来越多，特别是灰尘、硫酸、硝酸、有机碳氢化合物等粒子。当前很多地区处于雾霾天气之中，引起人们心血管疾病和呼吸道感染等方面的疾病，其中污染排放也是造成这种现象的主要原因之一。因此，从健康和环保的角度，对过滤材料的需求也显得更迫切。与玻璃纤维、矿物纤维、芳纶纤维相比，玄武岩纤维在过滤方面具有其独特的优点，如突出的力学性能、耐高温、耐酸碱、吸湿性低等优良性能，但是单独由玄武岩纤维做成的机织布由于孔隙较大，过滤性能不佳。聚四氟乙烯微孔膜对微小粒子的过滤效率极高，表面光滑利于清灰，化学稳定性好，耐高低温，透气性好，不易老化，有较好的抗结露作用，尤其在浓度和湿度都较高、粉尘附着性强、净化要求高的环境中使用效果更好，但其力学性能较差。将玄武岩机织布与聚四氟乙烯微孔膜进行覆合得到的玄武岩覆膜滤料不但能获得优异的过滤效果，而且力学性能优良，能抵抗住高速冲击作用下的高温烟尘，使用寿命长。

以对玄武岩机织布的研究为基础，对不同规格玄武岩机织布的表观形态、过滤性、透气性以及拉伸性能进行了测试与分析，进而探讨玄武岩机织布与聚四氟乙烯微孔膜的复合工艺，测试与研究了覆膜滤料的各项性能。做了以下的研究工作：

① 采用 ASL2000-W-E 型剑杆织机织造了 11 种不同规格的玄武岩机织布，在 SteREO Discovery.V20 蔡司体视显微镜下观察其表面形态，并测试各机织布的面密度与厚度，计算得到机织布孔隙率。在 YG461D 型数字式织物透气量仪及 SX-L1050 型滤料效率试验台测试了织物的透气率、过滤效率及过滤阻力，分析与研究了孔隙率与透气率、过滤阻力及过滤效率之间的关系，并测试了织物的拉伸性能。

② 采用胶覆膜与高温热压覆膜两种不同的方式将玄武岩机织布与聚四氟乙烯微孔膜进行覆合，在 SteREO Discovery.V20 蔡司体视显微镜下观察其表面形态的变化。

③ 在 JSM-5610LV 扫描电子显微镜下测试了玄武岩覆膜滤料的覆膜厚度，通过滤纸孔径及其分布测试仪测试了玄武岩覆膜滤料的孔径大小及分布。

④ 测试玄武岩覆膜滤料的透气率、过滤效率及过滤阻力，并对覆膜滤料正反两面的过滤性能及玄武岩机织布的过滤性能进行了分析对比。

⑤ 在 250℃下对玄武岩覆膜滤料进行加热处理，分析高温处

理前后的过滤效率、过滤阻力、透气率及质量的变化；对玄武岩覆膜滤料的耐磨性进行了研究。

⑥ 对玄武岩覆膜滤料的结构与过滤性、透气性之间关系进行了研究与分析。经过测试、分析研究表明，玄武岩机织布的孔隙率较大，特别是纬纱采用膨体纱时，孔隙率越大，玄武岩机织布的透气率也随之增加。随着纱线线密度的增大透气率降低，随着经纬密度的增大，透气率要减小，透气率大小顺序为：纬二重组织的透气率 > 2/2 斜纹 > 平纹。玄武岩机织布对 0.3μm 左右的气溶胶粒子的过滤效率较低，当孔隙率增大到一定的数值时，机织布的过滤效率将趋于 0，过滤阻力较小。经过高温热压覆膜之后，玄武岩机织布的纱线上包覆有一层聚四氟乙烯，聚四氟乙烯膜层的厚度在 24μm 以内。玄武岩覆膜滤料的孔径分布均匀且集中，孔径较小。

玄武岩覆膜滤料正反两面的过滤效率均较好，无膜面的过滤效率优于有膜面的过滤效率，透气性能较好，覆膜后的拉伸性能与覆膜前的拉伸性能相差不大。250℃高温处理之后，玄武岩覆膜滤料的过滤效率仍能保持在较高的水平，过滤阻力有所降低，透气率会增大；玄武岩覆膜滤料的耐磨性好，覆膜牢度较好。玄武岩覆膜滤料随着覆膜厚度的增加，过滤效率增大，过滤阻力增大，透气率减小；随着平均孔径的增大，过滤效率减小，过滤阻力减小，透气率增大。

十二、聚四氢呋喃技术

1.定义

聚四氢呋喃（PTMEG）是一种易溶解于醇、酯、酮、芳烃和氯化烃，不溶于脂肪烃和水的白色蜡状固体。当温度超过室温时会变成透明液体。

2.生产方法

聚四氢呋喃最早是在 20 世纪 30 年代末期制得的，是由四氢呋喃开环聚合生成的聚合物，只能由四氢呋喃进行正离子聚合得到。反应方程式如下：

$$nC_4H_8O + H_2O \xrightarrow{\text{引发剂}} HO\text{-}[C_4H_8O]_n\text{-}H$$

工业上是用乙酸酐-高氯酸、氟磺酸或发烟硫酸为引发剂，使四氢呋喃聚合成分子量为 600~3000、双端基为羟基的产物。

3.应用

聚四氢呋喃主要用作嵌段聚氨酯或嵌段聚醚聚酯的软链段。由平均分子量为 1000 的聚四氢呋喃制得的嵌段聚氨酯橡胶，可用作轮胎、传动带、垫圈等，也可用于涂料、人造革、薄膜等。制得的嵌段聚醚聚酯为热塑性弹性体。平均分子量为 2000 的聚四氢呋喃，可用以制聚氨酯弹性纤维。2008 年，有报道称由聚四氢呋喃制成的嵌段聚氨酯具有良好的抗凝血性，可用作医用高分子材料。

十三、高 CO 等温低温变换技术

1.传统合成氨生产

传统合成氨生产使用固定床间歇气化工艺，半水煤气中 CO 含量在 30%左右，CO 变换多采用中低低、中中低、全低变流程工艺，以及多段反应、多次换热调节温度的方式，流程相对复杂、热损失大、蒸汽消耗高、设备投资大。

传统 CO 变换技术为多段绝热反应技术，很难应用于高 CO 气体的变换。如 CO 浓度在 65%左右，变换反应会很剧烈，反应温度也会飞涨到不可控的程度。传统技术需采用 4～5 台变换炉，中间配装繁杂的控温换热设备，不仅反应流程长，而且阻力大，系统阻力达到 0.4～0.6MPa，操作难度也较大。

随着我国化肥工业的发展，合成氨装置日益大型化，大型合成氨系统造气多采用粉煤气化、水煤浆气化等技术，气化粗煤气中 CO 含量在 50%～76%。而传统变换技术为多段绝热反应技术，对高 CO 气体变换难度极大。

2. 高 CO 等温低温变换技术

高 CO 等温低温变换技术应用于电石炉尾气综合利用工艺实现了合成氨高 CO 煤气变换、工业炉高 CO 尾气的利用，破解了长期困扰企业的技术装备难题，为实现资源综合利用、碳减排、环境净化闯出了新路。

3. 高 CO 等温低温变换技术优势

一是进入系统的 CO 浓度高达 75%～80%，为高 CO 原料气；二是床层温度轴向、径向各点温度均稳定在 219～222℃，彻底解决了超温飞温问题；三是等温变换炉阻力几乎为零，系统阻力小于 0.01MPa；四是该技术可根据后续产品对 CO 的要求，调节水汽比即可轻松控制出口变换气中 CO 浓度；五是通过控制汽包蒸气压可以轻松调节床层温度；六是变换反应热几乎全部利用产生的中压蒸汽，反应器水汽系统无动力自然循环；七是饱和蒸汽经过系统过热后可外送或本系统使用。如何变换利用浓度高达 75%～85% 的 CO 一直是业内的难题，国内外尚无成熟、合理的解决方法。这导致当前工业炉尾气中大量的 CO 尾气被放空或作燃料烧掉，造成大量的资源浪费和碳排放。

我国合成氨领域第一套高 CO 等温变换装置，单台等温变换炉把 CO 由 45% 变换至 0.6%，大大提高了合成氨变换炉高 CO 深度变换的纪录。

十四、甲苯甲醇甲基化专有生产技术

近十年来，我国甲苯甲醇甲基化工艺是以甲醇作为甲基化试剂，将甲苯高效地转化为二甲苯。甲醇作为煤化工衍生产品，成本较为低廉，发展煤化工产品补充或替代石油化工产品和原料已展示出良好的发展前景。甲苯甲醇甲基化技术促成了煤化工与石油化工的结合，实现了煤化工产品的高附加值应用，是一条极具经济效益和社会效益的二甲苯生产新路线。

国内首套甲苯甲醇甲基化工业装置在中国石化扬子石油化工有限公司成功完成工业运行，表明该工艺技术方案可行，工程设计满足要求，装置满负荷运行平稳，各项技术指标优于设计值。该工艺技术的成功开发应用，开辟了石油资源与煤炭资源结合并综合利用的新途径，也有效提高了扬子石化二甲苯原料的自给率。

由于 PTA（对苯二甲酸）是重要的大宗有机原料之一。随着国内新建 PTA 装置的产能扩张，对二甲苯与 PTA 上下游不匹配的矛盾越加突出。国内新增产能规模增加，而其上游原料对二甲苯产能却没有同步增加，致使这一产业链出现上下游畸形匹配的现状，下游 PTA 产能过剩、上游对二甲苯资源紧缺的矛盾将更加突出，而国内未来新建对二甲苯因为种种原因也难以改变这一结构性矛盾。

十五、己二胺生产技术

1.主要用途

己二胺（HMD）主要用于生产聚酰胺，如尼龙 66、尼龙 610

等，也用以合成聚氨酯树脂、离子交换树脂和亚己基二异氰酸酯，以及用作脲醛树脂、环氧树脂等的固化剂、有机交联剂等，还用作纺织和造纸工业的稳定剂、漂白剂，铝合金的抑制腐蚀剂和氯丁橡胶乳化剂等。己二胺与盐酸在28℃以下成盐得到1,6-己二胺盐酸盐，可用来生产杀菌剂洗必泰乙酸盐。己二胺在黏合剂、航空涂料和橡胶硫化促进剂等生产中也有一些应用。

2.合成方法

目前生产己二胺的工业方法较多，根据所用原料的不同有己二酸法、丁二烯法、丙烯腈法、己二醇法和己内酰胺法。其中己二酸法、丁二烯法和丙烯腈法是经过中间物己二腈加氢生成己二胺，目前，几乎所有大规模生产己二胺的方法都是己二腈催化加氢法。

己二胺可以由己二腈、己二醇和己内酰胺生产，但几乎所有大规模生产己二胺的方法都是由己二腈出发的。

（1）己二腈法

采用催化加氢方法：

$$NC(CH_2)_4CN+4H_2 \longrightarrow H_2N(CH_2)_6NH_2$$

① 高压法。采用钴-铜催化剂，反应温度100~135℃，压力60~65MPa；也可采用铁催化剂，反应温度100~180℃，压力30~35MPa，溶剂可采用液氨，有时还加入芳烃（如甲苯）。己二胺的选择性约90%~95%。生产中，将液态己腈、甲苯和氨与含氢氨以及少量的己二腈和甲苯的气体混合物通入装有钴-铜催化剂的反应器，生成的粗己二胺导出后，先使其与水进行共沸蒸馏，然后再通过几次真空蒸馏即得到适于制造尼龙66的高纯度产品。

② 低压法。采用骨架镍、铁-镍或铬-镍催化剂，反应在氢氧化钠溶液中进行。反应温度约75℃，压力为3MPa，己二胺的选择

性可达 99%。为了防止催化剂中毒，对原料己二腈的纯度要求很高。

（2）己二醇法

由己内酯加氢合成 1,6-己二醇，1,6-己二醇采用骨架镍催化剂进行氨化脱水反应：

$$HOCH_2(CH_2)_4CH_2OH+2NH_3\longrightarrow H_2N(CH_2)_6NH_2+2H_2O$$

为了防止己二胺脱氢，反应时需加入少量氢。反应温度 200℃，压力 23MPa，产率约 90%。

（3）己内酰胺法

一般用于处理己内酰胺等外品的小型生产装置上。它是由己内酰胺与氨在磷酸盐（如锰、铝、钙、钡或锌的磷酸盐）催化剂存在下，进行气相反应生成氨基己腈。

反应温度约 350℃，产率几乎达 100%。生成的氨基己腈再进行加氢反应生成己二胺，这一加氢过程与己二腈加氢相似。反应方程式如下：

$$H_2N(CH_2)_5CN+2H_2\longrightarrow H_2N(CH_2)_6NH_2$$

（4）己二酸法

此法是将己二酸蒸气与过量的氨一起通过加热至 340℃的硅胶等脱水催化剂，生成己二腈，然后在其中加入甲醇和液氨，用硅藻土镍为催化剂，在 90～100℃下，以 10.1325～20.265MPa 的氢气进行还原得成品。

（5）丁二烯法

① 氯化氰化法。1,3-丁二烯与氯气于 200～250℃在氯化反应器中进行氯化反应，生成 1,4-二氯-2-丁烯（占 66%）和 3,4-二氯-1-丁烯（占 33%）。二氯丁烯化合物，在碳酸钙存在下，在 100～

150℃下，与氢氧化钠或氢氧化铵为催化剂，在 50～100℃下进行异构化反应，生成 1,4-二氰基-1-丁烯。1,4-二氰基-1-丁烯以钯为催化剂，于常压和 250℃的条件下进行气相加氢，制得乙二腈。乙二腈催化加氢即得乙二胺。

② 直接氢氰化法。将 1,3-丁二烯在催化剂存在下与氢氰酸进行液相反应，控制反应温度 100℃，生成戊烯腈的异构体混合物。混合物经分离并将异构体异构为直链戊烯腈后，再与氢氰酸进行加成，生成乙二腈，乙二腈经催化加氢即得乙二胺。

十六、JW 低压均温甲醇合成塔技术

甲醇合成塔是广泛应用于我国甲醇生产厂的固定床反应器，国内现有的甲醇合成装置多采用高压法和中压联醇法，存在能耗高、规模小、投资大的缺陷。低压甲醇合成技术是我国要重点研究开发的高新技术，其针对我国现有甲醇合成装置存在的缺陷，开发出一种以煤和天然气为主要原料，能够广泛应用且投资少、效果好的低压甲醇合成技术和合成塔。

楼寿林等研发低温差放热气固相催化反应器，属高效节能技术。其主要技术特点是：在全部触媒床层中设计了可自由伸缩活动装配的冷管束，用管内冷气吸收管外反应热，管内冷气与触媒层中的反应气进行并流换热和逆流间接换热，通过计算机优化冷管结构和参数，从而达到触媒层温差比 Lurgi 等温塔小（JW 塔径向 <5℃，轴向 <10℃，Lurgi 塔 <30℃），而结构比 Lurgi 塔和 SPC 塔更简单可靠的目标。其主要创新点是：结构独特的 U 形管，触媒装填系数从 30%提高到 70%；强化传热，使催化剂床层径轴向温差小、温度均匀，延长触媒寿命，提高甲醇产量，降低物耗和能耗，且易实现装置的大型化。

该项目具有自主的知识产权，已获中国专利并已申请 PCT 国

际专利、欧洲专利和俄罗斯专利，形成我国自己的甲醇合成的成套技术与装备，可替代引进技术并使我国成套技术出口，具有较强的国际竞争力。该技术还适用于其他可逆放热反应，应用前景广泛。该项目的成功开发和应用改变了过去现代化反应器技术长期依赖国外的状况。

十七、甲基丙烯酸甲酯技术

甲基丙烯酸甲酯（MMA）是一种有机化合物，简称甲甲酯，是一种重要的化工原料，是生产透明塑料聚甲基丙烯酸甲酯（有机玻璃，PMMA）的单体。易燃，有强刺激性气味，有中等毒性、生殖毒性和致畸作用，应避免长期接触。

1.合成方法

① 丙酮氰醇法。丙酮与氰化氢反应生成丙酮氰醇，丙酮氰醇与硫酸及甲醇反应，制得甲基丙烯酸甲酯，得到的粗酯经盐析、初馏、精馏得产品。

② 丙烯法。丙烯、一氧化碳与甲醇反应，合成中间体 2-甲氧基-2-甲基丙酸甲酯，将它分解生成甲基丙烯酸甲酯和甲醇。

③ 异丁烯法。将异丁烯用氧化剂在 K_2CO_3 或 MnO_2 催化剂存在下氧化成甲基丙烯酸，或用空气在钼催化剂存在下分两段氧化，即先氧化成甲基丙烯醛，再进一步氧化成甲基丙烯酸，最后与甲醇酯化制得甲基丙烯酸甲酯。

④ 丙炔羰基化法。壳牌公司近年开发了一种丙炔羰基化合成甲基丙烯酸甲酯的新工艺，并已实现了工业化。据称该法比目前正在生产的或者正在开发中的任何工艺都简易，且成本低。

⑤ 乙烯法。该法是将乙烯羰基化或氢甲酰化生成 C_3 的羰基化合物，然后再与甲醛或与之相当的化合物缩合成甲基丙烯酸甲

酯。该工艺的主要优点在于产生的氢氰酸副产物可作为制取乙酰胆碱（ACh）的原料循环使用，并且不产生硫酸铵产物。

2.主要用途

① 用于制造有机玻璃、涂料、润滑油添加剂、木材浸润剂、纸张上光剂等。

② 甲基丙烯酸甲酯既是一种有机化工原料，又可作为一种化工产品直接应用。作为有机化工原料，主要应用于有机玻璃（聚甲基丙烯酸甲酯，PMMA）的生产，也用于聚氯乙烯助剂 ACR 的制造以及作为第二单体应用于腈纶生产。此外，在胶黏剂、涂料、树脂、纺织、造纸等行业也得到了广泛的应用。作为一种化工产品，可直接应用于皮革、离子交换树脂，可作为纸张上光剂、纺织印染助剂、皮革处理剂、润滑油添加剂、原油降凝剂、木材和软木材的浸润剂、电机线圈的浸透剂、绝缘灌注材料和塑料型乳液的增塑剂、地板抛光剂、不饱和树脂改性剂等。

③ 有机合成单体。也用于制造其他树脂、塑料、涂料、胶黏剂、阻垢分散剂、润滑剂、木材浸润剂、电机线圈浸透剂、纸张上光剂、印染助剂和绝缘灌注材料。

④ 用作有机玻璃的单体，也用于制造其他树脂、塑料、涂料、黏合剂、润滑剂、木材和软木的浸润剂、纸张上光剂等。

十八、高能复合醇催化剂合成关键技术

经过多年的研究，中科院山西煤炭化学研究所"合成气制低碳混合醇新型催化剂及配套工艺技术"获得突破性进展，完成超过 1200h 的中试稳定运转。本技术采用新型铜-铁基催化剂，在温度 200～260℃、压力 4.0～6.0MPa、空速 2000～4000h^{-1} 的温和反应条件下，CO 转化率 >80%，C$_2^+$高级醇选择性 >50%，各项工艺

性能指标达到领先水平。

　　该关键技术属于洁净能源领域替代贵金属催化的合成气高效转化技术，具有催化剂成本低廉、原子经济性高和操作可行性强等特点。该技术摒弃传统高温、高压的苛刻合成反应条件和使用贵金属高成本工艺，定向开发由合成气制备高附加值化工混合醇和燃料添加剂的技术路线，在较低的反应压力和温度下，可以获得较高的醇产率和C_2^+醇选择性，实现合成气的低碳高效转化。该技术具有替代甲醇工艺技术的工业应用前景。在近年来原油供应日趋紧张和甲醇替代燃料市场持续低迷的背景下，本项技术有望成为一条降低石油依赖程度，规避甲醇市场风险的重要途径。

　　为了降低石油依赖程度，生物燃料近年已成为一些国家与地区解决交通燃料替代和温室气体减排的重要手段，50多个国家实施了生物燃料与化石燃料的掺混指标或法令。据国际能源署（IEA）预测，2050年全球生物燃料消耗量将占全世界交通运输燃料的27%。

　　生物燃料规模化进程中需要充分考虑燃料链生命周期中所涉及的温室气体排放、土地利用变化、水资源、自然资源与生态保护、粮食安全与市场价格等可持续发展问题，利用一系列标准与原则、规范与管理办法来实现生物燃料的环境、经济、社会等三方面均衡可持续发展。因此美国环保局（EPA）批准了Gevo公司在美国明尼苏达州Luverne工厂生产的异丁醇作为可再生燃料标准规定的先进生物燃料。这是EPA第一次批准把从玉米淀粉生产醇作为先进生物燃料的生产途径。

　　由于在生产用能中用绿色能源代替部分化石能源（例如，用沼气代替天然气），生物能源的确对环境保护更加有益，而且可以促进许多国家和地区的能源安全。

第三章

新型功能高分子高端产品开发与设计

第一节
功能高分子概述

一、功能高分子定义

功能高分子（functional polymers）是指具有某些特定功能的高分子材料。它们之所以具有特定的功能，是由于在其大分子链中结合了特定的功能基团，或大分子与具有特定功能的其他材料进行了复合，或者二者兼而有之。例如吸水树脂，它是由水溶性高分子通过适度交联而制得，遇水时将水封闭在高分子的网络内，吸水后呈透明凝胶，因而产生吸水和保水的功能。

二、功能高分子材料的特点

功能高分子材料一般是指具有传递、转换或储存物质、能量和信息作用的高分子及其复合材料，或具体指在原有力学性能的基础上，还具有化学反应活性、光敏性等功能高分子及其复合材料。功能高分子有很高的分子量，质轻，密度小，有优良的力学性能、绝缘性能、隔热性能，由于高分子结构的不同，其特点也不尽相同。

特定的高分子材料有的有良好的光学性能，如 PMMA、PC、PS；有的有超高的力学性能等。功能高分子材料更是涉及了医药、生物工程等各个方面，原料来源也非常丰富，易制备，而现在随着科技的发展也应用到生活中的方方面面。

三、功能高分子的分类

功能高分子材料是指高分子材料（亦称高聚物材料或聚合物材料）除具有力学性能外，还具有某种突出的化学或物理功能，如化学性、催化性、光敏性、导电性以及生物活性等。

从功能及应用上可将功能高分子材料分为以下几类。

① 分离材料和化学功能材料。主要包括分离膜、离子交换材料、高分子催化剂、高分子试剂、螯合树脂、絮凝剂、分散剂、储氢材料、高吸水性树脂等。

② 电磁功能高分子材料。主要包括导电高分子材料、超导电高分子材料、有机半导体、压电、热电、驻极体、高分子磁性体和磁记录材料等。

③ 光功能高分子材料。主要包括光导材料、光记录材料、光加工用材料、光学用塑料、光转换系统材料、光显示用材料、光导电材料、光合作用系统材料等。

④ 生物医用高分子材料。主要包括人工器官材料、骨科和齿科材料、药物高分子材料、固定化酶、仿生高分子材料和传感器、医用黏合剂和可吸收缝合材料等。

四、功能高分子的结构

1.指代不同

① 传统高分子材料。包括塑料、橡胶、纤维、薄膜、胶黏剂和涂料等许多种类，其中塑料、合成橡胶和合成纤维被称为三大高分子材料。

② 新型功能高分子材料。为聚合物或高聚物。是一类由一种或几种分子或分子团（结构单元或单体）以共价键结合成具有多个重复单体单元的大分子（图 3-1）。

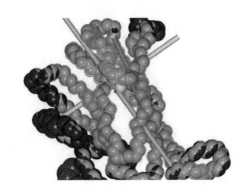

图 3-1　新型功能高分子材料的结构示意图

2.结构不同

① 传统高分子材料。在热、光、氧的长期作用下，高分子发生降解，使其理化性能、力学性能降低，完全消失以至失去使用价值。为此，常须加入防老化剂及采用其他防护措施延长使用寿命。

② 新型功能高分子材料。两种或两种以上的高聚物可用物理的、化学的方法共混制得共混聚合物合金。如尼龙与聚烯烃共混的塑料合金，其冲击韧度可提高 15 倍以上。聚合物的合金化使材料改性的自由度加大，可制备出性能多样、适应不同工况要求的新材料。

3.用途不同

① 传统有机高分子材料。满足多种特种用途的要求，包括塑料、纤维、橡胶、涂料、胶黏剂等领域，可部分取代金属、非金属材料。

② 新型功能高分子材料。可促进工农业生产和尖端技术的发展，而且对探索生命的奥秘、攻克癌症和治疗遗传性疾病都起着重要推动作用。

五、新型功能高分子材料的设计

所谓"新型功能"就是指用这类功能高分子材料进行高端产品开发与设计。新型功能高分子材料除了具有以上介绍的特性外，另更具有其他高级功能，例如，在温和条件下薄膜的选择透气性、透液性和透离子性更好，其功能性还有环境敏感性、记忆性、仿生性、隐身性、磁性和生物活性更广等，这些特性都与其具有特殊结构的官能团密切相关。

随着现代工程技术的发展，新型功能高分子材料的设计方面则向新型功能高分子材料提出了更高的设计思想及要求，因而推动了功能高分子材料向高性能化、功能化和生物化方向发展，这样就出现了许多产量低、价格高、性能优异的高端新型功能高分子材料。

1.新型功能高分子材料的地位

新型功能高分子材料对外来的各种刺激具有敏锐的反应能力，并能处处表现出特殊结构的官能团及选择性和特异性功能，是发展高技术不可缺少的功能材料之一，在新材料中占有重要地位。按其功能，它可分为化学功能、物理功能和生物功能三类。其中分离功能材料、催化功能材料、电磁功能材料和生物功能材料的发展很引人注目，部分功能高分子材料课题研究的项目及部分功能高分子材料产品，目前国内已在尖端科学技术和工业部门实际应用，经济和社会效益十分显著。

2.新型功能高分子产品开发与设计

（1）国内网络数据库的共享与设计

以国家材料科学数据共享网为依托，国内已经建立了一个大型的高分子材料数据库并已向公众开放访问。数据库主要面向科研工作人员和工业企业等，提供基于高分子材料工业产品信息的数据共享服务。该数据库涵盖塑料、橡胶、纤维、涂料、胶黏剂、加工助剂等高分子领域主要的材料类型，目前已纳入10000余个牌号的60000多条数据，针对高分子材料类型的复杂性。据刘玉峰等报道，该数据库采取了网状带冗余的分类方式以使一些组成复杂的材料可通过多种分类路径查询到。数据入库前，通过在数据生产、搜集、整合等多个过程中的评估以确保数据质量和可靠性。入库的数据也从数据来源、评估结果、修改记录等多个方面进行标记，以便后期进一步进行核对与评估。

（2）功能高分子材料设计新方法

中科院在应用超分子多重氢键进行新型功能和结构高分子材料的研究时，找到一种功能高分子材料设计方法。这种新材料的设计方法可用来设计诸如材料界面的纳米黏附，拓展可纤维增强的高分子机体材料的范围。

超分子多重氢键由于其独特的结构特点，引起了人们的关注。而在超分子聚合物中，单体单元是依靠非共价键如氢键、芳香堆积、供体-受体作用、疏溶剂作用以及金属配位作用相连接的。这些非共价键作用可以使聚合物的聚合与降解可逆地发生，并可用于开发诸如自修复、刺激-响应的新型功能和智能材料。研究多重氢键在材料表面和内部作用过程尽管极具挑战性，却是相关新材料研发的基础。

研究人员通过纤维的表面改性以及对高分子侧链进行改性，利用超分子多重氢键作用，增加纤维和高分子材料的界面黏附性能。利用识别过程动态、可逆的特性，通过合理设计，基于新型多重氢键单元超分子作用的聚合物，在诸如刺激-响应、减震等新型功能材料领域有很好的应用前景。

六、新型功能高分子材料的应用

功能高分子的独特性使其在诸多领域得到了广泛应用，并具有巨大的发展潜力，引起了人们更广泛的注意。

近些年来，人们开始对这类高分子材料进行高端产品开发与设计，以开发出适用于生物、制药、军事及智能等领域的新型功能高分子材料，其中对高端的隐身技术、智能凝胶和固定化酶技术产品的研发较为突出。

这些新型的高分子材料在人类的社会生活、医药卫生、工业生产和尖端技术等方方面面都有广泛的应用。在生物的医用材料界中研制出的一系列改性聚碳酸亚丙酯（PM-PPC）的新型高分子材料是腹壁缺损修复的高效材料；在工业污水的处理中，可以利用新型高分子材料的物理法除去油田中的污水；开发的苯乙烯、聚丙烯等热塑性树脂及聚酰亚胺等热固性树脂复合材料，这些材料比模量和比强度比金属还高，是国防、尖端技术等方面不可缺少的材料；同样，在药物的传递系统中应用新型的高分子材料，在包装材料中应用，在药剂学中应用，等等。

七、新型功能高分子材料的发展趋势

1.新型功能高分子材料扩大领域广泛运用

材料技术的发展逐渐迅速，从均质材料向复合材料发展，从单一结构材料向多功能材料并重，而对先进复合高分子基体材料如树脂、陶瓷等，加入增强料的纤维等材料组合在一起，充分发挥各相性能优势的结构特征，赋予了功能高分子广阔的应用空间。而今后功能高分子复合材料将向航空航天、医疗卫生、家居生活等众多领域发展，为科技生活带来更多的便利。

2.新型功能高分子材料的重要意义

功能高分子材料的独特功能，不仅为物理事业带来一大改革创新，也为我国各个行业领域带来贡献。例如功能高分子材料现在的隐身材料技术就是当今世界各国追求的军事技术之一，国内外的学者都对隐身纳米高分子复合材料进行研究，可见在军事上的大用处。在全世界为之关注的生态环境中，国外研发具有生态可降解性的高分子材料，对生态环境保护起到了很大的作用。

现在新型功能高分子材料对我们而言无论是生活、军事还是生态环境都是极为重要的。

第二节
离子交换树脂产品开发与设计

一、离子交换树脂的定义

　　离子交换树脂主要是由树脂骨架、交换基团和交联剂三部分组成。树脂骨架一般是由苯乙烯分子或丙烯酸分子聚合而成的高分子化合物，具有立体网状结构和四通八达的孔隙，起支承整个化合物的作用。在骨架孔隙内带有活性基团，也叫交换基团。

二、离子交换树脂的特点

　　离子交换树脂是通过物理吸附从溶液中有选择地吸附有机物质，从而达到分离提纯的目的。其理化性质稳定，不溶于酸、碱及有机溶剂，对有机物选择性好，不受无机盐类及强离子、低分子化合物存在的影响，在水和有机溶剂中可吸附溶剂而膨胀。

　　（1）吸附质的分子大小与树脂孔径

　　吸附质通过树脂的孔道而扩散到树脂的内表面被吸附，其吸附能力的大小除取决于比表面积外，还与吸附质的分子量（MR）和构型有关，树脂孔径的大小直接影响不同大小分子的自由出入，从而使树脂具有选择性。因此，只有当孔径对于吸附质足够大时，比表面积才能充分发挥作用。

　　（2）吸附物性质与树脂极性选择

　　① 遵从类似物质吸附类似物质的"相似相溶"原理，根据吸

附物的极性大小选择不同类型的树脂;

　　② 极性较大成分一般适用于中极性 MR 分离;

　　③ 极性较小成分一般适用于非极性 MR 分离。

　　一般凝胶型离子交换树脂由苯乙烯或丙烯酸与交联剂二乙烯苯聚合而成，透明，没有毛细孔，吸水后形成微细的孔隙。均孔型离子交换树脂主要是凝胶型阴离子交换树脂，具有孔径均匀、交换容量大、机械强度高的特点。

　　离子交换树脂可实现吸附性和筛选性相结合的分离，纯化多种功能，已广泛应用于环境保护、冶金工业、化学工业、制药和医学卫生部门，特别适用于生物化学制品。

三、离子交换树脂的分类

　　离子交换树脂还可以根据其基体的种类分为苯乙烯系树脂和丙烯酸系树脂。树脂中化学活性基团的种类决定了树脂的主要性质和类别。首先区分为阳离子树脂和阴离子树脂两大类，它们可分别与溶液中的阳离子和阴离子进行离子交换。阳离子树脂又分为强酸性和弱酸性两类，阴离子树脂又分为强碱性和弱碱性两类（或再分出中强酸和中强碱性类）。

四、离子交换树脂的结构

　　离子交换树脂的内部结构由三部分组成。

　　① 高分子骨架。由交联的高分子聚合物组成。

　　② 离子交换基团。它连在高分子骨架上，带有可交换的离子（称为反离子）的离子型官能团或带有极性的非离子型官能团。

　　③ 孔。它是在干态和湿态的离子交换树脂中都存在的高分子结构中的孔（凝胶孔）和高分子结构之间的孔（毛细孔）。

在交联结构的高分子基体（骨架）上（图 3-2、图 3-3），以化学键结合着许多交换基团，这些交换基团也是由两部分组成：固定部分和活动部分。交换基团中的固定部分被束缚在高分子的基体上，不能自由移动，所以称为固定离子；交换基团的活动部分则是与固定离子以离子键结合的符号相反的离子，称为反离子或可交换离子。反离子在溶液中可以离解成自由移动的离子，在一定条件下，它能与符号相同的其他反离子发生交换反应。

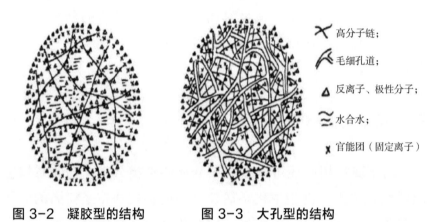

高分子链；

毛细孔道；

反离子、极性分子；

水合水；

官能团（固定离子）

图 3-2　凝胶型的结构　　图 3-3　大孔型的结构

五、离子交换树脂的原理

早在 1850 年就发现了土壤吸收铵盐时的离子交换现象，但离子交换作为一种现代分离手段，是在 20 世纪 40 年代人工合成了离子交换树脂以后的事。离子交换操作的过程和设备，与吸附基本相同，但离子交换的选择性较高，更适用于高纯度的分离和净化。

一般离子交换要借助于固体离子交换剂中的离子与稀溶液中的离子进行交换，以达到提取或去除溶液中某些离子的目的，是一种属于传质分离过程的单元操作。离子交换是可逆的等当量交换反应。

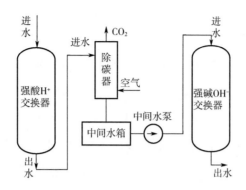

图 3-4　离子交换原理

离子交换树脂充夹在阴阳离子交换膜之间形成单个处理单元，并构成淡水室。离子交换速度随树脂交联度的增大而降低，随颗粒的减小而增大。离子交换是一种液固相反应过程，必然涉及物质在液相和固相中的扩散过程。EDI 装置与混床离子交换设备属于水处理系统中的精处理设备。目前国内离子交换主要用于水处理（软化和纯化）（如图 3-4）；溶液（如糖液）的精制和脱色；从矿物浸出液中提取铀和稀有金属；从发酵液中提取抗生素以及从工业废水中回收贵金属等。

（1）原理与平衡

有两种理论可用于研究交换过程的选择性。

① 多相化学反应理论。假定离子 A_1 与 A_2 之间有如下的交换反应

$$\frac{1}{Z_1}A_1 + \frac{1}{Z_2}\overline{A_2} \rightleftharpoons \frac{1}{Z_1}\overline{A_1} + \frac{1}{Z_2}A_2$$

② 膜平衡理论。认为树脂表面相当于半透膜，所交换的离子能自由通过；而连接在树脂骨架上的离子不能通过。按照 F.G.唐南膜平衡原理，可得出格雷戈尔公式

$$RT\ln\frac{\overline{a}_1^{1/Z_1}\cdot a_2^{1/Z_2}}{a_1^{1/Z_1}\cdot \overline{a}_2^{1/Z_2}} = \pi\left(\frac{\overline{V}_2}{Z_2} - \frac{\overline{V}_1}{Z_1}\right)$$

（2）动力学

离子交换是一种液固相反应过程，必然涉及物质在液相和固相中的扩散过程。在常温下，交换反应的速率很快，不是控制因素。如果进行交换的离子在液相中的扩散速率较慢，称为外扩散控制，如果在固相中的扩散较慢，则称为内扩散控制。

早期的研究系从菲克定律出发，所导出的速率方程式只适用于同位素离子的交换。实际上，离子交换过程至少有两种离子反向扩散。如果它们的扩散速率不等，就会产生电场，此电场必对离子的扩散产生影响。考虑到此电场的影响，F.G.赫尔弗里希导出相应的速率方程为：

$$N = D\left(\operatorname{grad} C + ZC\frac{F}{RT}\operatorname{grad}\varphi \right)$$

式中，N 为物质通量；D 为扩散系数；F 为法拉第常数；φ 为电极电位；R 为摩尔气体常数；T 为温度；C 为离子浓度。

（3）离子交换树脂设备

主要类型有：a.搅拌槽，适用于处理黏稠液体。当单级交换达不到要求时，可用多级组成级联。b.固定床离子交换器，也称离子交换柱，是用于离子交换的固定床传质设备，应用最广。c.移动床离子交换器，是用于离子交换的移动床传质设备，由于技术上的困难刚开始得到工业上应用。

六、高端离子交换树脂的制备方法

离子交换树脂的发展是以缩聚产品开始的，然后出现了加聚产品，在合成离子交换树脂的初期，主要是以缩聚型为主，但是合成的树脂难以成球状并且化学稳定性较差，机械强度不好，在使用过程中常有可溶性物质渗出。现在使用的离子交换树脂几乎都是加聚产品。

1.苯乙烯系离子交换树脂的合成

苯乙烯系离子交换树脂是苯乙烯和二乙烯苯（DVB）在水相中进行悬浮共聚合得到共聚物珠体，然后向共聚体中引入可离子化的基团而合成的。苯乙烯系离子交换树脂的用量占离子交换树脂总用量的95%以上，这是因为苯乙烯单体相对便宜并可大量得到，并且不易因氧化、水解或高温而降解。聚苯乙烯树脂以聚苯乙烯为骨架，与小分子功能基以化学键的形式结合，因此既保留了原有低分子的各种优良性能，又由于高分子效应可增添新的功能，这使得离子交换树脂的性能大幅度提高，品种成倍地增加，应用范围迅速扩大，大大促进了化工企业、制药工业、环保等行业的发展，对世界经济、政治、军事的发展产生了巨大的影响。

将苯乙烯、二乙烯苯进行悬浮共聚，加入分散稳定剂，在搅拌的条件下可以得到粒度合适、大小均匀的球状共聚体（PS）。稳定剂的性质、搅拌条件、温度等因素对悬浮聚合的影响很大。用难溶性无机物微粉末作悬浮稳定剂时，得到的聚合球粒大小比较均匀，并且在微粉末稳定剂用量相同时，粉末越细，得到的球粒越小。在苯乙烯、二乙烯苯悬浮共聚时加入沉淀剂、良溶剂或线型高聚物等做致孔剂，聚合结束后将致孔剂提取出来，得到多孔性的共聚物（PSt型，称为大孔树脂）。把这种共聚物进一步制成离子交换树脂，发现其离子交换速度加快，机械强度增大，稳定性增强。由于这类树脂其具有与活性炭类似的吸附能力，可以回收吸附质，所以被广泛用于有机物的分离纯化、工业有机废水的生化处理等。值得注意的是，在合成大孔共聚物时，为保证孔结构的稳定，交联剂用量比合成凝胶型时要多。王亚宁等以液体石蜡、甲苯和环己酮作致孔剂，采用悬浮聚合合成大孔吸附树脂，研究了单体和致孔剂组成对孔结构的影响。Veverka 等将大孔型低

交联苯乙烯-二乙烯苯（PSt-DVB）共聚物（DVB 含量在 2%～8%
之间）在二氯乙烷、硝基苯或其混合溶剂中充分溶胀后，在一定
温度及催化剂存在下与交联剂发生后交联反应，制得高比表面积
（约 1000m^2/g）及包含微孔、中孔结构的超高交联聚苯乙烯树脂。

2.丙烯酸系离子交换树脂的合成

（1）丙烯酸系弱酸性阳离子交换树脂的合成

丙烯酸甲酯或甲基丙烯酸甲酯与二乙烯苯进行自由基悬浮共
聚合，然后在强酸或强碱条件下使酯基水解，可得到丙烯酸系弱
酸性阳离子交换树脂。由丙烯酸甲酯制得的弱酸性阳离子交换树
脂有较高的交换容量，因此应用也较广。

（2）丙烯酸系碱性阴离子交换树脂的合成

聚丙烯酸甲酯与多胺反应，形成含有氨基的弱碱性阴离子交
换树脂。多乙烯多胺中的任何一个氨基都有可能与酯基反应。一
个多乙烯多胺分子中也可能有多于一个的氨基参与反应，结果产
生附加交联。由于附加交联的形成，由丙烯酸甲酯与二乙烯苯形
成的共聚物与多乙烯多胺反应，仍可形成机械强度高的弱碱性阴
离子交换树脂。

3.缩聚型离子交换树脂的合成

（1）缩聚型强酸性阳离子交换树脂的合成

可通过两种方法由苯酚、甲醛和硫酸合成缩聚型强酸性阳离
子交换树脂。第一种方法为甲醛与苯酚缩聚，然后用硫酸磺化酚
醛缩聚物；第二种方法为先合成苯酚磺酸，接着与甲醛缩聚，具
体合成方法是将硫酸加到苯酚中，在 100℃搅拌 4h，生成苯酚磺
酸（残留部分苯酚）。将此混合物调至碱性，加入 35%甲醛水溶液，

于 100℃反应 5h。再调至酸性后，悬浮到 100℃的氯苯中，分散成合适的粒度并维持 1h，得到球状树脂。

（2）缩聚型弱酸性阳离子交换树脂的合成

酚类如苯酚或间苯二酚与甲醛的缩聚产物因含有非常弱酸性的酚羟基，可作为弱酸性阳离子交换树脂。用含有羟基的酚与甲醛缩聚，则可获得含羧基的缩聚型弱酸性阳离子交换剂。

（3）缩聚型阴离子交换树脂的合成

最早的阴离子交换树脂是由芳香胺与甲醛缩聚制备的。如以间苯二胺和甲醛为原料可得到非常弱碱性的阴离子交换树脂。在上述反应中，甲醛既可以与苯环缩合，也可以与氨基缩合。若在上述反应体系中加入多乙烯多胺，则可得到碱性较强的含有脂肪氨基的弱碱性阴离子交换树脂。用三聚氰胺和胍与甲醛缩聚，得到交换容量较高的弱碱性阴离子交换树脂。此树脂曾得到过广泛的应用。

另一种至今仍在使用的缩聚型阴离子交换树脂是由环氧氯丙烷与多乙烯多胺反应制得的。

七、高端离子交换树脂的开发与设计

要开发与设计高端的离子交换树脂，务必先了解高端的离子交换树脂的基本性能与设计离子交换过程装置时所必需的数据，才能完成全交换容量和工作交换容量，再根据离子交换装置运行方式，做好离子交换树脂工艺的开发与设计。

1.基本性能

① 外观。呈透明或半透明球形，颜色有乳白色、淡黄色、黄色、

褐色、棕褐色等。

② 交联度。指交联剂占树脂原料总质量的百分数。对树脂的许多性能例如交换容量、含水率、溶胀性、机械强度等有决定性影响，一般水处理中树脂的交联度为 7%～10%。

③ 含水率。指每克湿树脂所含水分的百分率，一般为 50%，交联度越大，孔隙越小，含水率越小。

④ 溶胀性。指干树脂用水浸泡而体积变大的现象。一般来说，交联度越小，活性基团越容易电离，可交换离子的水合离子半径越大，则溶胀度越大；树脂周围溶液电解质浓度越高，树脂溶胀率就越小。

在生产中应尽量保证离子交换器有长的工作周期，减少再生次数，以延长树脂的使用寿命。

⑤ 密度。分为干真密度、湿真密度和湿视密度。

⑥ 交换容量。是树脂最重要的性能，是设计离子交换过程装置时所必需的数据，定量地表示树脂交换能力的大小。分为全交换容量和工作交换容量。

⑦ 有效 pH 范围。由于树脂的交换基团分为强酸强碱和弱酸弱碱型，所以水的 pH 值对其电离会产生影响，影响其工作交换容量。弱碱只能在酸性溶液中以及弱酸在碱性溶液中有较高的交换能力。

⑧ 选择性。即离子交换树脂对水中某种离子能优先交换的性能。除与树脂类型有关外，还与水中湿度和离子浓度有关。

⑨ 离子交换平衡。离子交换反应是可逆反应，服从质量作用定律和当量定律。经过一定时间，离子交换体系中固态的树脂相和溶液相之间的离子交换反应达到平衡，其平衡常数也称为离子交换选择系数。降低反应生成物的浓度，有利于交换反应的进行。

⑩ 离子交换速率。主要受离子交换过程中离子扩散过程的影响。

⑪ 其他性能。如溶解性、机械强度和耐冷热性等。离子交换树脂理论上不溶于水，机械强度用年损耗百分数表示，一般要求小于 3% ~ 7%/a。另外，温度对树脂机械强度和交换能力有影响。温度低则树脂的机械强度下降，阳离子比阴离子耐热性能好，盐型比酸碱型耐热好。

2.离子交换装置运行方式

离子交换装置按运行方式不同，分为固定床和连续床。

（1）固定床

固定床的构造与压力滤罐相似，是离子交换装置中最基本的也是最常用的一种型式，其特点是交换与再生两个过程均在交换器中进行，根据交换器内装填树脂种类及交换时树脂在交换器中的位置不同，可分为单层床、双层床和混合床。

单层床是在离子交换器中只装填一种树脂，如果装填的是阳树脂，称为阳床；如果装填的是阴树脂，称为阴床。双层床是离子交换器内按比例装填强、弱两种同性树脂，由于强、弱两种树脂密度不同，密度小的弱型树脂在上，密度大的强型树脂在下，在交换器内形成上下两层。

混合床则是在交换器内均匀混杂地装填阴、阳两种树脂，由于阴、阳树脂混杂，因此原水流经树脂层时，阴、阳两种离子同时被树脂所吸附，其产物氢离子和氢氧根离子又因反应生成水而得以降低，有利于交换反应进行得彻底，使得出水水质大大提高。但其缺点是再生的阴、阳树脂很难彻底分层。于是又发明了三层混床新技术，保证在反洗时将阴、阳树脂分隔开来。

根据固定床原水与再生液的流动方向，又分为两种形式，原水与再生液分别从上而下以同一方向流经离子交换器的，称为顺流再生固定床，原水与再生液流向相反的，称为逆流再生固定床。

　　顺流再生固定床的构造简单，运行方便，但存在几个缺点：在通常生产条件下，即使再生剂单位耗量二至三倍于理论值，再生效果也不太理想；树脂层上部再生程度高，而下部再生程度差；工作期间，原水中被去除的离子首先被上层树脂所吸附，置换出来的反离子随水流流经底层时，与未再生好的树脂起逆交换反应，上一周期再生时未被洗脱出来的被去除的离子，作为泄漏离子出现在本周期的出水中，所以出水剩余被去除的离子较多；而到了工作后期，由于树脂层下半部原先再生不好，交换能力低，难以吸附原水中所有被去除的离子，出水提前超出规定，导致交换器过早地失效，降低了工作效率。因此，顺流再生固定床只选用于设备出水较少、原水被去除的离子和含盐量较低的场合。

　　逆流再生固定床的再生有两种操作方式：一种是水流向下流的方式，另一种是水流向上流的方式，逆流再生可以弥补顺流再生的缺点，而且出水质量显著提高，原水水质适用范围扩大，对于硬度较高的水，仍能保证出水水质，所以目前采用该法较多。

　　总体来说，固定床有出水水质好等优点，但固定床离子交换器存在三个缺点：一是树脂交换容量利用率低；二是在离子交换树脂工艺设计与应用同设备中进行产水和再生工序，生产不连续；三是树脂中的树脂交换能力使用不均匀，上层的饱和程度高，下层的低。

　　为克服固定床的缺点，开发出了连续式离子交换设备，即连续床。

（2）连续床

　　一般连续床又分为移动床和流动床。移动床的特点是树脂颗粒不是固定在交换器内，而是处于一种连续的循环运动过程中，树脂用量可减少 1/3 ~ 1/2，设备单位容积的处理水量还可得到提高，如双塔移动床系统和三塔移动床系统。

流动床是运行完全连续的离子交换系统，但其操作管理复杂，废水处理中较少应用。

水处理中主要采用离子交换树脂和磺化煤用于离子交换。其中离子交换树脂应用广泛，种类多，而磺化煤为兼有强酸型和弱酸型交换基团的阳离子交换剂。

3.离子交换工艺的设计

（1）进水预处理

废水成分复杂，应进行预处理，目的是保障反应器中离子交换树脂交换容量充分得以发挥，并有效延长使用寿命。预处理的对象包括进水的水温、pH 值、悬浮物、油类、有机物、引起树脂中毒的高价离子和氧化剂等。

（2）树脂的选用

选择树脂时应考虑交换容量、进水水质和离子交换器的运行方式等，选择合适的树脂。例如考虑进水水质时，对于只需去除进水中吸附交换能力较强的阳离子，可选用弱酸型树脂，若需去除的阳离子的吸附交换能力较弱，只能选用强酸型阳离子树脂。考虑离子交换器的运行方式时，移动床和流动床要选用耐磨、高机械强度的树脂。对于混床，要选用湿真密度相差较大的阴、阳树脂。另外，不同树脂的交换容量有差异，而同一种树脂的交换容量还受所处理废水的悬浮物、油类、高价金属离子等影响。

八、高端离子交换树脂的用途与应用及实例

离子交换树脂是指水通过离子交换柱时，水中的阳离子和阴离子与交换柱中的阳树脂的 H^+ 和阴树脂的 OH^- 进行交换，从而达到脱盐的目的。离子交换树脂的用途与分类如下。

1.离子交换树脂主要用途

① 水处理领域离子交换树脂的需求量很大,约占离子交换树脂产量的 90%,用于水中的各种阴阳离子的去除。目前,离子交换树脂的最大消耗量是用在火力发电厂的纯水处理上,其次是原子能、半导体、电子工业等。

② 离子交换树脂可用于制糖、味精、生物制品,酒的精制等工业装置上。例如,高果糖浆的制造是由玉米中萃出淀粉后,再经水解反应,产生葡萄糖与果糖,而后经离子交换处理,可以生成高果糖浆。离子交换树脂在食品工业中的消耗量仅次于水处理。

③ 制药工业离子交换树脂对发展新一代的抗菌素及对原有抗菌素的质量改良具有重要作用。链霉素的开发成功即是突出的例子。近年还在中药提纯等方面有所研究。

④ 在有机合成中常用酸和碱作催化剂进行酯化、水解、酯交换、水合等反应。用离子交换树脂代替无机酸、碱,同样可进行上述反应,且优点更多。如树脂可反复使用,产品容易分离,反应器不会被腐蚀,不污染环境,反应容易控制等。

⑤ 离子交换树脂已应用在许多非常受关注的环境保护问题上。目前,许多水溶液或非水溶液中含有有毒离子或非离子物质,这些可用树脂进行回收使用。如去除电镀废液中的金属离子,回收电影制片废液里的有用物质等。

⑥ 离子交换树脂可以从贫铀矿里分离、浓缩、提纯铀及提取稀土元素和贵金属。

2.离子交换法在废水的处理中实例

离子交换法在目前废水处理中得到了广泛应用,掌握好工艺设计参数对离子交换法在废水处理中的应用非常必要。例如用于废水处理中的实例:

① 含铬废水的处理。对于含铬废水，经预处理后，可用阳树脂去除三价铬和其他阳离子，用阳树脂去除六价铬，并可回收铬酸，实现废水在生产中的循环使用。

② 含锌废水的处理。化纤厂纺丝车间的酸性废水主要含有硫酸锌、硫酸和硫酸钠等，用钠离子型阳树脂交换其中的锌离子，用芒硝再生失效的树脂，即可得到硫酸锌的浓缩液。

③ 电镀含氰废水的处理。阴树脂对络合氰（即氰与金属离子的络合物）的结合力大，所以利用阴离子交换树脂能消除氰化物以及重金属离子的污染，并将其回收利用。

④ 有机废水的处理。如洗涤烟草的过程中产生的含有烟碱的废水，可以用阳树脂回收后作为杀虫剂。

⑤ 用于水的软化处理。例如利用钠离子交换软化法可以降低水的硬度。

⑥ 水的除盐。分复床除盐和混合床除盐等系统。复床是指阳离子交换器串联使用，常用的系统有强酸-脱气-强碱系统、强酸-弱碱-脱气系统以及强酸-脱气-弱碱-强碱系统等。混合床除盐具有水质稳定、间断运行影响小、失效终点分明等特点。

九、新型酯交换生产 DMC 高端产品与工艺装置及应用实例

1.碳酸二甲酯（DMC）的生产方法

国内外合成 DMC 的方法，主要有如下三种。

（1）光气甲醇法和醇钠法

由甲醇或甲醇钠和光气反应得到，由于原料光气剧毒，产品含氯，设备腐蚀严重，生产成本高，环境污染严重，目前已属于淘汰型工艺。

（2）酯交换法

硫酸二甲酯（DMS）与碳酸钠进行酯交换，而原料 DMS 有剧毒，产品产率低，不具市场竞争力；碳酸乙（丙）烯酯与甲醇酯交换法，副产乙（丙）二醇，该法生产成本与碳酸乙（丙）烯酯和乙（丙）二醇市场关系较为密切。

但由于我国目前不能大量生产碳酸乙（丙）烯酯，且价格较高，以及该反应是一个可逆反应且平衡偏向反应原料一侧，从而造成单位容积的生产能力低、设备费用高、能耗高等，因此，该法生产成本高，且副产物乙（丙）二醇市场价格波动较大，赢利能力得不到保证。

（3）甲醇氧化羰基化法

此法是以 CH_3OH、CO、O_2 为原料，直接合成 DMC，是各国着重开发的重点工艺路线。此工艺原料毒性小，来源方便，工艺简单，成本低廉，产品质量高，是最有前途的方法。甲醇氧化羰基化法又分液相法和气相法工艺。

2.国内外碳酸二甲酯（DMC）的工艺技术

（1）国内 DMC 工艺技术

国内外 DMC 工艺路线以酯交换法最为成熟。我国酯交换法 DMC 工艺研究开始于 20 世纪 90 年代，主要是集中在大学和科研院所。1995 年华东理工大学开发的酯交换法工艺获得成功，建成了 300t/a 中试装置，随着又建成了一系列工艺化生产装置，生产能力在 500～1000t/a 之间。

唐山市朝阳化工厂总厂是国内最早使用酯交换工艺生产 DMC 的厂家，并且实现了从小试直接到工业化生产的飞跃。此后，该工艺在国内建设了数套 5000～10000t/a 生产装置，其工艺技术

成熟可靠，装置运行情况平稳，产品质量良好。`

（2）国外 DMC 工艺技术

国外 DMC 工艺技术主要集中在意大利 ENI 公司、日本宇部兴产公司和美国 Texaco 公司等。

① 意大利 ENI 公司液相氧化羰基化法。该生产技术以氯化亚铜为催化剂，甲醇既为反应物又为溶剂。典型工艺包括甲醇氧化羰基化及 DMC 与甲醇分离。1988 年，日本 Dacail 公司也采用此技术建成了 6000t/a 的工业化装置。

② 日本宇部兴产公司低压气相法。日本宇部兴产公司在开发羰基合成草酸及草酸二甲酯基础上，通过改进催化剂开发出此项 DMC 生产技术。该技术以钯为催化剂，以亚硝酸甲酯为反应中间体，反应分两步进行。工艺流程包括合成、分离、精制、亚硝酸甲酯制备等工序。产品纯度可达 99% 以上。

③ 美国 Texaco 公司酯交换法。Texaco 公司开发成功由环氧乙烷、CO 和甲醇联产 DMC 和乙二醇的新工艺。反应分两步进行，首先 CO 与环氧乙烷反应生成碳酸乙烯酯，然后碳酸乙烯酯与甲醇经过酯基转移反应生成 DMC 和乙二醇。

3.碳酸二甲酯（DMC）生产工艺流程

DMC 是一种无毒、环保性能优异、用途广泛的化工原料，它是一种重要的有机合成中间体。它的生产工艺也是相当的复杂，由于分子结构中含有羰基、甲基和甲氧基等官能团，具有多种反应性能，在生产中具有使用安全、方便、污染少、容易运输等特点。由于碳酸二甲酯毒性较小，是一种具有发展前景的"绿色"化工产品。由于 DMC 无毒，可替代剧毒的光气、氯甲酸甲酯、硫酸二甲酯等作为甲基化剂或羰基化剂使用，提高生产操作的安全性，降低环境污染。

高端的 DMC 研究开发的重点工艺是氧化羰基化法和酯交换法，典型的氧化羰基化法包括 ENI 液相法、Dow 气相法和 UBE 常压气相法，而通常的酯交换工艺是由碳酸乙烯酯或碳酸丙烯酯与甲醇进行酯交换反应得到 DMC。据悉，Shell 公司开发了一种以环氧丙烷为原料生产 DMC 并以 DMC 为原料生产 PC 的新工艺，该工艺可以明显降低投资和操作费用，与氧化羰基化工艺相比，每吨 PC 生产成本降低 300 美元；此工艺利用了温室效应气体二氧化碳，是一种环境友好工艺，可以减少 10%碳化物排放。我国也在酯交换工艺研究方面投入了较大的精力，但多集中在实验室和中试阶段，有待于工艺流程的进一步简化和催化剂的优化方可实现工业化。

第三节
吸附树脂的高端产品开发与设计

一、吸附树脂的定义

吸附树脂指的是一类高分子聚合物，可用于除去废水中的有机物、糖液脱色、天然产物和生物化学制品的分离与精制等。吸附树脂品种很多，单体的变化和单体上官能团的变化可赋予树脂各种特殊的性能。常用的有聚苯乙烯树脂和聚丙烯酸酯树脂等高分子聚合物。吸附树脂是以吸附为特点，具有多孔立体结构的树脂吸附剂。它是最近几年高分子领域里新发展起来的一种多孔性树脂，由苯乙烯和二乙烯苯等单体在甲苯等有机溶剂存在下，通过悬浮共聚法制得的鱼籽样的小圆球。

二、吸附树脂的特点

吸附树脂又称聚合物吸附剂，是一类以吸附为特点，对有机物具有浓缩分离作用的高分子聚合物。按照树脂的表面性质，吸附树脂一般分为非极性吸附树脂、中极性吸附树脂和极性吸附树脂三类。

非极性吸附树脂是由偶极矩很小的单体聚合物制得的不带任何功能基的吸附树脂，典型的例子是苯乙烯-二乙烯苯体系的吸附树脂；中极性吸附树脂指含酯基的吸附树脂，如丙烯酸酯或甲基丙烯酸酯与双甲基丙烯酸酯等交联的一类共聚物；极性吸附树脂是指含酰胺基、氰基、酚羟基等含氮、氧、硫极性功能基的吸附树脂。

三、吸附树脂的性质和分类

大孔吸附树脂按其极性大小和所选用的单体分子结构不同，可分为非极性、中极性和极性三类。

（1）非极性大孔吸附树脂

非极性大孔吸附树脂是由偶极矩很小的单体聚合制得的不带任何功能基，孔表面的疏水性较强，可通过与小分子内的疏水部分的作用吸附溶液中的有机物，最适于由极性溶剂（如水）中吸附非极性物质，也称为芳香族吸附剂，例如苯乙烯、二乙烯苯聚合物。

（2）中等极性大孔吸附树脂

中等极性大孔吸附树脂是含酯基的吸附树脂，以多功能团的甲基丙烯酸酯作为交联剂。其表面兼有疏水和亲水两部分。既可由极性溶剂吸附非极性物质，又可由非极性溶剂吸附极性物质，也称为脂肪族吸附剂，例如聚丙烯酸醋型聚合物。

（3）极性大孔吸附树脂

极性大孔吸附树脂是指含酰胺基、氰基、酚羟基等含氮、氧、硫极性功能基的吸附树脂，它们通过静电相互作用吸附极性物质，如丙烯酰胺。

四、吸附树脂的结构与组成

吸附树脂的外观一般为直径为 0.3 ~ 1.0 mm 的小圆球，表面光滑，根据品种和性能的不同可为乳白色、浅黄色或深褐色。吸附树脂颗粒的大小对性能影响很大。粒径越小，越均匀，树脂的吸附性能越好。但是粒径太小，使用时对流体的阻力太大，过滤困难，并且容易流失。粒径均一的吸附树脂在生产中尚难以做到，故吸附树脂一般具有较宽的粒径分布。

吸附树脂手感坚硬，有较高的强度。密度略大于水，在有机溶剂中有一定溶胀性。但干燥后重新收缩。而且往往溶胀越大时，干燥后收缩越厉害。使用中为了避免吸附树脂过度溶胀，常采用对吸附树脂溶胀性较小的乙醇、甲醇等进行置换，再过渡到水。吸附树脂必须在含水的条件下保存，以免树脂收缩而使孔径变小。因此吸附树脂一般都是含水出售的。

吸附树脂内部结构很复杂。从扫描电子显微镜下可观察到，树脂内部像一堆葡萄微球，葡萄珠的大小在 0.06 ~ 0.5μm 范围内，葡萄珠之间存在许多空隙，这实际上就是树脂的孔。研究表明葡萄球内部还有许多微孔。葡萄珠之间的相互粘连则形成宏观上球形的树脂。正是这种多孔结构赋予树脂优良的吸附性能，因此是吸附树脂制备和性能研究中的关键技术。

五、吸附树脂的吸附机理

大孔树脂吸附作用是依靠它和被吸附的分子（吸附质）之间的范德华引力，通过它巨大的比表面进行物理吸附而工作，使有机化合物根据有吸附力及其分子量大小可以经一定溶剂洗脱分开而达到分离、纯化、除杂、浓缩等不同目的。大孔吸附树脂为吸附性和筛选性原理相结合的分离材料。大孔吸附树脂的吸附实质为一种物体高度分散或表面分子受作用力不均等而产生的表面吸附现象，这种吸附性能是由范德华引力或生成氢键的结果；同时由于大孔吸附树脂的多孔性结构使其对分子大小不同的物质具有筛选作用。通过上述这种吸附和筛选原理，有机化合物根据吸附力的不同及分子量的大小，在大孔吸附树脂上经一定的溶剂洗脱而达到分离目的。

吸附条件和解吸附条件的选择直接影响着大孔吸附树脂吸附工艺的好坏，因而在整个工艺过程中应综合考虑各种因素，确定最佳吸附、解吸条件。影响树脂吸附的因素很多，主要有被分离成分性质（极性和分子大小等）、上样溶剂的性质（溶剂对成分的溶解性、盐浓度和 pH 值）、上样液浓度及吸附水流速等。

通常极性较大的分子适宜用中极性树脂分离，极性小的分子适宜用非极性树脂分离；体积较大的化合物选择较大孔径树脂；上样液中加入适量无机盐可以增大树脂吸附量；酸性化合物在酸性液中易于吸附，碱性化合物在碱性液中易于吸附，中性化合物在中性液中易于吸附；一般上样液浓度越低，越利于吸附；对于滴速的选择，则应保证树脂可以与上样液充分接触吸附为佳。影响解吸条件的因素有洗脱剂的种类、浓度、pH 值、流速等。洗脱剂可用甲醇、乙醇、丙酮、乙酸乙酯等，应根据不同物质在树脂上吸附力的强弱，选择不同的洗脱剂和不同的洗脱剂浓度进行洗脱；通过改变洗脱剂的 pH 值可使吸附物改变分子形态，易于洗脱下来；洗脱流速一般控制在 0.5 ~ 5mL/min。

六、高端吸附树脂的制备

1.非极性吸附树脂的制备

非极性吸附树脂主要是采用二乙烯基苯经自由基悬浮聚合制备的。为了使树脂内部具有预计大小和数量的微孔，致孔剂的选择十分关键。

致孔剂一般为与单体互不相溶的惰性溶剂。常用的有汽油、煤油、石蜡、液体烷烃、甲苯、脂肪醇和脂肪酸等。将这些溶剂单独或以不同比例混合使用，可在很大范围内调节吸附树脂的孔结构。吸附树脂聚合完成后，采用乙醇或其他合适的溶剂将致孔剂洗去，即得具有一定孔结构的吸附树脂。也可采用水蒸气蒸馏的方法除去致孔剂。

非极性吸附树脂制备是将二乙烯基苯（纯度 50%）、甲苯和 200# 溶剂汽油按 1∶1.5∶0.5 的比例混合，再加入 0.01 份过氧化苯甲酰，搅拌使其溶解。此混合物称为油相。在三口瓶中事先加入 5 倍于油相体积的去离子水，并在水中加入 10%（质量）的明胶，搅拌并加温至 45℃，使明胶充分溶解。将油相投入水相中，搅拌使油相分散成合适的液珠。然后升温至 80℃保持 2h。然后缓慢升温至 90℃，4h 后再升温至 95℃，保持 2h。聚合结束后，将产物过滤、水洗数次。然后装入玻璃柱中，用乙醇淋洗数次，除去甲苯和汽油，即得到多孔性的吸附树脂，比表面积在 600m²/g 左右。

按上述类似的方法，将丙烯酸酯类单体与二乙烯基苯或甲基丙烯酸缩水甘油酯进行自由基悬浮共聚，可制得中极性吸附树脂。

2.极性吸附树脂的制备

极性吸附树脂主要含有氰基、砜基、酰胺基和氨基等，因此它们的制备可依据极性基团的区别采用不同的方法。

（1）含氰基的吸附树脂

含氰基的吸附树脂可通过二乙烯基苯与丙烯腈的自由基悬浮聚合得到。致孔剂常采用甲苯与汽油的混合物。

（2）含砜基的吸附树脂

含砜基的吸附树脂的制备可采用以下方法：先合成低交联度聚苯乙烯（交联度<5%），然后以二氯亚砜为后交联剂，在无水三氯化铝催化下于 80℃下反应 15h，即制得含砜基的吸附树脂，比表面积在 $136m^2/g$ 以上。

（3）含酰胺基的吸附树脂

将含氰基的吸附树脂用乙二胺胺解，或将含仲氨基的交联大孔型聚苯乙烯用乙酸酐酰化，都可得到含酰胺基的吸附树脂。

（4）含氨基的强极性吸附树脂

含氨基的强极性吸附树脂的制备类似于强碱性阴离子交换树脂的制备。即先制备大孔聚苯乙烯交联树脂，然后将其与氯甲醚反应，在树脂中引入氯甲基—CH_2Cl，再用不同的胺进行胺化，即可得到含不同氨基的吸附树脂。这类树脂的氨基含量必须适当控制，否则会因氨基含量过高而使其比表面积大幅度下降。

七、高端吸附树脂的开发与设计

1.国内部分高端吸附树脂的开发与用途

（1）D101 大孔吸附树脂

大孔吸附树脂是一种具有多孔海绵状结构人工合成的聚合物吸附剂，依靠树脂骨架和被吸附的分子（吸附质）之间的范德华力，通过树脂巨大的比表面积进行物理吸附而达到从水溶液中分离提取水溶性较差的有机大分子的目的。采用大孔吸附树脂提取中草药有效成分如皂苷类、黄酮类、生物碱类，具有操作简便、成本较低、树脂可反复使用等优点，适于工业化规模生产。

D101 树脂是一种非极性吸附剂，比表面积为 $480 \sim 530 m^2/g$。用途：绞股蓝皂苷、三七皂苷、喜树碱等皂苷和生物碱提取。

（2）D101B 大孔吸附树脂

弱极性吸附剂，比表面积 $450 \sim 500 m^2/g$，是 D101 树脂的补充和改进，虽然比表面积略小于 D101，但由于树脂内部孔表面带有弱极性基团，对于水溶性差、从水相扩散到树脂相阻力较大的黄酮类有机物吸附速度快，吸附量大。

用途：银杏黄酮、茶多酚、黄芪苷等的提取。

（3）XDA-1 大孔吸附树脂

铁塔牌 XDA-1 大孔吸附树脂是一种高交联度、高比表面积、不带有官能团的非极性聚合物吸附剂。其连续的聚合物相和连续的孔结构赋予其优异的吸附性能。XDA-1 的聚合物结构使其具有优良的物理、化学和热稳定性。根据被吸附介质的不同性质，XDA-1 可用丙酮、甲醇、或稀碱溶液再生，反复使用于循环的工业过程中。

用途：XDA-1 主要用苯酚生产企业、染化中间体生产企业和其他化工、医药、农药生产企业。还可以从含有大量无机盐的水溶液中分离除去苯胺类、氯化苄、苄醇、氯代苯、山梨酸、卤代烃类等有机化合物，也可用于其他极性溶剂中非极性介质的富集。

（4）XDA-1B 大孔吸附树脂

带有弱极性基团的吸附剂，比表面积 500～600m²/g，是 XDA-1 树脂的补充和改进，虽然比表面积小于 XDA-1，但由于树脂内部孔表面带有弱极性基团，对于水溶性差、从水相扩散到树脂相阻力较大的有机物吸附速度快，吸附量大。

（5）XDA-7 均孔脱色树脂

采用特定交联剂和工艺合成的 XDA-7 均孔脱色专用树脂，是带有季胺基团的强碱性树脂。具有交联结构均匀、孔径分布范围窄、平均孔径大的特点，适于脱除分子量在 200～10000 之间带有负电荷的色素和大分子有机物。也可用于具有一定疏水性的电中性色素分子的吸附和脱附。XDA-7 树脂对色素的选择性强，再生容易，受到有机污染后易于复苏。

用途：XDA-7 广泛地应用于抗生素精制、生化产品提取、食品、化工等工业过程中。

（6）H-10 双氧水脱有机碳

H-10 为白色不透明球状颗粒，非极性吸附剂，在双氧水中有良好的稳定性，比表面积 830～850m²/g。能够有效去除双氧水中的蒽醌类化合物，大幅度降低双氧水有机碳含量。处理后的双氧水可直接用于织物漂白。与 H-10A、H-10B 配合使用，可将双氧水中的有机碳、金属离子全部除去，制备高纯双氧水，达到微电子工业用标准。

（7）H-20 皂苷类、生物碱等中草药有效成分提取

H-20 为白色不透明球状颗粒，非极性吸附剂，比表面积 520 ～ 560m²/g。用于皂苷类、生物碱类提取。

（8）H-30 甜菊苷提取，有机物提取分离

H-30 为白色不透明球状颗粒，弱极性吸附剂，比表面积 480 ～ 520m²/g。适用于甜菊苷、黄酮类提取。

（9）H-40 水处理中用作有机物清扫剂

H-40 为白色不透明球状颗粒，弱极性吸附剂，比表面积 460 ～ 510m²/g。在 COD 高于 20mg/kg 的水处理过程中用在离子交换柱前作为保护柱，使后面的离子交换柱免受有机物污染。

（10）H-50 白酒类高级脂肪酸酯去除

H-50 为白色不透明球状颗粒，非极性吸附剂，比表面积 400 ～ 430m²/g。中高度白酒由于酒精度高，其中的高级脂肪酯不易析出。30 度以下的低度白酒由于酒精度低，低温下高级脂肪酸酯如油酸乙酯、亚油酸乙酯、棕榈酸乙酯析出，影响酒的外观。低度酒通过 H-50 可以除去低度酒中的高级脂肪酸酯而不影响酒的风味。

（11）H-60 生物碱、黄酮类提取

H-60 为白色不透明球状颗粒，弱极性吸附剂，比表面积 540 ～ 580m²/g。适于生物碱、黄酮类有机物的提取。

2.国内部分吸附树脂开发设计与研究

大孔吸附树脂吸附技术最早用于废水处理、医药工业、化学工业、分析化学、临床检定和治疗等领域，近年来在我国已广泛用于中草药有效成分的提取、分离、纯化工作中。与中药制剂传

统工艺比较，应用大孔吸附树脂技术所得提取物体积小、不吸潮，易制成外形美观的各种剂型，特别适用于颗粒剂、胶囊剂和片剂，改变了传统中药制剂的粗、黑、大现象，有利于中药制剂剂型的升级换代，促进了中药现代化研究的发展，国家中医药管理局等单位联合发布的 2002—2010《医药科学技术政策》明确提出：研制开发中药动态逆流提取、超临界萃取、中药饮片浸润、大孔树脂分离等技术。

（1）中药精制纯化

大孔吸附树脂是近代发展起来的一类有机高聚物吸附剂，20世纪 70 年代末开始将其应用于中草药成分的提取分离。中国医学科学院药物研究所植化室试用大孔吸附树脂对糖、生物碱、黄酮等进行吸附，并在此基础上用于天麻、赤芍、灵芝和照山白等中草药的提取分离，结果表明大孔吸附树脂是分离中草药水溶性成分的一种有效方法。用此法从甘草中可提取分离出甘草甜素结晶。以含生物碱、黄酮、水溶性酚性化合物和无机矿物质的 4 种中药（黄连、葛根、丹参、石膏）有效部位的单味药材水提液为样本，在 LD605 型树脂上进行动态吸附研究，比较其吸附特性参数。结果表明除无机矿物质外，其他中药有效部位均可不同程度地被树脂吸附纯化。不同结构的大孔吸附树脂对亲水性酚类衍生物的吸附作用研究表明，不同类型大孔吸附树脂均能从极稀水溶液中富集微量亲水性酚类衍生物，且易洗脱，吸附作用随吸附物质的结构不同而有所不同，同类吸附物质在各种树脂上的吸附容量均与其极性水溶性有关。用 D 型非极性树脂提取了绞股蓝皂苷，总皂苷收率在 2.15%左右。用 D1300 大孔树脂精制"右归煎液"，其干浸膏产率在 4%~5%之间，所得干浸膏不易吸潮，储藏方便，其吸附回收率以 5-羟甲基糖醛计，为 83.3%。用 D-101 型非极性树脂提取了甜菊总苷，粗品产率在 8%左右，精品产率在 3%左右。用大孔吸附树脂提取精制三七总皂苷，所得产品纯度高，质量稳定，成本低。将大孔吸附树脂用于银杏叶的提取，提取物中银杏黄酮含量稳定在 26% 以上。江苏色可赛思树脂有限公司整理用大孔吸附树脂分离出的川芎总提物中川芎嗪和阿魏酸的含量约为 25%~29%，产率为 0.6%。另外大孔吸附树脂还可用于含量测定前样品的预分离。

（2）黄酮精制纯化

张纪兴等对地锦草的提取工艺进行了研究，旨在提高总黄酮的产率，选用 D101 型大孔树脂，以地锦草总黄酮含量为考察指标，采用 L9（34）正交试验表，以直接影响地锦草总黄酮产率的上柱量、吸附时间及洗脱液的浓度为实验因素，每个因素取 3 个水平。结果 10mL 样品液（每 1mL 75% 乙醇液含地锦草干浸膏 0.5g）上柱、静置吸附时间 30min，用 95% 乙醇洗脱地锦草总黄酮为最佳工艺；洗脱液干燥后的总固体物中的地锦草总黄酮含量大于 16%，高于醇提干浸膏的 7.61%，且洗脱率大于 93%。高红宁等采用紫外分光光度法测定苦参中总黄酮的含量，使用 AB-8 型大孔吸附树脂对苦参总黄酮的吸附性能及原液浓度、pH 值、流速、洗脱剂的种类对吸附性能的影响进行了研究，结果 AB-8 型树脂对苦参总黄酮的适宜吸附条件为原液浓度 0.285mg/mL、pH 值为 4、流速每小时 3 倍树脂体积、洗脱剂用 50% 乙醇时，解吸效果较好，表明 AB-8 型树脂精制苦参总黄酮是可行的。麻秀萍等用不同型号的大孔吸附树脂研究了中药银杏叶的提取物银杏叶黄酮的分离，发现 S-8 型树脂吸附量为 126.7mg/g，洗脱溶剂的乙醇浓度 90%，解吸率 52.9%；AB-8 型树脂吸附量 102.8mg/g，用溶剂为 90% 的乙醇解吸，解吸率是 97.9%，表明不同型号的树脂对同一成分的吸附量、解吸率不同。崔成九等用大孔树脂分离葛根中的总黄酮，将用 70% 乙醇提取的葛根浓缩液加到大孔树脂柱上，先用水洗脱，再用 70%乙醇洗脱至薄层色谱（TLC）检查无葛根素斑点为止，结果葛根总黄酮产率为 9.92%（占生药总黄酮的84.58%），高于正丁醇法的 5.42%。两种方法的主要成分基本一致，但用大孔树脂法分离葛根总黄酮具有产率高、成本低、操作简便等优点，可供大生产使用。

（3）皂苷精制纯化

赤芍为中药，其主要成分为芍药苷、羟基芍药苷、芍药苷内酯等化合物，简称赤芍总苷。姜换荣等用大孔吸附树脂分离赤芍总苷，芍药以 70%的乙醇回流提取，减压浓缩，过大孔吸附树脂柱，分别用水、20%乙醇洗脱，收集 20%乙醇洗脱液，减压浓缩得赤芍总苷，并用高效液相色谱法（HPLC）对所得赤芍总苷中的芍药苷含量进行测定，赤芍总苷的产率为 5.4%，其中芍药苷的含量为 75%。本法操作简便，产率稳定，产品质量稳定。金芳等用 D101型大孔吸附树脂吸附含芍药中药复方提取液，以排除其他成分的干扰，并将 50%乙醇洗脱液用 HPLC 法测定，结果可以快速准确地测定复方中药制剂中的芍药苷含量，且重现性好，回收率较高。臧琛等以中药抗感冒颗粒中芍药苷含量为指标，比较了醇沉、超滤及大孔吸附树脂精制三种方法，结果芍药苷的含量大小依次为醇沉、大孔树脂、超滤法。醇沉法含量虽高，但工艺较为复杂，耗时长。陈延清采用 HPLC 法测定丹参素、芍药苷的含量，选用7 种不同类型的大孔吸附树脂（X-5、AB-8、NK-2、NKA-2、NK-9、D3520、D101、WLD），精制后提取物的含固率显著降低，丹参素的损失都很大，X-5、AB-8、WLD 三种树脂对芍药苷的保留率都在 80%以上。七种大孔树脂在乐脉胶囊的精制中对丹参素保留率都很低，因而对丹参药材不宜采用；部分类型树脂对精制芍药苷类成分可以采用。苟奎斌等采用大孔吸附树脂，用 HPLC 法测定肝得宁片中的连翘苷的含量，用 DA-101 型树脂吸附样品，用水洗脱干扰成分，将70%乙醇洗脱液用于含量测定。利用HPLC法检测大孔树脂柱处理过的样品液，操作步骤少，色谱性污染小，柱压低，具有分离度高、专属性强及重现性好、灵敏度高等特点。蔡雄等研究D101型大孔吸附树脂富集、纯化人参总皂苷的工艺条件及参数。人参提取液45mL（5.88mg/mL）上大孔树脂柱（15mm×90mm，干重2.52g），用蒸馏水100mL、50%乙醇100mL依次洗脱，人参总皂苷富集于50%乙醇洗脱液中，该法除杂质能力强；通过大孔吸附树脂富集与纯化后，人参总皂苷洗脱率在90%以上，50%乙醇洗脱液干燥后总固物中人参总皂苷纯度可达60.1%。刘中秋等研究了大孔树脂吸附法富集保和丸中有效成分的工艺条件及参数，以保和丸中的陈皮的主要成分橙皮苷和总固物为评价指标。结果保和丸提取液（500mg/mL）5mL上D101型大孔树脂柱（15mm×10mm），吸附30min后，先用100mL蒸馏水洗脱除去杂质，然后用100mL 50%乙醇洗脱橙皮苷为最佳工艺条件；通过大孔树脂富集后橙皮苷洗脱率在95%以上，50%乙醇洗脱液干燥后总固物约为处方量的4%。刘中秋等将D101型大孔树脂用于分离三七皂苷，结果吸附量为174.5mg/g，用50%乙醇解吸，解吸率达80%，产品纯度71%。金京玲用D101型树脂提取分离蒺藜总皂苷，结果吸附量为6mg/g，用浓度为80%的乙醇解吸，解吸率为96%。刘中秋等研究了中药毛冬青中的有效成分毛冬青总皂苷的提取分离工艺，选用D101型大孔吸附树脂，结果吸附量为120mg/g，用50%乙醇解吸，解吸率为95%，产品纯度71%。上述结果表明同一型号的树脂对不同成分的吸附量不同。杜江等将D3520型大孔吸附树脂用于黄褐毛忍冬总皂苷的提取分离，并与原工艺有机溶剂提取法进行比较，结果总皂苷的纯度、产率均明显高于原法，且工艺简化、成本降低。

（4）生物碱精制纯化

传统方法一般用阴离子交换树脂分离纯化生物碱，解吸时需要用酸、碱或盐类洗脱剂，会引入杂质，给后来的分离带来不便，换用吸附树脂则可避免此类问题。刘俊红等将三种大孔吸附树脂（D101、DA-201、WLD-3）应用于延胡索生物碱的提取分离，方法是让延胡索水提取液通过已处理过的树脂柱，用水洗至流出液无色，然后分别用 30%、40%、50%、60%、70%、80%、90%、95%乙醇依次洗脱，收集各段洗脱液，进行薄层鉴别。结果从树脂上洗脱的延胡索乙素占总生药量 D101 型为 0.069%，WLD-3 型为0.072%，DA-201 型为 0.053%。树脂柱用 40%乙醇洗脱后除去了干扰性成分，便于用 HPLC 法测定，保护了色谱柱，且经过大孔吸附树脂提取分离的延胡索生物碱成品体积小，相对含量高，产品质量稳定，具有良好的生理活性。罗集鹏等将大孔吸附树脂用于小檗碱的富集与定量分析，把黄连粉末用 70%甲醇超声提取30min，加到已处理的大孔树脂小柱上，用 pH 值为 10~11 的水洗脱，再用含 0.5%硫酸的 50%甲醇 80mL 洗脱，洗脱液用 10%氢氧化钠调至碱性后，于水浴上挥发去大部分溶剂，并转移至 10mL 量瓶中，用水稀释至刻度，用 HPLC 法测定，结果小檗碱与其他生物碱能很好地分离。表明大孔吸附树脂对醛式或醇式小檗碱具有良好的吸附性能，且不易被弱碱性水解吸，可用于黄连及其制剂尤其是含糖制剂中小檗碱的富集和水溶性杂质的去除。杨桦等采用大孔吸附树脂比较并筛选乌头类生物碱的提取分离最佳工艺条件，将川乌水提取液制备成 8mL/g 浓缩液，上柱，测定总生物碱的含量，结果该方法可分离出样品中 85%以上的乌头类生物碱，同时可除去浸膏中总量为 82%的水溶性固体杂质。

（5）复方制剂精制纯化

饶品昌等用大孔树脂 D1300，通过正交试验探讨了右归煎液的精制工艺，结果影响精制的主要因素为右归煎液浓度、流速和径高比，树脂最大吸附量为 1.10g（生药）/mL，吸附回收率为

83.34%（以 5-羟甲基糖醛计）。晏亦林等将四逆汤提取液上大孔树脂，水洗后用 70%乙醇洗脱，四逆汤精制样品的 TLC 测试结果表明，经大孔树脂处理后三味主要成分基本能检出，树脂处理前后样品的 HPLC 图谱峰位、峰形基本相似，但 TLC 及 HPLC 图谱中乌头碱特征峰不明显。

八、高端吸附树脂的应用实例

1.吸附树脂应用实验方法

吸附树脂是一类人工合成的，具有多孔网状结构和表面活性的高分子材料。它一般是不带有功能基或带有某种极性基团。通常不含有能简单的按化学计量精确计算的化学功能基团。外观为直径不到 1mm 的珠体，有白色、棕色、黑色、淡黄色。它耐酸碱，可在 150℃以下作为不溶、不熔的热固性材料使用。它能与外界物质，特别是溶液中的物质进行可逆吸附-解吸过程。

它用于工业废水去处有机物，分离提取药物，血斑清除毒物。作为药物、农药、催化剂、酶的载体，还可用于胶渗透色谱分离高聚物，气体净化等。它的优点是物理化学稳定性高，吸附选择性独特，不受无机物存在的影响，再生简便，使用寿命长；缺点是选择吸附性差，受流速和浓度的影响大。

（1）吸附树脂

吸附树脂应用实验方法与一般离子交换树脂相似，只是洗脱再生多采用有机溶剂，且流速太慢。一般采用玻璃离子交换柱进行操作。

① 吸附柱的选择。一般选用直径 10～25mm、柱长 600～1500mm、柱长径比为 60 左右的交换柱为宜。

② 预处理。

a. 湿筛选：一般工业生产的吸附剂粒径范围大多为 20 ~ 60 目或 0.3 ~ 1.0mm。根据实验需要可用分样筛取不同粒径范围的珠体进行研究。

b. 浸液：买来的树脂或经筛选后的树脂用水或甲醇或乙醇等有机溶剂浸泡充分溶胀，有时可适当加热浸泡以清除杂质。

c. 浆柱：一般填装高度为柱高的 2/3，装柱前于柱内倒入半柱水。树脂进柱后水量过多可从底部放出，装柱过程应保持液面高于树脂面 20mm 以上。

d. 反洗：在使树脂维持 50% 膨胀的流速下进行反洗，持续至少 10min，直到去处异味，赶出气泡，流出液澄清。使树脂在柱内沉降至液面高出 20 ~ 30mm 为止，并在以后操作中保持树脂层上液位的高度。

e. 净化：一般在柱中按一定次序进行净化处理。

（2）吸附柱装置

现代计算机自动化控制技术和工艺参数在线检测技术，通过对传统的手动大孔树脂吸附分离设备的技术升级改造，开发系列面向实验室小试、中试和大规模工业化生产的全自动装备。该设备易于工艺的放大，有利于解决工业化生产问题。

① 多种操作模式：机组可以实现常规的固定床吸附操作，更重要的是还可以通过多柱的串联、并联实现逆流吸附操作，该模式具有提高目标产物产率和降低洗脱溶剂消耗的突出优点。

② 自动化控制系统：对泵、阀门和各种在线检测器的控制和数据采集，可方便完成多种操作模式的组态和自动运行保证工艺的稳定性和准确性。

③ 中药专用在线检测系统：包括流量、压力、温度、pH 值、电导率等常规过程参数的检测和利用紫外光谱、近红外光谱对中药有效部位（或成分）含量的实时监测。

2.大孔树脂吸附柱设计的要求

（1）大孔树脂选择

大孔吸附树脂纯化技术在中药制药工业中是有发展前景的实用新技术之一，尽管它在中药有效成分的精制纯化方面还存在着一些问题。随着研究的深入以及相关标准、法规的进一步完善，一定会开发出高选择性的树脂，以进一步提高中药有效成分的提取、分离、富集效率。

大孔吸附树脂是一种不溶于酸、碱及各种有机溶剂的有机高分子聚合物，应用大孔吸附树脂进行分离的技术是 20 世纪 60 年代末发展起来的继离子交换树脂后的分离新技术之一。

（2）设计的要求

大孔树脂（macroporousresin）又称全多孔树脂，大孔树脂是由聚合单体和交联剂、致孔剂、分散剂等添加剂经聚合反应制备而成。聚合物形成后，致孔剂被除去，在树脂中留下了大大小小、形状各异、互相贯通的孔穴。因此大孔树脂在干燥状态下其内部具有较高的孔隙率，且孔径较大，在 100 ~ 1000nm 之间。

大孔吸附树脂是以苯乙烯和丙酸酯为单体，加入乙烯苯为交联剂，甲苯、二甲苯为致孔剂，它们相互交联聚合形成了多孔骨架结构。树脂一般为白色的球状颗粒，是一类含离子交换基团的交联聚合物，它的理化性质稳定，不溶于酸、碱及有机溶剂，不受无机盐类及强离子低分子化合物的影响。

陶氏大孔树脂吸附作用是依靠它和被吸附分子（吸附质）之间的范德华引力，通过它巨大的比表面进行物理吸附而工作，使有机化合物根据有吸附力及其分子量大小可以经一定溶剂洗脱分开而达到分离、纯化、除杂、浓缩等不同目的。

（3）大孔树脂动态吸附测定

如果做成分分析，上样量不是很大的话，可以找一根内径为 1cm 的玻璃柱，一般装 5g 大孔树脂就可以，一般径高比在 1∶5～1∶10 为好。

大孔树脂动态吸附测流速时，首先吸附条件和解吸条件的选择直接影响着大孔吸附树脂吸附工艺的好坏，因而在整个工艺过程中应综合考虑各种因素，确定最佳吸附-解吸条件。影响树脂吸附的因素很多，主要有被分离成分的性质（极性和分子大小等）、上样溶剂的性质（溶剂对成分的溶解性、盐浓度和 pH 值）、上样液浓度及吸附水流速等。

（4）精制工艺操作步骤

在运用大孔吸附树脂进行分离精制工艺时，其大致操作步骤为：大孔吸附树脂预处理—树脂上柱—药液上柱—大孔吸附树脂的解吸—大孔吸附树脂的清洗、再生。由于每一个操作单元都会影响到大孔吸附树脂的分离效果，因此对大孔吸附树脂的精制工艺和分离技术的要求就相对较高。该类树脂在通常的储存及使用条件下性质十分稳定，不溶于水、酸、碱及有机溶剂，也不与它们发生化学反应。

3.设计大孔吸附树脂分离、纯化的应用实例

大孔吸附树脂是一类有机高聚物吸附剂，它具有多孔网状结构和较好的吸附性能。目前已广泛应用于废水处理、医药工业、临床鉴定和食品等领域，在我国，采用大孔吸附树脂分离纯化中药已越来越受到人们的重视。大孔吸附树脂分离、纯化中药提取液的应用最早开始于 20 世纪 70 年代末，到目前，在设计对中药有效成分的分离、纯化中的应用都取得了一些满意的结果，分别归纳如下。

（1）驱虫斑鸠菊

于鲁海等考察四种大孔吸附树脂对驱虫斑鸠菊的分离效果。方法：从动态吸附和静态吸附两方面，对大孔吸附树脂吸附驱虫斑鸠菊黄酮进行考察。结果：表明 D1520 大孔吸附树脂对驱虫斑鸠菊黄酮的吸附能力较强，且以 60%乙醇为解吸剂时解吸效果较好。结论：D1520 大孔吸附树脂对驱虫斑鸠菊黄酮类化合物的分离效果较好。

（2）苦豆子生物碱

秦学功等开发一种高效、实用的提取分离苦豆子生物碱技术。方法：以总生物碱吸附量和解吸率为指标，从大范围筛选树脂，并研究吸附与解吸优化条件。结果：所选出的非极性大孔树脂 DF01，在实验条件下对苦豆子总生物碱的吸附量和解吸率可达到 17mg/mL 和 96%。结论：DF01 型树脂能直接从苦豆子浸取液中吸附分离生物碱，并且吸附快、解吸易、液体流动性好、树脂寿命长，具有良好的产业化前景。

（3）槭叶有效成分

大孔吸附树脂可用于槭叶草中有效成分——黄酮类化合物的提取。经对比实验研究发现，采用该提取、分离方法，无论从质量还是产率上均好于聚酰胺柱层析法及重结晶法。该方法成本低，方法简单易行；其产率可达 7%；产品经薄层层析鉴定，其 R_f 值为 0.70，确为黄酮类化合物。

（4）银杏叶黄酮类

卢锦花等介绍了 DM-130、LSA-10 和 LSA-20 型三种大孔吸附树脂对银杏叶黄酮类化合物的吸附性能，考察了 pH 值、温度、浸出液浓度等影响吸附性能的因素，结果表明 DM-130 型树脂对黄酮类化合物具有较好的吸附效果。

（5）麻黄碱

任海等研究了九种大孔吸附树脂对麻黄碱的吸附能力，其中以 D151、XAD-4、XAD-7 的吸附效果较好，静态吸附容量分别为 240.4mg/mL、122.1mg/mL、87.2mg/mL。三种树脂最佳吸附 pH 值为 11，D151 和 XAD-7 采用 08mol/L 的 HCl 洗脱，XAD－4 采用 0.02mol/L 的 HCl 与甲醇 1∶1 的混合液洗脱。将三种树脂直接用于麻黄草提取液的麻黄碱分离提取，回收率均在 90%以上，纯度在 80%以上，一次吸附提纯倍数为 15～19 倍。

（6）穿心莲总内酯

范云鸽等研究了大孔吸附树脂提取和纯化穿心莲总内酯的方法，采用 HPLC 法测定了穿心莲内酯的含量；考察了乙醇浓度对浸提效果的影响，并经动态吸附筛选了 4 种树脂；最后确定以 ADS-7 作为提取分离穿心莲总内酯的树脂，此树脂吸附量较高，脱附容量且能与杂质分离，有利于得到质量较好的穿心莲总内酯产品。

（7）人参总皂苷

蔡雄等研究大孔树脂富集、纯化人参总皂苷的工艺条件及参数。以人参总皂苷的洗脱率和精制度为考察指标，考虑大孔树脂富集、纯化人参总皂苷的吸附性能和洗脱参数。结果：人参提取液 45mL（5.88mg/mL）上大孔树脂柱（R15mm×H90mm，干重 2.52g），用蒸馏水 100mL、50%乙醇 100mL 依次洗脱，人参总皂苷富集于 50%乙醇洗脱液部分，且除杂质能力强。结论：通过大孔树脂富集与纯化后人参总皂苷洗脱率在 90%以上，50%乙醇洗脱液干燥后总固物中人参总皂苷纯度可达 60.1%。采用此法可较好的纯化人参总皂苷。

（8）苦参总黄酮

高红宇等研究大孔吸附树脂 AB-8 对苦参总黄酮的吸附性能及原液浓度、pH 值、流速、洗脱剂的种类对树脂吸附性能的影响。方法：采用紫外分光光度法测定苦参中总酮的含量。结果：AB-8 树脂对苦参总黄酮的适宜吸附条件为原液浓度为 0.285mg/mL，pH 值为 4，流速为 3 BV/h；洗脱剂用 50%乙醇时，解吸效果较好。结论：AB-8 树脂可用作苦参总黄酮的精制方法。

（9）桔梗总皂苷

桔梗总皂苷的提取分离工艺采用 ZTC-1 大孔吸附树脂，利用水和 20%、30%、40%、50%、95%的乙醇溶液洗脱提纯桔梗总皂苷。该法操作简单，产率高，成本低，为桔梗总皂苷的工业化生产提供了依据。

（10）山楂黄酮

张妍等考察几种提取方法对山楂果中总黄酮含量的影响。方法：采用不同的提取方法获得山楂浸膏，经大孔吸附树脂分离提取有效成分。结果：以甲醇为溶剂，用索氏提取器提取经大孔吸附树脂分离，提取效率最高（2.00%）；以 60%乙醇为溶剂，超声提取经大孔吸附树脂分离，提取效率较高（1.96%）。结论：以 60%乙醇为溶剂，超声提取，经大孔吸附树脂分离，提取效率较高，且方法简便易行，适于大规模生产。

（11）三七总皂苷

以三七总皂苷的洗脱率和精确制度为考察指标，研究大孔树脂吸附法富集、纯化三七总皂苷的工艺条件及参数，结果表明：通过大孔树脂富集与纯化后三七总皂苷洗脱率达 80%以上，50%

乙醇洗脱液干燥后总固物中三七总皂苷纯度可达 71.1%，采用此法可较好地纯化三七总皂苷。

（12）毛冬青总皂苷

研究大孔树脂富集、纯化毛冬青总皂苷的工艺条件及参数。方法：以毛冬青总皂苷的洗脱率和精制度为指标，考察大孔树脂富集、纯化毛冬青总皂苷的吸附性能和洗脱参数。结果：毛冬青样品液 47mL（6.43g\L）上大孔树脂柱（R15mm×H90mm，干重 2.52g），用蒸馏水 100mL、50%乙醇 100mL 依次洗脱，毛冬青皂苷富集于 50%乙醇洗脱液部分，且除杂质能力强。结论：通过大孔树脂富集与纯化后毛冬青总皂苷洗脱率达 95%，50%乙醇洗脱液干燥后总固物中毛冬青总皂苷纯度可达 57.5%。采用此法可较好地纯化毛冬青总皂苷。

第四节
高吸水性树脂的高端产品开发与设计

一、高吸水性树脂概论

1.高吸水性树脂材料分类

高吸水性树脂发展很快，种类也日益增多，并且原料来源相当丰富，由于高吸水性树脂在分子结构上带有的亲水基团，或在化学结构上具有的低交联度或部分结晶结构又不尽相同，由此在赋予其高吸水性能的同时也形成了一些各自的特点。从原料来源、结构特点、性能特点、制品形态以及生产工艺等不同的角度出发，对高吸水性树脂进行分类，形成了多种多样的分类方法。

（1）按原料来源进行分类

随着人们对高吸水性树脂研究的不断深入，将传统的高吸水性树脂分为淀粉系列、纤维素系列和合成树脂系列的分类方法，已不能满足分类要求。因此，邹新禧教授结合自己的研究成果，提出了六大系列的分类。

① 淀粉系：包括接枝淀粉、羧甲基化淀粉、磷酸酯化淀粉、淀粉黄原酸盐等。

② 纤维素系：包括接枝纤维素、羧甲基化纤维素、羟丙基化纤维素、黄原酸化纤维素等。

③ 合成树脂系：包括聚丙烯酸盐类、聚乙烯醇类、聚氧化烷烃类、无机聚合物类等。

④ 蛋白质系列：包括大豆蛋白类、丝蛋白类、谷蛋白类等。

⑤ 其他天然物及其衍生物系：包括果胶、藻酸、壳聚糖、肝素等。

⑥ 共混物及复合物系：包括高吸水性树脂的共混物、高吸水性树脂与无机物凝胶的复合物、高吸水性树脂与有机物的复合物等。

（2）按亲水基团的种类进行分类

阴离子系：包括羧酸类、磺酸类、磷酸类等。

阳离子系：包括叔胺类、季胺类等。

两性离子系：包括羧酸-季胺类、磺酸-叔胺类。

非离子系：包括羟基类、酰胺基类等。

多种亲水基团系：包括羟基-羧酸类、羟基-羧酸基-酰胺基类、磺酸基-羧酸基类等。

（3）按亲水化方法进行分类

高吸水性树脂在分子结构上具有大量的亲水性化学基团，而这些基团的亲水性很大程度上影响着高吸水性树脂的吸水保水性能，如何有效获得这些化学基团在高吸水性树脂化学结构上的组织结构，充分发挥各化学基团所在亲水点的效能，已经成为现在对高吸水性树脂研究的重点。故可以从亲水化方法进行分类。

亲水性单体的聚合：如聚丙烯酸盐、聚丙烯酰胺、丙烯酸-丙烯酰胺共聚物等。

疏水性（或亲水性差的）聚合物的羧甲基化（或羧烷基化）反应：如淀粉羧甲基化反应、纤维素羧甲基化反应、聚乙烯醇（PVA）-顺丁烯二酸酐的反应等。

疏水性（或亲水性差的）聚合物接枝聚合亲水性单体：如淀粉接枝丙烯酸盐、淀粉接枝丙烯酰胺、纤维素接枝丙烯酸盐、淀粉-丙烯酸-丙烯酰胺接枝共聚物等。

含氰基、酯基、酰胺基的高分子的水解反应：如淀粉接枝丙烯腈后水解、丙烯酸酯-乙酸乙烯酯共聚物的水解、聚丙烯酰胺的水解等。

（4）按交联方式进行分类

高吸水性树脂交联控制是控制其空间组织结构状态的重要方面，其交联点的密度大小直接影响高吸水性树脂的吸水和保水能力。因此根据交联点形成方式的不同，可进行如下分类。

交联剂进行网状化反应：如多反应官能团的交联水溶性的聚合物、多价金属离子交联水溶性的聚合物、用高分子交联剂对水溶性的聚合物进行交联等。

自交联网状化反应：如聚丙烯酸盐、聚丙烯酰胺等的自交联聚合反应。

放射线照射网状化反应：如聚乙烯醇、聚氧化烷烃等通过放射线照射而进行交联。

水溶性聚合物导入疏水基或结晶结构：如聚丙烯酸与含长链

（$C_{12} \sim C_{20}$）的醇进行酯化反应得到不溶性的高吸水性聚合物等。

（5）其他分类方法

以制品形态分类，高吸水性树脂可分为粉末状、纤维状、膜片状、微球状等。

以制备方法分类，高吸水性树脂可分为合成高分子聚合交联、羧甲基化、淀粉接枝共聚、纤维素接枝共聚等。

以降解性能分类，SAP可分为非降解型（包括丙烯酸钠、甲基丙烯酸甲酯等聚合产品）、可降解型（包括淀粉、纤维素等天然高分子的接枝共聚产品）。

2.高吸水性树脂的吸水机理与作用

（1）高吸水性树脂的吸水机理

自然界中能吸水的物质很多，按其吸附水的性质来分类，一类是物理吸附，像传统的棉花、纸张、海绵等，其吸附主要是毛细管的吸附原理，所以此类物质吸水能力不高，只能吸收自身质量的20倍水，一旦有压力，水便会从中流出；另一类是化学吸附，通常是通过化学键的方式把水和亲水性物质结合在一起成为一个整体，此种吸附结合很牢，加压也不能把水放出。

高吸水性树脂是由三维空间网络构成的聚合物，它的吸水，既有物理吸附，又有化学吸附，所以，它能吸收成百上千倍的水。

（2）高吸水性树脂与水的作用

当水与高分子表面接触时有三种相互作用：一是水分子与高分子、电负性强的氧原子形成氢键结合；二是水分子与疏水基团的相互作用；三是水分子与亲水基团的相互作用。

高吸水性树脂本身具有的亲水基和疏水基与水分子相互作用形成自为水合状态。树脂的疏水基部分可因疏水作用而易于折向内侧，形成为不溶性的粒状结构，疏水基周围的水分子形成与普通水不同的结构水。

用 DSC、NMR 分析、高吸水性树脂处于凝胶状态时，存在大量的冻结水和少量的不冻水。发现亲水性水合水在分子表面形成厚度为 0.6nm 的 3 个水分子的分子层。第一层，极性离子基团与水分子通过配位键或氢键形成的水合水。第二层，水分子与水合水通过氢键形成的结合水层。由此计算，水合水的总量不超过一水极性分子，这些水合水的数量与高吸水性树脂的高吸水量相比，相差一个数量级，由此可见高吸水性树脂的吸水，主要是靠树脂内部的三维空间网络间的作用，吸收大量的自由水储存在聚合物内。也就是说，水分子封闭在边长为 10nm 聚合物网络内，这些水的吸附不是纯粹毛细管的吸附，而是高分子网络的物理吸附。这种吸附不如化学吸附牢固，仍具有普通水的物理化学性质，只是水分子的运动受到限制。

3.高吸水性树脂的离子网络

高吸水性树脂在结构上是轻度交联的空间网络结构，它是由化学交联和树脂分子链间的相互缠绕物理交联构成的。吸水前，高分子长链相互靠拢缠在一起，彼此交联成网状结构，从而达到整体上的紧固程度。高吸水性树脂可以看成是高分子电介质组成的离子网络和水的构成物。在这种离子网络中，存在可移动的离子对，它们是由高分子电介质的离子组成的。高吸水性树脂的吸水过程是一个很复杂的过程。吸水前，高分子网络是固态网束，未电离成离子对，当高分子遇水时，亲水基与水分子的水合作用，使高分子网束张展，产生网内外离子浓度差。如高分子网结构中有一定数量的亲水离子，从而造成网结构内外产生渗透压，水分子以渗透压作用向网结构内渗透。同理，如被吸附水中含有盐时，渗透压下降，吸水能力降低。由此可见，高分子网结构的亲水基离子是不可缺的，它起着张网作用，同时导致产生渗透功能。亲水离子对是高吸水性树脂能够完成吸水全过程的动力因素。高分子网结构特有多量的水合离子，是高吸水性树脂提高吸水能力、加快吸水速度的另一个因素。

高吸水性树脂三维空间网络的孔径越大，吸水率越高，反之，孔径越小，吸水率越低。树脂的网络结构是能够吸收大量水的结构因素。

二、高吸水性树脂的特性

1.吸水性与保水性

吸水和保水是一个问题的两个方面。在一定温度和压力下，高吸水性树脂能自发地吸水，水进入到树脂中，使整个体系的自由能降低，直到满足平衡为止。如水从树脂中放出，使自由能升高，不利于体系的稳定。通过差热分析表明，高吸水性树脂吸收的水在150℃以上时，仍有50%的水封闭在水凝胶的网络中，当温度达到200℃时，水分子的热运动超过高分子网络的束缚力后，水才挥发逸出。因此在常温下，施加多大的压力，水也不从高吸水性树脂中溢出。另外，高吸水性树脂的吸水能力还与网络链上的离子密度和所吸附介质等因素有关，这已被实验所证明。

2.材料特性

① 高吸水性。能吸收自身质量的数百倍或上千倍的无离子水。

② 高吸水速率。每克高吸水树脂能在30s内就吸足数百克的无离子水。

③ 高保水性。吸水后的凝胶在外加压力下，水也不容易从中挤出来。

④ 高膨胀性。吸水后的高吸水树脂凝胶体体积随即膨胀数

百倍。

⑤ 吸氨性。低交联型聚丙烯酸盐型高吸水性树脂其分子结构中含有羧基阴离子，遇氨可将其吸收，有明显的去臭作用。

3.机能性凝胶

机能性凝胶能够吸收自身质量几百倍至千倍的水分，无毒、无害、无污染；吸水能力特强，保水能力特高，通过丙烯酸聚合得到的高分子量聚合物──→高保水量，高负荷下吸收量的平衡，所吸水分不能被简单的物理方法挤出，并且可反复释水、吸水。应用于农林业方面，可在植物根部形成"微型水库"。高吸水性树脂除了吸水，还能吸收肥料、农药，并缓慢释放出来以增加肥效和药效。高吸水性树脂以其优越的性能，广泛用于农林业生产、城市园林绿化、抗旱保水、防沙治沙，并发挥巨大的作用。此外，高吸水性树脂还可应用于医疗卫生、石油开采、建筑材料、交通运输等许多领域。

三、高吸水性树脂的应用

高吸水性树脂是一种含有强亲水性基团并具有一定交联度的能吸收并保持自身质量几百倍至数千倍的功能高分子材料，近年来，高吸水树脂的工业生产能力不断扩大，并广泛应用于医疗卫生、建筑材料、环境保护、农业、林业及食品工业等领域。现有的高吸水性树脂的厂家有：三大雅精细化学品有限公司、日本触媒、得米化工、住友精化、巴斯夫、台塑这几大公司占了全球产量的99%，其中三大雅占55%。

以往使用的吸附材料，如纸、棉、麻等吸水能力只有自身质量的 15 ~ 40 倍（指去离子水，以下同），保水能力也相当差。20世纪 70 年代中期，美国农业部研究中心首先开发出一种高吸水性树脂，此后各种类型的高吸水性树脂相继出现。这些树脂不溶于水，也不溶于有机溶剂，能吸收数百倍至数千倍于自身质量的水，而且保水性强，即使加压水也不会被挤出，因而引起了世界各国的关注。

1.形状记忆功能高分子材料的应用

自19世纪80年代发现热致形状记忆高分子材料，人们开始广泛关注作为功能材料的一个分支——形状记忆功能高分子材料。形状记忆功能高分子材料的特点是形状记忆性，它是一种能循环多次的可逆变化。即具有特定形状的聚合物受到外力作用，发生变形并被保持下来；一旦给予适当的条件（力、热、光、电、磁），就会恢复到原始状态。

2.生物可降解高分子材料的应用

生物降解高分子材料具有无毒、可生物降解及良好的生物相容性等优点，所以其应用领域非常广，市场潜力非常大。高分子的降解主要是各种生物酶的水解，其中聚乳酸类高分子是已开发应用于生命科学新型生物可降解材料，生物降解高分子材料除了在包装、餐饮业、农业、医药领域的应用外，在一次性日用品、渔网具、尿布、卫生巾、化妆品、手套、鞋套、头套、桌布、园艺等多方面都存在着潜在的市场，有很好的发展前景。

四、高吸水性树脂的开发及设计

1.丙烯酸的可降解高吸水树脂的结构设计

近年来，随着可生物降解聚合物合成技术的发展和互穿聚合物网络技术在智能水凝胶领域的成功应用，合成高性能可生物降解高吸水性树脂已具备了理论和技术上的可能。以丙烯酸（AA）

为主要原料，采用 AA（盐）与特种杂环化合物开环加成共聚，在主链上引入杂原子，通过改变主链的化学结构，并实施部分交联的方法合成主链含杂原子的 AA（盐）基可生物降解高吸水性树脂，在此基础上引入其他功能化的可生物降解聚合物形成互穿网络结构，利用不同聚合物组元间的强迫互容、界面互穿及协同效应，提高高吸水性树脂的溶胀性能、生物降解性能和凝胶强度，实现可生物降解高吸水性树脂的高性能化。

主链上含有杂原子型高吸水性树脂的聚合单体通常采用具有活泼氢的亲核性单体，如—NH_2、—OH、—SO_2H 等，或采用具有连双二键、被吸电子基团活化的碳-碳双键以及其他多重键的化合物，如—$N=C=O$、—$N=C=S$ 等，也可以采用含杂原子的环状化合物进行开环加成反应。

加成后所得聚合物，主链上含有杂原子结构，侧链为亲水基，是强亲水性聚合物。有的可以直接作高吸水性材料，有的可利用侧基的反应性引入亲水基团制成高吸水性树脂。这种主链上含有杂原子型高吸水性树脂的单体官能团品种多，单体结构多种多样，采用分子设计和合理的组合，有可能制造出许多新型超强高吸水性树脂，对于开发和发展可生物降解高吸水性树脂具有重要意义。

2.PAA/MMT 插层复合型高吸水性树脂的合成与结构分析

崔笔江等以部分中和的丙烯酸为客体，以蒙脱石为插主，通过反相悬浮聚合法合成出聚丙烯酸钠/蒙脱石插层（PAA/MMT）复合高吸水性树脂，用正交法对合成条件进行了优化，并用 XRD、IR、TEM 等手段对合成出的树脂结构进行表征。

3.机械活化淀粉基膨润土复合高端的高吸水树脂

为了提高淀粉基高吸水树脂的吸水率和保水性能，以机械活化 60min 的木薯淀粉、丙烯酸和膨润土为原料，合成可降解复合高吸水树脂（CSA），研究膨润土（BT）的用量对 CSA 吸水率（A_{eq}）的影响以及 CSA 的溶胀性能。广西工业职业技术学院食品与生物工程系采用 SEM、TGA 和 FTIR 对样品的形貌、热稳定性和结构进行表征。结果表明，CSA 呈多孔层状结构。适量的引入 BT（其用量为淀粉质量的 30%）可使 CSA 的吸水率从 1 604g/g 提高到 1807g/g，并能提高 CSA 的热稳定性和保水能力。在 700℃下，CSA 的失重率为 79.3%，低于未添加 BT 树脂的失重率（83.4%）；CSA 在 1912Pa 的承压下保水率为 48.3%，高于未添加 BT 树脂的保水率（45.5%）。另外，CSA 吸水过程符合一级动力学过程，吸水率受溶液的 pH 值、盐溶液的浓度和种类的影响。

4.聚丙烯酸/丙烯酰胺高吸水性树脂对金属离子的吸附

许多工业过程，如电镀、制革、采矿、炼钢、染色等，会产生大量含有重金属离子的废水，释放到环境中将会危害人类健康以及其他生物。因此，对重金属离子废水的治理一直是人们关注和研究的重点和难点。对废液中的重金属离子吸附回收是一种行之有效的方法。超强吸水剂不仅是一种重要的吸水及保水材料，而且还可用于各种金属离子，尤其是重金属离子的富集、分离及回收，具有广泛的应用价值。聚丙烯酸/丙烯酰胺（PAA/AM）是最常见的一种超强吸水剂，但目前国内外文献中鲜有关于 PAA/AM 对重金属离子吸附的研究报道。

林海等研究不同单体配比丙烯酸/丙烯酰胺共聚高吸水性树脂对 Ca^{2+}、Cu^{2+}、Pb^{2+} 三种离子吸附能力、离子浓度对树脂吸附能力的影响，以及不同离子对树脂吸附其他离子的影响等。结果表明，随着树脂中丙烯酰胺单体的增加，树脂吸附离子能力下降，影响顺序为 $Ca^{2+}>Cu^{2+}>Pb^{2+}$；随着离子浓度的增大，树脂吸附离子的总量也增加；Ca^{2+} 存在会极大减少树脂对其他离子的吸附量。

5.高吸水性树脂对煤的阻燃性能实验论证

为了研究高吸水性树脂（SAP）对煤的阻燃性能，通过实验测试了高吸水性树脂的防灭火特性，中国矿业大学安全工程学院采用基于程序升温法的煤氧化自燃模拟系统对比分析了原煤与含有水或高吸水性树脂的混合煤样在氧化升温过程中的温度变化特点，以及氧化产物的生成变化规律。钟演等团队研究结果表明：高吸水性树脂不仅能够延长煤氧化升温时间，减小氧化升温的整体速率，还能明显抑制氧化产物的生成，使其生成的初始温度更高，生成量更少，从而发挥较好的阻燃效果。因此，高吸水性树脂可作为一种新型矿井防灭火材料加以研究和开发。

6.高吸水性树脂颗粒对混凝土自收缩与强度

自收缩是导致高强混凝土早期开裂的重要因素。胡曙光等研究了高吸水性树脂（SAP）的掺量、引入水量对不同水胶比混凝土的自收缩与强度的影响规律。结果表明，将不超过胶凝材料总质量 0.5%的 SAP 预吸水后掺入混凝土中，可显著减小混凝土的自收缩，且抗压强度损失较小。通过研究 SAP 对混凝土内部相对湿度变化的影响规律，分析了其对混凝土自收缩与强度的作用机理，认为引入预吸水 SAP 可明显延缓混凝土早期内部相对湿度的下降速度，对混凝土起到良好的内养护作用，减小自收缩。但当 SAP 掺量大于胶凝材料总质量的 0.5%时，作用效果随 SAP 掺量的增大而不明显，混凝土抗压强度也有明显下降。

7.纳米改性聚丙烯酸钠高吸水性树脂

目前，用各种纳米材料对聚丙烯酸钠高吸水性树脂进行纳米复合是一种重要的改性方法，主要采用层状黏土、金属/非金属氧化物纳米材料、碳纳米管等无机纳米材料。纳米复合改性通常会改变高吸水性树脂的凝胶网络结构，从而改善树脂的性能。例如，纳米复合高吸水性树脂内部的孔隙结构增多将有利于提高吸水率和吸水速率，纳米颗粒与高吸水性树脂基体间的物理/化学相互作用则有利于提高凝胶强度和热稳定性等。为制备纳米复合聚丙烯酸钠高吸水性树脂，一般先将纳米材料均匀地分散在丙烯酸钠/丙烯酸混合单体水溶液中，然后通过原位聚合的方法得到纳米复合高吸水性树脂；因此，纳米材料必须能够稳定地分散在丙烯酸钠/丙烯酸混合单体水溶液中。

纳米纤维素晶体是一种直径 5~20nm、长 100~1000nm 的棒状纳米粒子，可通过强酸水解各种纤维素制得，它具有强度高、密度小、易于表面改性、与水溶性聚合物基体相容性好等优点，非常适合用于对高吸水性树脂的纳米复合改性。目前，纳米纤维素晶体多数由硫酸水解纤维素制得，其表面带有硫酸酯基（—OSO_3—），有利于纳米纤维素晶体在水中的稳定分散；但若将纳米纤维素晶体添加到强电解质水溶液中，可能产生絮凝而不能均匀稳定地分散。黄洋等将细菌纤维素晶须与丙烯酸钠/丙烯酸/丙烯酰胺混合单体一起原位聚合制备了细菌纤维素晶须/聚（丙烯酸-丙烯酰胺）复合高吸水性树脂，发现只有添加少量（0.05%，质量分数）的细菌纤维素晶须时方可提高树脂的吸水和生理盐水倍数。究其原因，主要是因为细菌纤维素晶须在丙烯酸钠/丙烯酸/丙烯酰胺混合单体水溶液中的分散稳定性不是太好，添加量稍大时细菌纤维素晶须就容易发生团聚，使树脂的吸水性能降低。正是因为纳米纤维素晶体在丙烯酸钠/丙烯酸混合单体水溶液中不能均匀稳定地分散，目前未见将纳米纤维素晶体或改性纳米纤维素晶体与丙烯酸钠/丙烯酸混合单体一起原位聚合来制备纳米复合高吸水性树脂的报道。

为提高纳米纤维素晶体在电解质溶液中的分散稳定性，一种可行的方法是对其进行表面接枝改性。例如，闫德东等对纳米纤维素晶体进行表面阳离子化后，提高了纳米纤维素晶体在壳聚糖乙酸溶液中的分散稳定性。

第五节
高分子分离膜的高端产品开发与设计

一、高分子分离膜的分离原理及分类

高分子分离膜（polymeric membrane for separation），是由聚合物或高分子复合材料制得的具有分离流体混合物功能的薄膜。

1.分离原理

分离膜的应用由聚合物或高分子复合材料制得的具有分离流体混合物功能的薄膜。膜分离过程就是用分离膜作间隔层，在压力差、浓度差或电位差的推动力下，借流体混合物中各组分透过膜的速率不同，使之在膜的两侧分别富集，以达到分离、精制、浓缩及回收利用的目的。

单位时间内流体通过膜的量（透过速率）、不同物质透过系数之比（分离系数）或对某种物质的截留率是衡量膜性能的重要指标。分离膜只有组装成膜分离器，构成膜分离系统才能进行实用性的物质分离过程。一般有平膜式、管膜式、卷膜式和中空纤维膜式分离装置。膜分离过程是以压力差、浓度差或电位差作推动力来实现的。

2.高分子分离膜的薄膜分类

（1）高分子分离膜按结构分类

① 致密膜，膜中无微孔，物质仅从高分子链段之间的自由空间通过；

② 多孔质膜；

③ 不对称膜；

④ 含浸型膜。

（2）高分子分离膜的分离特性和应用类别

从一般分离特性和应用角度可分为反渗透膜（或称逆渗透膜）、超过滤膜、微孔过滤膜、气体分离膜、离子交换膜、有机液体透过蒸发膜、动力形成膜、镶嵌带电膜、液体膜、透析膜、生物医学用膜等多种类别。

① 薄膜材料。制备分离膜的高分子材料常用的有纤维素酯类、聚砜、聚苯醚、芳族聚酰胺、聚丙烯等，高分子共混物和嵌段接枝共聚物也用于制备分离膜。

② 成分结构。高分子分离膜可按结构分为：a.致密膜，膜中无微孔，物质仅从高分子链段之间的自由空间通过；b.多孔质膜，一般膜中含有孔径为 $0.02 \sim 20\mu m$ 的微孔，可用于截留胶体粒子、细菌、高分子量物质粒子等；c.不对称膜，由同一种高分子材料制成，膜的表面层与膜的内部结构不相同，表面层为 $0.1 \sim 0.25\mu m$ 薄的活性层，内部为较厚的多孔层；d.含浸型膜，在高分子多孔质膜上含浸有载体而形成的促进输送膜和含有官能基团的膜，如离子交换膜；e.增强膜，以纤维织物或其他方式增强的膜。

按膜的分离特性和应用角度可分为反渗透膜（或称逆渗透膜）、超过滤膜、微孔过滤膜、气体分离膜、离子交换膜、有机液体透过蒸发膜、动力形成膜、镶嵌带电膜、液体膜、透析膜、生物医学用膜等多种类别。

二、高分子气体分离膜的产品开发

早在 20 世纪初已有用天然高分子或其衍生物制透析、电渗析、微孔过滤膜。1953 年，美国 C.E.里德提出了用致密的醋酸纤维素制的膜将海水分离为水和盐，当时由于水的透过速率极小而未能实用。1960 年 S.洛布和 S.索里拉金成功地开发了各向异性的不对称膜的制备方法。由于起分离作用的活性层极薄，流体通过膜的阻力小，从而开拓了高分子分离膜在工业上的应用。之后出现了中空纤维膜，使高分子分离膜更适于工业用途。

20 世纪 70 年代以来，气体分离膜、透过蒸发膜、液体膜以及生物医学用膜的研究，开拓了高分子分离膜的应用新领域。

气体分离膜技术以其高效、低能及环境友好等特点，在工业分离领域具有极大的应用前景。传统气体分离膜材料气体渗透系数很小，已越来越不能满足日益增长的工业需求。开发高透过率、高选择性的膜材料是人们一直追求的目标。

自具微孔聚合物（PIMs）是近年来发展的一类具有高透过性及合理选择性的高分子材料，其对气体的高透过率来源于刚性扭曲分子链的非有效折叠而产生的固有微孔结构。设计开发新型高性能的 PIMs 对气体分离膜的发展具有重大深远的意义。

最近，苏州纳米所靳健课题组通过向聚合物链引入刚性结构更强且具有 V 型立体结构的特勒格碱（TB）结构单元来构筑新型 PIMs，相较传统的 PIMs 构筑单元 SBI，特勒格碱单元具有更强的刚性且更加合适的空间二面角，有利于增强聚合物的微孔结构，提高聚合物对气体的筛分效应；进一步地，通过合理界面设计对获得的 TB 功能化的 PIMs 进行复合改性，在气体分离膜领域取得了系列研究进展。

通过共聚法将刚性且扭曲的特勒格碱基团引入 PIM-1 主链中，设计合成了特勒格碱基 PIM 类自具微孔共聚物（TBPIM）。特勒格碱基团的引入一方面增强了聚合物链段刚性，另一方面含特勒格碱基团中的氮原子大大增强了聚合物对 CO_2 分子的亲和性。两方面的协同作用使得 TBPIM 共聚物在对 CO_2/N_2、CO_2/CH_4、

O_2/N_2 气体对分离选择性上均有较大幅度提高。进一步，为解决传统聚酰亚胺材料气体透过率低的问题，设计合成了含特勒格碱结构的单刚性链段自具微孔聚酰亚胺。该特勒格碱基自具微孔聚酰亚胺比表面积可达 $300m^2/g$，较传统聚酰亚胺提升两个数量级，气体分离性能提升明显，接近代表高分子气体分离最佳性能的 2008 年 Robeson 上限。在此基础上，将酸酐与二胺部分做刚性单元替换，获得了具有双刚性链段的自具微孔聚酰亚胺。材料的比表面积提升至 $600m^2/g$，气体分离性能突破 2008 年 Robeson 上限。在此基础上，课题组以特勒格碱基自具微孔聚酰亚胺为主题材料，设计制备了聚合物/金属-有机骨架材料（MOF）混合基质膜。利用 MOF 超高孔隙率和规整的孔道结构，实现对气体的有效筛分。为解决 MOF 粒子在聚合物中的分散及与聚合物母体的兼容性问题，对 MOF 粒子进行表面修饰和改性，使其与聚合物主体间形成氢键和范德华力等作用，增强界面相互作用，提升界面相容性。该类混合基质膜材料具有非常优异的综合气体分离性能，远远超过 Robeson 上限。另外复合膜表现出优异的抗老化性能和热稳定性。

三、高分子分离膜的设计与应用

1.分离膜生产工艺的设计

　　分离膜的成型方法有流延法、不良溶剂凝胶法、直接聚合法、表面涂覆法和中空纤维纺丝法等。最初用作分离膜的高分子材料是纤维素酯类材料。后来，又逐渐采用了具有各种不同特性的聚砜、聚苯醚、芳香族聚酰胺、聚四氟乙烯、聚丙烯、聚丙烯腈、聚乙烯醇、聚苯并咪唑、聚酰亚胺等。高分子共混物和嵌段、接枝共聚物也越来越多地被用于制分离膜，使其具有单一均聚物所没有的特性。制备高分子分离膜的方法有流延法、不良溶剂凝胶法、微粉烧结法、直接聚合法、表面涂覆法、控制拉伸法、辐射化学侵蚀法和中空纤维纺丝法等。

具有分离液-固、液-液、气-气等能力的均相或非均相混合物膜，由合成高分子、半合成高分子和天然高分子构成的膜，为区别于无机物组成的分离膜，故又称为有机分离膜。

高分子分离膜能成为相邻两相主动或被动传质的障碍，借助于这种选择渗透性，在压力差、浓度差或电位差的作用下，使流体混合物分离。其分离过程包括微孔过滤、反渗透（超滤）、气体渗透分离、渗透蒸发、渗析及电渗析、液膜（促进传递）等。高分子分离膜的分离性能由选择性和渗透性决定。

对于需要分离的物质其选择性和渗透性要求越高越好，而对于需要截留的物质则要求选择性越高，而渗透率越低越好。其性能表示方法为单位时间内流体通过膜的量和物质透过系数之比。它们必须同时具有较大的数值和保持较长时间不变，才有工业使用价值，高分子分离膜的制备方法主要有相转换法（phase inversion method），它包括干法相转换、湿法相转换、热凝胶法和聚合物辅助相转换法、拉伸法和辐照法等。随制膜条件的改变可得到性能完全不同的分离膜。高分子分离膜的形状有中空管式、中空纤维式和平板式三类。

2.分离膜的应用领域

一般高分子分离膜广泛应用于海水淡化、食品浓缩、废水处理、富氧空气制备、医用超纯水制造、人工肾及人工肺装置、药物的缓释等方面。

各种高分子分离膜也用于核燃料及金属提炼，气体及烃类分离，海水及苦咸水淡化，纯水及超纯水制备，环境保护和污水处理等。

对于近沸点混合物、共沸混合物、异构体混合物等难以分离的混合物体系，以及某些热敏性物质，能够实现有效的分离。采用反渗透法进行海水淡化所需能量仅为冷冻法的 1/2，蒸发法的 1/17，操作简单，成本低廉。因此，反渗透法有逐渐取代多级闪蒸法的趋势。膜分离用于浓缩天然果汁、乳制品加工、酿酒等食品工业中，因无须加热，可保持食品原有的风味。采用高分子富氧膜能简便地获得富氧空气，以用于医疗。还可用于制备电子工业用超纯水和无菌医药用超纯水。用分离膜装配的人工肾、人工肺，能净化血液，治疗肾功能不全患者以及作手术用人工心肺机中的氧合器等。

20 世纪 80 年代以来，高分子分离膜正在向高效率、高选择性、功能复合化及形式多样化的方向发展。不对称膜和复合膜的制备以及聚合物材料的超薄膜化等的研究十分活跃。膜分离技术在新能源、生物工程、化工新技术等方面已显示出它的潜力。

第六节
医用高分子的高端产品开发与设计

一、医用高分子材料概述

医用高分子材料是指用以制造人体内脏、体外器官、药物剂型及医疗器械的聚合物材料，其来源包括天然生物高分子材料和合成生物高分子材料。天然医用高分子材料来源于自然，包括纤维素、甲壳素、透明质酸、胶原蛋白、明胶及海藻酸钠等；合成医用高分子材料是通过化学方法，人工合成的用于医用的高分子材料，目前常用的有聚氨酯、硅橡胶、聚酯纤维、聚乙烯基吡咯烷酮、聚醚醚酮、聚甲基丙烯酸甲酯、聚乙烯醇、聚乳酸、聚乙烯等。

1.材料性质

按照材料的性质，医用高分子材料可分为非降解和可生物降解两大类。其中非生物降解的材料包括：聚乙烯、聚丙烯、聚丙烯酸酯、芳香聚酯、硅橡胶、聚氨酯、聚醚醚酮等，其在生理环境中能够长期保持稳定，不发生降解、交联和物理磨损等，并具有良好的力学性能。该类材料主要用于人体软、硬组织修复和制造人工器官、人造血管、接触镜和黏结剂等。可降解生物材料包括胶原、脂肪族聚酯、甲壳素、纤维素、聚氨基酸、聚乙烯醇、聚乳酸、聚己内酯、聚磷腈等，这些材料能在生理环境中发生结构性破坏，且降解产物能通过正常的新陈代谢被机体吸收或排出体外，主要用于药物释放载体及非永久性植入器械。

2.材料用途

医用高分子材料是指用以制造人体内脏、体外器官、药物剂型及医疗器械的聚合物材料。

根据其具体用途可分为：a.与生物体组织不直接接触的材料，如药剂容器、血浆袋、输血输液用具、注射器、化验室用品、手术室用品等；b.与皮肤、黏膜接触的材料，如手术用手套、麻醉用品（吸氧管、口罩、气管插管等）、诊疗用品（洗眼用具、耳镜、压舌片、灌肠用具、肠、胃、食道窥镜导管和探头、肛门镜、导尿管等）、绷带、橡皮膏等及人体整容修复材料（假肢、假耳、假眼、假鼻等）；c.与人体组织短期接触的材料，如人造血管、人工心脏、人工肺、人工肾脏、渗析膜人造皮肤等；d.长期植入体内的材料，如脑积水症髓液引流管、人造血管、人工瓣膜、人工气管、人工尿道、人工骨骼、人工关节、手术缝合线及组织黏合剂等；
e.药用高分子，包括大分子化药物和药物高分子。大分子化药物是
指将传统的小分子药物大分子化，如聚青霉素；药物高分子是指
本身就有药理功能的高分子，如阴离子聚合物型的干扰素诱发剂。
不同用途的医用高分子材料需要根据使用环境以及对材料的物
理、化学及生物学性能要求选用合适的材料。

二、生物可降解的高分子材料的开发与设计

我国目前的高分子材料生产和使用已跃居世界前列，每年产
生几百万吨废旧物。如此多的高聚物迫切需要进行生物降解，以
尽量减少对人类及环境的污染。生物可降解材料，是指在自然界
微生物，如细菌、霉菌及藻类作用下，可完全降解为低分子的材
料。这类材料储存方便，只要保持干燥，不需避光，应用范围广，
可用于地膜、包装袋、医药等领域。

1.生物可降解材料概述

生物可降解的机理大致有以下 3 种方式：生物的细胞增长使
物质发生机械性破坏；微生物对聚合物作用产生新的物质；酶
的直接作用，即微生物侵蚀高聚物从而导致裂解。按照上述机
理，现将作者研究的几种主要的可生物可降解的高分子材料介绍
如下。

（1）降解机理

生物可降解高分子材料是指在一定的时间和一定的条件下，
能被微生物或其分泌物在酶或化学分解作用下发生降解的高分子
材料。

生物可降解的机理大致有以下 3 种方式：生物的细胞增长使

物质发生机械性破坏；微生物对聚合物作用产生新的物质；酶的直接作用，即微生物侵蚀高聚物从而导致裂解。一般认为，高分子材料的生物可降解是经过两个过程进行的。首先，微生物向体外分泌水解酶和材料表面结合，通过水解切断高分子链，生成分子量小于500的小分子量化合物；然后，降解的生成物被微生物摄入人体内，经过种种的代谢路线，合成为微生物体物或转化为微生物活动的能量，最终都转化为水和二氧化碳。

因此，生物可降解并非单一机理，而是一个复杂的生物物理、生物化学协同作用，相互促进的物理化学过程。到目前为止，有关生物可降解的机理尚未完全阐述清楚。除了生物可降解外，高分子材料在机体内的降解还被描述为生物吸收、生物侵蚀及生物劣化等。生物可降解高分子材料的降解除与材料本身性能有关外，还与材料温度、酶、pH值、微生物等外部环境有关。

（2）生物可降解高分子材料的类型

按来源，生物可降解高分子材料可分为天然高分子和人工合成高分子两大类。按用途分类，有医用和非医用生物可降解高分子材料两大类。按合成方法可分为如下几种类型。

① 微生物生产型。通过微生物合成的高分子物质。这类高分子主要有微生物聚酯和微生物多糖，具有生物可降解性，可用于制造不污染环境的生物可降解塑料。如英国ICI公司生产的"Biopol"产品。

② 合成高分子型。脂肪族聚酯具有较好的生物可降解性。但其熔点低，强度及耐热性差，无法应用。芳香族聚酯（PET）和聚酰胺的熔点较高，强度好，是应用价值很高的工程塑料，但没有生物可降解性。将脂肪族和芳香族聚酯（或聚酰胺）制成一定结构的共聚物，这种共聚物具有良好的性能，又有一定的生物可降解性。

③ 天然高分子型。自然界中存在的纤维素、甲壳素和木质素等均属可降解天然高分子，这些高分子可被微生物完全降解，但因纤维素等存在物理性能上的不足，由其单独制成的薄膜的耐水性、强度均达不到要求，因此，它大多与其他高分子，如由甲壳质制得的脱乙酰基多糖等共混制得。

④ 掺和型。在没有生物可降解的高分子材料中，掺混一定量的生物可降解的高分子化合物，使所得产品具有相当程度的生物可降解性，这就制成了掺和型生物可降解高分子材料，但这种材料不能完全生物可降解。

2.生物可降解高分子材料开发

（1）生物可降解高分子材料开发的传统方法

传统开发生物可降解高分子材料的方法包括天然高分子的改造法、化学合成法和微生物发酵法等。

① 天然高分子的改造法。通过化学修饰和共混等方法，对自然界中存在大量的多糖类高分子，如淀粉、纤维素、甲壳素等能被生物可降解的天然高分子进行改性，可以合成生物可降解高分子材料。此法虽然原料充足，但一般不易成型加工，而且产量小，限制了它们的应用。

② 化学合成法。模拟天然高分子的化学结构，从简单的小分子出发制备分子链上含有酯基、酰胺基、肽基的聚合物，这些高分子化合物结构单元中含有易被生物降解的化学结构或是在高分子链中嵌入易生物降解的链段。化学合成法反应条件苛刻，副产品多，工艺复杂，成本较高。

③ 微生物发酵法。许多生物能以某些有机物为碳源，通过代谢分泌出聚酯或聚糖类高分子。但利用微生物发酵法合成产物的分离有一定困难，且仍有一些副产品。

（2）生物可降解高分子材料开发的新方法——酶促合成

用酶促法合成生物可降解高分子材料，得益于非水酶学的发展，酶在有机介质中表现出了与其在水溶液中不同的性质，并拥有了催化一些特殊反应的能力，从而显示出了许多水相中所没有的特点。

（3）酶促合成法与化学合成法结合使用

酶促合成法具有高的位置及立体选择性，而化学聚合则能有效地提高聚合物的分子量，因此，为了提高聚合效率，许多研究者已开始将酶促法与化学法联合使用来合成生物可降解高分子材料。

3.生物可降解高分子材料的应用

目前生物可降解高分子材料主要有以下两方面的用途：

① 利用其生物可降解性，解决环境污染问题，以保证人类生存环境的可持续发展。通常，对高聚物材料的处理主要有填埋、焚烧和再回收利用 3 种方法，但这几种方法都有其弊端。

② 利用其可降解性，用作生物医用材料。

目前，我国一年约生产 3000 多亿片片剂与控释胶囊剂，其中 70%以上是上了包衣的表皮，其中包衣片中有 80%以上是传统的糖衣片，而国际上发达国家 80%以上使用水溶性高分子材料作薄膜衣片，因此，我国的片剂制造水平与国际先进水平有很大的差距。国外片剂和薄膜衣片多采用羟丙基甲纤维素、羟丙纤维素、丙烯酸树脂、聚乙烯吡咯烷酮、醋酸纤维素、邻苯二甲酸醋酸纤维素、羟甲基纤维素钠、微晶纤维素、羟甲基淀粉钠等。

三、高端医用高分子材料的开发与设计

1.医用高分子材料的特点及基本条件

医用高分子材料需长期与人体体表、血液、体液接触，有的甚至要求永久性植入体内。因此，这类材料必须具有优良的生物体替代性（力学性能、功能性）和生物相容性。

一般要满足下列基本条件：a.在化学上是不活泼的，不会因与体液或血液接触而发生变化；b.对周围组织不会引起炎症反应；c.不会产生遗传毒性和致癌；d.不会产生免疫毒性；e.长期植入体内也应保持所需的拉伸强度和弹性等物理力学性能；f.具有良好的血液相容性；g.能经受必要的灭菌过程而不变形；h.易于加工成所需要的、复杂的形态。

2.常用医用高分子材料

常用的医用高分子材料如下：

① 甲壳素。甲壳素广泛存在于低等植物菌类、虾、蟹、昆虫等甲壳动物的外壳、高等动物的细胞壁等，是地球上仅次于纤维素的第二大可再生资源，是一种线型的高分子多糖，也是唯一的含氮碱性多糖。甲壳素具有优异的生物相容性、生物活性以及生物可降解性。具有消炎、止血、镇痛和促进机体组织生长等功能，可促进伤口愈合。此外甲壳素及其衍生物还具有医疗保健功能，如免疫调节、降低胆固醇、抗菌、促进乳酸菌生长等。在药物载体、人造皮肤、外科手术缝合线等领域具有广泛的研究及应用。

② 胶原蛋白。胶原是动物体内含量最多、分布最广的蛋白质，占哺乳动物体内蛋白质总量的 25% ~ 30%，它是细胞外基质四大组分之一，广泛分布于结缔组织、皮肤骨骼、内脏细胞间质及肌腔、韧带、巩膜等部位。由于胶原是大分子蛋白质，其具有良好的理化性质和优良的生物学性能，被广泛用于外科手术缝合线、

止血材料、创伤敷料、人工皮肤、药物控释放载体、组织工程等领域。

③ 硅橡胶。硅橡胶是一种以 Si—O—Si 为主链的直链状高分子量的聚有机硅氧烷为基础，添加某些特定组分，按照一定的工艺要求加工后，制成具有一定强度和伸长率的橡胶态弹性体。硅橡胶具有良好的生物相容性、血液相容性及组织相容性，植入体内无毒副反应，易于成型加工、适于做成各种形状的管、片、制品，是目前医用高分子材料中应用最广、能基本满足不同使用要求的一类主要材料。具体应用有：静脉插管、透析管、导尿管、胸腔引流管、输血管、输液管以及主要的医疗整容整形材料。

④ 聚乳酸。聚乳酸是以乳酸或丙交酯为单体化学合成的一类聚合物，属于生物降解的热塑性聚酯，具有无毒、无刺激、良好的生物相容性、可生物分解吸收、强度高、可塑性加工成型的合成类生物降解高分子材料，其降解产物是乳酸、CO_2 和 H_2O。经美国食品药品监督管理局（FDA）批准可用作手术缝合线、注射用微胶囊、微球及埋置剂等制药的材料。

⑤ 聚氨酯。聚氨酯是指高分子主链上含有氨基甲酸酯基团的聚合物，简称 PU，是由异氰酸酯和羟基或氨基化合物通过逐步聚合反应制成的，其分子链由软段和硬段组成。聚氨酯具有一个主要的物理结构特征是微相分离结构，其微相分离表面结构与生物膜相似，由于存在着不同表面自由能分布状态，改进了材料对血清蛋白的吸附力，抑制血小板黏附，具有良好的生物相容性和血液相容性。目前医用聚氨酯被用于人工心脏、心血导管、血管涂层、人工瓣膜等领域。

3.医用高分子材料的种类

目前所应用的医用高分子材料有聚醚聚氨酯、聚四氟乙烯、聚乙烯醇、硅橡胶、聚酯、尼龙、聚甲基丙烯酸甲酯、聚氯乙烯、聚乙烯、聚丙烯、聚苯乙烯、聚乙二醇、聚乳酸天然高分子材料等，被广泛应用于植入性生物材料和人工脏器、介入器材、口腔材料、卫生材料及敷料、医用缝合（黏合）材料、医用高分子和医用橡胶制品、体外循环设备。

主要分类如下：a.植入体内，永久性替代损伤的器官或组织。例如人工血管、人工心脏瓣膜、人工晶体、左心辅助装置、人工关节、人工食管、人工胆管等。此外，在体外替代损伤器官的有人工肾、人工肺等。b.修复人体某部分缺陷的组织。如人工皮肤、骨修复材料等。c.医疗器械中，一次性使用的无菌高分子材料。例如，一次性使用无菌输液瓶、输液袋、输液器、注射器、静脉留置针、腹膜透析液袋、血袋等，以及各种插管、导管检验用具、手术室用具、诊疗用具和绷带等。d.药用高分子材料。与低分子药物相比，药用高分子材料具有低毒、高效、缓释、长效、可定点释放等优点。e.医药包装用高分子材料。包装药物的高分子材料可分为软、硬两种类型。硬性材料（如聚酯等）的特点是强度高、透明性好、尺寸稳定、气密性好，可替代玻璃容器和金属容器。软性材料（如聚乙烯、聚丙烯）可加工成复合薄膜。

4.医用高分子材料的应用

目前医用高分子材料多用于人体，直接关系到人的生命和健康，一般对其性能的要求是：a.安全性：必须无毒或副作用极少。这就要求聚合物纯度高，生产环境非常清洁，聚合助剂的残留少，杂质含量为 10^{-6} 级，确保无病、无毒传播条件。b.物理、化学和力学性能：需满足医用所需设计和功能的要求。如硬度、弹性、机械强度、疲劳强度、蠕变、磨耗、吸水性、溶出性、耐酶性和体内老化性等。以心脏瓣膜为例，最好能使用 25 万小时，要求耐疲劳强度特别好。此外，还要求便于灭菌消毒，能耐受湿热消毒（120～140℃）、干热消毒（160～190℃）、辐射消毒或化学处理消毒，而不降低材料的性能。要求加工性能好，可加工成所需各种形状，而不损伤其固有性能。c.适应性：包括与医疗用品中其他材料的适应性，材料与人体各种组织的适应性。材料植入人体后，要求长时期对体液无影响；与血液相容性好，对血液成分无损害，不凝血，不溶血，不形成血栓；无异物反应，在人体内不损伤组织，不致癌致畸，不会导致炎症坏死、组织增生等。d.特殊功能：不同的应用领域，要求材料分别具有一定的特殊功能。例如：具有分离透析机能的人工肾用过滤膜、人工肺用气体交换膜，以及人造血液用吸脱气体的物质等，都要求有各自特殊的分离透过机能。在大多数情况下，现有高分子材料的表面化学组成与结构很难满足上述要求，通常要采用表面改性处理，如接枝共聚，以改进其抗凝血性等性能。

四、高端体外高分子药物开发与设计实例

1.体外应用的高分子材料开发

医用高分子材料是生物医学材料中发展最早、应用最广泛、用量最大的材料，也是一个正在迅速发展的材料。

（1）植入产品的定义

《医疗器械分类规则》（国家食品药品监督管理局令第 15 号）第八条中对"植入器械"的定义为：任何借助外科手术、器械全部或者部分进入人体或自然腔道中；在手术过程结束后长期留在体内，或者这些器械部分留在体内至少 30 天以上。

我国已成为仅次于美国的世界第二大医疗器械市场，植入医疗器械属于第三类医疗器械的高端产品，是医疗器械产业中重要的产品门类。

（2）可植入材料分类及介绍

可植入人体的材料按材料种类可分为金属材料、高分子材料、无机材料、复合材料、生物材料等。按材料与组织的相互作用关系可分为可降解材料和非降解材料。

可降解材料是指在生物体内能被逐渐破坏（包括形态、结构破坏和性能蜕变），其降解产物能被机体吸收代谢或自行分解而消失。在这个过程中，不应产生对人体有害的副产物。

对于体内可降解的高分子材料来言，一般分为天然与合成两大类。奚廷斐等介绍天然高分子材料包括明胶、甲壳素、透明质酸、纤维素等；合成高分子材料包括聚 α-羟基酸、聚酸酐、聚原酸酯、聚磷腈等，其中聚 α-羟基酸是目前可降解吸收材料领域研究和应用最为广泛的高分子材料。

1）天然高分子材料

① 明胶。没有固定的结构和相对分子量，由动物皮肤、骨、肌膜、肌魅等结缔组织中的胶原部分降解而成为白色或淡黄色、半透明、微带光泽的薄片或粉粒；是一种无色无味，无挥发性、透明坚硬的非晶体物质，可溶于热水，不溶于冷水，但可以缓慢吸水膨胀软化，明胶可吸收相当于质量 5 ~ 10 倍的水。

② 甲壳素。甲壳素又名甲壳质、几丁质，化学名为(1,4)-2-乙酰胺-2-脱氧-β-D-葡聚糖，主要存在于虾、蟹、蛹及昆虫等动物外壳以及菌类、藻类植物的细胞壁中。

壳聚糖是甲壳素脱乙酰基后的产物，是甲壳素最基本、最重要的衍生物。

一般纯净的甲壳素和壳聚糖均为白色片状或粉状固体，常温下能稳定存在。因壳聚糖分子中带有游离氨基，在酸性溶液中易成盐，呈阳离子性质，是至今为止发现的唯一带阳离子电荷的碱性多糖，具有良好的抗菌止血作用。

③ 透明质酸。透明质酸（HA）是由(1，3)-2-乙酰氨基-2-脱氧-β-D-葡糖-(1,4)-O-β-D-葡糖醛酸双糖重复单位所组成的直链多聚糖，一般 HA 对强酸、强碱、热、自由基及透明质酸酶敏感，容易发生降解，限制了它用于制备对硬度、机械强度和稳定性有一定要求的生物材料。水分子通过氢键被固定在透明质酸分子形成的网络中，不易流失。研究表明，透明质酸能够吸附约为其本身质量 1000 倍的水分，是目前自然界中发现的保水性最好的天然物质。不过天然透明质酸在人体中的维持周期极短，因此一般采用物理或化学交联的方法来增加透明质酸抗酶解的能力，延长其在体内的保持时间。

④ 纤维素。纤维素是由葡萄糖组成的大分子多糖，不溶于水及一般有机溶剂，是植物细胞壁的主要成分。纤维素与氧化剂发生化学反应，生成结构不同的氧化纤维素，具有良好的止血作用；经羧甲基化后得到的是羧甲基纤维素（CMC），其水溶液具有增稠、成膜等作用，在医学领域应用非常广泛。

2）合成高分子材料

在这一类高分子材料中，聚原酸酯、聚酸酐、聚磷酸酯等材料，是表面溶蚀型降解材料，主要用于药物控释体系，在此不多介绍。聚 α-羟基酸类材料具有良好的生物相容性和生物可降解性，是作为第一批被 FDA 批准用于临床的，也是迄今研究最广泛、应用最多的化学合成类可降解高分子材料。降解产物为乳酸和羟基乙酸，乳酸在体内最终以二氧化碳和水的形式排出。羟基乙酸可参与三羧酸循环或以尿的形式排出体外。

① 聚羟基乙酸（PGA）。PGA，又称聚乙醇酸、聚乙交酯，是乙醇酸的聚合物，具有简单规整的线性分子结构，是简单的线性脂肪族聚酯，结晶度较高，一般为 40% ~ 80%，不溶于常用的有机溶剂。

一般 PGA 具有良好的生物降解性和生物相容性，其降解产物

为 H_2O 和 CO_2。早在 20 世纪 70 年代，用其作为材料的缝合线已商品化，目前已开发有骨折固定材料、人工血管和组织修复网架。

② 聚乳酸（PLA）。PLA，又称聚丙交酯，是以乳酸为单体得到的聚合物，热稳定性好，加工温度 170~230℃，有良好的抗溶剂性，可用多种方式进行加工，如挤压、纺丝、双轴拉伸、注射吹塑。

一般 PLA 具有良好的生物降解性和生物相容性，其降解产物为 H_2O 和 CO_2。它是手性分子，存在两种立体异构体，有 4 种不同形态的聚合物，即 PLLA、PDLA、D，L-PLA（PDLLA）以及 *meso*-PLA。PLLA 和 PDLA 是半结晶状高分子，机械强度好；D，L-PLA 是无定形高分子，常用作药物控释载体。

③ 羟基乙酸-乳酸共聚物（PLGA）。PLGA 是由乳酸和羟基乙酸聚合而成的非定型聚合物，其玻璃化转变温度在 40~60℃之间。纯的乳酸或羟基乙酸聚合物比较难溶，与之不同的是，PLGA 展现了更为广泛的溶解性，它能够溶解于更多更普遍的溶剂当中。一般 PLGA 具有良好的生物相容性，降解产物是乳酸和羟基乙酸，同时也是人代谢途径的副产物，所当它应用在医药和生物材料中时不会有毒副作用。通过调整单体比例，可改变 PLGA 的降解时间。

④ 聚己内酯（PCL）。PCL 由 ε-己内酯单体开环聚合而成，属于聚合型聚酯，其分子量与歧化度随起始物料的种类和用量不同而异。一般 PCL 生物相容性很好，细胞可在其基架上正常生长，降解产物为 H_2O 和 CO_2。因存在较长的疏水性亚甲基链段，故降解速率比 PGA 和 PLA 慢得多。体内完全吸收和排除需要 2~4 年。

2.降解机制

可降解吸收高分子材料的降解主要为化学水解和酶解两大类，前者是化学反应，后者是生化反应。通过水解或者酶解反应，从而使高分子主链断裂，分子量逐渐变小，以致最终成为可被人体吸收的单体或代谢成 H_2O 和 CO_2。

聚酯等大部分合成高分子材料以化学水解为主，降解速率主要受到主链官能团的控制。对于固体材料的降解有本体降解和表面溶蚀之分。如果材料的降解从表面开始，一层一层被剥离，则为表面溶蚀型；如果实心材料的内外同时降解，则为本体降解。聚乳酸为本体降解，因为疏水性不够强。聚酸酐等材料表面疏水性极强，导致其表面的降解速率明显大于水扩散到其内部的速率，为典型的表面溶蚀。

天然高分子材料则以酶解为主，降解速率主要受酶的类型、浓度以及材料的序列的影响。

3.应用现状及研发方向

随着人类生活质量的提高，世界各国对各种医用产品的需求越来越多，市场前景广阔，植入医疗器械产业在世界各国尤其是发达国家颇受重视。近年来，越来越多的可吸收产品被开发出来并成功应用于人体。

（1）生物可吸收血管支架

血管支架是指在管腔球囊扩张成形的基础上，在病变段置入内支架以达到支撑狭窄闭塞段，减少血管弹性回缩及再塑形，保持血流通畅的目的。完全生物可吸收支架研究最多的是冠脉支架，被称为冠脉介入的"第四次革命"，将有可能主导未来 10 年的冠脉支架市场。

用于可吸收支架的可降解高分子材料主要有聚乳酸、聚羟基乙酸、羟基乙酸-乳酸共聚物、乳酸-己内酯共聚物、聚氨酯等，降解时间从可几个月到三年以上。

1）目前已上市及处于临床研究阶段的产品

① Absorb 药物洗脱生物可吸收血管支架（ABBOTT Vascular），于 2011 年获得 CE 认证，2012 年开始在全球 30 多个国家正式销售，是首个已上市的生物可吸收药物洗脱支架，其工作原理与金属支架相似，即通过恢复血流量发挥作用，用于治疗冠状动脉疾病（CAD）。该产品以 PLLA 为支架材料，以带依维莫司 Everolimus 的 PDLLA 为支架内层构成。主要通过化学水解作用降解，降解产物被巨噬细胞吞噬，完全降解时间约 2~3 年。

② DESolve 生物可吸收支架（Elixir Medical），处于临床试验研究阶段。以 PLLA 为支架材料，以有两种新型抗增殖药物（Novolimus 和 Myolimus）作为涂层，完全降解时间约 2~3 年。

③ IDEAL 生物可吸收支架（Bioabsorbable Therapeutics, Inc），处于临床前研究阶段。以含有水杨酸的聚酸酐为骨架，带有西罗莫司（Sirolimus）涂层。

④ REVA 和 ReZolve 生物可吸收支架（REVA Medical），处于临床研究阶段。以酪氨酸类聚碳酸酯为骨架材料，带有西罗莫司（Sirolimus）涂层，并采用新颖的独特滑行、螺旋锁设计，从而具有更强的径向支撑力，减少了支架的急性回缩率。完全降解时间约 18~24 个月。

⑤ Igaki-Tamai 支架（Kyoto Medical Planning Co. Ltd.），是第一个应用于人体的完全可降解支架，2007 年获 CE 认证，仅在欧洲获准用于外周血管的介入治疗，用于心血管的临床试验仍在进行之中。该产品以 PLLA 为骨架材料，没有药物涂层，完全降解时间约 2~3 年。

2）研发前景

当前，生物可降解支架在临床中的应用仍被限制，仅仅用于简单的冠状动脉病变。随着未来临床试验的不断进行，生物可降解支架的有效性及安全性将得到系统的评价，使其能广泛应用于临床治疗。就目前的研究结果看，以下问题有待于解决：

① 改善支架强度，提高径向支撑力。

② 减轻局部炎症反应。

③ 降低亚急性期和晚期的血栓形成率。

在材料方面，PLA 尽管具有良好的生物相容性，但降解后的乳酸会刺激局部血管引起炎症反应。可考虑采用己内酯、三亚甲基碳酸酯等进行共聚改性，降低羧基含量；或者引入碱性基团改性聚合物，以中和聚乳酸降解产物。一些新的聚合物的应用如酪氨酸衍生的聚碳酸酯、水杨酸基聚酐和聚氨酯化合物等，可改进支架的力学性能。

（2）面部注射填充类产品

随着年龄的增长，皮肤中的透明质酸含量逐渐减少，导致真皮脱水，皱纹加深，失去弹性。用于面部注射填充的可吸收材料主要包括：透明质酸、羟基磷灰石钙、肉毒素、聚乳酸等。

1）交联透明质酸

由于天然透明质酸在人体中的维持周期极短，不能保证填充修饰的长期效果，因此一般采用物理或化学交联的方法来增加透明质酸抗酶解的能力，延长其在体内的保持时间。通常采用的交联剂有 BDDE 和 DVS。国外通常把透明质酸皮肤填充剂按物态来分，分为单相和双相。双相的产品是由交联透明质酸凝胶颗粒和非交联透明质酸溶液组成（凝胶颗粒状和液体状），单相的产品通常就是单一的交联透明质酸凝胶（液体状）。

有代表性的国外产品如美国 Genzyme 公司的 Hylaform 系列，采用 DVS 交联剂，为双相产品；瑞典 Q-Med 公司的 Restylane/Perlane 系列产品，采用 BDDE 交联剂，为双相产品。而且这两个公司的产品后续都增加了含 0.3%利多卡因的规格。德国 Adoderm 公司的 Varioderm 系列产品，采用 DVS 交联剂，交联度高达 70%~90%，为单相产品。

国内产品目前也有十几个品牌上市，体内存留时间一般为6～12 个月。国家食品药品监督管理总局（CFDA，现国家市场监督管理总局）批准的适应证均为"面部真皮组织中层至深层注射以纠正中重度鼻唇沟皱纹"。与国内不同的是，美国 FDA 对某些型号的产品增加了"21 岁以上的患者黏膜下层的注射丰唇"。

2）聚乳酸微球

法国 Sanofi-Aventis 公司生产的 Sculptra，主要成分为聚PLLA，2009 年获美国 FDA 批准用于改善脸部皱纹。它是由 PLLA 微球、羧甲基纤维素、甘露醇组成，使用前加入无菌水形成悬浮液后使用，体内存留时间可达 2 年。其缺点是使用时溶解相对较慢，注射后有可能会出现皮下结节。

通过在 PLLA 上引入聚乙二醇或甲氧基聚乙二醇，形成嵌段共聚物。聚乙二醇类亲水性好，制成微粒后，裸露在微粒表面的聚乙二醇基团会与水亲和，降低表面张力，可防止加工过程中漂浮于水相表面而分散不均。植入人体后亲水性增强，有利于细胞黏附增殖，使微粒不易迁移或聚集，降低炎症反应级别和发生概率。

（3）可吸收疝修补产品

传统的小孔径补片因补片较坚硬，术后腹壁的顺应性受限，增加病人异物感。因此可吸收补片和部分吸收的复合补片成为研究趋势。

1）可吸收补片

这类补片主要是 PGA 和 PLGA 网片，3 个月左右可被完全吸收。临床上最早报道用于修补受伤的脾和肾。此类材料不能单独作为腹部疝的永久性修补材料，可作为腹膜缺损修补材料和有污染创面的腹部切口疝缺损的暂时性修补材料，可以在不引起并发症的情况下临时恢复腹壁连续性，帮助患者度过疾病危险期，再用不可吸收的补片进行二期修补。目前已上市产品有 Dexon 补片（PGA）和 Vicryl 补片（PLGA）。

2）可吸收复合补片

这类材料的设计是以聚丙烯网为骨架，然后在其网状结构的表面通过编织或化学结合的方法添加可吸收的生物材料。其目的是减少异物（聚丙烯）的用量，提高补片的柔软度和质量。补片上的可吸收材料一般在体内 2 周内开始降解，随后补片的骨架网被间皮层覆盖。目前国际市场应用的可吸收材料复合型补片主要有以下几种：

① Parietex（Sofradim Production）补片。由多股聚酯纤维与纯化的氧化胶原蛋白 I 组成，以可吸收、防粘连的聚乙二醇和甘油覆盖。

② Proceed Surgical Mesh（Ethicon, Inc）补片。具有 4 层结构，由聚丙烯网片嵌入两层可吸收的聚对二氧环己酮（PDS）中，下方再加一层可吸收的氧化再生纤维素膜。该补片在植入后 14 天内开始裂解，6 个月左右完全吸收。

③ Sepramesh IP（Genzyme Biosurgery）由两层结构组成，一层是大孔径的聚丙烯，另一层是 PGA，在 PGA 表面覆盖含有透明质酸钠、羟甲基纤维素和聚乙二醇的水凝胶。该补片可吸收聚合物层的可吸收成分在 48h 后变成胶样物，但仍然在补片上存留约 7 天，在 28 天后完全吸收。

新的可吸收修补材料发展方向是需要同时具有轻量型补片的大孔径结构，又具有良好的生物相容性、可吸收性和力学性能可控性。

（4）可吸收结扎夹

最早用于外科临床结扎的为可吸收性缝线，继之出现了缝合钉、结扎夹等。可吸收性的结扎夹的应用较传统的金属夹显示了较大的优越性并得到了充分的肯定。

目前已上市的国外产品主要有强生公司的可吸收生物夹，是由聚对二氧环己酮（PPDO）制成的 V 形夹，完全降解时间约为180 天；泰科公司的 Lapro-ClipTM 可吸收结扎夹，是双层结构，内层为 PGA 和三亚甲基碳酸酯的共聚物，降解时间约为 90 天，外层材料为聚甘醇酸，降解时间约为 180 天。国内目前只有一家上市的产品，双层结构，内层为 PPDO，外层为聚甘醇酸，降解时间约为 180 天。

可吸收止血结扎夹是未来这类产品的趋势，也是目前的研究热点及研发方向。目前急需解决的是产品的原料制备问题及产品结构的优化。

（5）骨科植入物

在骨科领域，由于严重创伤、骨肿瘤、骨髓炎等多种原因所致的骨缺损十分常见。在许多情形下，人体骨并不能实现自身修复，例如骨组织坏死、骨关节创伤，人工骨替代材料修复骨缺损成为医学重点。人工合成的聚合物可以准确地控制其分子量、降解时间以及其他性能，但却没有天然材料所包含的许多生物信息（如某些特定的氨基酸序列），使其不能与细胞发挥理想的相互作用。

目前已上市的聚乳酸类骨科植入物主要有芬兰 Bioretec 公司的可吸收骨接合植入物，是由聚（L 乳酸-羟基乙酸）制成，用于骨折固定、骨移植等；芬兰 Inion 公司的可吸收骨内固定系统，由聚（L 乳酸-DL 乳酸），聚（L-乳酸，三亚甲基碳酸酯）制成，包括骨板、螺钉和接骨棒等；美国 Biomet Microfixation 公司的可吸收骨内固定体，用于中面部或颅面部骨骼重塑；美国 Codman & Shurtleff 公司的可吸收固定系统 Craniosorb，由 PDLA、PCL、聚对二氧环己酮 PPDO、PLLA 制成，用于颅面骨的重建及固定。

随着组织工程学的发展，人们对人工骨的研发方向主要有：

① 生物活性物质的来源及其快速稳定的体外培养增殖。

② 基质材料的生物力学强度、降解率及其与生物活性物质的亲和力。

③ 将控释系统引入基质材料，使基质材料负载的生长因子持续释放，利于细胞的生长和分化，发挥其最佳的成骨能力。

（6）神经导管

针对外周神经缺损，使用可吸收人工神经导管进行桥接，可避免自体神经移植。另外，导管可以起到保护作用，预防神经瘤形成和纤维组织内生。用于人工神经导管的材料主要包括聚乳酸、聚乙醇酸、壳聚糖等。

Synovis Micro Companies Alliance, Inc 生产的可吸收神经套接管 GEM Neurotube，于 1999 年被美国 FDA 批准上市并运用于临床，是由 PGA 制成的网状管，管壁呈波纹状。该产品通过水解过程可在 3 ~ 6 个月内被人体吸收，用于修复指神经缺损和恢复感觉功能神经的缺损。

Polyganics BV 公司生产的 NEUROLAC® Nerve guide，2003 年获得美国 FDA 批准，2004 年获得欧盟 CE 认证，是由 PDLLA-PCL 共聚物制成的导管。用于缺损 2cm 内外周神经的重建。

神经导管的进一步研发方向是促进神经细胞的再生，解决神经缺损较重情况下的修复问题。加入生长因子，如何保持活性、使其可以在一定时间内缓慢释放是其中的难点；另外，如何把材料成型为最适合的形状且具有致密光滑的内表面、多空半透的管壁，也将是研究的重点。

（7）尿失禁填充物

Salix 制药公司生产的 Deflux，主要成分是以透明质酸为载体的右旋糖苷微球体，球体直径为 80~200μm，可在内镜下于输尿管膀胱交界处进行注射治疗压力性尿失禁。该产品于 2014 年获得 FDA 的批准用于治疗压力性尿失禁。透明质酸降解后，糖苷微球体停留在原位 3~4 年或更长时间。对于治疗压力性尿失禁，临床证明 85%的病人得到治愈或显著改善。

五、高端体内高分子药物开发与设计实例

1.体内应用的高分子材料开发

（1）细胞外

在一定条件下，细胞外的化学信号能引发细胞的定向移动。这些信号有些时候是底质表面上的一些难溶物质，有些时候则是可溶物质。信号分子有很多，可以是肽、代谢产物、细胞壁或是细胞膜的残片，但是作用方式却是一样的，就是与细胞膜表面上的受体结合，启动细胞内信号，完成一系列的反应，去激活或抑制肌动蛋白结合蛋白的活性，最终改变细胞骨架的状态。可溶物质通常不是均匀溶解在溶剂中，而是靠近源的区域浓度高，远离源的区域浓度低，形成所谓的"浓度梯度"。细胞膜上的受体可感受到那些被称为化学趋向吸引物（chemotactic attractant）的物质，并且逆着它们的浓度梯度去追根寻源。某些信号分子甚至会影响细胞移行的速度，这些信号分子则被称为化学趋向剂（chemokinetic agent）。细胞这种因化学分子改变自己移动的行为，被称为化学趋向性。例如盘基网柄菌（dictyostelium discoideum）会逆着环磷酸腺苷（cAMP）浓度梯度的运动。白血球也会受到一些细菌分泌的三肽化学物质 f-Met-Leu-Phe（N-甲酰蛋-亮-苯丙氨酸）吸引而往细菌移动，发挥其免疫功能。而在胚胎发生中的神经嵴细胞则并非靠浓度梯度，而是路标物质识别其去向。

但是细胞外基质中也存在着一些蛋白，如硫酸软骨蛋白多糖 (chondroitin sulfate proteoglycan) 会与神经细胞的黏着蛋白起作用，对细胞迁移形成阻滞。它会抑制脊髓损伤患者神经损伤区域新突触的相连与再生。

(2) 细胞内

细胞外信号种类繁多，但是当它们与细胞膜上受体结合之后，作用的途径却只有有限的几种。而与细胞迁移有关的信号传导过程如下：信号分子结合到膜上受体，或者是激活与受体偶联的蛋白质——大 G 蛋白，或者先是激活受体酪氨酸激酶，再激活下游的小 G 蛋白 Ras。G 蛋白是一个很大的家族，包括 Rho、Rac、Ras 等小家族，它们在细胞中扮演着信号传导开关的角色。当它们与 GDP 结合时，呈现失活状态。在鸟嘌呤交换因子 (Guanin exchange factor, GEF) 的帮助下，G 蛋白脱离 GDP 并与 GTP 结合，进入激活状态。G 蛋白的 GTP 会被 GTP 酶激活蛋白 (GTPase-activating proteins, GAP) 水解，并释放出其中的能量，让 G 蛋白行使其功能。就是说，G 蛋白通过这一 GTP/GDP 循环在激活/失活状态中回旋，传递信号。当 G 蛋白被激活后，它下游的多种分子会被激活。而致癌物质也可以通过这些信号传导通路发挥其负面作用，如强烈致癌物质佛波酯 (phorbol ester)。佛波酯会不可逆地激活细胞的 RasGRP3/4，以激活 Ras，Ras 会再激活蛋白激酶 C (protein kinase C, PKC)。后者是调节细胞分裂和分化的酶。它被佛波酯不正常地激活，有可能对癌症的产生起促进作用。研究还发现，佛波酯对黑素瘤 (melanoma) 细胞转移到肺部有促进作用。而细菌，如志贺氏菌会在宿主胞膜上打洞，向细胞质注入效应蛋白质，激活宿主 Rac 和 Cdc42，调整细胞的微丝网络，以使自己顺利进入宿主内。

（3）作用

多细胞生物中有几百种不同的信号分子在细胞间传递信息，这些信号分子中有蛋白质、多肽、氨基酸衍生物、核苷酸、胆固醇、脂肪酸衍生物以及可溶解的气体分子等。

根据信号分子的溶解性分为水溶性信息和脂溶性信息，前者作用于细胞表面受体，后者要穿过细胞质膜作用于胞质溶胶或细胞核中的受体。

其实，信号分子本身并不直接作为信息，它的基本功能只是提供一个正确的构型及与受体结合的能力，就像钥匙与锁一样，信号分子相当于钥匙，因为只要有正确的形状和缺齿就可以插进锁中并将锁打开。至于锁开启后干什么，由开锁者决定了。

2.体内应用的高分子材料类型

（1）激素（hormone）

激素是由内分泌细胞（如肾上腺、睾丸、卵巢、胰腺、甲状腺、甲状旁腺和垂体）合成的化学信号分子，一种内分泌细胞基本上只分泌一种激素，参与细胞通信的激素有三种类型（图 3-5）：蛋白与肽类激素、类固醇激素、氨基酸衍生物激素。

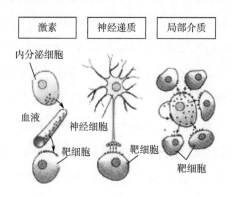

图 3-5　三种不同类型的信号分子及其信号传导方式

通过激素传递信息是最广泛的一种信号传导方式，这种通信方式的距离最远，覆盖整个生物体。在动物中，产生激素的细胞是内分泌细胞，所以将这种通信称为内分泌信号（endocrine signaling）。

（2）局部介质（localmediators）

局部介质是由各种不同类型的细胞合成并分泌到细胞外液中的信号分子，它只能作用于周围的细胞。通常将这种信号传导称为旁分泌信号（paracrine signaling），以便与自分泌信号相区别。有时这种信号分子也作用于分泌细胞本身，如前列腺素（prostaglandin，PG）是由前列腺合成分泌的脂肪酸衍生物（主要是由花生四烯酸合成的），它不仅能够控制邻近细胞的活性，也能作用于合成前列腺素细胞自身，通常将由自身合成的信号分子作用于自身的现象称为自分泌信号（autocrine signaling）。

（3）神经递质（neurotransmitters）

神经递质是由神经末梢释放出来的小分子物质，是神经元与靶细胞之间的化学信使。由于神经递质是神经细胞分泌的，所以这种信号又称为神经信号（neuronal signaling）。

（4）怀孕的影响

澳大利亚阿德莱德大学教授莎拉-罗伯逊研究发现，精子中包含一种"信号分子"，可激活女性免疫系统的某种变化。这种"信号分子"的强弱与精子是否健康无关。一些健康的精子并不能激活这种免疫变化，这意味着女性身体可能对精子存在"选择性"。

3.生物体内常见的细胞间信息分子和作用特点

信息分子是指生物体内的某些化学分子，既非营养物，又非能源物质和结构物质，而且也不是酶，它们主要是用来在细胞间和细胞内传递信息，如激素、神经递质和淋巴因子等统称为信息分子，它们的唯一功能是同细胞受体结合，传递细胞信息（图3-6）。

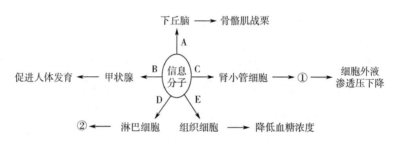

图 3-6　生物体内常见的细胞间信息分子

从产生和作用方式来看可分为内分泌激素、神经递质、局部化学介导因子和气体分子等四类。

从化学结构来看细胞信息分子包括：短肽、蛋白质、气体分子（NO、CO）以及氨基酸、核苷酸、脂类和胆固醇衍生物等，其共同特点是：

① 特异性，只能与特定的受体结合；

② 高效性，几个分子即可发生明显的生物学效应，这一特性有赖于细胞的信号逐级放大系统；

③ 可被灭活，完成信息传递后可被降解或修饰而失去活性，保证信息传递的完整性和细胞免于疲劳。

第七节
功能高分子高端产品开发实例

一、可溶性聚苯胺的合成

聚苯胺（polyaniline）一种重要的导电聚合物。聚苯胺的主链上含有交替的苯环和氮原子，是一种特殊的导电聚合物。一般可溶于 N-甲基吡咯烷酮中，在许多领域显示出了广阔的应用前景。

导电聚苯胺由于其优异的电性能和化学稳定性等优点，是目前最有希望得到广泛实际应用的导电聚合物。但是聚苯胺的应用潜力至今仍未完全发挥开来，大部分研究成果还仅仅停留在实验室阶段，以聚苯胺材料为基础的产品更是鲜有报道。

一般归根到底，聚苯胺的不溶和难以加工的特性仍是造成这一状况的主要原因，目前，我国研究者们分别对聚苯胺的结构、特性、合成、掺杂、改性、用途等各方面进行研究，已经取得了实质性的进展，可以相信，通过科学工作者的不断努力，必能彻底解决这一难题。

聚丙胺是由苯胺单体聚合而成的高分子。主链有三种结构形式：氧化掺杂态、全氧化态和中性态。氧化掺杂态为导电态，其导电率一般为 $1011 \sim 101 S/cm$。聚苯胺随氧化程度的不同呈现出不同的颜色。完全还原的聚苯胺（Leucoemeraldine 碱）不导电，为白色，主链中各重复单元间不共轭；经氧化掺杂，得到 Emeraldine 碱，蓝色，不导电；再经酸掺杂，得到 Emeraldine 盐，绿色，导电；如果 Emeraldine 碱完全氧化，则得到 Pernigraniline 碱，不导电。

导电高分子是指经化学或电化学掺杂后可以由绝缘体向导体或半导体转变的含 π 电子共轭结构的有机高分子的统称，其是目前导电高分子材料领域的研究热点之一。其中，因聚苯胺具有原料易得、合成工艺简单、化学及环境稳定性好等特点而得到了更加广泛的研究和开发。

一般可溶性聚苯胺的合成主要有四种：①采用功能质子酸掺杂制备可溶性的导电聚苯胺；②制备聚苯胺的复合物；③制备聚苯胺的胶体微粒；④制备可溶性的导电聚苯胺烷基衍生物。

一般可溶性聚苯胺的合成可采用化学和电化学合成，随着聚合方法、溶液组成及反应条件的改变，聚合得到的聚苯胺在组成结构和性能上均有很大的差异。在制作电解电容器的过程中，选择化学法或电化学法，因基层的不同而异。对于聚苯胺在电容器阳极上的合成，化学法需要氧化剂，但反应可以在室温下进行，反应更易做到；电化学法不需要氧化剂，聚合反应在电极上进行，但电化学聚合使得包覆物不一定均匀。如果基层薄膜的电阻高于 $1.5\Omega/cm^2$，就不能选用电化学法，只能选择化学氧化法；如果基层薄膜电阻低于 $1.5\Omega/cm^2$，化学法和电化学法均可选用。

1.化学合成

（1）氧化聚合

化学氧化法合成聚苯胺是在适当的条件下，用氧化剂使苯胺发生氧化聚合。苯胺的化学氧化聚合通常是在苯胺/氧化剂/酸/水体系中进行的。

大致的方法是在玻璃容器中将苯胺和酸按一定的比例混合均匀后，用冰水浴将体系温度降低至 0～25℃，在搅拌下滴加氧化剂，3min 内滴加完毕。体系颜色由浅变深，继续搅拌 90min，然后过滤，洗涤至滤液无色，得到墨绿色的聚苯胺粉末。

（2）乳液聚合

大致方法是在反应器中加入苯胺与 DBSA，混合均匀，依次加入水、二甲苯，充分搅拌，得到透明乳液，然后向乳液中滴加过硫酸铵水溶液，2min 内滴加完毕，体系的颜色很快变深，体系温度保持在 0～20℃，继续搅拌 60min，然后加丙酮破乳，过滤，依次加水，DBSA 洗涤至滤液无色，在 40℃下真空干燥后得到DBSA 掺杂的聚苯胺粉末。

2.电化学聚合

大致方法是苯胺在锌粒存在下蒸馏提纯后使用，用恒电位仪通过 HP34970 数据采集器及附带软件 PC 机联机采集数据。电解池为三隔室电解池，工作电极为环氧树脂涂封的圆柱形 Pt 棒，用其平面为工作面，辅助电极为铂片电极，参考电极为饱和甘汞电极（SCE）。实验前，工作电极用金相砂纸打磨光滑，经去离子水清净后使用。苯胺和硫酸溶液作为电解液，恒电位（约 0.82V.vs.SCE）电解聚合，再经洗涤、真空干燥即可。

二、聚苯胺导电材料的制备方法及应用

1862 年 H.Letheby 发现作为颜料使用和研究的聚苯胺，1984年，MacDiarmid 在酸性条件下，由聚合苯胺单体获得具有导电性的聚合物，通过 20 多年的研究，聚苯胺在电池、金属防腐、印刷、军事等领域展示了极广阔的应用前景，成为现在研究进展最快、最有工业化应用前景的功能高分子材料。

聚苯胺的合成方法主要有化学氧化聚合法（乳液聚合法、溶液聚合法等）和电化学合成法（恒电位法、恒电流法、动电位扫描法等）。近年来，模板聚合法、微乳液聚合、超声辐照合成、过

氧化物酶催化合成、血红蛋白生物催化合成法等以其各自的优点而受到研究者的重视。

近些年来导电高分子材料聚苯胺最新的研究现状，以对比的方法概述了合成聚苯胺的几种方法及其在各领域的应用。

（一）导电聚苯胺材料的制备方法

1.化学合成的制备方法

（1）化学氧化聚合

化学氧化法合成聚苯胺是在适当的条件下，用氧化剂使 An 发生氧化聚合。An 的化学氧化聚合通常是在 An/氧化剂/酸/水体系中进行的。较常用的氧化剂有过硫酸铵$[(NH_4)_2S_2O_8]$、重铬酸钾（$K_2Cr_2O_7$）、过氧化氢（H_2O_2）、碘酸钾（KIO_3）和高锰酸钾（$KMnO_4$）等。$(NH_4)_2S_2O_8$ 由于不含金属离子、氧化能力强，所以应用较广。

聚苯胺的电导率与掺杂度和氧化程度有关。氧化程度一定时，电导率随掺杂程度的增大而起初急剧增大，掺杂度超过 15%以后，电导率就趋于稳定，一般其掺杂度可达 50%。井新利等通过氧化法合成了导电高分子 PANI，研究了氧化剂 APS 与苯胺单体的物质的量之比对 PANI 的结构与性能的影响。

结果表明：合成 PANI 时，当 n（APS）：n（An）在 0.8~1.0 之间聚合物的产率和电导率较高。研究表明，聚苯胺的导电性与 H^+ 掺杂程度有很大关系：在酸度低时，掺杂量较少，其导电性能受到影响，因而一般应在 pH 值小于 3 的水溶液中聚合。质子酸通常有 HCl、磷酸（H_3PO_4）等，苦味酸也用来制备高电导率的聚苯胺，而非挥发性的质子酸如 H_2SO_4 和 $HClO_4$ 等不宜用于聚合反应。但 HCl 稳定性差，易挥发，在较高温度下容易从 PANI 链上脱去，从而影响其导电性能。

用大分子质子酸如十二烷基苯磺酸（DB-SA）、二壬基奈磺酸、丁二酸二辛酯磺酸等掺杂聚苯胺，在提高其溶解性的同时还可以提高其电导率。大分子质子酸具有表面活化作用，相当于表面活性剂，掺杂入聚苯胺中既可以提高其溶解性又可以使 PANI 分子内及分子间的构象更有利于分子链上电荷的离域化，大幅度提高电导率。同时，同小分子酸比较，有机磺酸具有较高的热稳定性。因此，有机磺酸掺杂将拓宽 PANI 掺杂剂的选择范围。Shannon K 等以 $(NH_4)_2S_2O_8$ 和过硫酸钾为氧化剂研究了 PSSA 掺杂 PANI 的制备和性质。

（2）乳液聚合

乳液聚合法制备聚苯胺有以下优点：

① 用无环境污染且低成本的水为热载体，产物不需沉析分离以除去溶剂；

② 若采用大分子有机磺酸充当表面活性剂，则可一步完成质子酸的掺杂以提高聚苯胺的导电性；

③ 通过将聚苯胺制备成可直接使用的乳状液，可在后加工过程中，避免再使用一些昂贵（如 NMP）的或有强腐蚀性（如 H_2SO_4）的溶剂。

乳液聚合法以 DBSA 作为掺杂剂和乳化剂制备的 PANI 具有良好的导电性和溶解性，聚合产率大于 80%，聚苯胺的电导率大于 1S/cm，在 N-甲基吡咯烷酮（NMP）中溶解度达 86%，且分子质量也较大。与化学氧化合成的聚苯胺相比，溶解性显著提高。

Yin 等将苯胺十二烷基苯磺酸（AnDBSA）和苯胺盐酸（AnHCl）混合，聚合成共掺杂的 PANI。利用 DBSA 提高可溶性和 HCl 改善导电结构的特点，使得到的衍生物可溶于氯仿等一般溶剂中，得到的电导率比 HCl-PANI 和 DBSA-PANI 明显提高。

2.电化学的制备方法

聚苯胺的电化学聚合法主要有：恒电位法、恒电流法、动电位扫描法以及脉冲极化法。一般都是 An 在酸性溶液中，在阳极上进行聚合。电化学合成法制备聚苯胺是在含 An 的电解质溶液中，使 An 在阳极上发生氧化聚合反应，生成黏附于电极表面的聚苯胺薄膜或是沉积在电极表面的聚苯胺粉末。Diaz 等用电化学方法制备了聚苯胺薄膜。

目前主要采用电化学方法制备 PANI 电致变色膜，但是，采用电化学方法制备 PANI 电致变色膜时存在如下几点缺陷：

① 不能大规模制备电致变色膜；

② PANI 膜的力学性能较差；

③ PANI 膜与导电玻璃基底黏结性差。

3.模板聚合法的制备方法

模板聚合法是一种物理、化学等多种方法集成的合成策略，使人们在设计、制备、组装多种纳米结构材料及其阵列体系上有了更多的自由度。用多孔的有机薄膜作为模板，可制得包含 PANI 在内的微米复合物和纳米复合物。薄膜上的小孔起到了模板的作用，并且决定了制品颗粒的形状尺寸、取向度等。

Guo 等采用模板聚合法合成了导电聚苯胺，他们在生物材料磷酸甘露糖（PMa）中进行苯胺的聚合反应，得出 PANI-PMa 聚合物，可制得最大的电导率为 $8.3 \times 10^{-4} \text{S/cm}$。

4.辣根过氧化物酶催化合成

酶催化合成导电聚苯胺具有简单、高效、无环境污染等优点，是一种更具有发展前景的合成方法。目前，以 HRP 为催化剂合成 PANI 成为研究的热点。

辣根过氧化物酶（HRP）可以在过氧化氢的存在下催化氧化

很多化合物，包括芳族胺和苯酚。HRP 含有辅基血红素（或称高铁原血叶啉），该辅基是酶的主要活性部位。反应中，HRP 作为催化剂最终回到初始状态，而且过氧化氢最后会转化成水，所以只需要最小限度的分离和净化步骤。

天然酶（HRP）从过氧化氢得到 2 个氧化当量，生成中间体 HRP-I。

HRP-I 继而氧化底物（RH），得到部分氧化的中间体 HRP-II，HRP-II 再次氧化底物（RH），经过两步单电子还原反应 HRP 又回到它的初始形态，然后重复以上过程。底物在这里可以是苯酚或者芳族胺单体；R·是苯酚或者芳族胺的自由基形式。这些自由基连接起来形成二聚物，并继续氧化，如此继续最终生成聚合物。研究表明，酶促聚合已经成为另一种合成具有电、光活性高分子的方法。

Samuelsont 等以辣根过氧化酶作氧化剂，合成了水溶性的 PANI。Liu 等以 HRP 为催化剂，H_2O_2 为氧化剂，SPS 原位掺杂合成水溶性的 PANI，其电导率随着 pH 值的增大而减小，pH 值为 4～5 时，电导率为 $10^{-3}S/cm$；pH 值为 7～8 时，电导率为 10^{-7} S/cm。

但 HRP 也有其局限性，HRP 在 pH<4.5 时，活性与稳定性都很差，合成的 PANI 电导率受到影响，限制了其应用。Jin 等采用固定化 HRP 为催化剂，H_2O_2 为氧化剂，SPS 原位掺杂合成水溶性的导电聚苯胺。HRP 用壳聚糖进行固定化，采用固定化 HRP 的优点：可再次利用、降低成本，且在 pH=6 缓冲剂中保持稳定性和活性。Karamyshev 等第一次以漆酶催化合成了 PANI，漆酶在酸性介质中呈现较高的活性与稳定性，在合成过程中以 SPS 为模板、磷酸氢二钠为氧化剂，合成的水溶性 PANI 的电导率可达 $2×10^{-7}$ S/cm。

5.纳米聚苯胺的合成

聚苯胺颗粒减小到纳米级时，由于其较小的尺寸可能会使其更有效地掺杂，增强链内和链间的相互作用，提高结晶度，有望在电学、光学以及相关的纳米光电子器件上获得广泛的应用。

聚苯胺纳米粒子通常是在纳米尺度的空间内形成，如乳液聚合中的微胶束、反相微乳液聚合中的水核、核-壳聚合中的核粒子表面以及电化学聚合中的特制电极表面等。微乳液聚合形成纳米导电聚苯胺的基本方法如下。

（1）正相微乳液聚合

正相微乳液聚合是以水为分散连续相形成"水包油"（O/W）型乳液而实现 An 的氧化聚合。获得聚苯胺纳米乳胶粒子的关键在于乳化剂的选择及其乳液的配制。目前常用的表面活性剂有阴离子表面活性剂 DBSA、十二烷基磺酸钠（SDS）以及非离子表面活性剂壬基酚聚氧乙烯醚-9（NP-9）等。Moulton 等以 DBSA 为掺杂剂和乳化剂，APS 为氧化剂，合成了纳米导电聚苯胺，反应中 $n(An):n(APS):n(DBSA)=1:1:1$，生成球形粒径为 81 ~ 82nm 的聚苯胺纳米分散液，四探针测得电导率为 15S/cm。

最近研制的大分子表面活性剂还可以控制生成的聚苯胺胶乳粒子的粒径。这是一种带有憎水端基的两亲性表面活性剂（HEURs），亲水部分为聚氧乙烯链，其链长可由起始原料聚乙二醇的分子量来控制。在正相微乳液聚合中，如果乳化剂的乳化效果不佳，则聚合反应还可能在胶束外部发生，从而还可能同时获得亚微米级聚苯胺颗粒。

（2）反相微乳液聚合

反相微乳液聚合是以油为分散连续相形成"油包水"（W/O）型乳液而实现 An 的氧化聚合。它是油、水、乳化剂和助乳化剂组成的各向同性、热力学稳定的透明或半透明的分散体系，分散相尺寸为纳米级，对光线无散射。反相微乳液聚合制备的纳米聚苯胺最小粒径可达 10nm，而且粒子分布比较均一，同时结晶度也最高。反相微乳液聚合中水和乳化剂的摩尔比（水乳比）是制备聚苯胺纳米粒子过程中一个非常关键的因素，它不仅会影响粒子的大小，还会影响粒子的形态。一般地，随水乳比的增大，聚苯胺纳米粒子直径逐渐增大，有时其粒子形状也将发生从球形到针形乃至到薄片形的转化。

（3）超声辐照微乳液聚合

超声辐照微乳液聚合具有转化速率快、粒径分布窄、乳化剂用量低、不需外加引发剂等特点，因此成为制备聚合物纳米粒子的新方法。利用超声波在液体媒介中传播时产生的空化效应，引起强烈的分散、搅拌、粉碎、引发等作用，不仅能够加速反应的进行，而且能够促进单体在乳液体系中的分散，对生成的乳胶粒子还有一定的稳定作用，从而降低乳化剂的用量。Xia 等以十六烷基三甲基溴化铵为乳化剂，加入盐酸水溶液和 APS 水溶液，得到均匀透明的反相微乳液。再将该微乳液施以超声辐照，同时滴加An 的正己醇溶液，获得了粒径为 10~60nm 的聚苯胺。Atobe 等以聚环氧乙烷为稳定剂，碘化钾为氧化剂，HCl 为掺杂剂，超声波法合成了 PANI 胶体分散液。测得电导率为 3.0×10^{-2}S/cm。Mosqueda 等采用超声辐照合成了电导率较高的 PANI，并用LiNi0.8Co0.2O$_2$ 和 PANI 制成了锂电池的电极。

（二）导电聚苯胺材料的应用

聚苯胺具有优良的环境稳定性，可用于制备传感器、电池、电容器等。聚苯胺由苯胺单体在酸性水溶液中经化学氧化或电化学氧化得到，常用的氧化剂为过硫酸铵（APS）。中性条件下聚合的聚苯胺常含有支化结构。

绿色聚苯胺由苯胺单体在酸性水溶液中经化学氧化或电化学氧化得到,具有良好的导电性能,具有优良的环境稳定性。可用于制备传感器、电池、电容器等。

聚苯胺通过"氧化还原掺杂"处理,掺杂后的聚苯胺电导率提高 10 个数量级以上,并改善了其在溶剂中的溶解性和加工性能。另外,通过特殊方法处理得到的水溶性好的聚苯胺,可以在水性体系里面使用。

聚苯胺是一种高分子合成材料,俗称导电塑料。它是一类特种功能材料,具有塑料的密度,又具有金属的导电性和塑料的可加工性,还具备金属和塑料所欠缺的化学和电化学性能,在国防工业上可用作隐身材料、防腐材料,民用上可用作金属防腐蚀材料、抗静电材料、电子化学品等。

① 聚苯胺可以作为电磁波屏蔽材料,耐腐蚀材料,同时可以吸收微波,还可以用来作为检测空气中氮氧化物含量的材料,以及作为检测 H_2S、SO_2 等有害气体含量的材料。

② 聚苯胺可用作抗静电和电磁屏蔽材料。由于它具有良好的导电性,且与其他高聚物的亲和性优于炭黑或金属粉,可以作为添加剂与塑料、橡胶、纤维结合,制备出抗静电材料及电磁屏蔽材料(如用于手机外壳以及微波炉外层防辐射涂料和军用隐形材料等)。

③ 聚苯胺可用作二次电池的电极材料。高纯度纳米聚苯胺具有良好的氧化还原可逆性,可以作为二次电池的电极材料。

④ 聚苯胺可用作选择电极。纳米聚苯胺对于某些离子和气体具有选择性识别和透过率,因此可作为离子或气体选择电极。

⑤ 聚苯胺可用作特殊分离膜。纳米聚苯胺因其具有良好的氧化还原可逆性也可制成特殊分离膜等。

⑥ 聚苯胺可用作高温材料。导电聚苯胺纳米材料经测试其热

失重温度大于 200℃，远远大于其他塑料制品，所以还可以制备成高温材料。

⑦ 聚苯胺可用作太阳能材料。纳米聚苯胺具有良好的导热性，其导热系数是其他材料的 2～3 倍，所以可作为现有太阳能材料的替代产品。

总之，聚苯胺性能的优异性多样性。决定了应用前景的广阔性。聚苯胺（PAN）与其他导电聚合物相比，具有良好的环境稳定性，易成膜且膜柔软、坚韧，廉价易得等优点，在日用商品及高科技等方面有着广泛的应用前景，是导电高聚物研究的热点。

（三）功能聚苯胺材料的应用

（1）二次电池材料

聚苯胺具有良好的氧化还原可逆性，作为二次电池材料，聚苯胺共混物和复合物在蓄电池如锂电池的应用很有前景。Macdiannid 等研究了聚苯胺膜在电极不同电势下的结构与颜色变化，测量了聚苯胺在气相掺杂后电导率与 pH 值的关系，并提出这种导电聚合物可用于轻便的高能电池中。日本石桥公司和精工公司联合研制了 3V 纽式 LiAl/LiBF$_4$-PC/PANI 电池，循环寿命>1000h，已作为商品投放市场。聚苯胺/铱氧化物复合材料已经用作化学电镀装置的电极材料。

（2）防腐与防静电材料

一般聚苯胺可用作防腐蚀涂料。德国科学家成功研制出一种基本上完全不怕生锈和腐蚀的塑胶涂料，这意味着日后要制造寿命过百年的汽车、游艇和大桥，将不再是天方夜谭。

研究人员发现，在金属表面涂上聚苯胺涂料之后，能够有效阻止空气、水和盐分发挥作用，遏止金属生锈和腐蚀。这种塑胶涂料成本低，用法简便，而且不会破坏环境。

简单而言，锈蚀是由金属原子与氧气结合而成，并会削弱金属的结构。为此人们一般会在金属表面涂上漆油或镀上锌层，以减慢金属氧化成锈的过程。不过，漆油和锌层的耐用程度却有限。

相对于漆油和锌，聚苯胺的功能大相径庭。它不是用作屏障，而是充当催化剂，以干扰金属氧化成锈这个化学反应。聚苯胺先从金属吸取电子，然后将之传到氧气中。这两个步骤会形成一层纯氧化物以阻止锈蚀。在实验室的环境下，用聚苯胺制造出一种（永久耐用的有机金属），其防锈能力较锌强 10000 倍。在实地测试方面，聚苯胺的防锈效能则下降至介乎锌的 $1/10 \sim 1/3$，这已是很大的进步，并且还有更大的潜力提升性能。

纳米聚苯胺还可以制成聚苯胺/环氧共混体系、聚苯胺/聚氨酯共混体系、聚苯胺/聚酰亚胺共混体系、聚苯胺/苯乙烯丙烯酸共聚物（SAA）共混体系以及聚苯胺/聚丁基异丁酸酯共混体系等，这些共混物可用于各种场合的表面保护。

这种聚合物涂层优胜于锌之处，还在于其本身不属于重金属，因此对食物链和人体健康的影响较小，而且较锌便宜，更可用于几乎所有金属表面。目前，日本、韩国、意大利、德国和法国等欧亚国家，都已开始采用聚苯胺。

自 DeBerry 发现在酸性介质中用电化学法合成的聚苯胺膜能使不锈钢表面活性钝化而防腐以后，聚苯胺的防腐性能得到了研究者的重视。研究表明，聚苯胺防腐涂料具有独特的抗划伤和抗点蚀性能，是单纯环氧膜不可比拟的，是一种具有广阔前景的并适合于海洋和航天等严酷条件下的新型金属服饰防护涂料。聚苯胺与聚酰亚胺或环氧树脂掺杂后有很好的防蚀效果，可应用于微电子包装及电子元件封装材料。美国已将导电聚苯胺用于火箭发射平台的防腐蚀涂层，效果很好。

利用聚苯胺复合材料的导电性质，导电聚苯胺可作为导电材料及导电复合材料；同时还能用作抗静电材料，如聚苯胺与热塑性聚酯的共混物，可用于抗静电和电磁屏蔽材料。美国 UNIX 公司利用有机磺酸掺杂的聚苯胺和商用高聚物进行共混，可制备各种颜色的抗静电地板。中国科学院长春应用化学研究所也制备了聚氨酯系列的透明抗静电材料。日本还制得了一种透明的聚苯胺防静电膜，并用于 4MB 的软盘上。

（3）传感器与电容器材料

聚苯胺的掺杂和反掺杂可逆反应可制备聚苯胺传感器。聚苯胺在碱性条件下发生反掺杂反应，电导率急剧下降；而在酸性条件下则发生掺杂反应，电导率也随之急剧增大。Tahir 等分别以苯基磷酸（PPA）、4-羟基苯磺酸（HBSA）、磺基苯酸（SBA）、HCl、高氯酸为掺杂剂，APS 为氧化剂，合成了 PANI 并研究了在生物传感器方面的应用，实验测得 SBA 和 HBSA 掺杂的电导率最高为 $10^{-2}S/cm$。另外，利用聚苯胺膜的电导率受温度、气体影响发生急剧、重复性变化的特点，可制备温度或气体的敏感器。聚苯胺的电导率随着溶液中 pH 值变化而变化，所以也可用于检测溶液 pH 值的变化。

同时，以 PANI 为基体的电容器获得了较深入的研究，Frackowiak 等研究了导电聚合物和纳米碳管合成的复合物，电化学沉积合成 PPy，以 $K_2Cr_2O_7$ 为氧化剂，HCl 掺杂而成 PANI，研究了复合物为基体的电容器的一系列功能。

（4）电致变色材料

聚苯胺作为电致变色材料的优点是可制成全固态电致变色窗口，在信息存储、显示上有应用前景。同时，它还具有视觉宽广、有记忆功能、易于薄膜化和大面积化等优点。

（5）吸波材料

本征导电聚合物是一类新型的微波吸收材料，而高导电及高介电常数的聚苯胺在微波频段能有效地吸收电磁辐射。研究表明，当掺杂态的聚苯胺处于无定形态时，其吸收比率最大。利用聚苯胺吸收微波这一特性，目前国外已将它用作军事上的伪装隐身，法国正在研制一种隐形潜艇，美国则将其用作远距离加热材料，用于航天飞机中的塑料焊接技术。

另外，聚苯胺在防污、化学修饰、分子级电路、发光二极管、机器人人造肌肉、选择性透过膜、电致变色薄膜器件和节能涂料等方面也有着诱人的应用前景。

三、聚苯胺导电复合材料的制备方法及应用

自从 Heeger、MacDiarmid 和 Shirakawa 三位科学家在导电高分子方面作出了开创性成就之后，就兴起了导电聚合物的研究热潮。除了良好的光电性能之外，导电聚合物还具有塑性好、成本低、质量轻和制备简单等优点。在众多导电聚合物中，聚苯胺（PANI）由于特殊的质子掺杂性、良好的氧化还原性和环境稳定性以及较高的掺杂导电率引起了广泛的关注。但后期加工处理的难度限制了其实际应用的推广，复合改性技术可以有效地改善其加工性能，不断拓宽导电聚苯胺的应用领域。基于国内外的研究报道，综述了近年来聚苯胺/无机、聚苯胺/聚合物复合材料研究应用的进展情况。

1.聚苯胺/无机复合材料的制备方法

聚合物无机纳米复合材料，综合了聚合物和纳米材料的特性，表现出良好的光、电、磁等性能，并在电池、光电转化等领域得到越来越广泛的应用。聚苯胺/无机纳米颗粒由于良好的性能和灵活的功能设计成为目前研究的热点。

（1）PANI/C 复合材料

由于聚苯胺具有良好的电活性、较高的储能密度和放电特性，在超电容器领域引起了广泛关注。对聚苯胺/活性炭复合型超级电容器的电化学特性进行研究，实验结果表明：制得的聚苯胺电极材料具有较高的电容和良好的电化学特性；用聚苯胺作为正极，活性炭作为负极的复合型电化学电容器的工作电压达到 1.4V，电容器单体比电容达到 57F/g，循环工作寿命超过 500 次。以活性炭为原料，制得 PANI/C 复合材料，导电性能较活性炭有所提高；作电极时，在 1mol/L H_2SO_4 溶液中有良好的电容性质。

氧化分散聚合制得导电聚苯胺，采用聚乙烯醇作为聚合稳定剂，研究多壁碳纳米管在不同浓度的聚乙烯醇水溶液中的分散稳定性。将聚苯胺/多壁碳纳米管复合粒子分散在绝缘的硅油中，用旋转流变装置测定其外加直流电场的流变性。

结果悬浮液一般是稳定的，剪切黏度随外加电场呈现快速而可逆的变化。由于聚苯胺/多壁碳纳米管复合材料的聚合度随外加电场的增加而增加，材料界面的交互作用得到加强。在较宽的剪切速率范围内，聚苯胺/多壁碳纳米管复合材料的剪切应力是随外加电场的增强而增大的。碳纳米管/纳米 TiO_2-聚苯胺复合膜制成的电极，通过微观形貌发现，纳米基体上得到的聚苯胺膜层呈疏松、多孔的纳米纤维网状结构，同时具有良好的导电性。

（2）PANI/TiO_2 复合材料

纳米 TiO_2 比表面积大，活性高，具有其本体块状物料所不具备的表面与界面效应、小尺寸效应、量子尺寸效应和宏观量子隧道效应等优点，使其具有独特的力学、电学、磁学、光学等性能。将 TiO_2 纳米粒子掺入到聚苯胺中制成 PANI/纳米-TiO_2 复合材料，微观分析表明 PANI 和 TiO_2 纳米粒子之间不是简单的混合，而是

以 TiO_2 纳米粒子作为反应中心，其电导率达到 $10^{-2}S/cm$，在导电涂层、电荷存储、太阳能电池等领域具有广泛的应用前景。

魏亦军等对纳米 TiO_2/聚苯胺复合膜电极的制备以及性能进行了研究。复合膜中 TiO_2 以 $10\sim35nm$ 的晶粒分散于聚苯胺中，电学性能较好，作为工作电极，具有较好的可逆性和氧化还原活性。在无模板条件下，利用苯胺在纳米 TiO_2 微粒表面的原位化学氧化聚合，成功制备了聚苯胺/TiO_2 纳米复合材料。复合材料中，TiO_2 和聚苯胺分子链之间存在强的相互作用，并对材料的热稳定性起促进作用，TiO_2 的含量对复合材料的导电性能有显著影响，当含量为 11.1%时，电导率达到极大值 2.86S/cm。

TiO_2 纳米粒子和胶体分别作为填料加入聚苯胺制得两种 PANI/TiO_2 复合材料，材料的介电常数和介电损失要比未掺杂的聚苯胺高，且 PANI/TiO_2 纳米复合材料的介电常数和介电损失要比 TiO_2 胶体掺入聚苯胺得到的值高，主要原因是 TiO_2 粒子的加入会促使聚苯胺基体中有效电子传输网络结构的形成。室温下，于 TiO_2 胶体中原位化学氧化聚合制得 PANI/TiO_2 纳米复合材料，在硅基板上自组装制成气敏元件，PANI/TiO_2 薄膜对 NH_3 气体响应快，重复率高。

（3）PANI/Fe_3O_4 复合材料

以导电高分子为基质的磁性微粒——导电聚合物纳米复合材料，具有磁性和导电双重特性，在传感技术、非线性光学材料、分子电器件、电磁屏蔽和雷达吸波等方面具有广阔的应用前景。研究较多的磁性粒子主要是 Fe_3O_4，其聚合物复合材料的制备方法较多，近十几年引起了广泛关注。聚苯胺作为一种轻质吸波材料，微波吸收系数不大，而铁氧体是一种传统的微波吸收材料，纳米无机物/聚合物复合吸波材料是实现这种技术的途径之一。纳米材料制备方法的发展和潜在的巨大应用价值使得纳米级铁磁体的微波吸收性能研究活跃。

通过制备工艺对聚苯胺磁性复合材料的性能的影响进行研究发现，樟脑磺酸掺杂的聚苯胺在间甲酚溶液中制成 PANI/Fe$_3$O$_4$-CSA0.5 膜材料，所得的薄膜也具有相当高的电导率和磁化率。磺酸二茂铁掺杂后的聚苯胺经 FeCl$_3$ 氧化，电导率下降 1~2 个数量级，磁化率随着氧化度的增加而增加。

Fe$_3$O$_4$ 磁性粒子具有生物适应性好，薄膜、单晶、纳米粒子各种形态都易于得到的优良性能。Kurlyandskaya 等研究了 Fe$_3$O$_4$ 粉体材料的吸收波性，Fe$_3$O$_4$ 纳米粒子表面覆盖生成聚苯胺、单纯的 Fe$_3$O$_4$ 粒子和 Fe$_3$O$_4$ 粒子与聚苯胺原位合成三种粉体，得出的粒子吸收波谱都没有较低的吸收区，且为均匀的、基本为球形的铁磁物质。对含有 Fe$_3$O$_4$ 粒子的 PANI 纳米管的合成及性能的研究发现：PANI/Fe$_3$O$_4$ 纳米管的合成与超声分散和溶液中酸-苯胺形成的模板有关，通过微观分析纳米管的分子结构表明 Fe$_3$O$_4$ 粒子有效地分散在 PANI 纳米管中，并且提高了 Fe$_3$O$_4$ 粒子在 PANI/Fe$_3$O$_4$ 中的含量。

（4）PANI/矿物复合材料

矿物材料原料易得、结构特殊，通过合理的设计制得的聚苯胺/矿物复合材料同样具有电导率高、热稳定性能好的特点。

蒙脱土（MMT）是具有层状结构的天然矿物，其层间仅靠层间阳离子的弱静电引力连接，因而具有较强的层间离子交换和遇水膨胀性，聚合物与 MMT 复合将耦合出许多优异的性能。PANI 与 MMT 插层复合、制备结构及功能各异 PANI/MMT 纳米复合材料是当前的一个研究热点。

王鹏等制备了 PANI-DBSA/MMT 纳米复合材料，测试表明具有优良的吸波性能。由于 MMT 的掺入改变了 PANI 的聚集态结构，聚合主要是在 MMT 层间进行，是一种典型的插层型纳米复合物。

强敏等对 PANI-MMT 插层复合纳米材料涂层的耐腐蚀性能进行了研究。蒙脱土的含量为 0.5%时产品的溶解度较大，成膜性较好，其防腐蚀性能也最好。电化学阻抗谱（EIS）表明：在 NaCl 质量含量为 3.5%的腐蚀环境中，该复合纳米材料作为冷轧钢的涂层，耐蚀效果并不理想；与环氧树脂面涂料配合使用，耐蚀效果明显提高；浸泡试验表明以聚苯胺-蒙脱土复合材料作为冷轧钢的底涂料，防腐蚀效果较好。

CeO_2 是用途非常广泛的稀土化合物，采用溶胶-凝胶法合成的纳米粒子，再经乳液聚合获得具有核-壳结构的 CeO_2/聚苯胺纳米复合材料，测试表明，复合材料是 CeO_2 为核，PANI 包覆在纳米粒子表面，材料的热稳定性要比纯聚苯胺要高。在对甲基苯磺酸（p-TSA）掺杂的 PANI/Y_2O_3 复合材料中，Y_2O_3 的掺入使电导率降低，但可以提高聚苯胺的热稳定性。

煤具有特殊的芳环结构、孔结构及酸性侧基官能团结构特征，以煤为基体并作为一种大分子质子酸掺杂剂，引发苯胺的原位聚合制得了煤/聚苯胺导电复合材料，为煤的非能源利用提供了新的途径。之后，对其导电性能的研究表明：在 0.2 ~ 1.0MPa 压力范围内，电导率随压力增大而增大，随温度升高而减小，在环境中放置导电性能不稳定。

2. PANI/聚合物复合材料的制备方法

把苯胺单体或聚苯胺与溶解性和加工性相对较好的聚合物如聚甲基丙烯酸甲酯（PMMA）、聚乙烯醇（PVA）、聚苯乙烯（PS）等复合可以得到各种改性的复合材料，具有电导率可调节、力学性能优异、透明性高、成本低廉等优点。这类聚合物复合材料的制备方法主要是机械共混法和化学原位聚合法。

（1）PANI/PMMA 复合材料

PMMA 在可见光区具有很好的透明性和光致发光性，促使人们研究其复合材料的光性能，特别是光致发光性能。将掺杂 PANI 与 PMMA 复合，PANI 在 PMMA 基体中分散形成互穿网络结构，能够很好地改善聚苯胺的力学性能和加工性能，可以作为发光层应用在聚合物有机发光器件中。PANI-HCl/PMMA 复合材料的直流电导率比复合前有所加强；PMMA 的光致发光谱中光致发光谱强度随苯胺加入量的增加而增强，进一步对复合材料的光致发光性进行研究，通过 PANI-PMMA 复合材料的傅立叶光谱发现：PMMA 含量增加，光致发光强度增加，可能是激子形成和随后辐射损失的概率增加。

PANI/PMMA 复合膜的电导率随苯胺投料的增加而增加，随后趋于平稳，有较好的环境稳定性。掺杂态的聚苯胺与有机硅改性 PMMA 可制备聚苯胺复合电致变色膜，对其结构和电致变色性能进行研究，在外加电压作用下其颜色在绿色至蓝黑色之间可逆变化。共聚物中含有偶联剂可以提高电致变色膜与 ITO 导电玻璃基底的黏结性及改善复合电致变色薄膜的耐溶剂性能。

（2）PANI/PVA 复合材料

利用原位化学聚合在不同的水溶性高分子（褐藻酸、聚丙烯酸、聚乙烯醇）和阴离子表面活性剂（十二烷基苯磺酸和十二烷基磺酸钠）中合成聚苯胺导电复合材料。比较得出，十二烷基磺酸钠掺杂的聚苯胺的成膜性，溶解/混合和加工性能极差。在阴离子表面活性剂存在条件下，聚苯胺/聚乙烯醇获得较高的分子量，而且电导率高达 32S/cm。

王青豪等利用化学乳聚法制备了聚乙烯醇-聚苯胺复合膜，聚乙烯醇（PVA）含量增加，分散作用使得 An 在聚合时活性中心的利用率增加，同时，PVA 具有良好的成膜性，对乳液形成连续的自支撑膜具有积极的贡献，可显著改善 PAn/PVA 复合膜性能（均匀性、连续性、柔韧性等）和电学性能；但 PVA 过量，会对膜中的 PAn 粒子起到稀释和阻隔作用，导致膜的电学性能随之下降。试验得出 PAn/PVA 复合膜制备的最佳条件是：反应温度 25℃，反应时间 10h，PVA 为 4.3%（质量分数），$n(\text{DBSA}):n(\text{An}):n(\text{APS})$ 三者的摩尔比为 1.25:1.0:0.42。

原位聚合方法制得的 PANI-PVA 复合材料，电导率可达 4.55S/cm，红外光谱显示复合材料中聚苯胺的结构与纯导电态聚苯胺的结构一致，但两者之间的相互作用使 UV-Vis 吸收光谱发生蓝移；荧光光谱表明将 PANI 与 PVA 复合，增强了载流子的注入密度和限域效应，抑制了 PANI 的非辐射衰减，提高了复合材料的发光效率。以乳液聚合法合成聚苯胺，分别用 N-甲基吡咯烷酮为溶剂溶解本征态聚苯胺、水溶解聚乙烯醇后共混浇铸成 PANI-PVA 膜，实验表明两者具有很好的相容性；在保证电导率高的同时，膜的拉伸断裂强度、断裂伸长率都有明显的改善，力学性能得到了很大提高。

（3）PANI/PS 复合材料

聚合物包覆的核/壳结构复合粒子有着潜在应用价值。Armes 等在这方面做了大量的工作，制备了聚苯胺包覆聚苯乙烯的核/壳复合粒子，当聚苯胺的含量在 8%左右时，能达到和本体相当的导电率。

通过化学改性对聚苯乙烯微球进行磺化处理，引入亲水性的磺酸基，以此为模板，在磺酸根的掺杂下制备了具有核/壳结构的导电聚苯胺/聚苯乙烯复合微球，复合微球中聚苯胺含量为 19.3% 时导电率约为 0.10S/cm。

3.导电聚苯胺复合材料的应用

近年来，聚苯胺复合材料的研究和应用越来越受到重视。这里主要介绍聚苯胺复合材料在金属防腐、传感器、电磁屏蔽等方面的应用情况。

（1）金属防腐

聚苯胺作为防腐涂料起着重要的作用。水溶性的电化学聚合的聚合物涂层可以取代含有致癌物的涂层。在1%的NaCl溶液中测试了聚苯胺的防腐性能。由于孔隙的存在，涂有聚苯胺的铝合金明显被腐蚀，但是经过后处理，对于金属铝聚苯胺的防腐能力提高到90%。PANI作阴极，不锈钢作阳极，不锈钢的某些区域很快钝化，并长时间有效地保持钝化状态，完全可以用作高腐蚀硫酸溶液中不锈钢的保护，效率高达99.9%。

樟脑磺酸、苯基磷酸两种不同酸掺杂聚苯胺和PMMA的共混材料可以作为金属防腐层，对防腐机制进行研究得出：钝化膜的形成是由于PANI和不同金属基体间发生氧化还原反应。

（2）传感器

对于不同的掺杂剂和掺杂浓度，导电聚合物的氧化还原行为也不同，这一特性使导电聚合物成为非常有潜力的传感材料。多种导电聚合物如聚吡咯、聚噻吩、聚苯胺等都已被研究开发制成传感器，用来检测NO_2、CO、NH_3、H_2等气体和可挥发的有机化合物以及湿气。

Dhawan等分别用DBSA和对甲苯磺酸掺杂的聚苯胺与SBS树脂混合，所得复合膜对于氨水具有良好的电阻-时间/浓度响应特性，检测的最低氨水浓度可达10~5mol/L，有望做成性能良好的氨传感器。不同酸（高氯酸、硫酸、正磷酸、乙酸或丙烯酸）掺杂的PANI/Mn_3O_4复合材料可用来检测在20%~90%的相对湿度。根据酸掺杂的 PANI/Mn$_3$O$_4$ 复合材料的电阻均随相对湿度的增大而增大且接近于线性变化、灵敏度依赖于酸的种类，聚苯胺复合材料可以作为湿度传感器。

（3）电磁屏蔽

电磁屏蔽的基本原理是：采用低电阻值的导体材料，并利用电磁波在屏蔽导体表面的反射和在导体内部的吸收以及传输过程的损耗而产生阻碍其传播的作用。PANI 可在绝缘体、半导体和导体之间变化，在不同条件下呈现各自的性能，因而在电磁屏蔽中具有实用价值。导电聚苯胺在电磁屏蔽材料中的应用主要包括：导电聚苯胺电磁屏蔽涂料；导电聚苯胺纤维屏蔽材料；导电聚苯胺-橡/塑复合屏蔽材料。

PANI 复合物或有效的 PANI 涂层由于其电导率是均匀连续的，有独特优势。将 PANI 分散到基体聚合物中如 PVC、PMMA 和聚酯中，不仅电导率高，抗磁效应也很明显。共混浇筑成 PANI-PVA 膜同样具有电磁屏蔽功能。核壳结构的 Fe$_3$O$_4$-PANI 纳米粒子，由于具有磁性和导电双重性质，所以在电磁屏蔽领域应用前景广阔。

（4）其他应用

PANI 作为电致发光材料已呈现出诱人的前景，它既可用作电致发光器件电极材料，又可用作发光材料。PANI 纳米颗粒水或溶剂分散液可以直接用以制备电致发光材料，操作简单，方便易行。例如将成膜性能良好的 PANI 纳米胶体分散液涂布于 PET 和 PC 基体表面制得的纳米复合材料就可以用作有机电致发光材料，目前，借助此技术已经生产出各种发光产品，如汽车牌照、速度表盘、发动机转盘、显示灯和开关、移动电话屏幕显示以及大屏幕显示器等。基于聚苯胺制得的复合材料还可以用于二次电池、储氢材料、太阳能电池和抗静电材料、吸波材料等。

四、γ-PGA 发酵生产技术及应用

1.聚谷氨酸定义

聚谷氨酸（γ-PGA）英文名 γ-Polyglutamic acid，是以左、右旋光性的谷氨酸为单元体，以 γ-位上的酰胺键聚合而成同质多肽（Homo-polypeptide），聚合度约在 1000 ~ 15000 之间。γ-(D，L)-PGA、γ-(D)-PGA 和 γ-(L)-PGA 等统称为 γ-PGA。γ-PGA 在国际化妆品药典上的命名为纳豆胶（natto gum），在欧盟、日本也称为 plant collagen，collagene vegetale，phyto collage。在中国则称为纳豆菌胶或多聚谷氨酸、聚谷氨酸。

2.聚谷氨酸结构

聚谷氨酸（γ-PGA）是自然界中微生物发酵产生的水溶性多聚氨基酸，其结构为谷氨酸单元通过 α-氨基和 γ-羧基形成肽键的高分子聚合物。一般对 γ-PGA 的氨基酸组分分析表明，该物质只有谷氨酸一种氨基酸组成，其纯化样品在 216nm 处有吸收峰，与典型蛋白质吸收峰不同。γ-PGA 经硅胶层析后，用不同官能团显色剂处理，α-萘酚、间苯二酚、甲基苯二酚反应呈阴性，双缩脲反应呈阴性而茚三酮反应呈阳性，该物质没有典型的肽链结构，也不是一种环状多肽。随着温度的提高，γ-PGA 水溶液在一定的温度范围内黏度变化不大，聚合物结构较稳定。在高温下，黏度下降快。γ-PGA 水解也很快，分子量逐渐变小，γ-PGA 的水解是由链的随机切割引起的。不同生产方式得到的 γ-PGA 的分子量有不同的差异。

据报道,如对地衣芽孢杆菌 P-104 发酵合成 γ-PGA 的条件（接

种时间、接种量和培养基组成等）进行优化，并在发酵罐中进行批式发酵实验。结果表明，该菌可利用合成培养基生产较高浓度超高分子量（大于 2.5×10^6）的 γ-PGA，最佳培养基组分为（g/L）：葡萄糖 80，谷氨酸钠 70，柠檬酸钠 10，$(NH_4)_2SO_4$ 10，$MnSO_4$ 0.15，$MgSO_4$ 0.8，K_2HPO_4 0.6，$NaNO_3$ 4。接种时间与量分别为 8h 和 3%，初始 pH 值为 7.5 条件下，37℃下 180r/min 摇瓶培养 24h，发酵液中 γ-PGA 浓度可达 44.7g/L，比生产速率为 1.49g/（L·h），是已报道的同类比生产速率的 2 倍。采用优化培养基在 6.6L 发酵罐中批式发酵培养 33h，γ-PGA 浓度为 32g/L，比生产速率为 0.97g/（L·h）。

3.聚谷氨酸性质

（1）吸水特性

一般溶于水可得到无味、清洁、透明的溶液；由于 γ-PGA 极易溶于水，因此其具有很好的吸水特性，王传海等对 γ-PGA 的吸水性能进行了研究，结果表明，γ-PGA 的最大自然吸水倍数可达到 1108 倍，比目前市售的聚丙烯酸盐类吸水树脂高 1 倍以上，对土壤水分的吸收倍数为 30~80 倍。

γ-PGA 的水浸液在土壤中具有一定的保水力和较理想的释放效果，有明显的抗旱促苗效应。在 0.206mol/L 浓度的 PEG（6000）模拟渗透胁迫条件下，γ-PGA 仍有较强的吸水和保水能力，可明显提高小麦和黑麦草的发芽率，用其直接拌种也能显著提高种子的发芽率。

γ-PGA 的吸水性和保水性可使其被广泛应用于干旱地区保水以及沙漠绿化。

（2）生物可降解性

生物可降解性是 γ-PGA 的特性之一。所有 γ-PGA 产生菌株都

可以以 γ-PGA 作为营养源进行生长。在培养液中存在一种与 γ-PGA 降解有关的解聚酶。其他自然菌株也具有降解 γ-PGA 的能力。以 γ-PGA 作为唯一碳源和氮源对可降解 γ-PGA 的菌株进行筛选，结果筛选出至少 12 株可降解 γ-PGA 的菌株。由此可知，发酵生产 γ-PGA 的培养时间对产量有较大的影响，时间过长会导致 γ-PGA 分子被酶解而损失。

（3）水解特性

γ-PGA 的水溶液在 10mL、浓度为 6mol/L 的 HCl 中，抽真空封口，105℃的烘箱的条件下可以水解为谷氨酸，吕莹等的研究表明，水解 17h、25h、48h 的结果一致。此特性可用于 γ-PGA 纯度的测定。

4.国内外对 γ-PGA 设计及制备情况

对 γ-PGA 设计主要分为三个部分对不同分子量的 γ-PGA 的制备情况进行了研究。

γ-PGA 是一种有极大开发价值和前景的多功能性生物制品，近年来被作为增稠剂、保湿剂、药物载体等而一直被广泛应用于工业领域。它是一种水溶性和可生物降解的新型生物高分子材料，可通过微生物合成。在生产低聚谷氨酸工艺当中，利用微生物发酵法生产聚谷氨酸具有很好的前景，但在利用微生物发酵法制备产物时，生产的聚谷氨酸具有较大的分子量，需要对其进行进一步的降解处理。

如何设计拟对微生物发酵生产的高分子量的聚谷氨酸进行降解，并优化其降解条件，从而得到不同分子量的低聚谷氨酸分子，并利用琼脂糖凝胶电泳和高效液相凝胶色谱检测其降解后的分子量，从而确定最佳降解条件。

从聚谷氨酸的发现至今仅有几十年的历史，聚谷氨酸的研究主要还是处于实验室阶段，主要包括对它性质的研究，产生菌的改良和基因研究，发酵过程研究和提取纯化过程研究，以及衍生物的生产和性质的研究。近几年来，由于人们环境意识的增强和国家可持续发展战略的要求，发展对环境友好材料和开发改善环境问题的产品成为一种产业上的趋势，它也推动了聚谷氨酸产业化研究和探索的进程。

进入21世纪，个别国际知名公司开始进行聚谷氨酸的生产和应用的研究，国内部分大学和研究所也积极开展了相关的研究，国内更有数家企业开始计划聚谷氨酸的大规模生产。由于这些产业化研究的跟进，使得聚谷氨酸成为现阶段最受人关注的生物制品之一。

第一部分是通过微生物发酵，提取得到80万～100万分子量的大分子聚谷氨酸产物的设计；

第二部分根据聚谷氨酸分子特性，设计筛选可降解大分子聚谷氨酸的方法，并优化降解条件，得到不同分子量的低聚谷氨酸分子，并找到合适的方法进行分离纯化；

第三部分是在前两部分的基础上，通过建立琼脂糖凝胶电泳和液相凝胶色谱检测不同分子量低聚谷氨酸的方法，从而设计出最佳的制备条件。

5.聚谷氨酸的应用

γ-PGA是一种天然存在的水溶性的聚合氨基酸，分子量分布在1×10^5～1×10^7之间。聚γ-谷氨酸具有优良的水溶性、超强的吸附性和生物可降解性，降解产物为无公害的谷氨酸，是一种优良的环保型高分子材料，可作为保水剂、重金属离子吸附剂、絮凝剂、缓释剂以及药物载体等，在化妆品、环境保护、食品、医药、农业、沙漠治理等产业均有很大的商业价值和社会价值。是一种有极大开发价值和前景的多功能新型生物制品。

（1）γ-PGA 是一种微生物絮凝剂

近年来其被作为生物絮凝剂，γ-PGA 可以用作饮用水、废水、发酵食品工业下游过程溶液的生物絮凝剂以及重金属或放射性物质螯合剂，用于回收金属和减少环境污染等。

（2）γ-PGA 作为一种新型的高分子吸水性材料

近年来，人们把水溶性高分子作为精细化工的骨干产品之一，越来越受到人们的重视。它的应用范围几乎涉及人所能涉及的任何领域。随着高分子材料的快速发展，在其重要性日益突现的同时，人们发现了它的不足之处，即大部分人工合成的高分子材料在自然界难以降解。在人们越来越关心自己生存环境的今天，不可降解的高分子材料造成的白色污染（如聚乙烯、聚丙烯等），也越来越受到人们的关注。为了解决这个问题，人们开展了各种研究工作。制成了各种可生物降解材料。

在日本，聚谷氨酸得到广泛应用，主要以谷氨酸 γ-甲基酯为基础，生产新型聚合物 IITC。此类聚合物可以用来制造皮革、纤维、食品包装膜等。聚合 D-谷氨酸用苯乙烯改性后，可得到高抗碱性的纤维树脂。若通过改性再聚合，可得到比一般天然纤维和化学纤维更优的材料，如外科手术的缝合线，就是以氨基酸和羧酸为基础，由易水解纤维状和薄膜状的聚合物制得的。而渗透杀菌剂、防腐剂、抗生素的聚合氢基酸对伤口和皮肤病还有防治作用。

以谷氨酸和烷基谷氨酸酯的共聚物为基础，研制出来的聚合物是药品很好的包裹材料，可作胶囊或糖衣片。日本九州大学原敏夫等通过大豆发酵，提取 γ-PGA，用电子束照射，制成 γ-PGA 树脂，这种物质呈白色粉末状，具有极强的吸水性，其吸水性能是纸和尿不湿的 5 倍。γ-PGA 吸水饱和后，呈凝胶状，可包裹在植物种子的表面上作为种子的理想包衣材料。原敏夫认为，这种树脂是沙漠绿化的好武器，并提出了中国绿化沙漠的设想。另外，γ-PGA 作为一种凝胶材料，它是一种水溶性、可生物降解、不含毒性、使用微生物发酵法制得的生物高分子。它是一种黏性物质，也可以起分子筛作用，一般在易交联形成后期拥有卓越性能的水凝胶。

（3）γ-PGA 作为新型的药物载体

γ-PGA 具有良好的生物亲和性和生物降解性，作为药物载体可提供药物缓释性、靶向性，提高药物水溶性，降低药物不良反应，从而提高药物疗效。

① 用作金属螯合物抗癌药物顺二氯二氨铂（CDDP）的载体。该药物为重金属配合物，微溶于水，且在水中不稳定，疗效低，对细胞毒性大，用 γ-PGA（分子量 4104）作为药物载体，可形成有活性的、相对稳定的 CDDP-PGA 复合物，该复合物有较高的动力学稳定性和对正常细胞较低的毒性，有利于 Pt^{2+} 对配体的亲和，而且其治疗剂量范围宽。

② 作为水不溶性植物类化疗药物的载体。化疗药物大多难溶或不溶于水，细胞毒性大，选择性小。如喜树碱难溶于水，而且它的内酯形式不稳定，导致使用受限制，疗效低。但 10-羟基 CPT 或 9-氨基 CPT 与 PGA 偶联形成 CPT-PGA 复合物后，水溶性大为增加。复合物对同源的和异源的肿瘤都保持较高的抗肿瘤活性。

③ 用作抗生素类抗癌药物阿霉素的载体，可明显地提高疗效。

④ γ-PGA 的半乳糖或甘露糖酯化衍生物可作为肝细胞特殊药物的载体，通过糖酯化的 PGA 的结合作用把分子量低的药物运送到肝细胞中，起到了靶向作用。

⑤ γ-PGA 与明胶有较好的兼容性，适合制作外科及手术用的

可生物降解的胶黏剂、止血剂及密封剂。

6.聚谷氨酸的合成方法

（1）化学法合成

① 传统的肽合成法。传统的肽合成法是将氨基酸逐个连接形成多肽，这个过程一般包括基团保护、反应物活化、偶联和脱保护。化学合成法是肽类合成的重要方法，但合成路线长、副产物多、产率低，尤其是含 20 个氨基酸以上的纯多肽合成。

② 二聚体缩聚法。由 L-Glu、D-Glu 及消旋体（D，L-Glu）反应生成 α-甲基谷氨酸，后者凝聚成谷氨酸二聚体后，再与浓缩剂 1,3-二甲氨丙基-3-乙基碳亚二胺盐酸盐及 1-羟苯基三吡咯水合物在 N,N-二甲基甲酰胺中发生凝聚，获得产率为 44% ~ 91%、分子量为 5000 ~ 20000 的聚谷氨酸甲基酯，经碱性水解变成 γ-PGA。化学合成法难度很大，没有工业应用价值。

（2）提取法合成

早期，日本生产 γ-PGA 大多采用提取法，用乙醇将纳豆（一种日本的传统食品）中的 γ-PGA 分离提取出来。由于纳豆中所含的 γ-PGA 浓度甚微，且有波动，因此提取工艺十分复杂，生产成本甚高，同样难以大规模生产。

（3）微生物生物合成法

迄今为止的发酵生产仍处于试验室阶段，小试生产方法归纳起来主要有分批发酵法、连续发酵法、液体两相发酵法、搅拌罐反应器自循环发酵法、固体发酵法和固定化酶法等 6 种，分批发酵法简单方便，容易操作和控制，因此在实验室研究中用得较为广泛。

自从 1942 年 Bovarnick 等发现芽孢杆菌属微生物能在培养

基中蓄积 γ-PGA 以来，利用微生物生物聚合生成 γ-PGA 的研究十分活跃。人们对不同的微生物进行了代谢途径分析，由于分析手段和其他人为原因的限制，以致现在 γ-PGA 的代谢途径仍然是一个黑箱模型。

7.创新研究进展

由于 γ-PGA 具有生物可降解性，可食用且对人体和环境无毒害，具有环境友好等特性使其应用日益广泛，对其研究越来越多，然而目前国内主要是对 γ-PGA 生产方面尤其是菌种及发酵条件的研究，而且大多数发酵生产仍处于实验室阶段，实现其产业化还有一定距离。国外对其应用研究则比较多，尤其是在附加值比较高的医药领域。在今后研究中，一方面是在提高 γ-PGA 产量的同时建立一种生产成本低廉、生产工艺简单、生产条件温和的工艺，为大规模生产奠定基础；另一方面是不断扩大应用研究的广度和深度，同时进行创新性研究。

尤其 γ-PGA 是一款集保湿、美白、抑菌、增进肌肤健康于一身的多功效成分，在快速实现深层渗透补水的同时，可全面抑制黑色素生成，淡化色斑，持续分解老化角质，保持肤质新鲜细嫩。

（1）用于化妆品创新研究进展的优势

① 聚谷氨酸是无毒，可生物降解和退化，对皮肤有营养成分的高端产品。

② 完全适用于所有的皮肤状况，并提供优于透明质酸（HA）和胶原的持久的保湿效果。

③ 只需要很低的浓度，因此成本降低。

④ γ-PGA 衍生物具有良好的强度、透明度和弹性。

⑤ γ-聚谷氨酸可用于护肤产品、洗发水、发乳、剃须霜和口红中。

（2）用于农业方面创新研究进展的优势

① γ-聚谷氨酸（γ-PGA）有超强亲水性与保水能力。漫淹于土壤中时，会在植株根毛表层形成一层薄膜，不但具有保护根毛的功能，更是土壤中养分、水分与根毛亲密接触的最佳输送平台，能很有效地提高肥料的溶解、存储、输送与吸收。阻止硫酸根、磷酸根、草酸根与金属元素产生沉淀作用，使作物能更有效地吸收土壤中磷、钙、镁及微量元素。促进作物根系的发育，加强抗病性。

② γ-聚谷氨酸（γ-PGA）有利于对平衡土壤酸碱值，对酸、碱具有绝佳缓冲能力，可有效平衡土壤酸碱值，避免长期使用化学肥料所造成的酸性土质。

③ γ-聚谷氨酸（γ-PGA）高吸水树脂可结合沉淀有毒重金属。对 Pb^{2+}、Cu^{2+}、Cd^{2+}、Cr^{3+}、Al^{3+}、As^{4+} 等有毒重金属有极佳的螯合效果。

④ γ-聚谷氨酸高吸水树脂可增强植物抗病及抗逆境能力。整合植物营养、土壤中的水活成分，可增强抵抗由土壤传播的植物病原所引起的症状。

⑤ γ-聚谷氨酸高吸水树脂可促进增产。可使茶叶、瓜果、蔬菜等农产品快速增产，增产量可达 10% ~ 20%。

第八节
现代生物技术与高端产品关键技术

国家重点突破生物基橡胶合成技术、生物基芳烃合成技术、生物基尼龙制备关键技术、新型生物基增塑剂合成及应用关键技术、生物基聚氨酯制备关键技术、生物基聚酯制备关键技术、生物法制备基础化工原料关键基础技术等。

一、高端生物基橡胶合成技术

1.高端生物基橡胶材料及开发

2018 年全球领先的合成橡胶企业阿朗新科研发的生物基三元乙丙橡胶（EPDM）产品 Keltan Eco，这是全世界首款利用从甘蔗中提取的生物基乙烯制成的商用 EPDM。

日本可乐丽有限公司近日宣布，住友橡胶工业有限公司采用液体法呢烯橡胶（LFR）作为性能增强添加剂，生产出最新的无钉防滑轮胎 Winter Maxx 02。这是世界上液态橡胶首次用于轮胎生产。

LFR 是可乐丽公司使用美国 Amyris 公司开发的新型生物基二烯烃单体（称为法呢烯）开发生产的液态橡胶。2011 年，可乐丽与美国生物技术公司 Amyris 签署了联合开发协议，共同开发出将 Amyris 生物质材料法呢烯精制到适合聚合的纯度水平的技术以及合成 LFR 技术；发现了将 LFR 分子结构与橡胶化合物结合时各种性能之间的关系，并开始向轮胎制造商提供 LFR。

2.高端生物基橡胶材料制备技术及应用

"新型生物基橡胶材料制备技术及应用示范"项目，由北京化工大学牵头，"973"项目首席科学家张立群教授总负责。包括山东玲珑轮胎股份有限公司在内的 18 家高校、科研院所及企事业单位，共同参与这项工作。据了解，这个项目有两个重点研究方向。

一是研究蒲公英橡胶、杜仲胶等生物基材料的高效低成本提取技术，并开发其在轮胎、输送带和矿山机械弹性元件中的加工应用技术。

二是研究生物基衣康酸酯橡胶、生物基共聚酯橡胶的制备技术，开发其在轮胎及低温耐油密封件等产品中的应用技术。

该项目的启动，对中国生物基橡胶材料产业化应用，将起到极大的推动作用。

该项目玲珑轮胎负责子课题"生物基橡胶应用关键技术研究"的统筹管理，以及协调运作。

蒲公英橡胶雪地胎、杜仲胶全钢载重胎、生物基衣康酸酯半钢子午线轮胎的开发及成品评价，也是玲珑轮胎负责。可以预期，经过后续研究，包括蒲公英橡胶在内的生物基橡胶，会在提取技术和产业化应用上，获得重大突破。

3.生物基橡胶脱颖而出——从糖类制取橡胶原材料技术

（1）以糖类为原料来制取生物基橡胶

废旧广告橡胶材料回收一般而言，有两种主要类型，它们是来自橡胶树提取的天然橡胶和从原油生产的合成橡胶。在全球汽车保有量增大之时，对橡胶的需求每年都在不断上升，但是天然橡胶很难提高生产量，石油资源紧缺。如何找寻一些"替代者"，兼顾成本、产量、性能、环保。当然，拥有生物基橡胶材料，一切已有可能。供应紧张和高的价格使从糖类制取橡胶原材料脱颖而出。

一些工业生物技术公司，如杰能科（Genencor）公司、Gevo公司、阿米瑞斯（Amyris）公司和 Genomatica 公司都在开拓第三途径，以糖类为原料来制取生物基橡胶组分。

微生物发酵制取可再生橡胶中间体：异戊二烯、异丁烯和丁二烯通过微生物发酵可制取三种可再生橡胶中间体——异戊二烯、异丁烯和丁二烯。五碳异戊二烯可用于制造像橡胶树来源那样的乳胶。异丁烯和丁二烯是四碳中间体，可用于制造丁基橡胶和丁苯橡胶。

两家领先的轮胎制造商固特异公司和米其林公司与合成橡胶制造商朗盛公司一起，已与工业生物技术公司组建合作伙伴关系，推进从糖类商业化生产这些橡胶中间体。

日本味之素（Ajinomoto）公司与普利司通公司已经共同开发使用生物基异戊二烯来生产合成橡胶，生物基异戊二烯是从生物质原材料采用发酵技术生产的新的原材料。

（2）从生物基乙烯生产乙丙橡胶

朗盛公司 2011 年 9 月底表示，正在增强其从生物基原材料生产优质合成橡胶的承诺。朗盛公司目标是到 2011 年年底商业化从生物基乙烯生产乙丙橡胶（EPDM）。这将是世界上基于生物的乙丙橡胶第一种形式。EPDM 乙丙橡胶传统方式是用石油基原材料乙烯和丙烯来生产的。作为替代，朗盛计划纯粹使用来自可再生资源甘蔗衍生的乙烯。这种生物基乙烯形式由来自巴西甘蔗的乙醇经脱水而生产。

此外，朗盛公司已在寻求采用替代资源生产优质合成橡胶产品丁基橡胶，丁基橡胶主要用于轮胎行业。

（3）部分生物基弹性体

总部在美国肯塔基州路易斯维尔的 Zeon 化学品公司 2013 年 2 月 12 日宣布，它已经开始在密西西比州哈蒂斯堡的设施生产 Hydrin 品牌弹性体，该设施使用棕榈油和其他植物油衍生的环氧氯丙烷单体为原料。该聚合物拥有高达 20%~25% 的生物基含量。因有温度、渗透性和耐燃料性独特的平衡，Hydrin 品牌弹性体可在很宽的范围内应用，如汽车软管、空气导管、隔膜、激光打印机的辊和减振设备。

4.拓宽天然资源橡胶生产路径及技术

拓宽天然资源橡胶的生产路径已经成为当今解决橡胶来源的重要举措，也成为橡胶可持续发展的必由之路。

（1）银胶菊天然橡胶

普利司通公司在美国开展的致力于开发银胶菊作为高品质天然橡胶商业上可行的可再生来源和作为橡胶树的替代研究。

意大利 Versalis 公司与倍耐力轮胎公司于 2013 年开展联合研究在轮胎生产中使用银胶菊基天然橡胶。Versalis 将以独家形式提供"创新范围银胶菊基天然橡胶材料"，而倍耐力将进行测试，以验证用于轮胎生产的材料的性能。

（2）蒲公英天然橡胶

全世界不少轮胎公司甚至汽车公司也纷纷加入从蒲公英中寻找原料的行列，而且以蒲公英橡胶为原料的制品也已经面世。

蒲公英橡胶是用草本植物蒲公英的胶乳制得的一种天然橡胶。国内外的研究已经证实，产自蒲公英的天然橡胶，其物化特性类似于三叶橡胶树橡胶。蒲公英还是一种集天然橡胶和能源于一身的植物资源，既可以提取天然橡胶，剩余的废渣还可以发酵得到生物乙醇。相比于三叶橡胶树需要 5 ~ 7 年才能割胶，蒲公英从播种到收获仅需 1 年的时间，所以蒲公英橡胶被工业界认为是缓解天然橡胶供应不足的一种技术方案。

普利司通公司与美国俄亥俄州立大学合作，用自主开发的提胶技术，成功地从哈萨克斯坦等地原产的蒲公英根部提取出制作轮胎用的天然橡胶，并查明了这种蒲公英橡胶的物理性能。

美国福特汽车公司也与该大学合作，有望让蒲公英橡胶在福特汽车的塑料件中得到用武之地，比如作为杯架、地垫和内饰的抗冲改性剂。利用蒲公英根作为橡胶替代品是福特投资研发可持续车用材料的范例之一，其他此类产品包括大豆泡沫坐垫，麦秆填充塑料内饰，以牛仔布中的再生棉制成的吸声材料，在车底系统中使用再生树脂，以及利用再生纱线制成的座椅套。蒲公英分为很多品种，并不是所有的蒲公英都适合作为可持续的橡胶来源。其中适合汽车应用的是俄罗斯蒲公英 Taraxacum kok-saghyz（TKS）。

2012 年 5 月 9 日，山东玲珑轮胎股份有限公司与北京化工大学签署了合作开发蒲公英橡胶的协议，这标志着中国开始进入蒲公英橡胶研究领域。

（3）杜仲胶天然橡胶

杜仲胶具有极好的耐腐蚀、抗冲击性等，综合性能优异。青岛第派新材有限公司的合成杜仲胶应用试验表明，在轿车和轻载半钢子午胎胎面胶中使用 20～25 份合成杜仲胶，可节省燃油 2.5%左右，如果混合应用 20 份高乙烯基聚丁二烯橡胶，不仅油耗降低，抗湿滑性能也明显改善。

目前中国有 3 家天然杜仲胶生产企业，分别是灵宝市天地科技生态有限责任公司、略阳嘉木杜仲产业有限公司和陕西安康禾烨公司。另外，几家企业的杜仲胶装置正处于建设阶段，如湘西老爹生物有限公司、湖北老龙洞杜仲开发公司、河南恒瑞源实业有限公司、甘肃润霖杜仲开发公司等。

中国社会科学院 2013 年 9 月 18 日发布《杜仲产业绿皮书：中国杜仲橡胶资源与产业发展报告（2013）》指出，中国橡胶消费量连续 11 年居世界第一，天然橡胶材料长期以来依赖进口的局面影响中国橡胶产业健康稳定发展，开发杜仲橡胶是缓解中国橡胶原料依赖进口的有效途径。

（4）大豆油造轮胎

北美最大轮胎制造商固特异轮胎橡胶有限公司 2012 年 8 月

上旬完成了一项重大尝试，用大豆油替代石油来制造轮胎。目前该轮胎已进入试生产阶段，将最早于 2015 年上市。

研究人员发现，采用豆油可以将轮胎寿命延长 10%，同时每年可节约 700 万美加仑的石油提炼用油。大豆油制成的橡胶化合物实际上更易与其他制造轮胎的化合物（如二氧化硅）融合。豆油制造原型轮胎已经在固特异位于俄克拉荷马州的劳顿工厂生产，将会接受现实测试。

5.开发生物基汽车轮胎及材料

米其林北美公司在该公司新的奢华级旅游轮胎 Primacy MXM4 中组合加入厨房级葵花籽油。这种来自美国的油占轮胎材料量 5%不到。米其林公司表示，使用这种烹饪级油可通过有助于胎面胶的散热而改进牵引性能。该公司以前已使用葵花籽油在其冬季轮胎中用来改进性能和磨损，但这是四季轮胎中使用这种成分的第一次。

福特汽车公司表示，使用可再生的大豆油来改进汽车橡胶零部件，通过使用可再生的大豆油作为 25%石油的替代，福特研究人员由此使橡胶的伸展性延伸了一倍以上，并且减少了它的环境影响。福特汽车公司研究人员发现大豆填充剂可望为炭黑提供低廉而环境友好的部件替代，炭黑是传统的石油基材料，用于使橡胶增强。大豆油和大豆填充剂一起使用时可望替代汽车橡胶应用中国石油基含量高达 26%。

福特公司在 2014 F-150 汽车中使用了稻米副产物稻壳纤维增强塑料。该公司在第一年内将需要至少 4.5 万磅稻壳。2014 F 系列汽车充分体现了该公司在生产的汽车中使用可回收材料的努力。稻壳均来自美国阿肯色州农场，将取代位于密歇根州惠特莫尔湖的汽车供应商 RheTech 公司制取的聚丙烯复合材料中基于滑石的增强物。稻壳纤维增强塑料是福特研究人员和工程师最近在

F-系列汽车中尽可能使用可持续材料的实例。F 系列卡车已经使用以下可再生和回收材料：

① 再生棉。用于地毯的保温和吸音材料，每一辆 2014 F-150 汽车包含有足够的回收棉，使用它可相当于 10 条牛仔裤。

② 大豆。用于制取坐垫、座椅靠背和头枕。

③ 再生的地毯。一些 F-150 卡车已采用由 100%消费后再生地毯生产的尼龙树脂 EcoLon 用于制取气缸盖。

④ 回收的轮胎。由回收轮胎和消费后回收的聚丙烯制成的热塑性材料用来制作 F-150 卡车用保护挡板和某些车底覆盖板。

⑤ 回收的塑料瓶和矿泉水瓶。由回收的塑料瓶和矿泉水瓶衍生的轻量化纤维用于制取 F-150 汽车轮衬和挡板。

二、生物基芳烃合成技术

芳烃（包括苯、甲苯、二甲苯，简称 BTX）是重要的基本有机原料，利用芳烃资源可衍生出多种产品链，广泛用于合成树脂、合成纤维单体、涂料、燃料、医药以及精细化学品等领域。目前国内外芳烃生产主要依赖石油资源，在芳烃联合生产装置中，在催化剂和高温高压的条件下经过加氢、重整、芳烃转化、分离等过程获得苯、甲苯、二甲苯，工艺复杂。石油等化石燃料储量有限，随着化石燃料的大量消耗，原油价格不断上升，以石油为主导的化工工业成本也不断攀升。不仅如此，石油炼化过程中产生大量副产物及其他有毒气体和废料，严重污染环境。因此，寻找可再生、环保型的替代原料并将其转化为芳烃产品便引起了国内外许多公司和研究机构的关注。

生物质直接或间接来源于太阳能和植物的光合作用，包括植物、农作物、林产物、海产物、农林废弃物、城市废弃物（报纸、天然纤维等），相对于石化资源而言储量更加丰富，而且可再生。

全球每年生物质产量约 2000 亿吨，且 80 亿～200 亿吨的原始生物质也有开发的潜力。生物质通过合理转化可以生产多种有机化学品和燃料，生物质制芳烃技术的开发和应用，不仅可以减少芳烃生产对石化与燃料的依赖性，也是缓解全球石油资源稀缺的替代工艺。

近年来，全球多家石油化工公司、生物化学品公司和高校均对生物法制苯、甲苯、二甲苯工艺产生浓厚兴趣，开发了多种制备线路，并取得实验室研究成果。在生物质制芳烃工艺路线方面，除发酵路线外，与化工过程较为接近，且有发展前景的工艺路线有 3 条：生物质先气化为合成气，再以合成气为原料经 C1 化工路线生产燃料和化学品；生物含烃原料在催化剂作用下进行热解，可生产烯烃、芳烃等产品；以生物质发酵的酮、醇类等发酵产物为原料，制备乙烯、丙烯、二甲苯等芳烃产品。国外多家公司在这些工艺开发上已取得初步成果，有的已计划建设工业装置，值得重点关注。张荐辕等针对以生物质为原料制芳烃的几种途径作了如下介绍。

（1）生物质经合成气制芳烃

生物质气化是生物质利用的重要方向之一，是在高温条件下，将生物质燃料中的可燃部分转化为可燃气的热化学反应。生物质气化的原料来源广泛，可以用秸秆、薪柴、林业加工废弃物等废弃物资源，生物质气化的产品即合成气，是一碳化工的源头，可以用来生产甲醇、合成油等各种化工产品。

目前，利用合成气制芳烃的途径主要有两种：合成气经费托合成制芳烃、合成气经甲醇/二甲醚制芳烃。

① 合成气经费托合成制芳烃。费托合成（Fischer-Tropsch）是目前应用最广泛的合成气制燃料、化学品的生产工艺。自 1923 年发明以来，受到广泛的关注，南非 Sasol、美国 Shell、Rentech

等公司开发了多种费托合成技术。目前费托合成的原料合成气大多来自煤气化，以生物质作为气化原料与费托合成相结合，将合成气转化为燃料及其他化学品也是生物质利用路线之一。费托合成按其反应体系的温度可分为低温费托技术和高温费托技术两大类。以 Sasol 公司开发的费托合成技术为例，低温费托合成反应温度约 250℃，绝大部分产品为烷烃，不含芳烃；高温费托合成反应温度约 350℃，产品中烯烃和烷烃含量超过 80%，芳烃含量约 6%。可见，虽然费托合成可作为生物质气化的一种转化方式，但其主要产品烷烃和烯烃，芳烃仅占很小的一部分。

② 合成气经甲醇/二甲醚制芳烃。目前，合成气制甲醇/二甲醚技术成熟，且国内甲醇产能过剩，将甲醇作为高附加值化学品的生产原料进行综合利用不仅能消化部分甲醇产能，也为芳烃生产提供一条可行的路径。早在 1985 年，Mobil 公司就在其专利中首次公布了甲醇、二甲醚转化制芳烃的研究成果，但芳烃产率不高。2002 年 Chevron Phillips 公司也在专利中公布了采用两种分子筛催化剂由甲醇、二甲醚为原料联合生产芳烃的技术。

近年来，国内甲醇、二甲醚芳构化的技术取得突破性进展，包括中科院山西煤炭化学研究所的固定床甲醇、二甲醚制芳烃（MTA）技术和清华大学的甲醇、二甲醚循环流化床制芳烃（FMTA）技术。其主要原理是：以甲醇或二甲醚为原料，采用改性 ZSM-5 催化剂，将甲醇、二甲醚转化为以芳烃为主的产物，经冷却分离将气相产物低碳烃和液相产物分离，液相产物萃取得到芳烃，低碳烃类进一步芳构化。目前，采用 FMTA 技术的 100t/a 实验装置已连续稳定运行上千小时。2010 年 6 月，中国华电集团已决定采用清华大学的 FMTA 技术在山西建设万吨级中试装置和工业化项目。此外，河南煤化集团研究院与北京化工大学合作对甲醇芳构化催化剂性能改进开展研究，并取得阶段性成果。

无论是生物质通过费托合成还是经甲醇制芳烃，都需要经过生物质向合成气的转化。与煤相比，生物质作为气化原料具有挥发分高、固定碳含量低的特点，其灰分和热值明显低于煤炭，且生物质硫含量、氮含量低，气化过程中产生的二氧化硫和氮氧化物较少，对环境影响小，是一种优良的合成气生产原料。但生物质的能量密度低，存在气化时温度过低、过程不易控制、设备易腐蚀、生成焦油多等诸多问题。不仅如此，生物质气化过程中生物质原料中约有 50%的碳被转化成二氧化碳而不是一氧化碳，气化效率低于煤炭。因此，目前合成气的生产原料仍然以煤为主，目前甲醇制芳烃新建装置都是采用煤气化产生的合成气为甲醇原料，未见采用生物基合成气生产甲醇的报道。

（2）生物质热解制芳烃

生物质热解法制芳烃是以含烃的固态生物质（如木质、农产品、海洋植物、代谢废料、纤维废料等）为起始原料，将其加热分解产生热解产品（挥发有机物），在催化剂的作用下，经脱氢、脱羰、脱羧、异构化、聚合等一系列复杂反应，获得苯、甲苯、萘、二甲苯、烯烃等产品。虽然同为全生物质流程，热解工艺不同于气化工艺。气化过程产生由 CO、H_2、CH_4 组成的合成气。而热解工艺则将生物质直接转化为液体燃料。

美国马赛诸萨州立大学对生物质木质素催化裂解制芳烃工艺已经建成了 BTX 产能为 2.6 万吨/年的工业化装置。

CFPTM 技术生物质所含的结构性分子（纤维素和木质素）局部热解为热解蒸气后，在催化剂的作用下经一系列反应最终转化为燃料产品和芳烃，同时产生焦炭、CO、CO_2 和 H_2O。工艺控制关键在于提高芳烃产品选择性，同时降低结焦。Anellotech 公司开发的 Biomass-to-Aromatic 工艺将固态生物质原料（如木材废料、玉米秸秆、甘蔗渣等）干燥后研磨成粉末，与粉状 ZSM-5 催化剂混合送入高温循环流化床反应器中，以气体涡流的形式充分混合并加热；一定条件（600℃，0.1～0.4MPa）下，原料粉末经过催化剂孔道时迅速转化为芳烃，并在催化剂表面产生积碳使其失活；失活催化剂和反应产物一并移至网状分离器，反应物经冷凝、提纯可获得 BTX 产品，催化剂则送入再生系统恢复活性后返回反应器循环利用。再生系统内部催化剂烧焦所产生的热量可用于工艺供热和供能。为防止水和氧气对反应温度控制产生不良影响，工艺过程采用无氧无水条件，反应物流以工艺产生的 H_2 或 CO/CO_2 气体作为载体。

　　Biomass-to-Aromatic 工艺是一种高效的生物质转化工艺，所有化学反应在一个流化床中完成，有效提高芳烃选择性和产率，具备良好的工艺可行性。其工艺设备（反应器、催化剂再生器等）与石油炼化（如 FCC）装置类似，同时保证了快速的热交换和流体动力以避免催化剂结焦，可依托现有炼化装置进行改造；工艺催化剂采用石油炼化工业中广泛应用的含有多孔硅/铝构造的 ZSM-5 分子筛，虽然催化剂具体组成尚未公开，但据称催化剂成本并不高昂。不仅如此，工艺过程所产生副产物（焦炭、水、气体、烯烃等）均可得到有效利用，装置能源经济性良好。

（3）生物基氢解糖类经过催化转化工艺制 PX

　　生物质原料富含植物纤维，其中的木质素、纤维素、半纤维素可以通过发酵酶解或催化加氢分解为醇、酚醛、酮、呋喃、酸等多种小分子混合的氢解物。在一定的反应条件和催化剂作用下，氢解物可经脱氧、脱氢、环化等系列反应转化为芳烃产品。

　　美国 Virent 公司与 Wisconsin-Madison 大学合作，将植物纤维水解与传统催化加氢技术相结合，开发了 BioForming™ 工艺，于 2011 年宣布可从 100%可再生的植物基糖类中成功制得 PX 产品，并为产品申请商标 BioPX™。

BioForming™ 工艺是在美国 Virent 公司纤维素多糖催化 (CLS) 技术的基础上发展的。生产原料来源广泛,包括玉米、甘蔗和木质等生物质。工艺过程包括:将生物质原料(玉米秸秆、木材废料)水解转化为富含糖类(醇、糖、醛)的水解液;利用美国威斯康辛大学开发的液相重整(APR)技术,将糖类混合物脱氧转化为单氧化合物(醇、醛等),同时生成氢气和二氧化碳,APR 反应器为并流下行多管反应器,以活性炭负载铂和铁/铼金属的非均相催化剂,在低温(400℃)、低压(≤5MPa)的条件发生系列反应;APR 重整产品经连续催化缩合和加氢脱氧反应获得富含 C_5^+ 烷烃、异构烷烃以及芳烃的粗产品,经简单分离即可得到高辛烷值生物汽油和 PX 产品。加氢重整所需氢气可使用 APR 反应副产氢气,也可追加外源氢气,副产 $C_1 \sim C_4$ 轻烃可作为工艺热源。

BioForming™ 工艺所得重整产品组成与传统石油炼化的重整产品组成十分接近。从产品液相色谱图和产品主要组分可以看出,Virent 产品分布接近商用 89 号汽油,简单分离后即可作为现代商用汽油的替代品投入使用;而富含的 C_7/C_8 芳烃组分(BTX)则可单独分离作为产品。

值得注意的是,BioForming™ 工艺将 APR 技术与传统催化加氢、缩合等技术相结合,反应装置可在现有炼化装置的基础上进行改造,每加仑产品的投资成本仅 1.75 ~ 3 美元;副产烯烃既可作为副产品,也可用于装置供能,过程经济性良好。

(4)用可再生原料制造的有机化学品制芳烃

以生物质为原料生产有机化学品的技术层出不穷,一些生产商也另辟蹊径,先采用成熟工艺将生物质转化为附加值较低有机化学品,再将生物基化学品转化为附加值更高的芳烃产品。

对 Gevo 开发的以生物基醇类(主要为异丁醇)为原料制芳烃的生产工艺流程作如下介绍。

一般将生物质原料由 GIFT™ 工艺转化的 C_4 醇类（异丁醇）送入固定床管式脱氢反应器，采用 BASF AL-3996 型 γ-铝催化剂进行脱氢反应，在 250～350℃、0.4～1.4MPa 的条件下得到 C_4 烯烃（异丁烯），异丁醇转化率超过 99%；所得丁烯在聚合反应器中，在 150～180℃、5.2MPa 条件下以 ZSM-5 为催化剂获得 C_8 烯烃（2,4,4-三甲基戊烯、2,5-二甲基己烯），未聚合的异丁烯可作为稀释剂返回脱氢环化反应器，以有效提高 PX 选择性；C_8 烯烃在固定床反应器中进行脱氢环化，在高温（400～600℃）低压（≤0.1MPa）的条件下，采用含有氧化铬和铝的 BASF D-1145E1/8 型催化剂获得可再生 PX 产品，其 PX 选择性超过 75%，纯度达 99%，可直接用于进一步氧化生产 PTA 或 PET。

该工艺可在温和环境下实现 PX 转化，避免在环化反应中由于高温造成的原料裂解副产物；同时，工艺可直接生产高纯度 PX 产品，省去了异构化、芳烃分离等复杂工艺，生产过程相对简单。缺点在于：脱氢环化催化剂在高温环境下容易积炭，每 15min 需移出再生，需要多个反应器切换操作。

根据 Gevo 与日本东丽公司于 2011 年 2 月签订的协议，自 2012 年 Gevo 将供应 1000t/a 生物基 PX，供应量将在 5 年内增长至 5000t/a。此外，Gevo 还探索了生物基丙酮制二甲苯工艺，采用晶体粒度为 2000nm 的 ZSM-5 分子筛作为催化剂，丙酮经过连锁反应合成异丁烯后裂解得到二甲苯产品，但目前还未见工业化报道。

（5）其他生物质芳烃转化路线

除上述正在工业化工艺外，多个大型石油炼化公司及高校也积极地开展生物质芳烃转化技术开发。

UOP 在其专利中采用生物质原料（葡萄糖或多糖）合成二甲基甲酰胺（DMF），并与乙烯通过催化环加成（Diels-Alder）生成

DMF 的呋喃环，随后与氧杂双环庚烯衍生物开环并脱水得到 PX。美国北卡罗来纳大学以生物质线性单烯（乙烯、丙烯、丁烯以及 C_5/C_6 烯烃）为原料，在催化剂的作用下转化为对应的 C_5/C_6 共轭二烯（1,3-戊二烯、2,4-己二烯等），并进一步与乙烯发生加氢环化（Diels-Alder）反应得到带有 1~2 个甲基的环己烯，最后催化脱氢得到甲苯和二甲苯产品。

此外，采用生物质原料与传统蒸汽裂解工艺相结合也是实现生物基芳烃生产的有效途径。BASF 公司以生物质热解油或木质素作为热解原料，经临氢催化裂解反应转化为烯烃和芳烃，提纯后产品与石油炼制产品类似，且不需要改变生产装置基础设施的配置。韩国 SK 能源公司将煤或木材液化得到生物质合成油，分离后：C_1~C_5 组分进入轻烃分离过程生产烯烃，C_6~C_{10} 组分进入芳烃分离单元和烷基转移单元，得到苯、甲苯、二甲苯产品，C_{11}^+ 重油经回收进入加氢单元循环利用。该工艺所生产的 BTX 浓度高，同时选择性生产丙烯等低碳烯烃，使总产品价值得到提升。采用生物基油脂（如椰油）为蒸汽裂解原料，部分加氢处理后与石脑油原料按一定比例混合进行蒸汽裂解，产品分馏后可获得烯烃、双烯烃、芳烃和汽油等产品。但该方法主要产品为 C_1~C_4 烯烃，芳烃含量较低。

三、生物基丙烯酰胺关键技术

丙烯酰胺是一种有机化合物，别名 AM，纯品为白色结晶固体，易溶于水、甲醇、乙醇、丙醇，稍溶于乙酸乙酯、氯仿，微溶于苯，在酸碱环境中可水解成丙烯酸。职业性接触主要见于丙烯酰胺生产和树脂、黏合剂等的合成，在地下建筑、改良土壤、涂料、造纸及服装加工等行业也有接触机会。日常生活中，丙烯酰胺可见于香烟、经高温加工处理的淀粉食品及饮用水中。

1.微生物法催化水合反应生产丙烯酰胺

微生物法生产丙烯酰胺是通过在含有腈水合酶细胞的发酵液中贮存 96～240h,用于催化水合反应生产丙烯酰胺。但是在含有腈水合酶细胞的发酵液贮存过程中,当贮存时间≥240h 以上时发酵液中腈水合酶活性会降低,使发酵液使用量增加,催化水合反应所得丙烯酰胺产品质量降低。假如加入发酵培养基原料中的 pH 值调节剂、酶活性促进剂或缓冲剂中的一种,会达到稳定贮存腈水合酶液。因此,采用此方法,能有效地稳定腈水合酶的活性,利于生物催化剂腈水合酶液的贮存,有利于微生物法生产丙烯酰胺,有利于后续聚丙烯酰胺的生产。

2.红色红球菌-腈水合酶重组改造和细胞催化生产丙烯酰胺的关键技术

红色(赤)红球菌(*Rhodococcus ruber*)为革兰氏阳性放线菌,是一种重要的工业微生物,在生物催化转化、降解、修复等领域具有广泛应用。以丙烯酰胺为例,其聚合产物是重要的三次采油驱油剂、水处理絮凝剂及其他行业助剂。一般红色红球菌细胞直接应用于工业生产,仍存在副产物多、抗逆性不理想等问题,导致原料单耗高、分离纯化成本高、能耗和废水排放多,故性能改造需求迫切。但其基因 GC 碱基含量高,遗传工具匮乏,基因改造困难。针对红色红球菌-腈水合酶重组改造和细胞催化生产丙烯酰胺的关键问题,于慧敏研究团队提出了在酶分子层面和细胞层面协同改造,发明了引入盐桥和二硫桥强化改造胞内腈水合酶的方法,解决了红球菌外源基因导入、表达、稳定遗传以及染色体基因敲除和细胞性能调控的难题,填补了红球菌重组改造研究空白。构建了腈水合酶改造与副产物基因耦合型新菌株,兼具高有机溶剂耐受和低副产物生成特性。在 30 吨水合釜中催化丙烯腈生产丙烯酰胺,其浓度可从32%提高到48%以上，副产物下降70%～80%，废水排放减少30%。

于慧敏等发明的游离细胞催化耦合中空纤维超滤膜分离及高效精制新工艺。解决了原固定化细胞工艺中酶活损失大、杂质含量高等关键问题。

四、生物基聚酯制备关键技术

1.高亲水全生物基聚酯的制备方法

近年来，由于石化资源过度消耗带来的能源匮乏及环境污染问题迫使人们不得不寻找新型的聚合物以替代传统石油基聚合物，生物基聚合物的应用减少了对石化资源依赖及缓解环境污染。

高亲水全生物基聚酯的制备方法就是其中的一种方法。一般所使用的原料完全来自于生物质，可以减少石油用量及减少向外排放的二氧化碳，同时可以缓解我国的石油急缺的现象。此方法反应温度较低，反应效率高，降低了能耗，容易实现工业化生产，降低了生产成本。

①　制成生物基混合多元醇。将生物基乙二醇以及生物基1,3-丙二醇按照1：（0.1～10）的质量比配制成生物基混合多元醇；

②　配制成浆料。将生物基2，5-呋喃二酸与上述生物基混合多元醇按照1：（1.05～1.5）的质量比配制成浆料；

③　酯化反应。将上述浆料加入酯化反应釜中进行酯化反应；

④　混合物进行缩聚反应。最后将上述混合物进行缩聚反应，制得生物质聚酯。

2.生物基聚酯的制备方法

随着环境保护和化石资源问题的日益严峻，开发基于可再生生物质资源的生物基高分子材料，成为未来的发展趋势。目前我国作为最具有价值的生物基平台化合物之一，对苯二甲酸及其衍生物在精细化学品和高分子材料合成领域已有广泛的应用。南京工业大学郭凯等，采用两步法将对苯二甲酸及其衍生物合成为高分子量聚酯化合物，实现了高效、温和、可控聚合反应，完全规避了在催化聚合反应工艺中引入任何金属，从而杜绝了催化剂在二次（或后续）工艺中的解聚反应，还可构造预定结构的聚合物分子，实现聚合物材料性能的设计与控制。该生物基聚酯的制备方法见如下步骤。

（1）高温常压下缩合反应

该缩合反应，一般在 220 ~ 250℃，常压下，对苯二甲酸及其衍生物的脂肪族二醇在不加催化剂的条件下进行缩合反应生成对苯二甲酸二乙二醇酯和少量低聚物。

（2）高温减压下酯交换反应

该酯交换反应，一般在 250 ~ 280℃和在 0.2 ~ 0.8atm 条件下，将步骤（1）所得产物对苯二甲酸二乙二醇酯在 dbu·ba 催化剂的催化下聚合得到高分子量聚酯化合物。

（3）制备采用的条件与方法

① 上述的反应均是在氮气或惰性气体保护中进行的。

② 上述步骤（1）中的对苯二甲酸及其衍生物与脂肪族二醇的投料摩尔比为 1:2 ~ 1:3。

③ 上述步骤（2）中的 dbu·ba 催化剂与对苯二甲酸二乙二醇酯的摩尔比为 0.1% ~ 10%。

④ dbu·ba 催化剂的制备是在室温、氮气或惰性气体保护条件下，将苯甲酸溶解在乙醚溶液中，边搅拌边将 dbu 滴入反应瓶

中得到产物。

3.生物可降解的聚合物材料及其制备方法

　　山东赛克赛斯生物科技有限公司董芳芳，赵艳等开发的一种生物可降解的聚合物材料是由丙交酯、乙交酯和己内酯在催化剂的作用下聚合形成，聚合物材料中的乳酸单体的含量为 45% ~ 65%（mol），乙醇酸单体的含量为 5% ~ 20%、己内酯单体的含量为 30% ~ 45%。

　　① 将丙交酯、乙交酯和己内酯混合所形成的第一混合物在惰性气体保护下与催化剂混合，并在 100 ~ 120℃的真空环境下反应 3 ~ 5 天。

　　② 这种聚合物材料，分子量大、机械强度高、柔韧性强、膨胀度小，可用于人体组织的再生修复，比如用于制备神经导管。

4.生物基 PET 聚酯合成方面进展

　　目前广泛使用的生物基高分子主要有聚乳酸（PLA）、聚羟基脂肪酸（PHA）、聚羟基乙酸（PGA）、聚丁二醇丁二酸酯（PBS）等。此类高分子以可再生资源为主要原料，在减少高分子行业对石油资源消耗的同时，也减少了石油基原料生产过程中对环境的污染，具有节约石油资源和保护环境的双重功效。是当前高分子学科的一个重要发展方向，也是发展"绿色经济"和"低碳经济"的重要手段之一。然而，在实际应用中这些生物基高分子的力学性能（如强度、模量等）与耐热性能（如玻璃化转变温度 T_g）均明显低于聚对苯二甲酸乙二醇酯（PET）、聚对苯二甲酸丁二醇酯（PBT）、聚碳酸酯（PC）等石油基芳香类高分子。从而无法满足生物基高分子用于工程塑料的要求。

　　究其原因是生物基高分子的分子骨架中缺乏刚性的芳香环结构，导致性能偏低。因此，生物基高分子要想部分取代和补充石油基高分子，迫切需要在其分子结构中引入刚性环结构，以赋予生物基高分子较高的耐热性和力学性能，从而实现生物基高分子在工程塑料领域的应用。

中国科学院宁波材料技术与工程研究所研究员朱锦带领的生物基高分子材料团队通过以生物基芳香单体 2,5-呋喃二甲酸与乙二醇共聚，采用熔融缩聚法，制备了一系列分子结构中呋喃环含量不同的生物基芳香聚酯聚呋喃二甲酸乙二醇酯（PEF）（又称生物基 PET）（图 3-7），黏度控制在 0.75 ~ 0.98dL/g 之间。

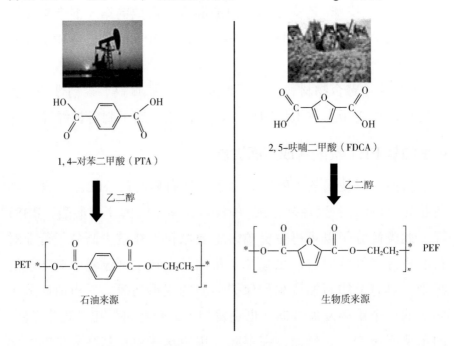

图 3-7　聚呋喃二甲酸乙二醇酯的合成

TGA 和 DSC 研究表明生物基芳香聚酯的 T_g 明显提高，PEF 的 T_g 比 PET 提高了 18℃，熔融温度降低了 40℃，强度和模量提高了 40%。材料气体阻隔性测试表明 PEF 的 CO_2 阻隔性能比 PET 提高 14.8 倍，O_2 阻隔性能比 PET 提高 6.8 倍。由于生物基芳香聚酯 PEF 具有好的耐热性、强度、模量和阻隔性，其应用前景十分良好。目前已放大到 5L 反应釜，实现了 PEF 公斤级制备，特性黏度在 0.65 ~ 1.0dL/g 之间，不同级别精确可控，并解决了呋喃聚酯颜色发黄的问题，制备出了无色透明聚酯。在此基础上也开展了纤维、薄膜、工程塑料等领域的应用研究（图 3-8）。

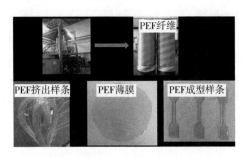

图 3-8　呋喃二甲酸基聚酯的应用

　　为了拓展 PEF 的应用领域，左丽媛团队以环己二甲醇作为共聚单体开发出了高韧性呋喃共聚酯 PECF，其具备了优良的综合性能，PECF 的 T_g 比 PET 提高 11℃，熔融温度降低 35℃，CO_2 阻隔性能比 PET 提高 5.2 倍，O_2 阻隔性能比 PET 提高 3.2 倍，而断裂伸长率达到 154%，性能对比如表 3-1 和图 3-9 所示。其性能可满足塑料啤酒瓶的制造要求。开发的耐高温呋喃共聚酯 PETF 系

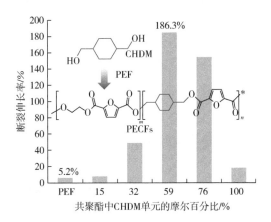

图 3-9　PECF 呋喃共聚酯

列聚酯，其玻璃化转变温度最高达到 122℃，且具有很好的冲击性能，与聚碳酸酯（PC）相比，克服了 PC 耐溶剂性差的缺点。PETF 系列生物基芳香聚酯同时具备了耐高温、耐溶剂、良好的抗冲性和人体接触安全性，非常适合用于婴儿奶瓶、玩具等制造，也可替代和补充 PC 用于航空、汽车制造等众多领域。

表 3-1　呋喃共聚酯 PECF 与 PET 的性能对比

性能指标	PET	PECF 共聚酯	对比
玻璃化转变温度/℃	70	81	提高 11℃
熔融温度/℃	260	225	降低 35℃
CO_2 阻隔性/[$\times 10^{-10} cm^3 \cdot cm$/（$cm^2 \cdot s \cdot cmHg$）]	0.11	0.021	提高 4.2 倍
O_2 阻隔性/[$\times 10^{-10} cm^3 \cdot cm$/（$cm^2 \cdot s \cdot cmHg$）]	0.044	0.013	提高 2.2 倍
拉伸强度/MPa	60	63	接近
拉伸模量/GPa	1.9	1.7	接近
断裂伸长率/%	>110	154	更高

注：1cmHg=1333.2Pa。

上述工作得到中科院宁波材料所一三五项目、国家科技支撑计划、国家自然科学基金、宁波市自然科学基金等的支持。

五、生物基尼龙制备关键技术

1.生物基高性能尼龙原料 1,5-戊二胺的生物催化合成技术

目前的尼龙产品是利用石油产品的原料来聚合生产的。杜邦

公司在 20 世纪 30 年代发明尼龙时最先研究出的是使用戊二胺与二元酸聚合的高性能尼龙产品，但由于戊二胺价格昂贵，杜邦后来推出的产品是由己二胺和己二酸合成的尼龙 66。目前国内己二胺主要依靠进口。

　　赖氨酸可以一步脱羧生成戊二胺。国内赖氨酸产能严重过剩已达到 60%，根据生物发酵产业协会数据，过剩情况有可能进一步加剧。发展以赖氨酸为原料生产戊二胺的新技术，有助于利用和消化已有赖氨酸产能，延长产业价值链，上下游联动，解决产能严重过剩带来的就业危机、产业危机，具有重要的社会效益和经济效益。1,5-戊二胺类似于己二胺，与二元酸聚合生产尼龙 5X（尼龙 54、尼龙 56 等），性能媲美甚至超越了经典的尼龙 66，主要应用领域是纤维（如服装、汽车轮胎帘子布、地毯和管道等）和工程塑料（如电子仪器产品和汽车的部件等）。全球尼龙的总需求量超过 700 万吨/年，己二胺作为尼龙原料的市场需求已经超过 200 万吨/年。未来应用生物技术合成的戊二胺将具有 4 大优势：a.生物基材料的新概念，生产不再使用石油原料，而是采用可以再生的糖基原料；b.尼龙 54、尼龙 56 材料性能高，市场巨大；c.替代国际进口的己二胺，促进中国尼龙产品摆脱进口限制（包括军用材料），可以让中国企业全面进军国际市场；d.与传统的进口己二胺相比，戊二胺具有巨大的成本优势。

　　中国科学院天津工业生物技术研究所建立了从葡萄糖生产戊二胺的完整工艺包。创新了自有知识产权的赖氨酸生产菌种，糖酸转化率达到 75%，居报道最高水平；通过蛋白质工程手段获得了耐受高温、高 pH 值且具有高活性的赖氨酸脱羧酶突变体，其酶学性能处于已报道的最高水平；通过调整酶的生产工艺和赖氨酸催化工艺，利用该酶进行戊二胺转化，1t 发酵罐上 6h 内可以获得 218g/L 的戊二胺，摩尔转化率大于 98%，打通了戊二胺提取路线。经过初步核算，戊二胺的生产成本可以控制在 1.4 万元/t 左右，远远低于己二胺的生产成本（2.5万元/t）。

该所成果已申请4项中国发明专利，一项专利在中国、美国、日本、欧洲、加拿大布局，并已经获得中国、日本和美国专利局授权。

据该生产工艺投资与效益分析，国内外多家公司正在大力推进以戊二胺为单体的尼龙5X产品。聚合级己二胺生产成本2.5～3万元/t。鉴于本成果在菌种、酶和工艺的整体优势，以建成10万吨产能测算，未来的产值可达25亿元，毛利10亿元。

2.生物基尼龙54前体——戊二胺丁二酸盐的制备方法

国内一种利用基因工程菌共发酵制备生物基尼龙54前体——戊二胺丁二酸盐的方法，它通过在丁二酸生产菌株内过表达赖氨酸脱羧酶，在丁二酸发酵过程中添加赖氨酸进行脱羧反应，两个脱羧产物，戊二胺及CO_2分别用于体系pH值的调控剂及丁二酸的合成，实现了共发酵生产丁二酸与戊二胺及CO_2的固定，且发酵液中的戊二胺丁二酸盐可作为前体进一步用于聚合制备生物基尼龙54。与现有的尼龙54制备方法相比，该工艺简单，成本低，过程安全可控，绿色环保，具有重要的应用价值和良好的经济性。

一般包括如下步骤：a.以大肠杆菌基因组为模板，以赖氨酸脱羧酶基因cadA两端的引物进行PCR扩增，所得片段克隆至载体pETDuet-1的NdeI和KpnI位点，得到质粒pETDuet-CadA；以质粒pETDuet-CadA为模板，使用上游引物CadA-4A-F和下游引物CadA-4A-R进行PCR扩增，得到片段CadA-4A；以质粒pCDFDuet-1为模板，使用上游引物Fuse-pCDF-F和下游引物Fuse-pCDF-R进行PCR扩增，得到片段CDF-4A；以质粒pTrc99a为模板，使用上游引物Trc99a-4A-F和下游引物Trc99a-4A-R进行PCR扩增，得到片段Trc-4A；将片段CDF-4A、Trc-4A和

CadA-4A 进行同源重组拼接，得到重组质粒 pCDF-Trc-CadA；b.将步骤 a 中所得的重组质粒 pCDF-Trc-CadA 转移到大肠杆菌 AFP111 的感受态细胞中，获得过表达赖氨酸脱羧酶的工程菌 E.coli SC01；c.将步骤 b 中得到的工程菌 E.coli SC01 接种至有氧发酵培养基中，进行有氧发酵；有氧发酵完成后，向反应体系中通入 CO_2 并开始进行厌氧发酵；厌氧发酵过程中，持续向反应体系中通入赖氨酸水溶液；厌氧发酵结束后，所得发酵液经离心并去除菌体后，取上清液进行醇析处理后，得到生物基尼龙 54 前体，即戊二胺丁二酸盐。

为了实现在经济和环保上的双赢，福特汽车、可口可乐等国际巨头都在争相研究纯生物基的 PET。其实，不仅仅是 PET 原料，各大塑胶原料在油价飞涨的时代都在寻求新方向，而纯生物基尼龙 PA66 塑胶原料最近实现了技术上的突破。

3.生物基 PA66 聚合物研制成功

100% 生物基 PA66 聚合物已经被成功生产出来，这是美国 Rennovia 公司最近宣布的消息。据悉，这一尼龙 PA66 塑胶原料由己二酸和己二胺制成，归于 RENNLON 牌下，已向潜在客户发放了样品。这一技术突破，将很好地促进尼龙 PA66 塑胶原料成本的降低和低碳排放。因为，和传统工艺相比，生产生物基尼龙 PA66 塑胶原料所需要的生物基己二酸过程中，所排放的温室气体会降低 85%，而生产己二胺所排温室气体则减少 50%。官方表示，生产生物基己二酸和己二胺的成本要比常规己二酸和己二胺的成本少 20% ~ 25%。如此看到，这一次 Rennovia 在生物基尼龙 PA66 塑胶原料领域的技术突破，将给自身带来独特优势，既达到了成本优势，又降低了环境影响。

目前一种采用棕榈油作为原料生产的二酸已经在印度尼西亚实现商业化生产，这是一种新的单体，能够生产出性能更好的各种聚合物，能够用来生产 PA、PU 以及其他塑胶产品。

该技术属于 Elevance Renewable Sciences Inc.公司，工厂则位于印尼 Gresik。使用棕榈油生产的二酸制备的 PA，具备了更好的水解稳定性，更佳的耐溶剂性，并且在韧性和光学透明性上得到提高。

相对而言，此次 Rennovia 的突破更具现实意义，因为其实现的是 100%的纯生物基尼龙 PA66 塑胶原料，并且在成本降低和二氧化碳排放量上，也的的确确实现了质的飞跃，未来发展只等市场的检验。

六、生物基聚氨酯制备关键技术

1.纳米微晶纤维素与生物基聚氨酯制备关键技术

纳米微晶纤维素（CNCs）作为一种新型的生物质基高分子材料，在多个领域中成为研究热点。下面主要对 CNCs 与生物基聚氨酯制备绿色复合材料进行介绍。

以生物基聚氨酯和纳米微晶纤维素为原料制备的环保型纳米复合材料表现出，在仅有 1%（质量分数）纳米微晶填料的情况下，力学性能明显提高。

在过去的几十年里，可持续发展得到越来越广泛的关注，这使得有关可再生资源生产的研究工作呈现指数增长。特别是，目前正致力于采用天然纤维或颗粒来取代复合材料中的合成增强相，因为这些天然材料具有可再生性并且对环境的影响小。

根据这一趋势，我们采用水性聚氨酯（WBPU）和纳米微晶纤维素（CNCs）制备了纳米复合材料。WBPU 来自于生物基单体（由生物技术制得的 Agrol 3.6 以及羟基大豆油），由于是在水中制备，避免了有污染溶剂的使用。此外，CNC 填料来源于廉价的林业工业材料，并为复合材料增加了重要价值。提出新的合成方法，并说明最终产品 WBPU/CNCs 纳米复合材料薄膜的力学性能、物理性能以及热性能。

通过商用微晶纤维素材料的酸解得到 CNCs。丙酮和 CNCs 水悬浮液进行溶剂交换，并采用均化器来混合所得的 CNCs 分散体系和干燥的大分子二醇。溶剂蒸发后，我们通过添加 4,4′-二苯基甲烷二异氰酸酯预聚物和二月桂酸二丁基锡催化剂来制备纳米复合材料，并将所得混合物倒入一个预先加热的模具中（80℃）。闭合模具并加压至 0.5MPa，在温度 80℃维持 2h，然后转移到烤箱中以相同的温度持续 16h。

通过这种方法，我们制备了纯 WBPU 和 CNC 质量分数分别为 0.5%、1%、2%的复合材料。即使在含有 2%CNCs 的情况下，纳米复合材料薄膜呈现为黄色透明。此外，我们评估了在交叉偏振光下纳米复合材料中 CNCs 的分散，发现 CNCs 均匀分布在 WBPU 基体中（图 3-10）。

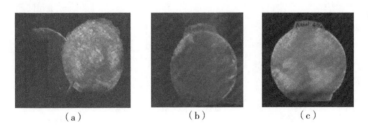

（a）　　　　　　　（b）　　　　　　　（c）

图 3-10　在交叉偏振光下，水性聚氨酯/

纳米微晶纤维素（WBPU/CNC）复合材料的摄影图像

纯 WBPU（a，左侧）和含有 0.5%CNC 填料的复合材料（b），

含有 1%CNCs 填料的复合材料（a，右侧）和含有 2%CNCs 填料的复合材料（c）

基体中含有 CNCs，提高了复合材料的玻璃化转变温度（材料从一个坚硬的"玻璃"状态转变为类似于橡胶状态），纯 WBPU 的玻璃化转变温度为 31℃，而含有 2%CNC 的样品达到 35℃，这是

由聚合物链的运动约束导致的。此外，2%纳米复合材料在高弹态平台区域的储能模量（在动态剪切下材料的弹性响应）明显高于纯 WBPU。通过热重分析对样品的热降解性能进行了评价，无论是在空气中还是在氮气环境中，呈现出相似的特性。这表明 CNCs 填料在基体中涂覆良好，因此不会发生额外的降解。

众所周知，当 CNCs 浓度达到渗透阈值时（填料的无限连接发生的点），复合材料的力学性能会大大提高。然而，在最佳点以上，CNCs 进一步添加会导致附聚和力学性能一定的降低，这是这项研究中观察到的趋势。例如，含有 1%CNCs 样品的弹性模量（衡量一种材料的刚度）比纯 WBPU 要高出 4 倍，抗拉强度高出 2 倍（图 3-11）。然而，渗透值以上，含有 2%CNCs 的复合材料表现出弹性模量和拉伸强度显著降低，甚至低于纯 WBPU 的值。

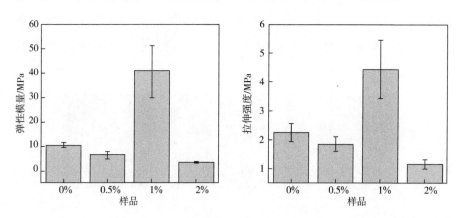

图 3-11　含有 0~2%填料的 WBPU/CNCs 纳米复合材料的
弹性模量和拉伸强度

总之，采用 CNCs 显著提升了生物基 WBPU 的力学性能，CNCs 是一种填料，也是一种天然高分子材料。值得注意的是，实现这种改进所需的填充物量非常低，而高的 CNCs 浓度则会产生负面影响。这些结果表明，生物基 PU 的特性随着 CNCs 的添加很容易改变。未来在这方面的工作，包括环保型 WBPU 的持续研究，增加 WBPU 中生物原生材料的含量，并进一步研究 CNCs 加入而发展的具有竞争力的材料。

2.科思创研发生物基热塑性聚氨酯

荷兰 Reverdia 公司和科思创公司（拜耳材料科技公司前身）开发和推广基于可再生原料的热塑性聚氨酯（TPU）。科思创将采用来自 Reverdia 公司的生物琥珀基琥珀酸，生产 Desmopan 品牌的 TPU，随后用于相关领域，包括鞋类和消费电子行业。

科思创的前身为拜耳材料科技公司，是全球领先的聚合物生产企业。科思创在其 Desmopan 品牌生物基热塑性聚氨酯生产中使用 Reverdia 公司生产的生物基丁二酸，进而满足制鞋行业和消费性电子产品等行业的需要。

生物基丁二酸（采用 Reverdia 公司的低 pH 值酵母科技，投入商业规模生产）可使科思创在多年内专注于研发项目的投资。科思创将把其位于台湾生产工厂的生物基热塑性聚氨酯生产提升至工业规模。

目前，生物基 Desmopan 产品可适用于多个硬度级别，比如邵氏硬度 A85 度、A95 度和 D60 度。生物基热塑性聚氨酯不仅具有传统热塑性聚氨酯的优异物理特性，而且相对于以化石燃料为基础的热塑性聚氨酯，还可进一步减少供应链环节的碳排放量。Reverdia 进行的一项模拟测验显示，与使用化石燃料产品相比，使用生物基热塑性聚氨酯可减少高达 65% 的碳排放量。不同硬度条件下，Desmopan 品牌生物基热塑性聚氨酯的质量百分比分别为 65%（邵氏硬度 A85 度）、52%（邵氏硬度 A95 度）和 42%（邵氏硬度 D60 度）。

另外，拜耳材料科技利用 Impranil 环保产品生产线推出了第一个生物基聚氨酯分散体产品，用于纺织面料。水性分散体可再生原料含量高达 65%。

3.中科院宁波材料所研发生物基聚乳酸聚氨酯

聚乳酸（PLA）是近年来生物基、生物可降解领域研究比较热门的绿色高分子材料。在全球范围内，调研了其中 80 个生产可降解塑料或者共混物的单位，其中大约有 20% 的公司正在生产 PLA 相关的塑料材料。然而，高分子量的 PLA 仍存在一些局限性：a.PLA 合成要求单体纯度高、工艺复杂、反应过程控制精度高，导致其成本高；b.PLA 抗冲性差、柔性差、耐热性差；c.PLA 品种单一，产品变化小，限制了其应用领域。许多研究人员将焦点投在 PLA 的改性方面，通过共混、共聚或表面修饰等物理和化学方法改善其性能。然而，对于低分子量 PLA 多元醇关注较少。PLA 多元醇可以作为聚氨酯的生物基原料，通过灵活的聚氨酯化学反应，能够获得一系列高性能聚乳酸基聚氨酯材料，将为有效地开发聚乳酸开辟了一条新路。

宁波材料技术与工程研究所"先进涂料与黏合技术"团队现已成功开发了一系列聚乳酸多元醇，解决了其酸值高、残单多的技术问题，并实现了 600 kg 级的中试生产（图 3-12），这成为全球第一个实现高品质聚乳酸多元醇的工业化制备。本研究团队开发的聚乳酸多元醇具有分子量可控、分子量分布窄、品种多、工艺流程简单、酸值和残单低等优点。

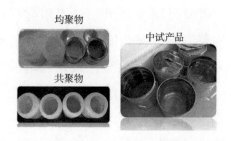

图 3-12　聚乳酸多元醇实验室及中试产品

利用中试生产的聚乳酸多元醇通过溶液聚合制备了一系列热塑性和热固性聚乳酸聚氨酯，其力学性能可调，能实现从塑料到橡胶的调节，具有形状记忆性能和生物相容性（图 3-13 和图 3-14）。并系统地研究了聚乳酸多元醇分子量、扩链剂、异氰酸酯种类对性能的影响。制备的聚乳酸聚氨酯弹性体的拉伸强度可达 23.5MPa，断裂伸长率大于 400%，该力学性能接近于石油基聚酯型聚氨酯（拜耳公司 Desmopan®400 系列），且有望取代软聚氯乙烯（PVC）用于医疗器械中。

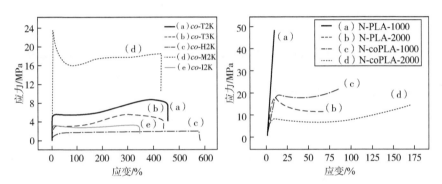

图 3-13　聚乳酸聚氨酯的应力-应变曲线：
左图为热塑性聚乳酸聚氨酯；右图为热固性聚乳酸聚氨酯

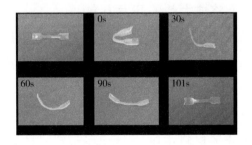

图 3-14　聚乳酸聚氨酯形状记忆恢复过程

基于上述研究基础，采用反应挤出方法实现了聚乳酸聚氨酯弹性体的一步绿色制备，避免了有机溶剂的使用，易于规模化生产。此外，可以通过条件控制调节弹性体的力学性能（图 3-15），可应用在软 3D 打印材料、生物医疗器械等高端领域。

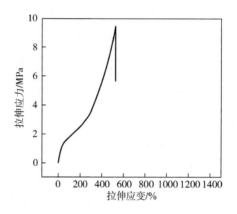

图 3-15   双螺杆挤出机反应挤出的聚乳酸聚氨酯产品拉伸应力-应变曲线

4.生物基聚氨酯发展方向

无处不在的雾霾天气给整个化工业亮起了环保"警示灯","生物基"一词的出现则为化工产品的绿色转型带来转机，特别是针对产销大户聚氨酯。

据美国市场研究公司 Grand View Research 最新发布的研究报告显示，至 2020 年，全球聚氨酯市场达 736 亿美元，未来 5 年内，生物基聚氨酯将成为新的开发方向。

目前生物基聚氨酯品种偏少，还无法满足用户对产品的差异化需求，生物基聚氨酯要想成为聚氨酯产品的主流，还必须跨过多道技术门槛。

聚氨酯被誉为"第五大塑料"，具有耐磨、抗撕裂、抗挠曲性好等特点，是高分子材料中唯一一种在塑料、橡胶、纤维、涂料、胶黏剂和功能高分子等领域均有应用价值的有机合成材料。

据上述美国研究报告的调查显示，亚太地区是全球最大的聚氨酯区域市场，中国则是亚太地区最大的聚氨酯消费国，2019 年需求量在该区域占 35%以上。中国聚氨酯工业协会预测，"十四五"

期间，我国聚氨酯产品年消费量还将达到 1200 万～1500 万吨，实现产值 4500 亿～6000 亿元。

　　然而，在庞大需求和火爆市场的背后，却是以牺牲环境和资源为代价。

　　生产聚氨酯的原料、中间体大多来自石油、煤等不可再生资源，且这些原料多为有毒、有害的化学品。另外，聚氨酯材料难以降解，其废弃物回收困难，从而造成很大的环境污染。

　　出于环保考虑，用生物质产品替代石油原料生产绿色环保型聚氨酯，备受追捧。

　　例如，福特汽车公司 2011 新款福特 Explorer 汽车的亮点之一就是使用大豆聚氨酯来制造汽车坐垫及座椅靠背；鞋材供应商欧士莱德将非食用性生物油代替传统石化品作为原料，制造出首款生物基聚氨酯泡沫鞋底，并投放市场。

　　聚氨酯主要由异氰酸酯、聚醚多元醇、聚酯多元醇等反应制得，据估计，若用生物基多元醇代替石油类多元醇，每 100 万磅（1 磅=453.59g）可节省 2200 桶原油。与石油类多元醇相比，植物油多元醇总体能源消耗降低 23%，非可再生资源消耗降低 61%，向大气排放温室气体减少 36%。

　　不过，由于受多重技术壁垒的限制，生物基聚氨酯产品还很难成为主流。

　　专家认为一般用户现在对生物基聚氨酯产品还存在疑虑，其性能还无法与石油基聚氨酯媲美，所以也影响了产品的推广。目前研究开发生物基聚氨酯主要是用生物基聚醚代替石油基聚醚，这就要求生物基聚醚具有与石油基聚醚相近的物理化学特性，但是要做到这一点比较困难。

　　对比石油基聚氨酯，生物基聚氨酯的稳定性相对较差。由生物质原料生产的多种生物质基聚醚，存在结构可控性差的缺点。

　　目前人们难以像生产石油基聚醚那样，根据对产品性能的需求来设计生物质聚醚结构，并且按照这样的设计来合成生物质聚醚产品。

　　另外，大多生物质原料还存在原料特性随原料产地、生长期不同而有较大差异的情况。不仅如此，对于当前开发热点之一的生物可降解植物基聚氨酯材料，其合成机理、结构性能关系、降解机理及其降解速率的可控性等，也都有待于进一步研究。

　　其实，国内生物基聚氨酯开发技术并不比国外差。例如南京红宝丽利用可再生植物油为原料制备聚氨酯硬泡；江苏中科金龙以二氧化碳为原料生产出高阻燃聚氨酯保温材料；植物纤维基多元醇以及植物纤维基聚氨酯也开始走向工业生产。

　　不过，目前国内生物基聚氨酯材料研究开发的总体水平仍不够高。从研究和开发本身来讲，需要有更多的研究机构和企业参与，开发出更多的生物基聚氨酯产品，适应不同的用户需求；从聚氨酯开发者的角度讲，仍需要通过新的合成手段来实现产品结构与性能的可控。专家认为，生物基聚氨酯的发展还需要国家政策的支持，例如制定专门的适用于生物基聚氨酯的技术标准；在政府采购以及税收等方面，应当制定一些有利于生物基产品的政策，以便让新产品在社会上起到示范作用。

　　另外，聚氨酯的阻燃性提高与否是聚氨酯材料能否进一步在国内推广利用的关键，而这也是生物基聚氨酯今后的研究发展方向。

　　聚氨酯企业的合成反应装置由于习惯了石油基原料，要想适应新的生物基多元醇原料，还需要有一个摸索的过程。不过，生物基聚氨酯产品仍是聚氨酯产品未来的发展趋势。

第四章

高端精细化工中间体产品合成与设计

第一节

精细化工中间体概述

一、中间体的合成概述

中间体是指半成品，是生产某些产品中间过程的产物。要生产一种产品，从中间体进行生产可以节约成本。

我国从乙烯生产环氧乙烷、合成碳酸二甲酯联产乙二醇等反应过程中，以绿色化学原料碳酸二甲酯代替剧毒的光气，开发了碳酸二苯酯、呋喃唑酮、碳酰肼、苯氨基甲酸甲酯、苄氨基甲酸甲酯、对苯二胺二甲酸甲酯、间羟苯氨基甲酸甲酯、间甲苯氨基甲酸甲酯、二氨基甲酸甲酯二苯甲烷、己二胺二甲酸甲酯、烷基胺甲酸甲酯、肼基甲酸甲酯、嘧黄隆、甲黄隆、氯黄隆等一系列绿色清洁生产新工艺，形成了具有中国特色的绿色高端精细化工产业链。

　　最初指用煤焦油或石油产品为原料合成香料、染料、树脂、药物、增塑剂、橡胶促进剂等化工产品的过程中，生产出了一些中间产物，如丁二烯是中间体产品。中间体现泛指有机合成过程中得到的各种中间产物。

　　如邻氯苯甲酸中间体产品，是一种防霉剂，它可以防止衣服发霉、腐烂。而制成它的主原料就是一种中间体——邻氯苯甲酸。邻氯苯甲酸是一种用途极广的农药、医药和染料行业的重要中间体，在农药上主要用于合成杀虫剂（苏脲一号）和防霉剂，在医药上主要用于合成抗精神病药奋乃静、拟肾上腺药曾鲁本辛和喘通、抗真菌药克霉唑、氯丙嗪、氯胺酮和双氯灭痛等药物，是碱量法和碘量法的标准试剂，用作胶黏剂和油漆的防腐剂。此外，它还有在染料上的重大作用，我们日常都离不开拍照，每个人都有属于自己的相片，相片的本体是胶片，而胶片的本体便可以由邻氯苯甲酸制得。化学里同分异构体经常具有相似的化学性质，因此对氯苯甲酸也具备同邻氯苯甲酸差不多的功能，也是农药、医药、染料的中间体。因为有了它们，生活有了更多彩色的美丽，有了可以永存的记忆。促进了生活的进步，改善了生活的质量。

　　在当代生活中，手机、电视、冰箱、汽车都成了我们生活中重要的一部分，这些产品给我们生活带来了许多方便和精彩。而这些产品中重要的一部分组成就是联苯二酚。联苯二酚是一种重要的有机中间体，可以用作橡胶防老剂和塑料抗氧剂，也可用于无色硫化橡胶制品、食品包装橡胶制品及医用乳胶制品。我们乘坐的交通工具上的轮胎，我们购物用的塑料袋，娱乐用的乒乓球拍，食品包装口的橡胶封层，还有医院里的医用手套等都可以由联苯二酚制得。在合成高聚物方面，由于其耐热性极佳，故可作为聚酯、聚氨酯、聚碳酸酯、聚砜及环氧树脂等的改性单体，用以制造优良的工程塑料和复合材料等。在汽车上，工程塑料主要用作保险杠、燃油箱、仪表板、车身板、车门、车灯罩、燃油管、散热器以及发动机相关零部件等；在机械上，工程塑料可用于轴承、齿轮、丝杠螺母、密封件等机械零件和壳体、盖板、手轮、手柄、紧固件及管接头等机械结构件上；在电子电器上，工程塑料可用于电线电缆包覆、印刷线路板、绝缘薄膜等绝缘材料和电器设备结构件上；在家用电器上，工程塑料可用于电冰箱、洗衣机、空调器、电视机、电风扇、吸尘器、电熨斗、微波炉、电饭煲、收音机、组合音响设备与照明器具上；在化工上，工程塑料可用于热交换器、化工设备衬里等化工设备上和管材及管配件、阀门、泵等化工管路中。除了这些，它的高纯度产品主要用于合成液晶聚合物。主要用来制作手机、电视等电子产品的液晶显示屏等。

二、精细化工中间体需加速创新

发展高端精细化工中间体产业，已经成为世界各国化学工业的重中之重。其产品不仅种类多，用途也很广泛，直接服务于高新技术产业的许多领域。目前，世界上最大的精细化学品供应国就是正在快速发展的中国。然而，精细化工产业由于技术落后，严重地污染了环境，经过十多年来的技术创新及环境整治，加速了精细化工中间体的发展。

从长远来看，加速中间体及精细化工工艺的绿色化已经刻不容缓，尽管以现在的水平，在制作精细化学品的过程中不产生任何废物和副产物也不切实际，但是要尽量减少其输出，对其产品创新实现环保的目的。

如果精细化工中间体生产环境污染严重，必将严重影响我国有机中间体及精细化工产业的未来发展。笔者认为只有提高化工中间体及精细化工制备工艺和装备技术水平，企业和科研院所应担当科技创新主体，通过产、学、研联合应用开发体系，来加快我国绿色高端精细化工中间体一体化的发展。

三、精细化工中间体需适应绿色要求

虽然中国的精细化工中间体行业取得了生产能力的巨大进步，合成技术的进步，上游和下游连接等，与国外先进水平和下游有机和精细化学品的要求相比，化学制品仍存在较大的差距。

目前，我国的精细化工中间体行业存在合成技术不平等、生产不均、生产质量不是很高、环境污染严重、产业结构亟待调整等问题，这些问题将成为限制精细化工中间体发展的因素。我国的精细化工中间体产业如果想进一步发展，达到一流水准，就需要大力研究其制造技术，让制造技术更进一步，向"绿色"转型，就可以大大减少精细化工中间体产业对环境的污染。

全世界都在全面推进绿色化学的发展，随着催化剂的不断丰富，一些传统的精细化工生产领域，如医药中间体、染料和色素、胶黏剂和密封剂等，得到了大批量生产，在中国存在高输出值，但环境污染比较严重，可以使用大型的绿色生物制造技术进行产业的转型升级，从而实现在中国精细化工行业保持与国际先进水平同步，从而使用精细化工中间体更需适应绿色要求。

四、精细化工中间体绿色化研究和发展方向

由于国内有机精细化工中间体之间的竞争越来越激烈，国内的环境保护要求也越来越严格，而中国化工中间体的研究与开发的方向，将向以下几个方面推进。

① 催化剂是有机精细化工中间体的重要类别，是化工生产中的核心技术。多年来，中国的科研和生产企业都非常重视催化剂。

预计未来我国将加大催化剂的创新力度。

② 进一步加强技术研发的国际合作。

③ 开发更加高档、精练、复合化、功能化的产品。如超细粉体工程，已将无机和高分子材料发展到一个新的阶段，将无机和高分子材料制成了一种新的材料，这将成为一种高性能精细化工中间体。

④ 向"绿色化"方向发展。

五、高端精细化工中间体催化合成技术的发展

由于国内细化工中间体催化合成技术的进步与创新，带动了精细化工行业整体向前的飞速发展。

下面以对苯二胺、4-氨基二苯胺、芳醛三种精细化工中间体为例，简单介绍了它们的催化合成工艺的进展情况。

1.对苯二胺

国内对苯二胺主要用于制造偶氮染料、硫化染料和橡胶抗氧化剂等。工业合成方法主要是对硝基氯苯经氨解还原得到。在氨水解过程中，会产生大量的废水，并且由于外界的高温环境，设备会受到腐蚀。采用了 Monsanto 公司以苯甲酰胺和苯胺为原料，开发了一种新的合成方法。反应条件温和，选择性高。氨水水解后可回收苯甲酰胺，成本会得到大大降低，有效地改善环境。

2. 4-氨基二苯胺

国内 4-氨基二苯胺是 4000 系列橡胶抗氧化剂的重要中间体，如 4010、4010NA、4020、4030、4040 和 4022，具有优良的合成性能。世界总产量非常大，达到 4.5 万吨/年，需求量为 6 万吨/年以上，年均增长近 5%～10%。目前常用的工业合成方法是二

苯胺法和甲酰苯胺法。二苯胺法和甲酰苯胺法在反应过程中，都引入有害溶剂和难以处理无机盐，造成大量浪费，生产安全性差，生产成本高。目前使用高端的新技术，苯胺和硝基苯一步合成新工艺。这种工艺可以很大程度降低生产过程中产生的废水，百分比高达98%以上，还可以降低成本，具有较强的竞争力。

另外，国内对氯硝基苯的供应是充足的。因此，国内生产的4-氨基二苯胺主要使用甲酰苯胺法。然而，由于这种方法对环境的严重污染，它不符合绿色化学的概念。在苯胺法过程中引入相转移催化，克服了反应条件苛刻、反应时间长、产品产率不理想等缺点。苯胺法已逐渐成为合成4-氨基二苯胺的一种有竞争力的方法。碳酰苯胺法以碳酰苯胺代替苯胺为原料，与硝基苯缩合，避免硝基苯法过程中的亚硝基化、重排和还原反应。一步合成4-氨基二苯胺，具有不分离中间体的优点。该产品大大简化了工艺流程，避免了与致癌中间体 N-亚硝基二苯胺和4-亚硝基二苯胺接触的可能性。

该产品的产率高，质量好，经济效益显著。因此，综合考虑原料的来源、成本、产品质量和环保因素，目前国内的研究方向可能倾向于苯胺法工艺条件的研究和对碳酰苯胺法机理的探索和反应控制方面。

3.芳醛

芳醛是医药、农药、香料、树脂等精细化工产品的重要原料。它的生产工艺仍然以分支甲基卤化物水解产物的生产为主。在生产过程中产生大量的有机氯和无机氯废水，污染严重，产品纯度不高。采用三菱化学公司开发的一种以芳族羧酸为原料，以氧化锆系金属氧化物为催化剂直接氢化分子氢的方法，并建立了2000t/a的多品种生产装置，如间苯氧基苯甲醛、对叔丁基苯甲醛、对甲苯甲醛等，产品纯度高，在国际市场上很受欢迎。

国外已开发出一种多组分复合催化的一步法，并已获得工业应用。所用催化剂为 Pd-KOH-Al$_2$O$_3$、Pd-离子交换树脂、Pd-Cr-ZSM-5 等，反应温度为 120～140℃，反应压力为 3.04MPa。反应的选择性和产率都很高，反应时间大大缩短。固体催化剂可以回收和应用，并且基本上不产生废物。

第二节
环氧烷类中间体合成与设计

一、环氧乙烷中间体技术及工艺设计

环氧乙烷是一种有机化合物，化学式是 C$_2$H$_4$O，是一种有毒的致癌物质，以前被用来制造杀菌剂。环氧乙烷易燃易爆，不宜长途运输，因此有强烈的地域性。被广泛地应用于洗涤、制药、印染等行业。在化工相关产业可作为清洁剂的起始剂。

环氧乙烷（EO）为一种最简单的环醚，属于杂环类化合物，是重要的石化产品。化学性质非常活泼，能与许多化合物发生开环加成反应。环氧乙烷能还原硝酸银。受热后易聚合，在有金属盐类或氧的存在下能分解。

1.环氧乙烷特性

环氧乙烷是继甲醛之后出现的第 2 代化学消毒剂，至今仍为最好的冷消毒剂之一，也是目前四大低温灭菌技术（低温等离子体、低温甲醛蒸气、环氧乙烷、戊二醛）最重要的一员。

环氧乙烷是一种简单的环氧化合物，为非特异性烷基化合物，

分子式为 C_2H_4O，结构式为—CH_2—CH_2—O—，分子量为 44.06。在 4℃时相对密度为 0.884，沸点为 10.8℃。在常温常压下环氧乙烷是无色气体，比空气重，其密度为 1.52g/cm³，具有芳香的醚味，可闻出的气味阈值为 760～1064mg/L。

环氧乙烷在低温下为无色透明液体，在常温下为无色带有醚刺激性气味的气体，气体的蒸气压高，30℃时可达 141kPa，这种高蒸气压决定了环氧乙烷熏蒸消毒时穿透力较强。

当温度低于 10.8℃时，气体液化，在低温下为无色透明液体，可以任何比例与水混合，并能溶于常用的有机溶剂和油脂，其气体可被某些固体（例如橡皮、塑料等）吸收。环氧乙烷液体本身又是一种良好的有机溶剂，能将一些塑料溶解，在消毒过程中应引起注意。环氧乙烷的蒸气压比较大，所以对消毒物品的穿透性强，扩散性可以穿透微孔而达到物品的深部，有利于灭菌和物品的保存。

环氧乙烷具有易燃易爆性，当空气中含有 3%～80%环氧乙烷时，则形成爆炸性混合气体，遇明火时发生燃烧或爆炸。消毒与灭菌常用的环氧乙烷浓度为 400～800mg/L，属于在空气中易燃易爆的浓度范围，因此使用中予以注意。

环氧乙烷与二氧化碳等惰性气体以 1:9 的比例相混合可形成防爆混合物，用于消毒和灭菌更为安全。环氧乙烷可以发生聚合，但一般情况下聚合作用较缓慢，且主要是在液体状态时发生聚合。环氧乙烷与二氧化碳或氟的烃类化合物组成的混合物中，聚合作用更缓慢，固体聚合物不易爆炸。

2.环氧乙烷催化剂生产技术研究新进展

催化剂是乙烯法生产环氧乙烷的关键，目前，其技术的研究进展主要体现在催化剂载体以及制备工艺的改进两个方面。

中国石化北京化工研究院王辉等开发出一种用于银催化剂的

α-Al$_2$O$_3$载体及其制备方法。其制备方法是将三水氧化铝、拟薄水铝石、含稀化合物、含硅化合物、含氟化合物和碱土金属化合物混合均匀得到固体粉状物，再加入黏结剂和水得到混合物，将该混合物进行捏合、成型、干燥、焙烧，最终得到α-Al$_2$O$_3$载体。

中国石化北京化工研究院任冬梅等通过在载体的制备过程中加入一定比例微米级α-氧化铝晶粒和含硅助剂化合物，制得银催化剂的α-Al$_2$O$_3$载体，同时兼具较好的孔隙率、比表面积和孔结构，孔分布中孔径为0.5～1.5μm的孔占40%～60%（体积分数），孔径为5～10μm的孔占10%～30%（体积分数）。用含银化合物、有机胺化合物、碱金属助剂、碱土金属助剂、抹助剂和任选的抹助剂的共助剂组成的溶液浸渍、干燥活化后制得的银催化剂用于乙烯环氧化制备环氧乙烷中，兼具较高的活性和选择性。中国石油天然气股份有限公司南洋等开发出一种氧化铝载体及负载银催化剂的制备方法。在焙烧前，向水合氧化铝中加入镧化合物，镧化合物的加入量以镧计为氧化铝质量的0.100～1000，然后在温度为1100～1700℃下焙烧0.5～20h，得到含过渡相的α-氧化铝；将含过渡相的α-氧化铝用强碱溶液水热处理5～48h，溶解除去未转晶成α-氧化铝的过渡相，然后用纯水洗涤至中性并干燥，在500～1100℃焙烧1～24h，得到片状和棒状晶体构型的比表面为0.5～3m^2/g的α-氧化铝载体。采用该方法制备的催化剂有较大的比表面和合适的银晶粒尺度，在乙烯环氧化反应中具有较好的选择性和活性。

兰州金润宏成石油化工科技有限公司谷育英等开发出一种用于生产环氧乙烷的催化剂载体。该载体由内部氧化铝基体和外部改性材料表面组成。该载体是通过将含过渡相的氧化铝载体前体在含凹凸棒土的浆料中搅拌、浸泡后焙烧的方法而获得的。采用该方法制备的载体其最可几孔径在1000～1600nm之间，且小于50nm的孔占总孔比例小于5%（体积分数），孔容介于0.3～

0.6mL/g。载体外部表面的改性材料能够有效分散银活性中心并阻碍其烧结。将由该载体制得的催化剂用于乙烯环氧化制环氧乙烷能表现出高选择性和更长的催化剂使用寿命。

目前国内在 DMC 催化 CO_2 技术最新的研究如下。

（1）对 DMC 催化 CO_2 和环氧丙烷的调节共聚反应的设计

中国科学院广州化学研究所周统昌等以聚醚多元醇、二缩三乙二醇或季戊四醇作为分子量调节剂，用 Zn-Co 双金属氰化物 DMC 高效催化 CO_2 和环氧丙烷（PO）调节共聚合成了数均分子量为 3000～8000 的多官能度脂肪族聚碳酸酯多元醇，共聚物的分子量基本符合设计要求。几种分子量调节剂均能成功合成两官能度或四官能度的共聚产物，产物中碳酸酯键含量最高可达 60%，催化效率最高达 663g/g 催化剂，副产物最低可控制到 4%。还考察了温度、压力、调节剂及催化剂用量对共聚反应的影响，发现 60℃的低温更有利于 CO_2 和环氧丙烷的共聚反应，而且要获得碳酸酯键含量较高的产物，需控制调节剂和催化剂的比例。

（2）对于不同中心金属 DMC 催化环氧丙烷与 CO_2 反应性能的研究

吉首大学化学化工学院陈上及浙江大学高分子科学与工程系张兴宏、戚国荣分别制备了以 Co（Ⅲ）、Fe（Ⅲ）、Fe（Ⅱ）、Cr（Ⅲ）、Ni（Ⅱ）、Mn（Ⅲ）、Mo（Ⅳ）、Cd（Ⅱ）为中心金属的双金属配合物催化剂，并用于催化环氧丙烷与 CO_2 的反应。

研究结果表明，以ⅧB族的 Fe（Ⅲ）、Co（Ⅲ）、Ni（Ⅱ）作为 DMC 的中心金属时，催化剂有较好的催化效率，共聚物中 CO_2 分数达到 0.3 以上，碳酸亚丙酯含量低于 30%，而含其他过渡金属催化剂的效率和共聚物 CO_2 分数都相对较低，且碳酸亚丙酯含量高，结合其他实验事实，提出 DMC 的催化活性结构是有 CN—

参与配位的 $ZnCl_2$，并解释了中心金属影响 DMC 催化活性的方式。

3.环氧乙烷/乙二醇装置安全及自控系统的设计

环氧乙烷/乙二醇装置，工艺复杂程度高，易燃易爆，操作条件苛刻，控制质量要求高，带来了很多潜在的风险。因此安全系统的设计是自控设计的核心。尤其乙烯环氧化反应器是环氧乙烷/乙二醇装置中的重要设备，经常发生飞温，烧毁催化剂，导致反应管和壳体损坏，造成装置停工，严重时引起火灾和爆炸事故，给国家、社会和企业造成重大的损失。

为了制定合理安全措施，降低环氧乙烷装置的风险，北京化工大学、中国石油化工股份有限公司、华东理工大学等研究单位一直从事目前环氧乙烷技术研究进展和我国环氧乙烷装置的应用概况分析，如何通过危险与可操作性分析方法（HAZOP）等相关的风险辨识方法对装置存在的主要风险进行辨识，并应用目前较为流行并被广泛认可的 PHAST、ALOHA 等软件模拟和保护层分析（LOPA）分析等进行分析，得出了针对环氧乙烷装置内危险物质及不同工艺节点所应采取的主要风险控制措施。主要内容包括：

① 对环氧乙烷/乙二醇装置进行 HAZOP 定性分析。识别装置中存在的风险，主要分析了乙烯环氧化反应器运行中可能存在的问题，重点分析飞温原因，可能后果的严重程度和发生频率，评定可能事件的风险等级，提出了预防事故发生或控制事故后果影响程度的建议和措施。

② 为定量给出反应器本质安全设计经验指导。一般利用 FLUENT 软件对催化剂不同排列方式下，固定床反应器内流体流动和传热情况进行数值模拟，分析在不同的空隙率下，气体入口速度变化对床层压降和壁面换热系数的影响。

③ 确定环氧乙烷装置主要潜在风险的风险等级。采用概率估

算法对各潜在风险进行事故概率计算。对于后果严重的事故场景，采用 PHAST 和 ALOHA 软件进行事故后果模拟，并以火球热辐射值、爆炸冲击波等限值对事故后果进行量化，实现事故后果的定量化分级，最后利用风险矩阵法确定各个风险的等级。

④ 针对可能的并且影响较大的事故场景（二级风险），通过保护层分析（LOPA）确定应采取的保护措施，并对采取保护措施的工艺过程进行再次分析，得出所采取保护措施的有效性，最终提出针对环氧乙烷装置不同工艺节点所应采取主要的风险控制措施。

4. CO_2 与环氧丙烷不对称共聚二元催化体系的设计及合成

一般认为醛及其衍生物与各种二胺缩合形成的四齿席夫碱类化合物（简称 Salen），能与过渡金属形成配合物。该配合物与季铵盐或有机碱组成的二元催化体系在 CO_2 与环氧丙烷共聚反应中的应用是近几年研究热点之一。人们已通过对该催化体系的修饰解决了聚合反应中诸多问题，如催化活性较低，区域无规，分子量分布较宽等。但也还存在许多未解决的问题，其中主要的问题是反应得到的聚碳酸丙烯酯的对映体选择性（ee 值）不是很高以及反应的动力学拆分常数较低。

大连理工大学彭雪明团队，首先根据"双手性诱导"设计思想，成功合成了新手性亲核试剂——双环胍，与手性亲电试剂 SalenCo（Ⅲ）NO_3 组成新的手性二元催化体系，应用于 CO_2 与环氧丙烷不对称共聚反应中。结果发现由于"聚合物链末端控制"现象的存在，导致手性双环胍只在聚合反应初始阶段对环氧丙烷具有手性诱导作用，与本组前期工作相比，得到的聚合产物 ee 值和反应动力学拆分常数并没有很大变化。另外还对手性双环胍的合成条件进行了探讨和优化。

彭雪明、水杨等还设计并成功合成了一种新型 (*S,S*) -SalenCo

（Ⅲ）配合物，该配合物通过其二胺骨架一端上的酚氧基与中心金属相连使二胺骨架发生扭曲，"迫使"连在另一端的基团由处于平伏键的位置转为直立键位置，因而增大了其空间位阻。该配合物与季铵盐组成的新二元催化体系应用于 CO_2 与环氧丙烷的不对称共聚反应时，发现反应的催化活性及动力学拆分常数较低，且聚合物产物选择性也不是很好。推测是由 (S,S)-SalenCo（Ⅲ）配合物空间位阻过大，且无易离去的轴向负离子所造成。另外还对配合物中间体的合成路线进行了探讨和优化，为大量合成该中间体提供了一条更加经济可行的路线。

　　另外，我国对 2-[2-(4-氯苯基)乙基]-2-叔丁基环氧乙烷的合成工艺设计及改进，如陈兆梅、杜晓华筛选难挥发甲基硫醚替代二甲基硫醚，用于戊唑醇中间体环氧化合物的合成，消除恶臭，提高产率。以 1-(4-氯苯基)-4,4-二甲基-3-戊酮和对丙氧基苯甲硫醚为原料，先与硫酸二甲酯反应生成锍盐，然后在碱性条件下反应生成 2-[2-(4-氯苯基)乙基]-2-叔丁基环氧乙烷。经优化，戊唑醇中间体环氧化合物产率达 97.7%。该工艺清洁高效，操作简便，具有工业化应用前景。

5.环氧乙烷制备工艺

　　我国最早以传统的乙醇为原料经氯醇法生产环氧乙烷（EO）。我国开始引进的有：以生产聚酯原料乙二醇为目的的产物环氧乙烷/乙二醇联产装置。可分为空气法和氧气法两种。前者以空气为氧化剂，后者用浓度大于 95%（体积分数）的氧气作为氧化剂。此外也有用富氧空气为氧化剂的。氧化法的工业生产流程分为反应、环氧乙烷回收及环氧乙烷精制三个部分。

6.环氧乙烷作用用途

　　环氧乙烷是一种有毒的致癌物质，以前被用来制造杀菌剂。

环氧乙烷易燃易爆，不宜长途运输，因此有强烈的地域性。被广泛地应用于洗涤、制药、印染等行业。在化工相关产业可作为清洁剂的起始剂。

环氧乙烷可杀灭细菌（及其内孢子）及真菌，因此可用于消毒一些不能耐受高温消毒的物品。美国化学家 Lloyd Hall 在 1938 年取得以环氧乙烷消毒法保存香料的专利，该方法直到今天仍有人使用。环氧乙烷也被广泛用于消毒医疗用品诸如绷带、缝线及手术器具。

环氧乙烷有杀菌作用，对金属不腐蚀，无残留气味，因此可用作材料的气体杀菌剂。

通常采用环氧乙烷-二氧化碳（两者之比为 90:10）或环氧乙烷-二氯二氟甲烷的混合物，主要用于医院和精密仪器的消毒。环氧乙烷用熏蒸剂常用于粮食、食物的保藏。例如，干蛋粉的贮藏中常因受细菌的作用而分解，用环氧乙烷熏蒸处理，可防止变质，而蛋粉的化学成分包括氨基酸等都不受影响。

环氧乙烷易与酸作用，因此可作为抗酸剂添加于某些物质中，从而降低这些物质的酸度或者使用其长期不产生酸性。例如，在生产氯化丁基橡胶时，异丁烯与异戊二烯共聚物的溶液在氯化前如果加入环氧乙烷，则成品可完全不用碱洗和水洗。

由于环氧乙烷易燃及在空气中有广阔的爆炸浓度范围，它有时被用作燃料气化爆弹的燃料成分。

环氧乙烷自动分解时能产生巨大能量，可以作为火箭和喷气推进器的动力，一般是采用硝基甲烷和环氧乙烷的混合物（60:40～95:5）。这种混合燃料燃烧性能好，凝固点低，性质比较稳定，不易引爆。总的来说，环氧乙烷的上述这些直接用途消费量很少，环氧乙烷作为乙烯工业衍生物仅次于聚乙烯，为第二位的重要产品。其重要性主要是以其为原料生产的系列产品。由环氧乙烷衍生的下游产品的种类远比各种乙烯衍生物多。环氧乙烷的毒性为乙二醇的 27 倍，与氨的毒性相仿。在体内形成甲醛、乙二醇和乙二酸，对中枢神经系统起麻醉作用，对黏膜有刺激作用，对细胞原浆有毒害作用。

大部分的环氧乙烷被用于制造其他化学品，主要是乙二醇。乙二醇主要的最终用途是生产聚酯聚合物，也被用作汽车冷冻剂及防冻剂。其次用于生产乙氧基化合物、乙醇胺、乙二醇醚、亚乙基胺、二甘醇、三甘醇、多甘醇、羟乙基纤维素、氯化胆碱、乙二醛、乙烯碳酸酯等下游产品。

环氧乙烷主要用于制造乙二醇（制涤纶纤维原料）、合成洗涤剂、非离子表面活性剂、抗冻剂、乳化剂以及缩乙二醇类产品，也用于生产增塑剂、润滑剂、橡胶和塑料等。广泛应用于洗染、电子、医药、农药、纺织、造纸、汽车、石油开采与炼制等众多领域。

近年来，环氧烷类化合物在有机合成中的应用广泛。环氧烷类化合物的开环反应可以用来合成其他方法难以合成的多官能团化合物，或通过开环和修饰合成其他环状化合物。另外，利用该反应还可以提供保护基以及立体、区域选择性地合成各种有机化合物。

二、取代环氧乙烷中间体合成

1.碳酸乙烯酯特性

碳酸乙烯酯别名：1,3-二氧杂环戊酮；乙二醇碳酸酯；碳酸亚乙酯。

叔碳酸乙烯酯以其独特的结构，使其具有优异的耐候、耐碱、共聚和环保成膜性。目前叔醋乳液的性能已经接近苯丙、纯丙，叔醋乳胶涂料得到迅猛发展。我国在叔碳酸生产技术上取得极大突破，为叔碳酸乙烯酯的利用和发展提供了坚实基础。目前，研制叔醋乳胶涂料并提高其性价比，或叔碳酸乙烯酯同其他树脂进行共聚以提高其性能和应用范围的研究是重点。

2.碳酸乙烯酯合成方法

（1）光气法

光气法是最早工业化制备碳酸乙烯酯的方法。该工艺采用乙二醇与光气直接反应，由于光气有剧毒且对环境产生严重的污染，该方法在发达国家已被禁止使用，但在一些不发达国家，仍有企业在使用此法生产。

（2）酯交换法

由碳酸二乙酯和乙二醇的酯交换反应而制备碳酸乙烯酯的方法就是酯交换法。该法从过程来看并不复杂，关键是能找到合适的催化剂。以二丁基二月桂酸锡和微量强碱作酯交换反应的催化剂，在二甲苯回流控制体系的反应温度下，不断分馏出副产物（乙醇），以减少碳酸二乙酯在蒸出乙醇过程中的损失，提高体系反应温度，加快反应速度。然后直接加入对甲苯磺酸中和并催化预聚合反应，生成的低聚物在高效裂解催化剂锡粉的催化下，经高温解聚制得环状碳酸酯，最终产物的产率≥75%。若能找到比较廉价的原料和高效的催化剂，该方法还是有实际应用价值的。

（3）环氧乙烷与二氧化碳加成法

环氧乙烷与二氧化碳加成反应制备碳酸乙烯酯为放热、体积缩小的反应，从化学平衡方面看，低温、高压的条件有利于反应的进行，同时选择合适的催化剂是反应能否顺利进行的关键。该反应体系主要有均相催化体系和多相催化体系。

3.碳酸乙烯酯作用用途

碳酸乙烯酯（EC）是一种性能优良的有机溶剂，可溶解多种聚合物；另可作为有机中间体，可替代环氧乙烷用于二氧基化反应，并是酯交换法生产碳酸二甲酯的主要原料；还可用作合成呋喃唑酮的原料、水玻璃系浆料、纤维整理剂等；此外，还应用于锂电池电解液中。碳酸乙烯酯还可用作生产润滑油和润滑脂的活性中间体。

EC 是聚丙烯腈、聚氯乙烯的良好溶剂。可用作纺织上的抽丝液；也可直接作为脱除酸性气体的溶剂及混凝土的添加剂；在医药上可用作制药的组分和原料；还可用作塑料发泡剂及合成润滑油的稳定剂；在电池工业上，可作为锂电池电解液的优良溶剂。

4.碳酸乙烯酯应用领域

用于化肥、纤维、制药及有机合成等行业。

三、环氧乙烷水合制备乙二醇新工艺及应用

环氧乙烷催化水合制乙二醇工艺（ethylene oxide catalytic hydration to ethylene glycol process）是 2019 年全国科学技术名词审定委员会公布的化工名词。

1.定义

一般在催化剂作用下，环氧乙烷和水发生水合反应制取乙二醇的技术。相比于非催化水合反应，反应进料中水与环氧乙烷的摩尔比大幅降低。

2.环氧乙烷与醇反应机理

一般而言环氧乙烷和醇反应时，环氧乙烷会断开，与醇形成醚，是自由基反应。

环氧乙烷与醇反应机理分为酸催化和碱催化两种。

环氧乙烷与醇，采用三氟化硼等酸作为催化剂，可以生产小分子的醇醚类产品。酸和环氧乙烷络合，使环氧乙烷更容易开环。酸催化一般用于生产低聚合度产品。

环氧乙烷与醇，采用氢氧化钾，醇钾等碱作为催化剂，可以聚合形成含有长链聚乙二醇的产品，例如非离子表面活性剂、亲水聚醚等。

3.环氧乙烷与氯乙烯的作用

① 主要用以制造聚氯乙烯的均聚物和共聚物，也可与乙酸乙烯酯、丁二烯等共聚，还可用作染料及香料的萃取剂。用作多种聚合物的共聚单体，塑料工业的重要原料，也可用作冷冻剂等。

② 塑料工业的重要原料，主要用于生产聚氯乙烯树脂。与乙酸乙烯、偏氯乙烯、丁二烯、丙烯腈、丙烯酸酯类及其他单体共聚生成共聚物，也可用作冷冻剂等。

③ 主要用于制造聚氯乙烯。也可与乙酸乙烯酯、丁二烯、丙烯腈、丙烯酸酯、偏氯乙烯等共聚，制造胶黏剂、涂料、食品包装材料、建筑材料等。还可用作染料及香料的萃取剂。

④ 用作塑料原料及用于有机合成，也用作冷冻剂等。

4.环氧乙烷制备乙二醇的新方法

国内有一种环氧乙烷水合制备乙二醇的方法，包括在超声波作用下使环氧乙烷和水反应，超声波的作用时间至少为 0.5min。通过将超声波作用于反应器，控制超声波频率为 15~1000kHz，功率为 10W~100kW，超声波作用时间为 0.5~30min。在保持高的环氧乙烷转化率和乙二醇选择性的条件下，可将进料水比降低至 10:1（摩尔比）以下。另外，在进料水比不变的情况下，可将目前的乙二醇选择性提高到 93%左右。且将超声波用于环氧乙烷水合制备乙二醇，具有操作简单、无污染、对设备要求不高等优点。

5.超声波在环氧乙烷水合制备乙二醇中的应用

通过在环氧乙烷水合制备乙二醇实验装置上安装超声波设备，研究了超声波在环氧乙烷水合制备乙二醇中的作用，确定了超声波操作参数，可使目前工业装置操作进料的水和环氧乙烷摩尔比由 22:1 下降到 15:1，以降低工业装置的能耗。

第三节
低碳酸及其衍生物高端产品合成与设计

一、甲酸衍生物合成与设计

吡唑甲酸衍生物是制备新型杀虫剂的中间体。

吡唑甲酸衍生物，如 3-二氟甲基-1-甲基-1*H*-吡唑-4-羧酸是用于制备农药杀菌剂的关键中间体。

文献报道，在碱存在下，相应的取代吡唑与羧酸二烷基酯如硫酸二甲酯、硫酸二乙酯进行 *N*-甲基化，得 *N*-取代吡唑，再经一系列反应得到吡唑甲酸衍生物。但是硫酸二烷基酯由于其毒性，大工厂上难以大规模应用。

一般采用磷酸三烷基酯代替剧毒的硫酸二烷基酯，但是需要在高温 180～200℃下，反应 18～24h，且后处理产生大量废水，不符合环保要求。

如将 4,4-二氟-3-氧丁酸乙酯与原甲酸三乙酯和乙酸酐反应制备（2-乙氧基亚甲基）-4,4-二氟甲基乙酰乙酸乙酯，再与肼衍生物反应得到 3-二氟甲基-1-甲基-1*H*-吡唑-4-羧酸乙酯，再经水解得到。但是所用的 4,4-二氟-3-氧丁酸乙酯产率低于 70%。

如上现有工艺均存在使用毒性原料、废物难以处理导致污染环境等问题。

现如对 3-甲基-4-吡唑甲酸和 3,5-二甲基-4-吡唑甲酸的合成与设计，江苏工业学院为了减少毒性原料、处理废物等问题，简化工艺条件，降低生产成本，陈娟团队以乙酰乙酸乙酯与原甲酸三乙酯为原料，乙酸酐为溶剂，加热回流 4h，合成了乙氧亚甲基乙酰乙酸乙酯（I），产率为 75%；然后在 0～5℃冰浴中缓慢滴加含 $NH_2NH_2 \cdot H_2O$80%（质量分数）的水合肼，室温反应 0.5 h，与 I 环合生成 3-甲基-4-吡唑甲酸乙酯，产率 77%，熔点 46～47℃；最后经 10%（质量分数）NaOH 的水溶液水解，制得目标产物 3-甲基-4-吡唑甲酸，产率 88%，熔点 237～238℃。用类似的方法以乙酰乙酸乙酯和乙酰氯为原料，经缩合、环合和水解 3 步反应合成了 3,5-二甲基-4-吡唑甲酸，3 步反应的产率分别为 52%、75%、85%。中间产物及目标产物的结构经熔点、IR、MS、^{1}H NMR 和 ^{13}C NMR 表征得以证实。在实验的基础上，放大 50 倍进行了中试，目标产物的产率与结果一致。适合工业化生产。

二、碳酸二甲酯合成新工艺

碳酸二甲酯（dimethylcarbonate, DMC）是一个绿色新化学品，其毒性很低，欧洲把它列为无毒化学品。其分子结构独特（CH_3O—CO—OCH_3），含有两个具有亲核作用的碳反应中心，即羰基和甲基。当 DMC 的羰基受到亲核攻击时，酰基-氧键则断裂，导致形成羰基化合物产品。因此，在碳酸衍生物合成过程中，DMC 作为一种安全的反应试剂可代替光气作羰基化试剂。碳酸二甲酯分子式为 $C_3H_6O_3$，分子量为 90.08，CAS 号为 616-38-6。结构式如下：

$$H_3C \diagdown O \diagdown \underset{\underset{O}{\parallel}}{C} \diagdown O \diagdown CH_3$$

　　因此，DMC 能代替硫酸二甲酯（DMS）作为甲基化剂。另外，DMC 具有优良的溶解性能，不但与其他溶剂的相容性好，还具有蒸发温度高及蒸发速度快等特点，可以作为低毒溶剂用于涂料溶剂和医药行业用的溶剂等。DMC 分子中的氧含量高达 53%，亦有提高辛烷值的功能。因此，DMC 作为最有潜力的汽油添加剂备受国内外注目。

　　DMC 是一种用途非常广泛的化工原料，利用其独特性能可以制造许多新的衍生物，如图 4-1 所示，人类对赖以生存的地球环境保护愈来愈重视，减少或取代高污染化学品的使用一直是许多化学家和化学工程师努力的目标。DMC 的性能决定了它未来可以全面取代某些高污染剧毒化学品，而成为广泛使用的化工原料。

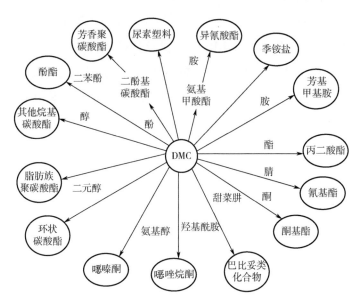

图 4-1　DMC 的衍生物

以 PbO 经甲醇预处理获得的甲氧基铅为催化剂，苯胺（AN）与氨基甲酸甲酯（MC）为原料酯交换合成苯氨基甲酸甲酯（MPC）。

苯氨基甲酸甲酯（MPC）是合成二苯甲烷二异氰酸酯（MDI）的重要中间体。MDI 是生产聚氨酯的重要原料之一。其聚氨酯产品广泛应用于机电、船舶、轻工和纺织等行业中，具有极高的应用价值。

目前，国内外生产 MDI 大多采用光气法，此法使用剧毒的光气为原料，副产大量的腐蚀性气体氯化氢，环境污染严重。以 MPC 为原料生产 MDI，工艺简单，环境友好，而且成本较低。因此，MPC 的高效合成是此法的关键因素之一。

以廉价的尿素、甲醇为原料合成氨基甲酸甲酯（MC），然后再由 AN 和 MC 反应生成 MPC 与 NH_3，且 NH_3 可以回收制尿素，实现了 MPC 的绿色合成和清洁生产。

李其峰等研究了以无水氯化锌为催化剂、甲醇为溶剂反应生成苯氨基甲酸甲酯，MPC 的产率达到了 89.90%。但是使用无水氯化锌催化剂，反应后易失活，不能回收利用，并且容易腐蚀设备。

刘航飞等研究了用甲氧基铅 $[Pb(OCH_3)_2]$ 催化 N,N-二苯基脲（DPU）和碳酸二甲酯（DMC）合成 MPC，MPC 产率为 98.7%。但此法的原料 DPU 和 DMC 价格昂贵，工业化成本高。甲氧基铅 $[Pb(OCH_3)_2]$ 为白色固体粉末，反应后易于回收，不具有腐蚀性。

$Pb(OCH_3)_2$ 催化 AN 与 MC 合成 MPC 的研究，目前我国列入先进水平。

1.氨基酯交换法实验过程

（1）Pb(OCH₃)₂ 催化剂和 MPC 的合成

$Pb(OCH_3)_2$ 催化剂的制备：甲醇和 PbO 于不锈钢反应釜中在 150℃下反应 4h，经减压过滤，80℃下真空干燥 6h。将催化剂、溶剂、苯胺和氨基甲酸甲酯加入到高压釜中，密闭反应器，用惰性气体对反应器内空气进行置换后，在搅拌状态下，升温至反应温度，反应在自生压力下进行数小时后，将反应液减压过滤，使催化剂和反应液分离开。滤液取样，进行气相色谱分析。

（2）分析方法

采用美国 Agilent 6890N/5973N 型色-质联用（GC-MS）仪对反应产物进行定性分析。

GC 分析条件：N_2 作为载气，FID 检测，进样温度 150℃，采用程序升温，起始温度 60℃，以 10℃/min 升至 240℃，保持 2min。分流进样。MS 分析条件：离子源温度 280℃，GC 和 MS 接口温度 280℃，溶剂切割时间 3min，扫描 $m/z19 \sim 500$。在上述条件下，将试样提取液用 Scan 方式进行 GC-MS 分析。

使用 Agilent 6890N 型气相色谱仪对反应物进行定量分析，N_2 作为载气，FID 检测器，色谱柱为 HP-5（30m×0.32mm×0.25μm）毛细管色谱，FID 检测，采用程序升温，校正归一法定量。

（3）反应机理

$Pb(OCH_3)_2$ 催化 MC 和 AN 合成 MPC 为加成消去反应机理。一般可知，在 $Pb(OCH_3)_2$ 的参与下，该过程中首先是 $Pb(OCH_3)_2$ 中的一个亲核基团 CH_3O— 进攻 MC 的 —NH_2，形成中间体，$(PbOCH_3)^+$ 与 —$NHCOOCH_3$ 结合形成中间体和甲醇，随后苯胺作为亲核试剂进攻中间体的碳正离子，形成过渡态中间体，然后 H_2N—Pb—OCH_3 脱离出来，得到产物 MPC。生成的 H_2N—Pb—OCH_3 在甲醇的作用下生成 NH_3 和 $Pb(OCH_3)_2$，其中 $Pb(OCH_3)_2$ 进入下一个循环。

2.合成碳酸二甲酯的工艺新方法

国内有一种在催化剂存在下由甲醇、氧与一氧化碳等气体液相氧化羰基化合成碳酸二甲酯的工艺方法。采用单管式反应器及助催化的双组分催化剂。其催化剂是氯化亚铜，助催化剂为几种无机氯化盐的一种。反应过程中反应物从反应器底部进入，反应产物从气相顶部排出，经分离后，未反应气、液循环再分别进入反应器反应，反应可连续进行 200h 以上。反应条件：反应温度 80 ~ 200℃，反应压力 1.0 ~ 4.0MPa。该工艺方法具有工艺设备简单，运行周期长，产品收率高，易于分离等特点。

三、乙酸苯酯中间体合成新工艺

乙酸苯酯是一种有机化合物，分子式为 $C_8H_8O_2$，用作溶剂和有机合成的中间体，乙酸苯酯经转位反应得到羟苯乙酮，用于治疗急慢性黄疸型肝炎、胆囊炎。

结构式与分子式：分子式为 $C_8H_8O_2$，结构式如下

性质：无色液体。沸点 195.7℃，相对密度 1.0780，折光率 1.5033，闪点 76℃。能与乙醇、乙醚、氯仿和乙酸混溶，微溶于水。有强折光性（与玻璃相同），有苯酚气味。

1.乙酸苯酯合成方法与设计

酚与醇不同，它与有机羧酸直接酯化生成酯的平衡常数非常小，而且苯酚的羟基较醇类的羟基弱一些，容易形成共轭，利用酚在酸（硫酸、磷酸）或碱（碳酸钾、吡啶）的催化下，与酰氯或酸酐反应形成酯。

一般乙酸苯酯有两条合成路线：

① 苯酚和氢氧化钠反应生成苯酚钠，由苯酚钠与乙酸酐在催

化剂催化作用下反应制备乙酸苯酯；

②　乙酸和三氯化磷或者亚硫酰氯反应生成乙酰氯，苯酚钠和乙酰氯反应可以生成乙酸苯酯。

2.乙酸苯酯生产方法

由苯酚钠与乙酸酐反应而得。将苯酚加入15%的氢氧化钠溶液中，搅拌溶解配制成酚钠溶液，加入乙酸酐，于30～40℃反应。所得的反应产物依次用水、5%氢氧化钠溶液、水洗涤，经氯化钙干燥后，蒸馏而得成品。此法所需的反应时间很短，产率约77%。另一种操作方法是将苯酚和乙酸酐一起加热至沸，回流3h，冷却后依次进行水洗、碱洗、水洗，经无水硫酸钠干燥后，蒸馏收集190～195℃馏分，即为乙酸苯酯。产率约83%。

3.关键中间体合成新工艺

太原理工大学化学工程与技术学院以苯酚、乙酰氯为原料直接反应合成乙酸苯酯，首先研究各种因素对合成反应的影响。研究结果表明，最佳工艺条件为：$n(C_6H_6O):n(C_2H_3OCl)=1:1.2$，环己烷作溶剂，溶剂用量40mL（相对于0.15mol C_6H_6O），反应温度20℃、时间5h。在此条件下，乙酸苯酯的产品产率达到95.55%，产物经元素分析、红外光谱分析确认。

大庆石油学院采用自制的催化剂，运用条件实验法，以苯酚、乙酸酐为原料，直接酯化合成乙酸苯酯，分别研究了反应温度、反应时间、原料配比、催化剂用量、精馏温度等条件对合成反应的影响，确定了最佳工艺条件。该方法合成乙酸苯酯的最佳工艺条件是：反应温度135～145℃，反应时间90min，苯酚与乙酸酐物质的量比为100:105，催化剂用量占体系总量的0.03%，精馏温度194～196℃，乙酸苯酯的产率达到98.7%。

四、甲基丙烯关键中间体及衍生物合成新工艺

1.异噻唑酮取代的间苯二甲酸衍生物的设计、合成及其抑制 β-分泌酶活性

军事医学科学院毒物药物研究所高善云等在研究时发现新结构的 β-分泌酶抑制剂。方法基于对 β-分泌酶与其典型的抑制剂结合位点的分析，辅以分子对接实验，设计并合成异塞唑酮取代的间苯二酸衍生物；采用时间分辨荧光法（time-resolved fluo-rescence，TRF）检测化合物对 β-分泌酶的抑制活性。研究结果合成了 10 个异塞唑酮取代的苯二羧酸衍生物，其结构经 MS 和 ^{1}H-NMR 确证，其纯度经 HPLC 测定；时间分辨荧光法（TRF）检测结果显示有 4 个化合物对 β-分泌酶具有显著的抑制活性。结论发现了新的 β-分泌酶抑制剂，得出了初步的构效关系，为进一步的结构优化奠定了基础。

2.新型 2-芳基-4-烷基噻唑甲酸衍生物的设计、合成与生物活性

南开大学元素有机化学研究所元素有机化学国家重点实验室朱有全等，为了发现具有良好生物活性的新型先导化合物，它通过活性亚结构拼接方法，在保留噻唑菌胺、甲噻灵和噻氟菌胺等中的 1,3-噻唑-5-羧基活性部分，将具有良好生物多样性的苯氧乙酸酯基团引入，设计合成了一系列含苯氧乙酸酯基团结构的 1,3-噻唑类化合物。以 β-酮酸酯和对羟基硫代苯甲酰胺为原料，经 6 步反应制得目标物，其结构经 ^{1}H NMR、IR 及高分辨质谱确证，并对该类化合物合成方法进行了测试，测试结果表明，部分化合物对小麦赤霉表现出明显的抑制活性，在 50μg/mL 浓度下对小麦赤霉的抑制率达到 52%。

3.茚酮氨基甲酸酯衍生物的设计合成

颜世雷等设计了一种合成茚酮氨基甲酸酯衍生物的方法，并对它进行乙酰胆碱酯酶（AChE）抑制活性测试，测试如下：

① 该方法以羟基苯丙酸为起始原料，经分子内 Friedel-Crafts 酰化、羟基的氨基甲酸酯化和羟醛缩合 3 步反应合成目标物；

② 采用 Ellman 法，以拉多替吉（ladostigil）为阳性对照，测试目标化合物对 AChE 的抑制活性。结果合成了新化合物，其结构和纯度均经 ^{1}H NMR、MS 测定。

③ 结论目标化合物对 AChE 均表现出一定的抑制活性，可作为先导化合物做进一步的改造和修饰。

第四节
绿色化及清洁化关键中间体合成新工艺

一、氯甲酰胺合成新工艺

甲酰胺是甲酸衍生出的酰胺，分子式为 $HCONH_2$。它是无色液体，与水混溶，有与氨类似的气味。主要用于生产磺胺类药物，合成维生素及用作纸张和纤维的软化剂。纯的甲酰胺可以溶解许多不溶于水的离子化合物，因此也被用作溶剂。

1.甲酰胺合成方法

① 两步法。第一步由一氧化碳与甲醇在甲醇钠作用下生成甲酸甲酯。第二步甲酸甲酯再氨解生成甲酰胺，反应条件为 80~100℃、0.2~0.6MPa。此法问题较少。

② 甲酸法甲酸与甲醇先进行酯化反应生成甲酸甲酯,然后经氨解生成甲酰胺,再进行精馏分离出甲醇和杂质后即得成品。此法由于成本高已趋向淘汰。

③ 一步法。由一氧化碳与氨在甲醇钠催化作用下,经高压(10~30MPa)和80~100℃温度直接合成甲酰胺。

④ 甲酸和尿素法。

⑤ 新方法由甲酸钠和铵盐在一定的温度和压力下反应生成甲酰胺。

精制方法如下:甲酰胺是由一氧化碳与氨在15~20MPa、200℃的条件下大规模生产的。也可由甲酸铵加热或甲酸酯与氨反应而获得。因此常含有水、氨、甲醇、甲酸酯和甲酸铵等。使用减压分馏或分步结晶都可使甲酰胺的纯度提高。

用于物理常数测定的甲酰胺可用下法精制:在甲酰胺中加入几滴溴代百里酚蓝。用氢氧化钠中和,将中和后的中性溶液于减压下80~90℃加热,再进行中和,重复操作几次,直到加热时溶液保持中性为止。然后加入甲酸钠,于80~90℃减压蒸馏。馏出物中和后再蒸馏,收集后面4/5馏分,得熔点2.2℃的甲酰胺。

⑥ 甲酸铵加热分解后即得甲酰胺,然后再通过蒸馏精制。

2.甲酰胺主要用途

甲酰胺具有活泼的反应性和特殊的溶解能力,也是优良的有机溶剂,可用作有机合成原料,纸张处理剂,纤维工业的柔软剂,动物胶的软化剂,还用作测定大米中氨基酸含量的分析试剂。主要用于丙烯腈共聚物的纺丝和离子交换树脂中,以及用于塑料制品的防静电涂饰或导电涂饰等。

在有机合成中,医药方面的用途居多,在染料、香料、农药、助剂方面也有很多用途。用于塑料薄膜;还可作为脱漆剂去除油漆;如用于颜料,它也可以溶解一些低溶解度的颜料,使带有染料的颜料成为特种。

此外，还用于分离氯硅烷、提纯油脂等。甲酰胺可发生多种反应，除了由三个氢参与反应外，还可以进行脱水，脱 CO，引入氨基，引入酰基和环合等反应。举环合为例。丙二酸二乙酯与甲酰胺环合得到维生素 B_4 的中间体 4，6-二羟基嘧啶。邻氨基苯甲酸与酰胺环合得到抗心律失常药物常咯啉的中间体喹唑酮-4。3-氨基-4-乙氧羰基吡唑与甲酰胺环合得到黄嘌呤氧化酶抑制剂别嘌醇。

乙二胺四乙酸与甲酰胺环合得到抗癌药乙亚胺。甲氧基丙二酸甲乙酯与甲酰胺环合得到磺胺类药的中间体-5-甲氧基-4,6-二羟嘧啶二钠。

由于甲酰胺能溶解介电常数高的无机盐类和蛋白质，故可用于电解和电镀工业，以及用作有机合成的反应溶剂和精制溶剂。

此外，甲酰胺也用作医药、染料、香料等的原料，纸张的处理剂，纤维工业的柔软剂以及动物胶的软化剂等。

还可用作有机合成原料，有机反应的极性溶剂，液相色谱的溶剂和洗脱剂。

3. N-烷基-4-氯-2-吡啶甲酰胺的合成

国内早期的几家甲酰胺小装置采用甲酸乙酯与氨合成工艺，该技术落后，产品质量低，现已到了被淘汰的边缘。只有少数生产厂家采用甲醇脱氢制甲酸甲酯，再氨化生产甲酰胺工艺，生产成本较高，限制了甲酰胺产品在国内的广泛使用。

闫凤美以吡啶-2-甲酸为原料，用 NaBr 作催化剂，经氯化、酯化得到 4-氯-2-吡啶甲酸甲酯后，分别与 25%的甲胺水溶液、正丁胺、异丙胺反应，后处理采用减压蒸馏法，合成得到三种 N-烷基-4-氯-2-吡啶甲酰胺，产品结构经 IR、^{1}H NMR、ESI-MS 确证。

一般的技术方案为将甲酸甲酯与氨投入釜式反应器中，在常压、40~50℃温度下进行合成反应，反应物进入反应液储罐；然后将反应物用泵输入粗馏塔进行蒸馏脱醇，此时蒸馏塔压力为-0.07MPa，塔顶温度20~30℃，塔底温度90~115℃，回收未反应的甲酸甲酯和氨，同时回收副产品甲醇，副产甲醇送回甲酸甲酯生产装置用作原料；粗产品进入脱醇塔进行真空精馏，除去甲酰胺中的少量甲醇；塔底物料再进入真空度-0.097~-0.095MPa的精制塔进行精制，进一步除去甲酰胺中的微量低沸点物；甲酰胺产品进入吸附塔吸附，在椰壳活性炭吸附剂作用下，脱除微量高沸点物质制得甲酰胺产品。

该核心技术是通过本生产工艺制得的甲酰胺生产成本较国内现有的工艺大大降低，胺化工艺采用国内首套高真空精馏工艺和高效吸附技术，不添加任何催化剂，同时反应为连续操作，技术水平处国内领先，价格优势明显，该项目的实施可改变我国高品质甲酰胺产品依赖进口的局面，能为国家创造并节约大量外汇，经济和社会效益显著，促进了国内甲酰胺产品在医药、农药行业的大规模应用；产品投放市场后，受到国内外客户的一致好评。

4.甲酰胺的制备实例

实例 1. 生产 1t 甲酰胺的实例

① 将 1360kg 甲酸甲酯与 378kg 氨经计量（甲酸甲酯过量 1%~2%）后进入釜式反应器中，在常压、40℃温度下进行合成反应，反应物进入反应液储罐；

② 将反应物用泵输入粗馏塔进行蒸馏脱醇，此时蒸馏塔压力为-0.07MPa，塔顶温度20℃，塔底温度90℃，回收未反应的甲酸甲酯和氨，同时回收副产品甲醇，副产甲醇送回甲酸甲酯生产装置用作原料；

③ 粗产品进入脱醇塔进行真空精馏，除去甲酰胺中的少量甲醇等低沸点物质；

④ 塔底物料再进入真空度-0.095MPa 的精制塔进行精制，进一步除去甲酰胺中的微量低沸点物；

⑤ 甲酰胺产品进入吸附塔吸附，在椰壳活性炭吸附剂作用下，脱除因操作条件波动时所生成的微量高沸点物质，以达到产品对色度的要求，得到 1t 的甲酰胺产品；

⑥ 最后包装成产品甲酰胺。

实例 2. 生产 500kg 甲酰胺的实例

① 将 680kg 甲酸甲酯与 189kg 氨经计量（甲酸甲酯过量 1% ~ 2%）后进入釜式反应器中在常压、45℃温度下进行合成反应，反应物进入反应液储罐；

② 然后将反应物用泵输入粗馏塔进行蒸馏脱醇，此时蒸馏塔压力为-0.07MPa，塔顶温度 25℃，塔底温度 102.5℃，回收未反应的甲酸甲酯和氨，同时回收副产品甲醇，副产甲醇送回甲酸甲酯生产装置用作原料；

③ 粗产品进入脱醇塔进行真空精馏，除去甲酰胺中的少量甲醇等低沸点物质；

④ 塔底物料再进入真空度-0.096MPa 的精制塔进行精制，除去甲酰胺中的微量低沸点物；

⑤ 甲酰胺产品进入吸附塔吸附，在椰壳活性炭吸附剂作用下，脱除因操作条件波动时所生成的微量高沸点物质，以达到产品对色度的要求，得到 500kg 的甲酰胺产品；

⑥ 最后包装成产品甲酰胺。

实例 3. 生产 250kg 甲酰胺的实例

① 将 340kg 甲酸甲酯与 94.5kg 氨经计量（甲酸甲酯过量 1% ~ 2%）后进入釜式反应器中在常压、50℃温度下进行合成反应，反应物进入反应液储罐；

② 然后将反应物用泵输入粗馏塔进行蒸馏脱醇，此时蒸馏塔压力为-0.07MPa，塔顶温度 30℃，塔底温度 115℃，回收未反应

的甲酸甲酯和氨，同时回收副产品甲醇，副产甲醇送回甲酸甲酯生产装置用作原料；

③ 粗产品进入脱醇塔进行真空精馏，除去甲酰胺中的少量甲醇等低沸点物质；

④ 塔底物料再进入真空度-0.097MPa 的精制塔进行精制，进一步除去甲酰胺中的微量低沸点物；

⑤ 甲酰胺产品进入吸附塔吸附，在椰壳活性炭吸附剂作用下，脱除因操作条件波动时所生成的微量高沸点物质，以达到产品对色度的要求，得到 250kg 的甲酰胺产品；

⑥ 最后包装成产品甲酰胺。

5. N,N-二乙基氯甲酰胺的合成路线

合成路线如下：

① 通过双硫仑合成 N,N-二乙基氯甲酰胺，产率约 88%；

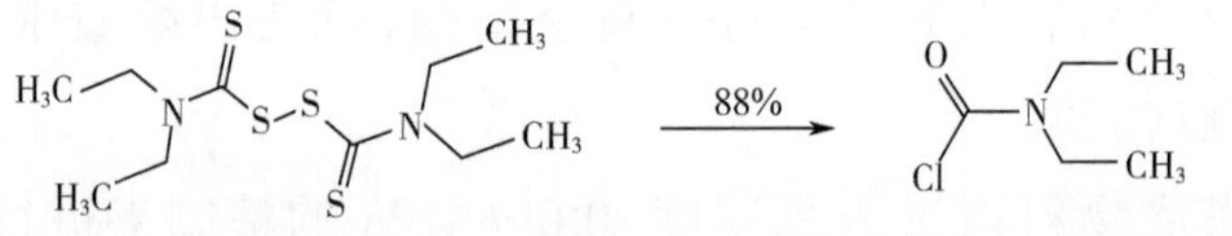

CAS：97-77-8
双硫仑

88%

CAS：88-10-8
N, N-二乙基氯甲酰胺

② 通过氯羰基亚磺酰氯和二乙胺合成 N,N-二乙基氯甲酰胺，产率约 89%；

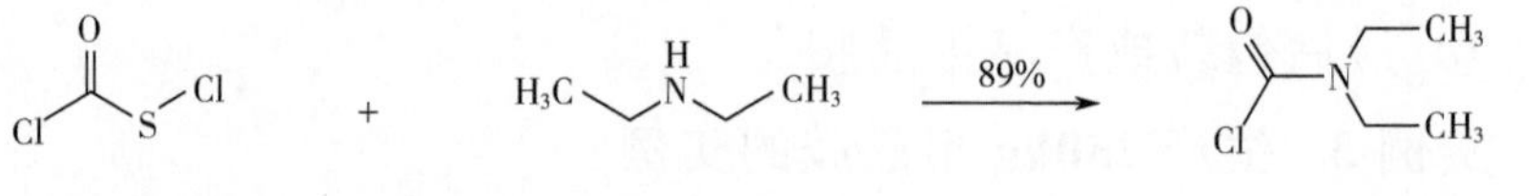

CAS：2757-23-5
氯羰基亚磺酰氯

CAS：109-89-7
二乙胺

89%

CAS：88-10-8
N, N-二乙基氯甲酰胺

6.甲酸甲酯生产甲酰胺催化合成新工艺

中国科学院成都有机化学研究所研究了在常压下，由甲酸甲酯与 NH_3 反应生产甲酰胺的催化新工艺，比较了不同反应器、加

或不加催化剂、催化剂活性组分含量、催化剂粒度大小及装量等对反应的影响，并考察了不同反应温度、NH_3流量、反应时间与甲酰胺产率的关系。结果表明用催化新工艺在 2 g　M 10 催化剂上，加 20mL 甲酸甲酯，NH_3流量为 4L/h，反应温度 7℃，反应 2h 后，甲酰胺产率可达 99%。

7. 2-氨基-5-氯-N,3-二甲基苯甲酰胺的合成工艺研究

湖南师范大学化学化工学院以 2-硝基-3-甲基苯甲酸为原料，经 FeO(OH)/C 催化水合肼还原、光气环化、甲胺化、氯化反应，得到 2-氨基-5-氯-N,3-二甲基苯甲酰胺化合物。考察了反应温度、物料配比和溶剂量等因素对氯化反应的影响，4 步反应总收率达到 82.0%，产品含量≥98.0%。

8. N-(1-(5-溴-2-((4-氯苄基)氧基)苄基)哌啶-4-基)-3-氯-N-乙基苯甲酰胺的合成及表征

四川理工学院材料与化学工程学院 CCR5 作为一种可利用的新靶点，用以防治人类 HIV 感染。以 5-溴水杨醛、4-氯苄氯为原料，通过消去、还原及溴化合成了 4-溴-2-溴甲基-1-((4-氯苄基)氧)苯（Ⅰ），以哌啶-4-酮为原料合成了 3-氯-N-乙基-N-(4-哌啶基)苯甲酰胺（Ⅱ），通过Ⅰ、Ⅱ合成了一种新的非肽类小分子化合物 CCR5 拮抗剂 N-(1-(5-溴-2-((4-氯苄基)氧基)苄基)哌啶-4-基)-3-氯-N-乙基苯甲酰胺，并对该产物进行了 ^1H NMR、^{13}C NMR 及 MS 表征。

二、酸酐合成新工艺

酸酐是一分子或两分子的无机酸去掉一分子水而成的氧化物。也指一分子或两分子的有机酸去掉一分子水而成的化合物。无机含氧酸脱水后的二元氧化物称为酸酐，如三氧化硫（SO_3）、

五氧化二氮（N_2O_5）、五氧化二磷（P_2O_5）各为硫酸（H_2SO_4）、硝酸（HNO_3）、正磷酸（H_3PO_4）的酸酐。有的酸酐与水结合可以生成几种酸，如磷酸酐五氧化二磷（P_2O_5）加不同数目的水分子，可以生成偏磷酸（HPO_3）、三聚磷酸（$H_5P_3O_{10}$）、焦磷酸（$H_4P_2O_7$）、正磷酸（H_3PO_4）等。

1.酸酐的化学反应

碱脱水后的二元氧化物称为碱酐，如氧化钙（CaO）为氢氧化钙 [$Ca(OH)_2$] 的碱酐。

有机羧酸间缩水可以得到有机酸酐：

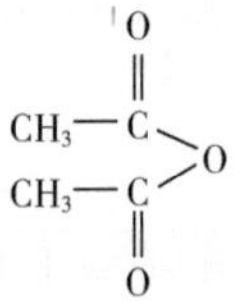

邻苯二甲酸酐在氨水中加热，发生氨解反应；经过酸化后得到邻羧苯甲酰胺，后者在加热时发生脱水生成领苯二甲酰亚胺：

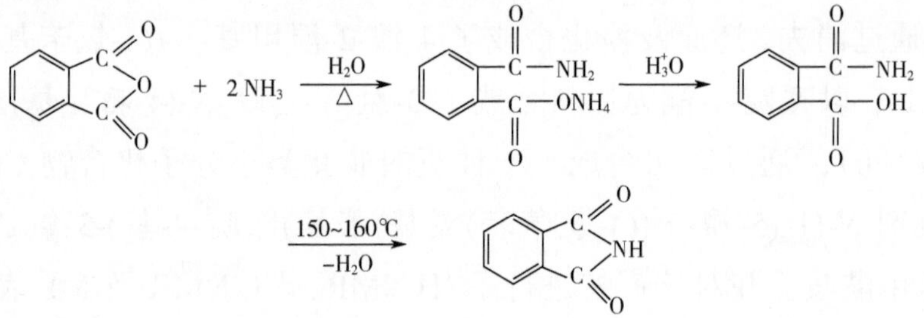

邻苯二甲酸酐与 NH_3 在一定压力下加热，可直接得到邻苯二甲酸亚胺（无色晶体，熔点 238℃）：

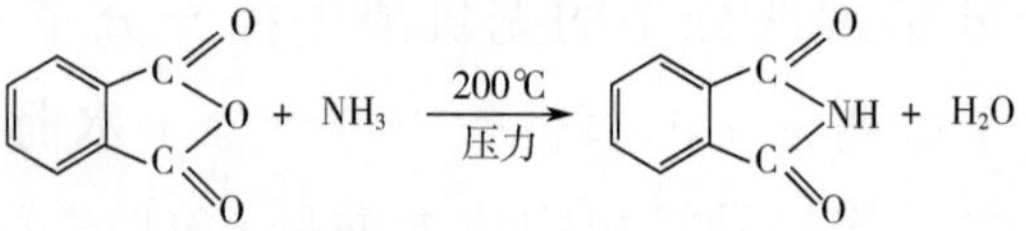

2.酸酐合成工艺

有机酸酐可以由相应的羧酸在脱水剂存在下制得；高级的酸酐一般是相应的羧酸在乙酸酐存在下加热脱水而得。有机酸酐与氨反应生成羧酸酰胺，与醇反应生成酯。有些有机酸酐比相应的酸用途更广，如乙酸酐大量用于胶片和合成纤维的生产。

邻苯二甲酸的二丁酯（DBP）和二辛酯（DOP）是塑料、合成橡胶、人造革等常用的增塑剂。它们都是由苯酐与相应的醇进行醇解，然后再酯化制得。

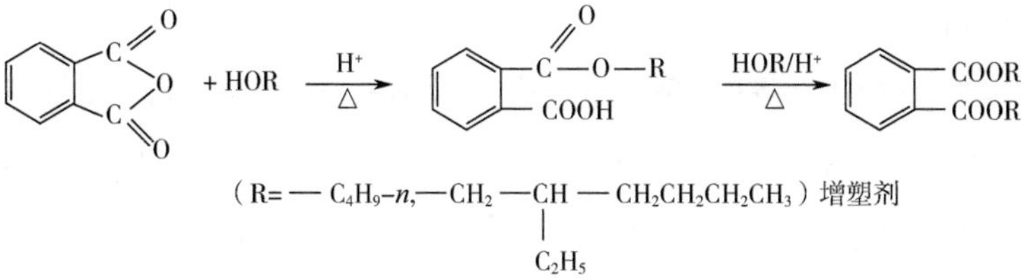

+ HOR
H^+
△
C—O—R
COOH
HOR/H^+
COOR
COOR
（R= — C_4H_9-n,—CH_2 —CH — $CH_2CH_2CH_2CH_3$）增塑剂
C_2H_5

苯酐与甘油发生的醇解反应，可缩聚成体型结构的醇酸树脂，广泛应用于涂料行业。

n
OH OH OH
+ n CH_2—CH—CH_2
H^+
$-H_2O$

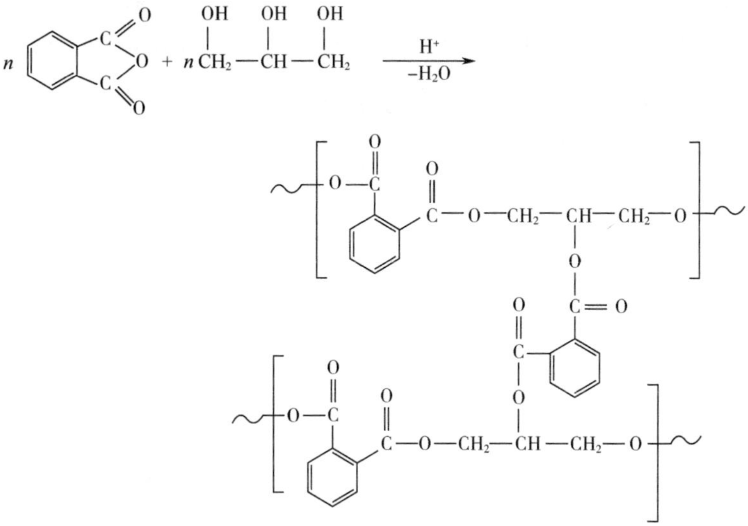

一般阿司匹林（aspirin）是具有解热、镇痛作用的药物；其化

学名称是乙酰水杨酸。现代医学研究已证实它还具有良好的降低风湿性心脏病的发病率和预防肠癌发生的作用。阿司匹林可由乙酸酐与水杨酸作用得到。

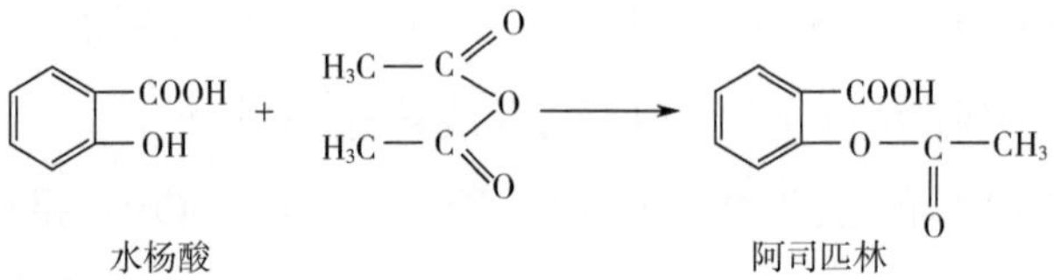

水杨酸　　　　　　　　　　　　　阿司匹林

3.水解聚马来酸酐清洁生产新工艺

济南化纤研究院利用自制催化剂（CF）并采用双氧水为引发剂，由马来酸酐直接合成水解聚马来酸酐水处理剂，反应温度为 100～110℃，催化剂用量为 1.0%，反应时间为 1.5h，合成的产品质量符合 GB 10535—2014 要求，消除了有机溶剂甲苯对环境的污染。

4.联萘胺合成方法的改进

以 β-萘酚和水合肼为原料经水热反应合成联萘胺，对粗产品的提纯方法进行了改进，提出了一种以二甲基亚砜/水/乙醇为溶剂（体积比 15∶60∶40）的新的纯化方法，简化了联萘胺的提纯步骤，产率可达 55%。

三、碳酸酯中间体合成新工艺

1.碳酸酯的结构

碳酸酯是碳酸分子中两个羟基（—OH）的氢原子部分或全部被烷基（R、R′）取代后的化合物。其通式为 RO—CO—OH 或 RO—CO—OR′。遇强酸分解为二氧化碳和醇。

2.碳酸酯的主要用途

碳酸酯可用作 1,2-二醇和 1,3-二醇的保护基。脱保护基的方法是用氢氧化钠水溶液处理。碳酸酯聚合生成聚碳酸酯，聚碳酸酯是一种热塑性塑料。

此外，碳酸酯的其他用途还有：

碳酸二甲酯：甲基化试剂；

碳酸乙烯酯、碳酸丙烯酯：极性溶剂；

三光气[双（三氯甲基）碳酸酯]：光气替代品；

焦碳酸二甲酯：防腐剂；

聚碳酸酯：高分子材料。

3.碳酸酯的合成方法

碳酸酯的合成方法有：用醇或酚类与光气反应。光气法是以前制取聚碳酸酯的常用方法，但由于光气毒性很高，故此法正逐步被其他污染较少的方法所替代，例如比较新颖的羰基二咪唑法。

环氧化合物与二氧化碳在卤化锌作用下反应生成碳酸酯。

四、异氰酸酯关键中间体合成新工艺

异氰酸酯是异氰酸的各种酯的总称。若以—NCO 基团的数量分类，包括单异氰酸酯 R—N=C=O 和二异氰酸酯 O=C=N—R—N=C=O 及多异氰酸酯等。

一般常见的二异氰酸酯包括甲苯二异氰酸酯（TDI）、异佛尔酮二异氰酸酯（IPDI）、二苯基甲烷二异氰酸酯（MDI）、二环己基甲烷二异氰酸酯（HMDI）、六亚甲基二异氰酸酯（HDI）、赖氨酸二异氰酸酯（LDI）。

1.异氰酸酯的主要用途

单异氰酸酯是有机合成的重要中间体，可制成一系列氨基甲酸酯类杀虫剂、杀菌剂、除草剂，也用于改进塑料、织物、皮革等的防水性。二官能团及以上的异氰酸酯可用于合成一系列性能优良的聚氨酯泡沫塑料、橡胶、弹力纤维、涂料、胶黏剂、合成革、人造木材等。

目前应用最广、产量最大的是有：甲苯二异氰酸酯（toluene diisocyanate，TDI）；二苯基甲烷二异氰酸酯（methylenediphenyl diisocyanate，MDI）。

甲苯二异氰酸酯（TDI）为无色有强烈刺鼻气味的液体，沸点251℃，相对密度1.22，遇光变黑，对皮肤、眼睛有强烈刺激作用，并可引起湿疹与支气管哮喘，主要用于聚氨酯泡沫塑料、涂料、合成橡胶、绝缘漆、胶黏剂等。根据其成分，甲苯二异氰酸酯属含氮基的有机化合物。

二苯基甲烷二异氰酸酯（MDI）分为纯MDI和粗MDI。纯MDI常温下为白色固体，加热时有刺激臭味，沸点196℃，主要用于聚氨酯硬泡沫塑料、合成纤维、合成橡胶、合成革、胶黏剂等。根据其成分，纯二苯基甲烷二异氰酸酯也属含氮基的有机化合物。

还有非黄变型的1，6-己二异氰酸酯（HDI）。

2.苯二异氰酸酯的生产工艺

苯二异氰酸酯的生产工艺，主要将对苯二胺和三乙胺的氯苯溶液升温至100℃，并与二-（三氯甲基）碳酸酯的氯苯溶液或氯甲酸三氯甲酯的氯苯溶液一起加入到反应釜中，升温至回流，继续加入二-（三氯甲基）碳酸酯的氯苯溶液或氯甲酸三氯甲酯的氯苯溶液，精馏收集130～136℃/1.07kPa的馏分产物；反应釜包括驱动电机、搅拌轴和搅拌桨叶；搅拌轴上安装有自动取样装置，自动取样装置包括内部具有储液腔的套筒和取样组件；套筒由位于上部的环状固定组件和位于下部的环状转动组件组成。

五、酰氯合成新工艺

1.定义

酰氯是指含有—C(O)Cl官能团的化合物，属于酰卤的一类，是羧酸中的羟基被氯替换后形成的羧酸衍生物。最简单的酰氯是甲酰氯，但甲酰氯非常不稳定，不能像其他酰氯一样通过甲酸与氯化试剂反应得到。常见的酰氯有：乙酰氯、苯甲酰氯、草酰氯、氯乙酰氯、三氯乙酰氯等。

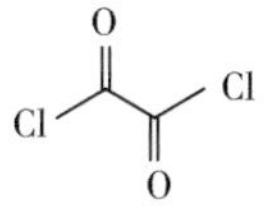

草酰氯

酰氯也指各种无机含氧酸的衍生物，通式为—M(＝O)Cl。M一般为非金属元素，如C、P、S等。一些例子有：亚硝酰氯、硫酰氯、磷酰氯、亚硫酰氯等。

2.性质

低级酰氯是有刺鼻气味的液体，高级的为固体。由于分子中没有缔合，酰氯的沸点比相应的羧酸低。酰氯不溶于水，低级的遇水分解。由于氯有较强的电负性，在酰氯中主要表现为强的吸电子诱导效应，而与羰基的共轭效应很弱，因此酰氯中C—Cl键并不比氯代烷中C—Cl键短。

3.制备方法

酰氯最常用的制备方法是用亚硫酰氯、三氯化磷、五氯化磷与羧酸反应制得。

$$R-COOH + SOCl_2 \longrightarrow R-COCl + SO_2 + HCl$$

$$3R-COOH + PCl_3 \longrightarrow 3R-COCl + H_3PO_3$$

$$R-COOH + PCl_5 \longrightarrow R-COCl + POCl_3 + HCl$$

其中一般用亚硫酰氯，因为产物二氧化硫和氯化氢都是气体，容易分离，纯度好，产率高。亚硫酰氯的沸点只有79℃，稍过量的亚硫酰氯可以通过蒸馏被分离出来。用亚硫酰氯制备酰氯的反应可以被二甲基甲酰胺所催化。

也可以用草酰氯作氯化试剂，与羧酸反应制备酰氯：

$$R-COOH + ClCOCOCl \longrightarrow R-COCl + CO + CO_2 + HCl$$

这个反应同样受到二甲基甲酰胺的催化。机理中，第一步是二甲基甲酰胺与草酰氯作用生成一个活性的亚胺盐中间体。然后羧酸与此中间体反应，生成酰氯，并重新得到二甲基甲酰胺。

此外，酰氯也可由羧酸、四氯化碳和三苯基膦发生 Appel 反应得到：

$$R-COOH + Ph_3P + CCl_4 \longrightarrow R-COCl + Ph_3PO + CHCl_3$$

羧酸与三聚氰氯反应也可以生成酰氯。

4.反应

（1）亲核酰基取代反应

酰氯中的氯原子有吸电子效应，增强了碳的亲电性，使酰氯更容易受到亲核试剂的进攻，而且 Cl— 也是一个很好的离去基团，因此酰氯发生亲核酰基取代反应的活性在所有羧酸衍生物中最强。最简单的例子，便是低级酰氯遇水发生水解的反应：

$$RCOCl + H-OH \longrightarrow RCOOH + HCl$$

除此之外，酰氯还可以与氨/胺反应生成酰胺（氨解），与醇反应生成酯（醇解），与羧酸根离子反应生成酸酐等。反应中一般加入碱（如氢氧化钠、吡啶或胺）来催化反应，并吸收反应的副产物氯化氢。由于酰氯比相应的羧酸活性更强，用酰氯作原料的反应也往往产率更高，因此制取酰胺、酯、酸酐时也往往以酰氯为原料，而不是羧酸。

（2）有机金属试剂

与格氏试剂反应时，一分子的格氏试剂与酰氯反应生成酮，然后第二分子格氏试剂可以再将酮转化为三级醇。与活性较低的二烷基铜锂和有机镉试剂反应时，反应只生成酮。芳香酰氯一般不如脂肪酰氯活泼。

（3）还原反应

用催化氢化、氢化铝锂、二异丁基氢化铝还原时，酰氯转化为一级醇。用 1mol 的三（叔丁氧基）氢化铝锂还原则生成醛。用中毒的钯催化剂使酰氯发生催化还原时，也会生成醛，这个方法称为 Rosenmund 还原反应。

（4）亲电芳香取代反应

氯化铁或氯化铝等路易斯酸催化时，酰氯可以与芳香化合物发生亲电芳香取代反应（傅-克反应），生成芳香酮。一个类似的反应是 Nenitzescu 反应（或称 Nenitshesku 反应），是用酰氯与烯烃在路易斯酸作用下反应生成酮。机理是酰基正离子先与烯烃发生亲电加成生成碳正离子，由于羰基 α-氢很活泼，因此消除质子便得到不饱和酮。

六、邻甲基苯甲酸合成新工艺

1.邻甲基苯甲酸合成新工艺条件

王艳花等关于邻甲基苯甲酸合成新工艺条件的研究如下：在

中型半连续鼓泡床反应器上，评价了用空气作氧化剂，环烷酸钴作催化剂，由邻二甲苯液相氧化生产邻甲基苯甲酸的工艺条件对产物收率的影响。结果表明最佳的工艺条件为：130℃、0.25MPa、空气流量 0.8m³/h、反应时间 5h，邻甲基苯甲酸单程质量产率为43.2%。

王正平等对邻二甲苯空气液相氧化制取邻甲基苯甲酸的研究探索采用单一变价的有机钴酸盐为催化剂，用空气直接氧化邻二甲苯制取邻甲基苯甲酸的过程及基本反应原理。实验采用千克级的塔式间歇反应实验装置，邻二甲苯一次投料量为 40kg，邻二甲苯的单程转化率达到 60%以上，目的产物的质量产率达到 70%。采用正交设计法实验，筛选出工艺过程的最佳操作条件：温度(180±10)℃，压力 0.8MPa，反应时间 30h，尾气流量为 6m³/h。

2.主要用途

邻甲基苯甲酸主要用于农药、医药及有机化工原料的合成，目前是生产除草剂稻无草的主要原料之一。

七、聚碳酸酯合成新工艺

1.产品简介

聚碳酸酯是一种无味、无臭、无毒、透明的无定形热塑性材料，是分子链中含有碳酸酯的一类高分子化合物的总称，简称 PC。结构通式可表示为：

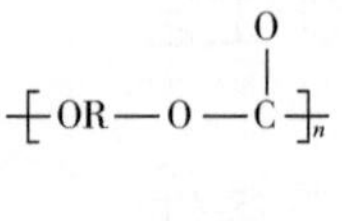

$$\left[O{-}R{-}O{-}\overset{\displaystyle O}{\overset{\displaystyle \|}{C}} \right]_n$$

由于 R 基团的不同，它可分为脂肪族类和芳香族类两种。但因制品性能、加工性能及经济因素等的制约，目前仅有双酚 A 型的芳香族聚碳酸酯投入工业化规模生产和应用。双酚 A 型聚碳酸酯是目前产量最大、用途最广的一种聚碳酸酯，也是发展最快的工程塑料之一。

2.产品性质

双酚 A 型聚碳酸酯（bisphenol A type polycarbonate，PC）的结构式为：

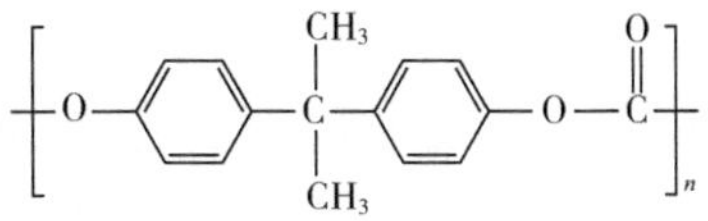

因其具有优良的冲击强度、耐蠕变性、耐热耐寒性、耐老化性、电绝缘性及透光性等，广泛应用于电气电子零部件、机械纺织工业零部件、建筑结构件、航空透明材料及零部件、泡沫结构材料等。

3.生产工艺流程与合成路线

PC 的早期工业化生产方法有酯交换法和溶液光气法两种，这两种工艺现在基本不再使用。目前在工业生产中采用的主要是界面光气法。由于光气毒性大，同时二氯甲烷和副产品氯化钠对环境污染严重，故 20 世纪 90 年代以来非光气法工艺发展迅速，1993年第一套非光气法装置在日本投产。

（1）界面光气法

界面光气法工艺先由双酚 A 和 50%氢氧化钠溶液反应生成双酚 A 钠盐，送入光气化反应釜，以二氯甲烷为溶剂，通入光气，使其在界面上与双酚 A 钠盐反应生成低分子聚碳酸酯，然后缩聚为高分子聚碳酸酯。化学反应式为：

$$\text{HO}-\!\!\!\!\bigcirc\!\!\!\!-\overset{\overset{\text{CH}_3}{|}}{\underset{\underset{\text{CH}_3}{|}}{\text{C}}}-\!\!\!\!\bigcirc\!\!\!\!-\text{OH} + 2\text{NaOH} \longrightarrow \text{NaO}-\!\!\!\!\bigcirc\!\!\!\!-\overset{\overset{\text{CH}_3}{|}}{\underset{\underset{\text{CH}_3}{|}}{\text{C}}}-\!\!\!\!\bigcirc\!\!\!\!-\text{ONa} + 2\text{H}_2\text{O}$$

$$n\text{NaO}-\!\!\!\!\bigcirc\!\!\!\!-\overset{\overset{\text{CH}_3}{|}}{\underset{\underset{\text{CH}_3}{|}}{\text{C}}}-\!\!\!\!\bigcirc\!\!\!\!-\text{ONa} + n\text{Cl}-\overset{\overset{\text{O}}{\|}}{\text{C}}-\text{Cl} \longrightarrow$$

$$\left[\!-\text{O}-\!\!\!\!\bigcirc\!\!\!\!-\overset{\overset{\text{CH}_3}{|}}{\underset{\underset{\text{CH}_3}{|}}{\text{C}}}-\!\!\!\!\bigcirc\!\!\!\!-\text{O}-\overset{\overset{\text{O}}{\|}}{\text{C}}-\!\right]_n + 2n\text{NaCl}$$

反应在常压下进行，一般采用三乙胺作催化剂。缩聚反应后分离的物料、离心母液、二氯甲烷及盐酸等均需回收利用。该法工艺成熟，产品质量较高。

（2）溶液光气法

溶液光气法工艺是将光气引入含双酚 A 和酸接受剂（加氢氧化钙、三乙胺及对叔丁基酚）的二氯甲烷溶剂中反应，然后将聚合物从溶液中分出。GE 公司曾在其美国的第一套装置中使用此工艺。此工艺经济性较差，与界面光气法相比缺乏竞争力。

（3）普通熔融酯交换法

熔融酯交换法工艺是以苯酚为原料，经界面光气化反应制备碳酸二苯酯（DPC），化学反应方程式为：

$$\text{COCl}_2 + 2\!\!\!\bigcirc\!\!\!-\text{OH} \xrightarrow[T]{\text{NaOH}} (\!\!\bigcirc\!\!-\text{O})_2\text{CO} + 2\text{NaCl} + \text{H}_2\text{O}$$

碳酸二苯酯再在催化剂（如卤化锂、氢氧化锂、卤化铝锂及氢氧化硼等）、添加剂等存在下与双酚 A 进行酯交换反应得到低聚物，进一步缩聚得到 PC 产品。其工艺流程如图 4-2 所示。

酯交换法生产成本比界面光气法低，但该工艺存在的一些缺陷，阻碍了其工业化应用。如产品光学性能差、分子量范围有限、催化剂存在污染等。目前 Bayer 公司仍在对该工艺继续进行研究，试图用电解法从副产物氯化钠中回收氯，并将氯循环用于制光气。

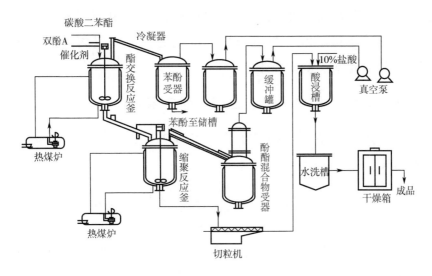

图 4-2　聚碳酸酯生产工艺流程与合成路线

（4）非光气熔融法工艺

由于光气法毒性大、污染严重，近年来不用光气法生产聚碳酸酯的新工艺已研究成功，并实现了工业化，这是聚碳酸酯工业生产的一大突破。与普通熔融酯交换法的不同之处是，非光气熔融法工艺不使用剧毒的光气生产碳酸二苯酯，而是用碳酸二甲酯（DMC）和苯酚进行酯交换反应生产碳酸二苯酯，化学反应方程式为：

$$CH_3O_2CO +2 \bigcirc\!\!\!-OH \xrightarrow[\text{一定温度}]{\text{催化剂}} (\bigcirc\!\!\!-O)_2CO + 2CH_3OH$$

碳酸二苯酯再和双酚 A 缩聚得到聚碳酸酯。

此工艺中的原料碳酸二甲酯的生产方法一般采用意大利埃尼公司的专利，以甲醇、一氧化碳和氧气为原料经氧化羰基化制得。

GE 公司在日本、西班牙分别建设了规模 40kt/a 和 130kt/a 的非光气法聚碳酸酯生产装置。

非光气熔融法工艺不使用剧毒光气，有利于环境保护，产品更适合于生产高附加值的光盘。生产过程中，甲醇和苯酚循环使用，降低了原料成本。与界面光气法相比，非光气熔融法工艺在投资和生产成本上更具优势。

（5）苯酚氧化羰基化法合成碳酸二苯酯

此工艺直接用苯酚和 CO 及空气（O_2）进行氧化羰基化反应生成 DPC，其反应方程式如下：

$$2 \bigotimes - OH + CO + 1/2O \xrightarrow[\text{催化剂}]{\text{一定温度、压力}} (\bigotimes - O)_2CO + H_2O$$

该法原料来源广泛、价廉，不用光气，三废少，是 DPC 合成技术的发展方向。

国外从 20 世纪 70 年代至今对其研究一直非常活跃。美国通用电气公司和拜耳公司、日本 GE 塑料公司等都把研究焦点集中于羰基化法，并发表了大量专利报道。

在国外的许多专利中，该反应的工艺条件要求较高，必须在高压反应釜中进行，反应压力为 0.6～6.0MPa，也可以用空气代替氧气，反应温度 100～150℃左右，反应时间控制在 3h 左右。该反应的关键在于选择高活性催化剂。

在催化剂的研究中，具有代表性的是碱土金属化合物（如 $MgCl_2$）和过渡金属化合物（如 Pd、Mn、Cs、Rh、Ce、Co 等的卤化物、醋酸盐）两大类，其中 Pd 或 Pd 盐添加不同助剂（如锰或钴盐等）研究得最多，苯酚的转化率从百分之几到百分之几十不等。

羰基化法选用的催化剂包括钯或钯的化合物（A）、三价或四价铈化合物（B）、季铵盐或季磷盐（C）、醌或其还原产物（如芳香族二醇）（D）及任一种碱金属或碱土金属卤化物（E），采用两种催化体系，即 A、B、E 或 A、B、C、D。在催化剂中采用不同的卤化物，也会使产率发生变化。该产品最高产率为 8.7%。在一些文献报道中，羰基化法选用的催化剂包括具有催化活性的金属钯或化学结合状态的钯、一种无机助催化剂（以钴盐和席夫碱形成的钴的配合物形式），以及季铵或卤化磷，单程产率 23.8%。另据报道，Bayer 公司以溴化钯作催化剂，季铵盐、有机钴盐等为助剂，DPC 产率达 46%。

国内对连续化生产 DPC 工艺做了很多研究。尽管在催化剂、工艺条件等技术问题上尚有待于进一步改进，但可以相信该技术为实现工业化生产奠定了基础。

（6）双酚 A 氧化羰基化法合成聚碳酸酯

与其他方法相比，羰基化法直接合成聚碳酸酯更具有吸引力。该法以双酚 A 为原料，选择第ⅧB 族金属（如钯）或其化合物为主催化剂，配合无机（如 Se、Co 等）和有机（如三联吡啶、喹啉、醌等）助催化剂，并加入提高选择性的有机稀释剂，在一定温度和压力下，通入 CO 和 O_2 进行羰基化反应而制得 PC。据报道，日本国家材料和化学研究院（MCR）已用羰基化法成功地合成了分子量为 5000 的 PC，该预聚体进一步聚合可制得商业级 PC。

羰基化法合成聚碳酸酯工艺具有毒性小、无污染、产品质量高等优点，是世界各国争相研究的热点，国内羰基化法合成 DPC 及 PC 的研究十分关注，还有少量报道。

4.工艺路线选择

在聚碳酸酯的上述几种生产工艺中，光气法由于生产过程中使用了剧毒性气体物料光气，虽然该方法生产的聚碳酸酯产品质量较好，也逐渐趋于淘汰。酯交换法生产工艺不使用剧毒光气，有利用环境保护，产品更适合于生产高附加值的光盘。生产过程中，甲醇和苯酚循环使用，降低了原料成本。因而该方法目前值得推广使用。由苯酚氧化羰化法直接合成碳酸二苯酯无论从经济角度还是从环境保护出发，都是一种很有优越性的合成工艺，是聚碳酸酯合成技术的发展方向。但由于该技术目前尚不成熟，尤其是工艺条件不稳定，催化体系不能令人满意，因此在短期内（10～20年内）还不能完全取代酯交换法生产工艺。就目前的经济和技术水平看，酯交换法是一种适于推广的聚碳酸酯合成工艺。

5.开发聚碳酸酯项目的前景

20世纪90年代我国每年要花费数十亿元进口聚碳酸酯来满足国内市场的需求，因此聚碳酸酯是一个具有开发前景的产品。

采用非光气法熔融工艺，由液相氧化羰基法制碳酸二甲酯来生产聚碳酸酯，东北地区完全有能力，也有优势。东北有年产20万吨的羰基合成专用甲醇，有纯度大于98%的一氧化碳，华北地区已有3万吨级的双酚A装置，还有国内已开发成功的经验，因此完全有能力来强化系统，开发这一先进的工艺，生产无污染三废的新材料产品——聚碳酸酯，同时这亦符合国内开发高端科技产品的要求。

按2万吨/年碳酸二甲酯及4.5万吨/年聚碳酸酯的规模核算产品成本见表4-1。

表4-1　液相氧化羰基法制碳酸二甲酯的成本核算

名称	耗量	单价	价格
甲醇 CH_3OH	0.76 t/t	1600 元/t	1216 元
一氧化碳 CO	400 m^3/t	2.00 元/m^3	800 元
氧气 O_2	150 m^3/t	0.40 元/m^3	60 元

续表

名称	耗量	单价	价格
催化剂 CuCl	4kg/t	20000 元/t	80 元
氯苯	3kg/t	1000 元/t	30 元
烧碱 30% NaOH	150kg/t	800 元/t	120 元
电	800kW·h/t	0.59 元/（kW·h）	472 元
蒸汽	11.2t/t	60 元/t	660 元
水	80t/t	1.00 元/t	80 元
投资折旧		1200 元	1200 元
修理费		300 元	300 元
人工费		300 元	300 元
管理费		500 元	500 元
合　计			5818 元

综上所述，由甲醇、一氧化碳、氧气等用液相氧化羰基法制得的碳酸二甲酯成本与市场销售价相比，利、税率较高。应用非光气法熔融工艺制聚碳酸酯的成本与市场销售价之间的利、税率仍有较大的差距。若装置规模扩大，则相应的成本减少，将会获得更大的效益。

八、金刚烷合成新工艺

1.产品简介

金刚烷因其分子内碳原子的排列与金刚石点阵的基本单元相同而得名，是一种对称性很高的笼式化合物。这种独特的分子结构赋予金刚烷独特的物理和化学性质。作为一种新型的精细化工原料，金刚烷正在引起人们的高度重视。

早期金刚烷以二聚环戊二烯为起始原料，经两步合成制得了该化合物，并用红外光谱、质谱等物理和化学方法确定了它的结构。由于采用Schleyer方法的合成产率太低。因而金刚烷价格很贵。尽管科学家们在金刚烷及其衍生物的应用方面进行了广泛的研究，并取得了极为丰硕的成果，但金刚烷的实际应用长期以来仍局限于医药方面。

自从日本出光兴产公司中央研究所发明了新合成工艺，使金刚烷的生产成本下降了一半，为它作为化工原料得以广泛应用奠定了基础。同时，金刚烷及其衍生物的应用研究近年来又取得了令人欣喜的诸多成就。因此，有人预测，金刚烷作为"21世纪的苯"将进入生产、生活、国防等各个领域。

2.产品性质

金刚烷是由10个碳原子和16个氢原子构成的多环烷烃，从空间结构上看，其结构单元是椅式的环己烷环（结构式如下），分子具有相当高的对称性。

纯金刚烷是无毒、无味、无臭的晶体，无色、亲油、易升华，不溶于水，微溶于苯，热稳定性和润滑性都很出色。金刚烷的反应活性比苯低，但生成衍生物比较容易，很多化合物分子中的苯基被金刚烷基取代后表现出更加理想的性质和特征。

据报道，金刚烷物性常数如下：

分子式：$C_{10}H_{16}$

分子量：136.23

熔点：269.6～270.8℃（封管中）

密度：1.07g/cm³

折射率：1.568±0.003

生成热（25℃固体）：138.27kJ/mol

燃烧热（25℃固体）：6.03kJ/mol

比热容（25℃）：190kJ/mol

升华热（27℃）：69.63kJ/mol

蒸气压：$\ln p$（mmHg）$-50.27-$（$8416/T$）$-4.2111\ln T$（T=278～443K）

三点态：460℃/2.7GPa　体心点阵/面心点阵/液体

相转换点：208.62K　体心点阵/面心点阵/液体

3.金刚烷的合成方法

（1）合成方法

早期利用 Schleyer 的直接合成法使金刚烷工业化，这种方法是以二聚环戊二烯为原料，氢化后用氯化铝异构化制成：

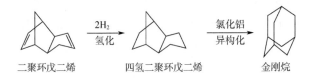

二聚环戊二烯　　　四氢二聚环戊二烯　　　金刚烷

这种方法异构化产率低到 15%～20%，但以石油化学工业热分解石油馏分制造烯烃时的副产物二聚环戊二烯为原料就更有意义。以后又有在氯化铝-氯化氢系统中加氢异构化和采用溴化铝的方法以提高产率的报道。最近又有用溴化氢和溴活化的氯化铝，在低温下分解原料，在防止树脂化的同时进行异构化方法的报道。

卤化铝法的缺点是副产大量的焦油，精制工序复杂；催化剂用量大，再生困难，且废弃的催化剂要特别处理；反应装置易腐蚀。因此，不适于工业化。

从成本因素考虑，能把金刚烷作为化学原料使用，比较有希望的催化剂系统是经硫酸处理的 Al_2O_3、Al_2O_3-SiO_2、Cl-Pt-Al_2O_3 等。它们虽然有再生的可能，但却因活性极低，并且催化剂寿命明显短，作为工业催化剂使用的条件还不充分。

日本出光兴产公司的方法以二聚环戊二烯为原料，异构化采用的是新型固体催化剂。这种催化剂是把稀土金属和碱土金属进行离子交换，基本属于沸石，根据需要加入适量的镍、钴、铂、铼、铁、铜、锗等。其优点是催化剂使用量少、催化剂活性高、金刚烷产率高、催化剂容易再生、生成物的分离简单、不腐蚀设备。

金刚烷的生产工艺流程和合成路线见图 4-3。原料二聚环戊二烯和氢气一起进入加氢塔氢化。氢化反应定量地进行，氢化反应率为 99.9%以上，氢化率对异构化工序的反应效果和催化剂寿命有很大影响，所以反应越完全越好。

氢化反应后生成的四氢二聚环戊二烯（以下称 TMN）在异构化反应塔中与极微量的氯化氢、氢气反应。反应生成物经气液分离后，在蒸馏塔除去少量的分解物，进一步回收未反应的 TMN。塔底冷却析出金刚烷后，用离心机分离，用正己烷洗净一次即可达 99%以上的纯度。这种工艺不仅能制造金刚烷，而且还能制造 1,3-二甲基金刚烷、1-乙基金刚烷等。

（2）金刚烷衍生物

以金刚烷或二甲基金刚烷为原料，可合成各种衍生物，如图 4-3 所示。

DuPont 公司、SunOil 公司和花王石硷公司等都有大量的研究报告。此外，金刚烷衍生物的药理报告、俄罗斯的基本衍生物合成报告和来自日本各企业的具有复杂结构和特殊功能的衍生物的报告，利用金刚烷和烯烃合成光学活性物质和生物活性物质中间体等的报告都是很引人注目的。

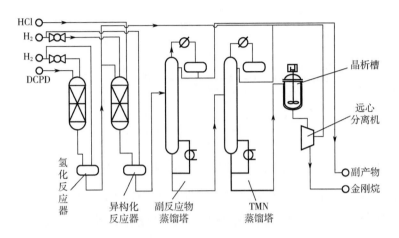

图4-3　金刚烷的生产工艺流程与合成路线

4.金刚烷的应用开发进展

金刚烷虽然有独特的性质，但因价格高，目前只在医药领域特定的用途上有市场，而在其他领域尚处于应用开发阶段。

（1）高分子

在将金刚烷的骨架作为聚合物主链或侧链方面，很早就有各种研究。任何一种聚合物中采用金刚烷骨架都会赋予以下特性：可提高耐热性、氧化稳定性，并使熔融时的热分解氧化着色减少；耐光性、耐候性好；熔点比现有的同类聚合物大幅度上升；可提高聚氨酯的耐溶剂性和聚酯、聚氨酯的耐水解性；各种聚合物可不同程度提高弯曲强度和弯曲弹性率；聚合物相对密度变小。

① 光硬化型聚合物。既往就有关于金刚烷基丙烯酸酯及金刚烷基异丁烯酸酯的研究，但它们的单体只有一侧有乙烯基。后来研究的金刚烷单体是两侧各有乙烯基的光硬化型，具有耐热性，分别见如下结构式。

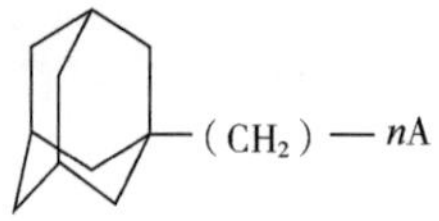

（A=NH₂COOH，SO₃H，n=0~10）
金刚烷丙烯酸酯类单体

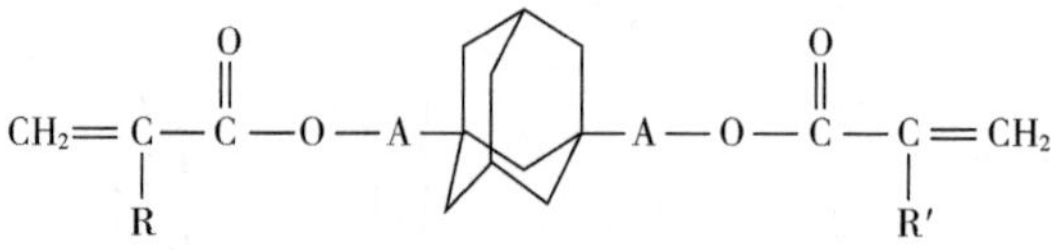

[R=H，CH₃，R'=H，CH₃，A=(CH₂)ₙ，n=0~4]
金刚烷二丙烯酸酯类单体

这些二丙烯基或二异丁烯基使基材具有良好耐热性、耐氧化性等，因此可作为有机玻璃用的透明树脂添加剂而广泛应用。同时，这些单体可利用热、紫外线、电束硬化，但不因硬质而造成损伤。它的耐药品腐蚀性、耐溶剂性良好，金刚烷骨架可充分发挥使玻璃化转变温度变高或变形收缩率变小等优点。

另外，作光纤维材料使用时，可采用金刚烷基异丁烯酯/甲基丙烯酯为 87/13（质量比）的共聚体。将金刚烷的单丙烯或单异丁烯物聚合体和环状顺式-D-二羟基化合物以及增感剂混合，可作为全息照相记录用感光材料。

② 其他聚合物。俄罗斯和东欧各国对金刚烷聚合物的研究较活跃，主要涉及具有金刚烷骨架的耐热环氧、聚酰胺、橡胶配合物、聚碳酸酯、光蚀刻用感光材料以及利用聚联氨和聚唑的混合物制成的耐热薄膜等，但没有实现商品化，其实用性有待进一步研究。

（2）异构化催化剂

将金刚烷衍生物用于异构化催化剂的研究正在进行。过去用硫酸法制造烷基化汽油时，用氨基烷基金刚烷或金刚基烷羧酸（或磺酸）中任何一种作为助催化剂，在硫酸中添加 $10^{-4} \sim 10^{-2}$ mol/L，可提高以烯烃为基准的异构化产率 5%～20%以上。表 4-2 为各种衍生物异构化速度比较的数据。

表 4-2 各种衍生物异构化速度比较的数据

助催化剂名称	硫酸中浓度(mol/L)	反应速度常数	相对速度
—	—	0.021	1.0
Ad-(CH$_2$)$_4$-NH$_2$	0.02	0.064	3.0
Ad-(CH$_2$)$_4$-NH$_2$	0.005	0.118	5.6
Ad-(CH$_2$)$_4$-NH$_2$	0.050	0.160	7.6
Ad-(CH$_2$)$_3$-COOH	0.002	0.074	3.5
Ad-(CH$_2$)$_4$-COOH	0.002	0.082	3.9
Ad-(CH$_2$)$_5$-COOH	0.002	0.149	7.1
氨基氯化十二烷	0.050	0.040	1.9

（3）润滑油

具有金刚烷骨架的合成润滑油,耐热性和氧化稳定性都很好。1,3-甲基金刚烷-5,7-二元醇和各种脂肪酸的二酯类,热稳定性、氧化稳定性和低温流动性优良,可作为航空发动机用润滑油的工作油。α-异丙基金刚烷作为内燃机车工作油同润滑油和热炼油使用。p-氯化金刚烷作工作油和传动油。烷基金刚烷的二聚体和聚丁烯混合可用作牵引传动油。

尚在研究的润滑油添加剂有环己基-1,3-二甲基金刚烷作牵引传动油的添加剂,氯化金刚烷可作防止摩擦消耗、防止烤干用的添加剂。

（4）医药品

为充分利用金刚烷的脂溶性,人们开发了许多医药晶体,主要用于治疗帕金森病和作为脑血管扩张剂、抗菌素、抗癌剂及人造血液等。

唯一实用的金刚烷衍生物是 DuPont 公司开发的 1-氨基金刚烷（金刚胺）的盐酸盐，药名为 Symmetrel，主要用于治疗帕金森病，疗效显著，没有副作用。

可作为脑血管扩张剂的是金刚烷的肉桂哌啶衍生物，它可以提高脑血管中的药物浓度。与过去的肉桂苯哌嗪相比，其毒性低，副作用少。另外，金刚烷的骨架可作为脑中载体，如果在金刚烷骨架中加入已知药理效果的官能团，就可作为一种新药直接作用于大脑。

青霉素和头孢菌素是有代表性的抗菌素，但有金刚烷骨架的头孢菌素的药理性胜过青霉素。这是因为其脂溶性好，可提高血中溶解度和改善吸收性能。

1,2-氨基金刚烷的铂配合物具有抗肿瘤作用，它是低毒性、副作用少的化合物。具有金刚烷羧基的甘嘌啉衍生物，具有很强的防止肿瘤细胞增殖的作用和免疫抑制作用。金刚烷衍生物作为抗癌剂的研究正在积极进行。

各种氟烃乳液有运送氧气的作用，所以被认为可作人造血液。p-氯化金刚烷毒性低，与其他氟化物相比向体外排泄的速度极快，故被研究作为人造血液的可能性。

（5）升华载体

以上所介绍的用途都是利用金刚烷的各种衍生物，而单纯使用金刚烷的用途就是作为升华载体。

与过去使用的对二氯苯和樟脑比，金刚烷臭味小，毒性低，可用作芳香剂、防虫剂和各种处理剂的升华载体。

综上所述，金刚烷具有附加优良特性的能力，但过去由于价格高，没有实用化。现在由出光法可采用一般的原料廉价地制造金刚烷，所以面向实用化的研究和应用开发指日可待。

九、1,4-丁二醇合成新工艺

1.产品简介

1,4-丁二醇（BDO）为饱和碳四直链二元醇，是一种重要的有机溶剂和有机合成中间体，主要用于生产四氢呋喃（THF）、γ-丁内酯（GBL）、N-甲基吡咯烷酮（NMP）及工程塑料——聚对苯二甲酸丁二醇酯（PBT），还用作增塑剂原料及医药中间体等。近年来，国外对 BDO 及其衍生物需求呈上升趋势，特别是对 PBT 和聚四亚甲基醚醇（PTMEG）的需求骤增，导致 BDO 短缺，出现了全球性的供不应求局面，特别是近年来亚洲需求量呈两位数增长趋势，使 BDO 及其衍生物世界市场供需极为紧张，几乎所有的主要生产厂都声称要扩大装置能力，同时新建了一批新装置。

目前，世界工业化生产 BDO 的方法有四种：a.以乙炔、甲醛为原料的 Reppe 法；b.以丁二烯、乙酸为原料的丁二烯乙酰氧基化法；c.以环氧丙烷为初始原料经烯丙醇羰基合成的烯丙醇法；d.以丁烷/顺酐为原料的顺酐法。其中 Reppe 法是传统的生产方法，占世界总生产能力的 82%以上。中国、欧洲部分国家、美国、日本的各公司根据各自原料的来源特点及产品优势不断开发出新的合成方法，同时其上下游产品的开发和应用也迅速发展起来。随着 BDO 新生产方法的出现，现行的 Reppe 法正受到挑战和冲击。

2.产品性质

1,4-丁二醇结构式为 $HOCH_2CH_2CH_2CH_2OH$，外观为针状结晶或无色黏稠油状液体。凝固点 201℃，沸点 235℃，相对密度 1.0171，折射率 1.4460（20℃），闪点>110℃。能与乙醇、丙酮及水相混溶，微溶于醚，有吸湿性，味苦。

3.主要工艺技术路线及对比

目前 BDO 生产正从基于乙炔的 Reppe 工艺转向以环氧丙烷、丁二烯或丁烷为原料的新工艺。

（1）传统的以乙炔为原料的 Reppe 法

BDO 的传统生产方法是以乙炔和甲醛为原料的 Reppe 法。首先，乙炔用甲醇铜催化生成丁炔二醇，丁炔二醇再两段加氢生成 BDO。该法 1930 年由德国 Reppe 博士开发，最早于 1940 年由德国 BASF 公司工业化。该法的缺点是使用乙炔而导致的高成本和安全问题。事实上，直到 20 世纪 70 年代末 DuPont 使用乙炔为原料的 BDO 生产工艺（Reppe 法）还一直垄断着这一行业。由于缺乏经济的替代工艺并难以在所需压力下安全控制乙炔，使新的竞争者难以进入该行业。

（2）以丁二烯为原料的三菱化成技术

日本三菱化成率先打破了 Reppe 法技术障碍，成功开发丁二烯合成 BDO 的工艺，并于 1982 年在日本建立 15kt/a 工业化装置。该工艺分三步：丁二烯先合成 1,4-二乙酰氧基-2-丁烯，再经加氢、水解生成 BDO，副产物四氢呋喃（THF）、乙酸则循环使用。目前三菱在日本采用该工艺生产 BDO。BASF 引进该工艺在韩国建立了新工厂，NanYa 在台湾也将使用该方法。

（3）以环氧丙烷为原料的 ARCO 法

对于环氧丙烷（PO）生产 BDO 工艺实现工业化，再一次越过进入该行业的障碍。Lyondell 使用原 Kurary 开发的工艺，以环氧丙烷为原料生产 BDO，首先由环氧丙烷异构化成丙烯醇，然后羰基化成 4-羟基丁醛，再氢化制取 BDO。

（4）以丁烷 MAn 为原料的生产工艺

近年来，新老工艺厂商和技术开发商，对主要以 C_4 馏分为基础的合成 BDO、THF 和 N-甲基吡咯烷酮（NMP）集中进行了大量研究活动。1996 年初，DuPont 使用其独特的移动床技术在西班牙开始使用丁烷经 MAn 法生产 THF。Kvaerner 工艺是采用 Davy 开发的工艺，将顺酐转化成相应的顺酐二甲酯（DMM），再气相加氢解得到 BDO。BASF 获得了英国 Kvaerner 公司顺酐制 BDO 的专利技术许可，1999 年已在韩国 Ulsan 建成一套 50kt/a BDO 新工厂。最明显的实例是 BP/Lurgi 马来酸（MA）水溶液加氢制 BDO 技术，该法的基本路线是将丁烷氧化成马来酸酐，然后水解成马来酸，再氢化成 BDO。

4.我国最新产出优等 BDO 产品

新疆新业能源化有限责任公司是高端特色煤基精细化工新材料产业（集团），在 2019 年 12 月产出优等 BDO（工业用品，1,4-丁二醇）产品，标志着生产全流程已顺利打通，试产品取得圆满成功。2020 年该公司重点项目 6 万吨/年 1,4-丁二醇装置投入了正常生产。

目前，该公司正以煤为原料，加快发展煤炭洁净开发利用技术，二三期项目 14 万吨/年 1,4-丁二醇装置计划于 2021 年开工建设。

5.工艺路线选择及经济效益分析

1,4-丁二醇的几种合成方法各有其生产特点。在实际选择时，一方面要考虑工艺操作难度、设备要求及投资因素，另一方面也要考虑各种不同原料在不同地区的供应差别。在我国国内，上述几种 1,4-丁二醇合成原料中乙炔来源较丰富，因而传统的 Reppe 工艺仍有一定的发展前景（图 4-4）。而正丁烷工艺因其成本的优势，有望在今后 10～30 年间逐渐取代其他工艺。

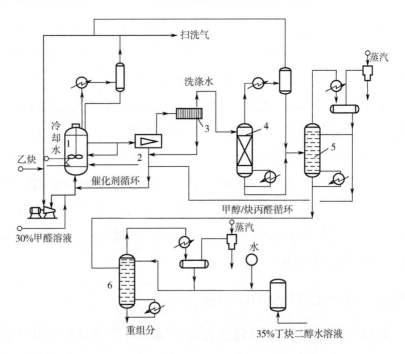

图 4-4　Reppe 法生产工艺流程与合成路线

1—反应器；2—离心分离器；3—精密过滤器；4—脱乙炔塔；5—轻组分塔；6—重组分塔

第五节

合成香料及其中间体绿色合成技术与新工艺

一、提高香料生产效率的重要手段——微波技术

1.香料生产的微波萃取

微波萃取又称微波辅助提取（microwave-assisted extraction，

MAE），是指使用适当的溶剂在微波反应器中从植物、矿物、动物组织等中提取各种化学成分的技术和方法。微波是指频率在300MHz～300GHz的电磁波，利用电磁场的作用使固体或半固体物质中的某些有机物成分与基体有效的分离，并能保持分析对象的原本化合物状态。

1986年，匈牙利学者Ganzler首先提出利用微波进行萃取的方法。在微波萃取过程中，高频电磁波穿透萃取介质，到达被萃取物料的内部，微波能迅速转化为热能而使细胞内部的温度快速上升。当细胞内部的压力超过细胞的承受能力时，细胞就会破裂，有效成分即从胞内流出，并在较低的温度下溶解于萃取介质，再通过进一步过滤分离，即可获得被萃取组分。

2.香料的微波杀菌技术

食品工业生产在我国存在着很多问题，如香料的杀菌环节，由于生产过程中经过的工序多，多重污染的机会大，在产成品的检测中，往往出现严重的菌落总数或病菌超标的情况。如何简化香精香料的生产工序，并且做到无菌生产是一个值得深思的问题。

我国研发的一种多功能微波设备，一般针对食品的杀菌有自己独特的技术和应用领域，研发的工业食品级香料微波杀菌设备具有很多优点：

① 节能高效。微波是直接对物料进行作用，因而没有额外的热能损失，炉内的空气与相应的容器都不会发热，所以热效率极高，生产环境也明显改善，与远红外加热相比可节电30%。

② 时间短，效率高。微波加热杀菌是使被加热物体本身成为发热体，不需要热传导的过程。微波从四面八方穿透物体内部里外同时使物体在很短时间内达到均匀加热杀菌，大大缩短了干燥杀菌时间，从而更能提高产量。

③ 易于控制，工艺先进。与常规方法比较，设备即开即用；

没有热惯性，操作灵活方便；微波功率可调，传输速度可调。在微波加热干燥杀菌中，无废水、废气、废渣，是一种安全无害的高新技术。

④ 杀菌效果好。实践证明，利用微波杀菌一般在70℃就可全部杀死大肠埃希菌，在80～90℃细菌总数大大降低，时间只需2～8min。速度快，时间短，因此可保留食品中的营养成分、传统风味。

⑤ 延长保质期。经微波杀菌处理的物料，可延长半年保质期，对提高产品质量及延长储存周期有显著的效果。

微波香料干燥杀菌设备主要应用于鸡精、牛肉香精、猪肉香精、酵母精、调味品、香辛料、食品添加剂、粉末香精和香料，还有胡椒粉、辣椒粉等产品干燥杀菌处理。

二、芳香醛香料及其中间体的绿色氧化还原技术

1.定义

芳香醛（aromatic aldehydes）指含有羰基的芳香族化合物。羰基上的两个单键，一个与芳烃基连接，一个与氢连接的化合物是芳香醛，如苯甲醛 C_6H_5CHO。一般是液体或固体，化学性质活泼，能与亚硫酸氢钠、氢、氨等起加成反应，芳香醛易被弱氧化剂氧化成相应的羧酸。具有较大工业价值，是重要的有机化工原料。

2.芳香醛与醛类对比

芳香醛与醛类对比如下：a.醛类为阴性，芳香醛为阳性。b.芳香醛气味更甜，更强烈。c.芳香醛的抗感染效果更佳。d.芳香醛的皮肤刺激性更大。e.芳香醛对肝脏造成的负担更大。f.芳香醛的作用偏向消化系统。

3.合成芳香醛方法

芳香酸酯选择性加氢合成芳香醛方法，属于精细化工催化技术，一般采用多相选择性加氢方法由芳香羧酸酯合成芳香醛。催化剂组成为过渡金属氧化物负载于活性炭、氧化铝、氧化硅、硅藻土及分子筛上。将芳香羧酸酯和氢气连续地通入固定床反应器中，在 300~600℃温度下，以很高的选择性得到芳香醛。

新的芳香羧酸酯的效果和益处是：由于采用了新的芳香羧酸酯选择加氢工艺，所合成的芳香醛不仅纯度高，而且不含有任何卤素原子，因此该方法得到的醛可安全地用于药品、化妆品及与人类直接接触的香精和香料工业中。新的芳香羧酸酯的工艺流程短，生产过程中不产生任何对环境污染的废物，因此是一个环保型现代合成方法。

三、醇醛类香料及其中间体的催化加氢技术

绿色反应体系中选择性催化加氢反应是很多基本的化学结构单元进行官能化的基础，加氢反应能单纯增加有机化合物中氢原子的数目，使不饱和的有机物转变为相对饱和的有机物，这在现代化学工业中是重要的领域之一。因此，开发清洁有效的绿色加氢催化体系具有深远的研究意义。

郁茵是从绿色化学的角度出发,选取绿色反应溶剂和催化剂,使用不同的氢源分别进行不饱和醛酮、烯烃或硝基苯衍生物的催化加氢反应，并研究了 α，β-不饱和醛与醇之间发生加氢-酯化串联反应生成饱和酯的反应活性。具体的内容有以下几个方面：在氢气为氢源的加氢体系中，一般是从嵌段聚合物 P123/[BMMIM]OAc 离子液体混合胶束稳定的镍纳米颗粒体系，利用多种仪器表征和活性评价等研究方法考察了催化剂的制备条件、物理化学性质（金

属纳米颗粒的尺寸以及表面电荷性质）和催化反应性能之间的相互关系。

四、香料合成中的绿色催化

1.新型温控离子液体绿色介质生物催化合成乙酸辛酯香料

陆杨等设计合成 3 种新型 1,3-二戊基咪唑六氟磷酸盐同分异构离子液体。以褶皱念珠菌脂肪酶 Canadida rugosa lipase 酶催化合成乙酸辛酯为模型反应，分别考察介质对酶行为的影响。结果发现，酶在离子液体中的活性及反应性明显高于有机溶剂正己烷。基于[D（2-mb）Im][PF6]离子液体的温控特点，设计一种高温反应和低温分离相结合的乙酸辛酯合成路线。通过研究各种因素对 1-辛醇转化率的影响，获得合成乙酸辛酯的最佳反应条件。在此最佳条件下，1-辛醇的转化率达 99.3%，酶在[D（2-mb）Im][PF6]中的稳定性是正己烷中的 8.3 倍。此外，圆二色谱和内源荧光光谱被应用于不同介质中脂肪酶结构变化，结果表明酶在[D（2-mb）Im][PF6]中有较大的氨基酸残基裸露程度和良好的二级结构稳定性。

2.硫酸铝绿色催化合成肉桂醛缩乙二醇

蒋卫华等以硫酸铝为催化剂，通过肉桂醛与乙二醇反应合成了肉桂醛缩乙二醇。研究了原料摩尔比、反应时间、催化剂的种类和用量、带水剂的种类以及催化剂重复使用后对产率的影响。实验表明，硫酸铝是合成肉桂醛缩乙二醇的理想催化剂，其较优反应条件为：肉桂醛与乙二醇摩尔比为 1∶1.5，催化剂用量为反应物总质量的 1.5%，带水剂环己烷 10mL，回流反应 4.5h，选择性达到 100%，产率达到 96.58%。通过 ^{1}H NMR、IR 等数据对所合成的目标产物进行了表征。

3.壳聚糖硫酸盐催化丙酸丁酯的绿色合成研究

张晓丽等研究了丙酸与丁醇在壳聚糖硫酸盐催化剂作用下的酯化反应，考察了反应时间、催化剂用量、醇酸摩尔比等因素对丙酸丁酯酯化率的影响。实验结果表明反应的最佳条件为：丙酸用量为 0.1mol，醇酸摩尔比为 1.4∶1，壳聚糖硫酸盐用量为 1.2g，反应时间为 1.5h，酯化率达 97.2%，催化剂重复使用 5 次仍保持较高活性。无污染产生，具有绿色合成的特点。产品经折光率、红外光谱进行了表征。

4.清洁溶剂中的绿色合成及催化加氢反应

超临界 CO_2（$SC\text{-}CO_2$）作为绿色溶剂具有传统有机溶剂无法比拟的特性，即可调变的物理化学性质。如在临界点附近，改变压力或温度可以调变其密度、黏度、传热、传质系数、介电常数等。$SC\text{-}CO_2$ 作为绿色溶剂在材料合成、催化反应等领域的研究相当活跃，并取得了一些创新性的研究成果。催化加氢是 $SC\text{-}CO_2$ 绿色溶剂中最具产业化前景的化学反应。

近年来，程海洋团队对此类反应进行了广泛的研究并取得了一些有意义的研究结果，如不饱和醛的选择性加氢，苯甲酸、苯酚的环加氢反应，顺酐加氢以及硝基化合物加氢等反应。这些反应在 $SC\text{-}CO_2$ 中的反应速率均随着 CO_2 压力的增加而显著提高，而且可以通过调变 CO_2 压力来控制产物的选择性。此外，还对 $SC\text{-}CO_2$ 中纳米材料的合成及其形成机制进行了应用和研究。

第六节
染料中间体高端产品合成与设计实例

　　染料中间体，泛指用于生产染料和有机颜料的各种芳烃衍生物。它们是以来自煤化工和石油化工的苯、甲苯、萘和蒽等芳烃为基本原料，通过一系列有机合成单元过程制得。随着化学工业的发展，染料中间体的应用范围已扩展到制药工业、农药工业、火炸药工业、信息记录材料工业，以及助剂、表面活性剂、香料、塑料、合成纤维等生产部门。染料中间体的品种很多，较重要的就有几百种。早期最重要的染料中间体，如硝基苯、苯胺、苯酚、氯苯和邻苯二甲酸酐等，因用途广、用量大，已发展为重要的基本有机中间体，世界年产量都在百万吨以上。现在最重要的染料中间体有邻硝基氯苯、对硝基氯苯、邻硝基甲苯、对硝基甲苯、2-萘酚、蒽醌、1-氨基蒽醌等。由上述中间体出发，再经过一系列有机合成单元过程，又可制得各种结构复杂的中间体。

　　染料中间体主要有苯系中间体、甲苯系中间体、萘系中间体和蒽醌系中间体四大类，另外，还有一些杂环中间体。生产中间体常用的反应过程主要有硝化、磺化、卤化、还原、胺化、水解、氧化、缩合等。合成一个结构较复杂的中间体，常要经过许多个单元过程，有时可采用不同的基本原料和不同的合成路线。例如对硝基苯胺的生产，最初用苯硝化、还原得苯胺，再乙酰化、硝化、水解的合成路线，此法生产流程长、成本高。现已改用苯氯化、硝化、分离得对硝基氯苯，再高压氨解的合成路线。用于制造染料、农药或医药的专用中间体，通常结构复杂，常和最终产品配套生产，产量较小，生产多采用间歇操作。用途广泛的一些中间体，如硝基苯、苯胺、氯苯、苯酚等，通常在综合性的大型化工厂中生产，产量大，生产采用连续操作。

一、丙二酸二乙酯产品的开发与设计

1.产品简介

丙二酸二乙酯是重要的精细化工原料，有机合成的中间体，在染料、香料、农药、医药、化学分析试剂等生产中应用广泛，是合成氯喹、保泰松和巴比妥的原料，还可用作气相色谱的固定相。

分子式：$C_7H_{12}O_4$；

结构式：
$$CH_3CH_2O\overset{O}{\overset{\|}{C}}CH_2\overset{O}{\overset{\|}{C}}OCH_2CH_3；$$

分子量：160.17。

2.产品性质

具有香味的无色液体，熔点 $-50℃$，沸点 198.8℃，相对密度 1.055（25℃），折射率 1.4150（20℃），闪点 93.3℃。不溶于水，易溶于乙醇、乙醚、氯仿和苯等有机溶剂。毒性较低，在机体内会水解成酸，应避免接触。

3.生产工艺流程与合成路线

（1）氯乙酸钠法

$$ClCH_2COOH+Na_2CO_3 \longrightarrow ClCH_2COONa+NaHCO_3$$
$$ClCH_2COONa+NaCN \longrightarrow CNCH_2COONa+NaCl$$
$$CNCH_2COONa+NaOH+H_2O \longrightarrow CH_2（COONa）_2+NH_3\uparrow$$
$$CH_2（COONa）_2+C_2H_5OH+H_2SO_4 \longrightarrow CH_2（COOC_2H_5）_2+Na_2SO_4+2H_2O$$

制备实例：

① 将 1000g 氯乙酸加水搅拌溶解，缓慢加入含 600g 碳酸钠的饱和水溶液于 70℃保温反应 0.5h，得氯乙酸钠溶液。再将 360g 氯化钠和水投入反应锅中，加热搅拌溶解，于 40℃加入氯乙酸钠溶液，加热至 85~95℃搅拌反应 1h，得氰乙酸钠溶液。用预先配制好的氢氧化钠溶液于 105℃水解 3h，再减压浓缩、干燥得丙二酸钠，产率为 90%~95%。

② 配料比为：丙二酸钠:乙醇:硫酸:三氯乙烯:水=1:0.9:1.4:3.2:4.4。向反应锅中加入丙二酸钠、乙醇和三氯乙烯，开启搅拌器，预热至 45℃，开始缓慢加入硫酸，硫酸的加入速度以维持 60~65℃为宜，加毕后慢慢升温至 68℃，保温 4h，加水冷至 35℃以下，静置分层。分去碱水层，有机层进行常压蒸馏，回收三氯乙烯，再减压蒸馏，收集相对密度为 1.0548~1.0560 的馏分，此即为丙二酸-L 酯，产率为 90%。

（2）氰乙酸钠法

$$CNCH_2COONa+HCl \longrightarrow CNCH_2COOH+NaCl$$
$$CNCH_2COOH+2C_2H_5OH+H_2SO_4 \longrightarrow CH_2(COOC_2H_5)_2+NH_4HSO_4$$

制备实例：将氰乙酸钠用盐酸酸化，得氰乙酸溶液，经减压蒸出水后，直接加入工业乙醇，然后于 75℃左右滴加浓硫酸。加毕后在 85℃左右反应 3h；反应结束后，降温到 70℃以下，加水溶解无机盐，静置，分出上层液。用 20%~80%碳酸钠中和至中性，进行减压分馏而得成品，产率 80%。

（3）氯乙酸乙酯羰基合成法

$$ClCH_2COOCH_2CH_3+CO+C_2H_5OH \xrightarrow{\text{催化剂}} CH_2(COOC_2H_5)_2+HCl$$

制备实例：在 250mL 圆底烧瓶中加入 5g 碳酸钠、10g 八羰基钴、72mL（57g，1.25mol）乙醇和 53mL（618，0.5mol）氯乙酸

乙酯，以 50mL/min 的流速通入 CO 气体 6h，反应完毕后向体系中加入 5mL 浓硫酸，振荡 15min，然后对反应液进行减压蒸馏，收集 80℃/533.3Pa 的馏分。在馏出物中加入 60mL 稀碳酸钠水溶液，用浓硫酸调节 pH 值为 0.3，振荡分出有机层。再进行减压蒸馏，收取 80℃/533.3Pa 的馏分，得丙二酸二乙酯 66～69mL，产率约为 87%～91%。

4.工艺路线选择

丙二酸二乙酯的合成方法较多，最常用的合成方法有以上三种。其中，氯乙酸钠法是从氯乙酸出发，经中和、氯化、水解、酯化等步骤而制得，生产工艺流程长，总产率不高，而且使用剧毒 NaCN，产物的分离与后处理麻烦，因此不宜采用，有待改进。氯乙酸乙酯羰基合成法是通过采用催化剂 $CO_2(CO)_8$ 对氯乙酸乙酯进行羰基化反应，然后再酯化而制得，但反应中使用的催化剂难以制得，而且在后处理中采用了浓硫酸进行酸化分层，大大地增加了酸化废水，对环境保护不利，目前正处于研究阶段，因而也不宜采用。

氰乙酸钠法是由氰乙酸与乙醇直接酯化而得，工艺流程短，投资相对减少，而且避免了使用剧毒物 NaCN，三废量少，操作简单，便于生产控制，产率比较高，是目前较理想的方法之一。

5. 丙二酸二乙酯清洁生产工艺

丙二酸二乙酯清洁生产工艺流程如图 4-5 所示。

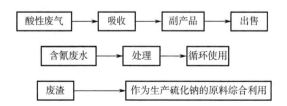

图 4-5　丙二酸二乙酯清洁生产工艺流程图

　　该项技术是在丙二酸二乙酯生产原工艺的基础上，进行了适当的调整及修改，开发出丙二酸二乙酯清洁生产工艺，使丙二酸二乙酯生产过程中无废水排放，尾气达标排放。

　　由于丙二酸二乙酯是一种重要的有机化工原料，国内生产这一产品的厂家也较多。但在丙二酸二乙酯生产过程中会产生大量含氰废水，毒性极大，对周围水体环境造成严重污染，采用清洁生产工艺，从根本上解决了生产丙二酸二乙酯的环境污染问题。

　　基本原理：改革、调整工艺，去除了原工艺过程中不必要的用水操作，对必须用水的工段，将废水经处理后循环使用，使废水零排放；将生产过程中产生的酸性废气吸收成为副产品出售，废渣作为生产硫化钠的原料综合利用。

　　技术特征：生产废水零排放，尾气达标排放。

　　适用范围：生产丙二酸二乙酯。

　　优点：有良好的社会效益和环境效益。

例一：工艺流程图及操作步骤

（1）工艺流程图（图4-6）

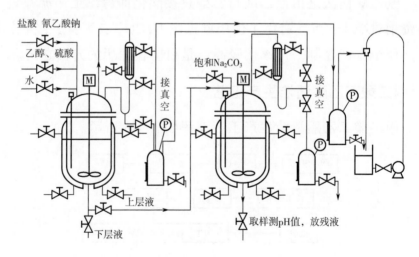

图4-6　丙二酸二乙酯生产工艺流程与合成路线

（2）操作步骤

① 将 214kg 的氯乙酸钠投入 1000L 的反应釜内，加入 220kg 的盐酸进行酸化，开动搅拌，酸化 2h 后进行下一步操作。

② 启动水冲泵，打开真空，保持真空度在-0.09MPa 以上，减压脱水，待脱水结束后，关闭真空泵，进行下一步操作。

③ 打开进料阀，将 185kg 的工业乙醇加入反应釜内，然后关闭进料阀，升温到 25℃左右，开始滴加 200kg 98%的硫酸。加毕，在 85℃反应 3h，反应结束后，降温至 70℃以下，加入 100kg 水溶解无机盐，静置 1h 后，分出下层液。

④ 将上层液抽入中和釜内，用 Na_2CO_3 饱和溶液中和釜内酸液，调节 pH 值在 5～7 范围。

⑤ 启动水冲泵，打开真空泵，保持真空度在-0.095MPa 以上，进行减压分馏，前馏分收集在水储罐内，成品收集在成品罐内，整个产率约 80%。

例二：工艺流程图及操作步骤

（1）工艺流程图（图 4-7）

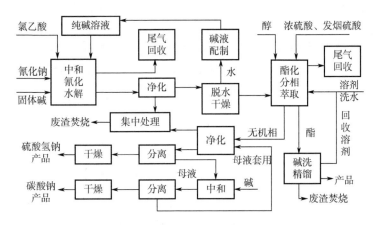

图 4-7　丙二酸酯环保清洁生产工艺流程与合成路线

（2）操作步骤

生产高纯丙二酸酯的两步法环保清洁工艺方法如下。

① 以氯乙酸为起始原料，经以碳酸钠水溶液中和，再用氰化钠水溶液氰化得氰基乙酸钠水溶液，在碱性介质中水解生成丙二酸钠水溶液。

② 经过净化处理除去整个体系中的机械杂质及其原辅材料中的水不溶物，经脱水干燥，得干燥的丙二酸钠固体。

③ 脱出的水用于碳酸钠和氰化钠水溶液的配制，干燥的丙二酸钠固体再与醇在浓硫酸或发烟硫酸存在下进行酯化反应生成丙二酸酯。

④ 反应生成的丙二酸酯经精馏得高纯丙二酸酯产品。

⑤ 酯化反应后的无机相，经处理生产出高品质硫酸氢钠与硫酸钠副产品，母液套用。产品产率很高，整个工艺无任何三废产生，是完完全全的环保清洁工艺方法。

二、对硝基苯甲醛产品的开发与设计

1.产品简介

对硝基苯甲醛是自 20 世纪 90 年代逐步发展起来的医药、染料和有机合成中间体。在医药工业中它用于合成对硝基苯-2-丁烯酮，也用于合成对氨基苯甲醛、对乙酰氨基苯甲醛、甲氧苄氨嘧啶（TMP）、氨苯硫脲（thioacetazonum）、对硫脲、乙酰氨苯烟腙等（1NHA-17）等医药中间体。甲氧苄氨嘧啶（TMP）是合成抗菌药复方新诺明的主要活性成分之一，属于磺胺类广谱抗菌药，能阻断细菌的叶酸代谢，阻碍核酸合成，抑制细菌的生长，在医学上广泛用于细菌性感染疾病的治疗，在农业生产中用于促进植物幼苗的生长。对硝基苯甲醛国内产量较少，且有部分产品进口。21 世纪以来，随着医药工业的不断发展，对硝基苯甲醛的需求量将不断扩大。

2.产品性质

白色或淡黄色结晶，熔点 105～107℃，微溶于水及乙醚，溶于醇、苯及冰醋酸。能升华，能随水蒸气挥发。

分子式：$C_7H_5O_3N$；

分子量：151.12；

结构式：O_2N—⟨benzene⟩—CHO（结构式图）。

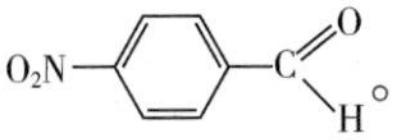

3.生产工艺流程与合成路线

（1）三氯化铬氧化法

① 反应原理。

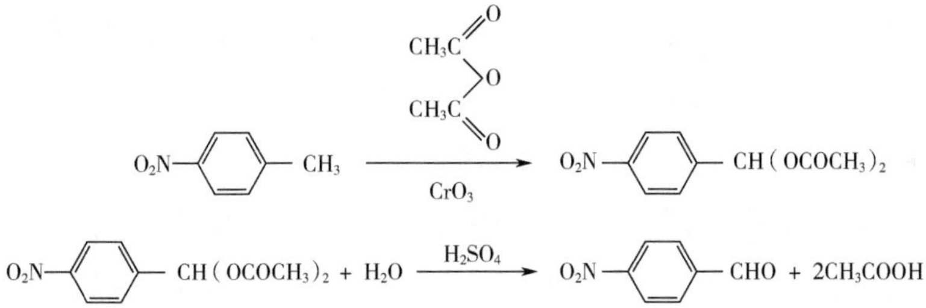

② 操作过程。本工艺适合于实验室制备。将装有机械搅拌、温度计的 2L 三口烧瓶置于冰盐浴中，加入 570mL（600g）冰醋酸、565mL（612g，6mol）乙酸酐及 50g（0.36mol）对硝基甲苯。开启搅拌，慢慢滴加浓硫酸（85mL，1.5mol）。当混合物冷却至 5℃时，分批加入 100g（1mol）三氧化铬，控制温度在不超过 10℃。加毕，继续搅拌 10min；然后将料液慢慢倒入两只预先加入 2/3 体积碎冰的 3L 烧杯中，再加冷水使两个烧杯总体积达到 5～6L。接着抽滤、冷水洗涤直至颜色褪去再抽干。

将滤饼加到 1000mL 的圆底烧瓶中，再加入 500mL 2%碳酸钠水溶液打浆洗涤，然后真空抽滤。滤饼先用冰水淋洗，然后用 20mL 乙醇洗涤，再抽干、真空干燥，得 44～49g 对硝基苯甲二醇二乙酸酯粗品，熔点 120～122℃，产率 48%～54%。

粗品无须精制即适用于水解和其他反应。若用 150mL 乙醇重结晶，则可得 43～46g 熔点为 125～126℃的对硝基苯甲二醇二乙酸酯，产率 47%～50%。

取 45g 对硝基苯甲二醇二乙酸酯粗品、100mL 水、100mL 乙醇和 10mL 浓硫酸，依次加入到装有机械搅拌、回流冷凝管和温度计的三口烧瓶中，搅拌升温至回流，并保持平稳回流 30min。然后热过滤，滤液在冰浴中冷却结晶，接着真空抽滤、冰水洗涤、抽干、干燥，得 22～24g 产品。滤液和洗涤液合并后，加 300mL 水稀释时又有沉淀析出，经过滤、干燥可再得 2～3g 产品。总的产量为 24～25.5g（产率为 89%～94%）。

③ 注意事项。a.乙酸酐的含量≥95%即可。b.所用的对硝基甲苯的熔点为 50～51℃。c.滴加浓硫酸的速度不宜太快，以防发生碳化反应。d.氧化反应时混合物温度低于 10℃非常重要。氧化剂加得太快，温度偏高，产量会明显下降。故要用良好的冰盐浴，加三氧化铬的时间为 45～60min。e.碳酸钠溶液打浆洗涤的目的是除去副产物对硝基苯甲酸。洗液酸化后，析出的结晶经过滤、干燥，可得 7～10g 对硝基苯甲酸。熔点为 242～243℃。

（2）间接氧化法

① 反应原理。反应式如下：

$$O_2N-\!\!\!\!\!\bigcirc\!\!\!\!\!-CH_3 + Br_2 \longrightarrow O_2N-\!\!\!\!\!\bigcirc\!\!\!\!\!-CH_2Br + HBr$$

$$O_2N-\!\!\!\!\!\bigcirc\!\!\!\!\!-CH_2Br + H_2O \longrightarrow O_2N-\!\!\!\!\!\bigcirc\!\!\!\!\!-CH_2OH + HBr$$

$$O_2N-\!\!\!\!\!\bigcirc\!\!\!\!\!-CH_2OH + 2HNO_3 \longrightarrow O_2N-\!\!\!\!\!\bigcirc\!\!\!\!\!-CHO + 2NO_2 + 2H_2O$$

② 方框流程图（图4-8）。

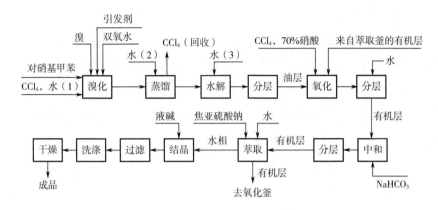

图4-8　三氯化铬生产工艺流程与合成路线

③ 投料比（质量）。

溴化：对硝基甲苯：溴：四氯化碳：引发剂：27%双氧水：水（1）：水（2）=1：0.6：2.5：（0.01～0.02）：0.5：2，5：3.0。

水解（以对硝基甲苯为基准）：对硝基甲苯：四氯化碳（包括上批回收的有机层）：70%硝酸=1：（1.2～1.5）：（0.6～0.7）。

精制（以对硝基甲苯为基准）：对硝基甲苯：焦亚硫酸钠：水=1：（0.38～0.4）：（1.3～1.5）。

④ 操作过程。

a.溴化。在搪瓷溴化釜内加入对硝基甲苯、四氯化碳和水（1），开启搅拌和蒸汽加热系统，搅拌下升温至回流，然后分批加入溴和引发剂。添加时，一般是溴先加入，待搅拌均匀后，再加入引发剂，而且在加入第二批溴和引发剂之前，反应液红色必须褪去。加完溴后，在（70±5）℃下滴加27%的双氧水，约加2～3h加毕，回流0.5～1h，使红色基本褪去。

b.水解。反应结束后，将料液加入蒸馏釜，加入水（2），搅拌下升温至80℃以蒸出四氯化碳，约回收75%～80%的四氯化碳。接着将料液转移至预加入水（3）并升温至90℃的水解釜中，搅拌下升温至回流，并保持平稳回流 10～12h，然后稍冷却，静置分层，油层直接至氧化釜。

　　c.氧化。在氧化釜内加入四氯化碳，搅拌下加入来自水解釜的有机层和 70%的硝酸，升温至 60℃，并在 60～65℃下搅拌反应 3h 然后冷却至 40℃，加水稀释，继续降温至 30～35℃，静置分层。所得的有机层加等量的水，并用 $NaHCO_3$ 中和至 pH 值为 6.5～7.0，分去水相，有机相则去萃取釜。

　　d.精制。在萃取釜内加入焦亚硫酸钠和水，搅拌溶解后，于搅拌下加入上述有机相，并搅拌 1～2h 接着静置分层，水层滴加液碱以析出沉淀，再离心过滤、打浆洗涤、甩干、真空干燥，得浅黄色的结晶。熔点 106～107℃，产率约 50%（以对硝基甲苯计）。

　　⑤ 注意事项。a.引发剂可用过氧化二碳酸二（2-乙基）乙酯（EHP），也可用过氧化苯甲酰、偶氮二异丁腈等，但 EHP 较佳。b.加双氧水的目的是将副产物 HBr 变成 Br_2，继续参与反应。c.水解釜与蒸馏釜也可合二为一。d.水解完毕后冷却时，不宜过分冷却，以防结晶析出而分层困难。e.氧化结束后的有机层用 $NaHCO_3$ 中和目的是除去过量的硝酸及副产物对硝基苯甲酸。

（3）卤化水解法

　　① 反应原理。反应式如下：

　　② 操作过程。将对硝基甲苯加入搪瓷釜中抽真空，加热进行简单蒸馏，然后放入搪瓷溴化釜。加入偶氮二异丁腈，升温至 140℃，并在釜内加入光照，向釜内滴加溴，进行溴化反应，同时以液相色谱跟踪分析反应液中对硝基甲苯、对硝基溴苄及对硝基二溴苄的含量。当反应液中对硝基二溴苄达 75%左右时停止反应，

将物料放入水解釜，并加入乌洛托品，升温至140℃并滴加溴化铁的水溶液进行水解反应。此时，用液相色谱跟踪分析其组分，反应完毕时停止加热。在溴化和水解反应中放出大量的溴化氢均用尾气吸收装置进行吸收，副产氢溴酸。将物料放入水蒸釜，进行水蒸气蒸馏，所得固体放入盛有50%乙醇的结晶釜中进行结晶。物料经过离心过滤后再重结晶一次，将最终所得晶体放入烘房，在50℃左右减压干燥5h，所得对硝基苯甲醛含量达98%以上。卤化水解法合成对硝基苯甲醛的消耗定额见表4-3。

表4-3　卤化水解法合成对硝基苯甲醛的消耗定额

原料名称	规格	消耗量/(kg/t)	原料名称	规格	消耗量/(kg/t)
对硝基甲苯	99%	1600	偶氮二异丁腈	试剂	微量
溴	99%	1300	乙醇	95%	200
溴化铁	98%	3	乌洛托品	98%	150
碳酸钠	工业级	200			

4.工艺流程选择

上述对硝基苯甲醛三种合成方法中，第一种工艺合成原料成本较高，且过程中使用了三氧化铬作为氧化剂，环境污染严重，因此该法仅适用于实验室中少量合成。第二种工艺与第三种工艺路线原料成本和产品产率比较接近，其中第二种方法由于产生了较多的稀硝酸废液，难以处理，因此也存在一定的环境污染问题。卤化水解法生产对硝基苯甲醛过程中，原料成本较低，基本不产生污染性废液和废渣，过程中生成的HBr气体经尾气吸收系统强制循环吸收后可副产氢溴酸出售。第三种工艺路线是目前最合适的合成路线。

5.工艺流程图及操作步骤

对硝基苯甲醛生产工艺流程与合成路线如图 4-9 所示。

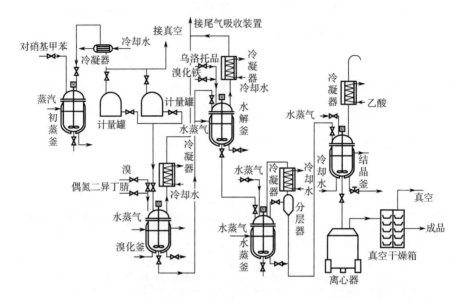

图 4-9　对硝基苯甲醛生产工艺流程与合成路线

三、对甲苯磺酰氯产品的开发与设计

1.产品简介

对甲苯磺酰氯又名氯化对甲苯磺酰、4-甲基苯磺酰氯,是一种有机合成中间体。可用于合成对甲苯磺酰胺,在染料工业中用于分散紫 RL、弱酸大红 G、红色基 RL、分散蓝 GRS、分散桃红 S-FL、永固紫 RL、弱酸性嫩黄 2G、弱酸性嫩黄 5G、弱酸性大红 G、红色基 B 等的合成,医药工业用于制磺胺药甲磺灭隆、左旋咪唑、酮康唑、甲氨蝶呤等。

2.产品性质

化学名: 4-甲基苯磺酰氯, 4-methylbenzenesulfonylchloride;

分子式: $C_7H_7ClO_2S$;

分子量: 190.65;

性状: 白色或黄色鳞片状结晶。熔点 69 ~ 71℃, 沸点 146℃/2kPa。不溶于水, 易溶于醇、苯、醚。见光变色。本品对皮肤黏膜有刺激作用, 尤以对眼睛的刺激最为明显。

3.生产工艺流程与合成路线

(1) 甲苯磺酰化法

① 反应原理。反应式如下:

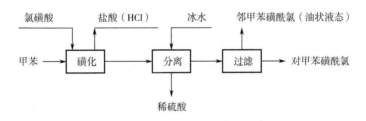

② 流程方框图。甲苯磺酰法合成对甲苯磺酰氯工艺流程如图 4-10 所示。

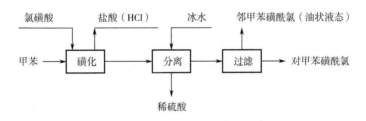

图 4-10　甲苯磺酰法合成对甲苯磺酰氯工艺流程

③ 工艺过程。先将计量好的氯磺酸抽入磺化锅内, 开磺化锅夹套冷液, 同时开动搅拌器, 控制锅内温度在 3 ~ 5℃, 将高位槽中计量好的甲苯[甲苯:氯磺酸=1:3.65 (质量比)]慢慢滴入磺化锅中; 加料时间约 4h, 保温时间约 2h, 副产氯化氢用水吸收制成盐酸。

磺化反应完成后, 将磺化物慢慢放入分离锅内, 分离锅中先加冰水适当打底，开动搅拌器及水喷射泵（回收氯化氢），将碎冰加入分离锅，控制分离液温度在 10～20℃，分离后停搅拌器，分离物经沉清，料液上层的稀酸排放，综合利用。分离物放入过滤桶内，经过滤将固体对甲苯磺酰氯与油状液体邻甲苯磺酰氯分开，对甲苯磺酰氯再用离心机甩干，水洗得对甲苯磺酰氯成品。油状物经水洗则得邻甲苯磺酰氯。

（2）对甲苯磺酸钠与氯化亚砜反应

① 反应原理。反应式如下：

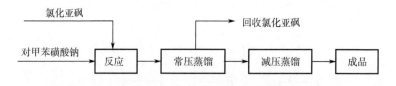

② 工艺流程图。对甲苯磺酸钠与氯化亚砜反应工艺流程如图4-11 所示。

图 4-11　对甲苯磺酸钠与氯化亚砜反应工艺流程

③ 工艺过程。在搪玻璃反应釜中加入对甲苯磺酸钠和氯化亚砜，在室温下（25℃）搅拌 2～3h 然后常压蒸馏回收氯化亚砜（套用），再减压蒸馏收集 145～147℃/2kPa 的馏分，冷却得白色结晶对甲苯磺酰氯，产品熔点为 65～70℃。

4.工艺路线选择

对甲苯磺酰氯的合成方法有两种，第一种是对甲苯磺酸钠与氯化亚砜反应生成对甲苯磺酰氯，这种方法由于使用了氯化亚砜，生成了 SO_2 尾气，而 SO_2 污染大气严重，并且在水中的溶解度较低, 用碱水吸收并不理想, 废气的处理费用较高, 带来产品的成本提高, 故虽然这种生产方法制得的产品纯度较高(达 99%以上), 但不适合工业生产采用。第二种是甲苯磺酰化法生产对甲苯磺酰氯, 这种方法生产易于控制, 产生的三废少, 投资省, 还可副产邻甲苯磺酰氯, 是目前较理想的生产工艺。

5.工艺流程图及操作步骤

(1) 工艺流程图 (图 4-12)

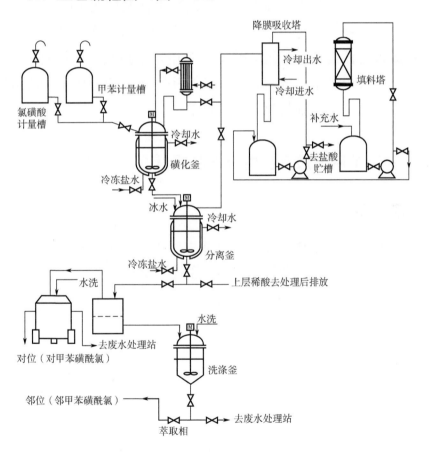

图 4-12 对甲苯磺酰氯生产工艺流程与合成路线

（2）操作说明

① 磺化。将 700kg 氯磺酸投入 100L 带搅拌器的磺化釜内，开磺化釜夹套冷液，再开动搅拌器，控制锅内的温度在 3～5℃，将高位槽中计量好的甲苯 200kg 慢慢滴加到磺化釜内，加料时间约 4h，保温 2h，副产的氯化氢用水吸收成盐酸。

② 分离。磺化反应结束后，将磺化物吸入分离釜内。分离釜内先加冰水适当打底，开动搅拌器及稀、浓盐酸循环泵准备吸收氯化氢。将碎冰加入分离釜内，控制分离液温度在 10～20℃，分离后，停搅拌器，分离物经沉清，上层的稀酸排放综合利用，分离物放入过滤器内，经过滤将固体对甲苯磺酰氯和油状液体邻位氯分开。对甲苯磺酰氯再用离心机甩干，水洗得对甲苯磺酰氯成品，油状物经水洗则得邻甲苯磺酰氯。

四、对甲苯磺酰胺产品的开发与设计

1.产品简介

对甲苯磺酰胺是一种有机合成中间体，是荧光颜料、染料、胶合板、增塑剂、医药等有机合成的中间体，用于合成分散桃红 R31、分散红 X-313、甲苯磺丁酯、丙磺舒、氯胺 T、氨磺氯霉素、磺胺米隆醋酸盐等。对甲苯磺酰胺主要用于合成氯胺-丁和氨磺氯霉素（tevenel），其用量占对甲苯磺酰胺总用量的 50%。本品用途广、用量大，产品部分外销，国内尚无千吨级生产规模。

2.产品性质

化学名：4-甲苯磺酰胺（4-toluenesulfonamide）；

分子式：$C_7H_9NO_2S$；

分子量：171.22；

结构式：CH₃—〈benzene〉—SO₂NH₂；

性状：白色片状结晶，熔点 136～138℃，难溶于水和乙醚，可溶于醇。

3.生产工艺流程与合成路线

（1）反应原理

由对甲苯磺酰氯与氨水反应而得。反应式如下：

$$CH_3-\!\!\bigcirc\!\!-SO_2Cl + 2NH_3 \cdot H_2O \longrightarrow CH_3-\!\!\bigcirc\!\!-SO_2NH_2 + NH_4Cl \cdot 2H_2O$$

（2）工艺流程图

对甲苯磺酰氯与氨水反应工艺流程如图 4-13 所示。

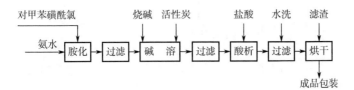

图 4-13 对甲苯磺酰氯与氨水反应工艺流程

（3）制备实例

在搪玻璃反应釜内放入适量的冰水，再投入等量的对甲苯磺酰氯和氨水，搅拌 3h 后，加入剩余量的氨水（占投入量的 1/5），加毕，利用胺化釜夹套的冷液控制锅内升温至 70℃左右（该反应大量放热），然后降温至 30℃左右出料。胺化物放入过滤桶过滤，并用温水洗涤，将其吸干则得固体粉状粗品对甲苯磺酰胺。粗晶对甲苯磺酰胺中含有少量的邻位体及呈油状有色的副产物。

利用对甲苯磺酰胺易溶于氢氧化钠溶液及可用活性炭脱色的性质，可达到提纯精制目的。将水、烧碱放入提纯锅内，打开夹套蒸汽阀加热至 70℃，再加入粗对位胺，开动搅拌器，待粗品胺全部溶解时，分次加入活性炭，继续搅拌 0.5h，继将料液放入过滤桶，趁热过滤，用热水洗涤，吸干。

滤液用盐酸中和至 pH=2~3，降温至 30~35℃左右，再将料液放入过滤桶过滤，水洗至中性，再经离心过滤、真空干燥，即得白色结晶对甲苯磺酰胺。

产品熔点 138~139℃，含量大于 99%，产率 90%以上。

4.工艺流程图及操作说明

（1）工艺流程图（图 4-14）

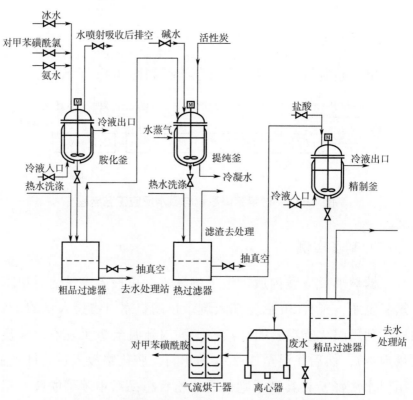

图 4-14　对甲苯磺酰胺生产工艺流程与合成路线

（2）操作说明

① 胺化。先向胺化釜内投入 200kg 冰水，再投入 300kg 对甲

苯磺酰氯和 300kg 20% 的氨水。搅拌 3h 后，利用胺化釜夹套冷液调节釜内温度至 70℃左右（该反应大量放热），再加入剩余的 60kg 氨水，保持釜内在 70~80℃，反应进行 1.5h 后结束，然后降温到 30℃左右出料。未反应的氨气经水喷射吸收后排空。

② 提纯精制。将胺化物放入过滤器过滤，并用温水洗涤，之后抽真空将粗品吸干，滤液去水处理站处理后排放。在提纯釜内按粗对甲苯磺酰胺:30%氢氧化钠:水=100:45:1300 的配比加入水和烧碱，打开夹套阀加热至 70℃，再加入粗对甲苯磺酰胺。开动搅拌器，待粗对甲苯磺酰胺全部溶解时，分次加入配方量的活性炭（粗对甲苯磺酰胺:活性炭=100:3），继续搅拌 0.5h 后，将料液放入热过滤器，趁热抽滤，并用热水洗涤，吸干。滤渣去处理站，滤液随即打入精制釜，用盐酸中和至 pH=2~3。用冷液降温至 20~30℃，将料液放入精品过滤器，用冷水洗涤，离心甩干，两次废水去处理站处理，精品经气流烘干器烘干得白色的结晶产品对甲苯磺酰胺。产品熔点 138~139℃，含量大于 99%，产率 90% 以上。

五、对硝基苯甲酰氯产品的开发与设计

1.产品简介

对硝基苯甲酰氯是一种用途广泛的染料、医药、农药及有机合成的中间体。在医药工业中它用于合成巴柳氮（balsatazide）、头孢唑啉（cephazolin）、抗心律失常药盐酸普鲁卡因、抗贫血药叶酸等，其中巴柳氮化学名为水杨酸偶氮苯甲酰-β-丙氨酸，是一种新型"非特异性"抗炎药物，用于治疗溃疡性结肠炎、直肠炎及克罗恩氏病，是目前较为理想的抗结肠炎药物。在染料工业中，对硝基苯甲酰氯用于合成一种新型活性偶氮染料，是合成乙烯砜

型活性染料的重要原料。乙烯砜型活性染料对棉纤维有特殊的亲合力，因此，非常适合于在羊毛、棉纺织品上染色。此外，对硝基苯甲酰氯还可用作彩色显影剂的中间体，且用于生产对硝基苯乙酮等。对硝基苯甲酰氯产品直到近两三年才在国内市场出现，产量在几百吨左右，现已有部分产品进入国际市场。

2.产品性质

对硝基苯甲酰氯为亮黄色针状结晶，有刺激性气味，易潮解，遇水或醇分解，有强腐蚀性。熔点 72～75℃，沸点 202～205℃（14.0kPa）、197℃（9.72kPa）、150～152℃（2.0kPa）。溶于乙醚，密封、干燥包装存放。

分子式：$C_7H_4O_3ClN$；

分子量：185.57；

结构式：

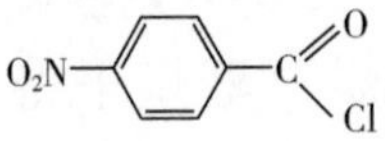

3.生产工艺流程与合成路线

（1）氯化亚砜酰氯化法

① 反应原理。反应式如下：

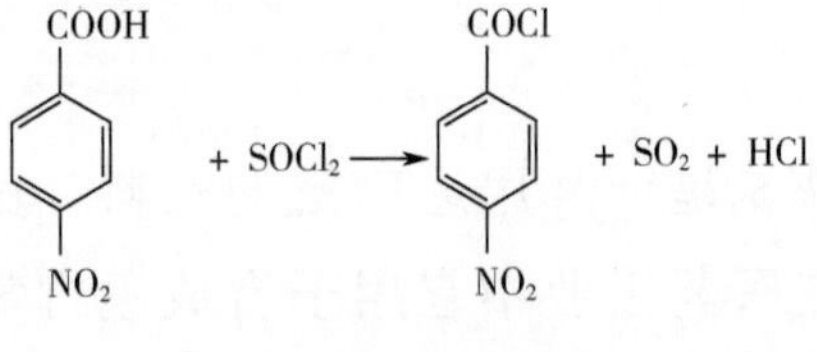

② 投料比（质量）。对硝基苯甲酸:氯化亚砜=1：（1.2～1.3）

③ 操作过程。在搪玻璃反应釜中加入对硝基苯甲酸（无水）、氯化亚砜和少量吡啶，搅拌下升温至回流（约 90℃），且保持温和回流 30h 以上。反应结束后，在氮气保护下冷却至室温，并把析出的结晶压滤，滤液套用，滤饼则在真空下干燥。干燥产品的熔

点约 73℃。产率 90% 以上。

④ 注意事项。

a. 反应时间达 30h 后，每小时需取一个样进行薄层色谱分析，直到反应达终点（对硝基苯甲酸几乎消失）。

b. 冷却时，为防止湿空气进入釜内，最好用氮气保护，也可在回流冷凝器放空前，加上空气干燥装置。

c. 如果氯化亚砜用量偏多，为使结晶充分析出，可先减压蒸馏出一部分氯化亚砜。

d. 为了得到较高纯度的对硝基苯甲酰氯，可先用常压蒸馏出过量的氯化亚砜，然后改为减压蒸馏（需用氮气保护），接收 152~156℃（1.6kPa）的馏分或用气相色谱跟踪分析。

e. 为缩短反应时间，可用三氯氧化磷代替氯化亚砜，一般反应时间可缩短 6~10h；如用五氯化磷代替氯化亚砜，反应时间还可大大缩短，通常可根据取样分析来判断反应终点。

f. 如果用光气、氯甲酸三氯甲酯或三光气作为氯化剂，则反应温度可大大降低，反应时间可大大缩短。但使用时应注意装置密封，以免光气外泄造成环境污染，甚至中毒事故。

g. 也可先用苯作为反应溶剂。

（2）光气酰氯化法

① 反应原理。由对硝基苯甲酸与光气作用而得，其反应式如下：

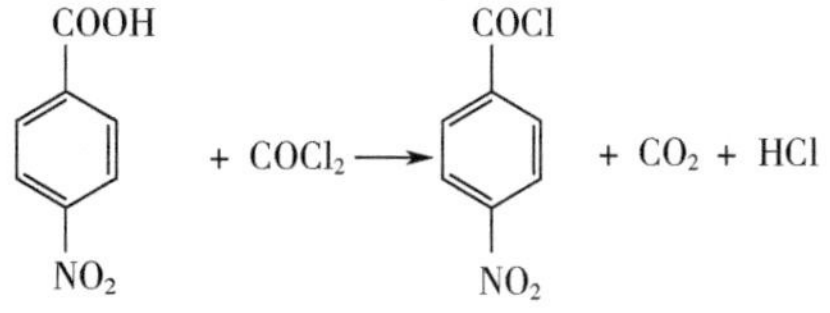

② 工艺过程。将对硝基苯甲酸投入反应釜后，升温，通光气至物料透明，再用氮气置换物料中的光气和氯化氢，然后蒸馏而得产品。

（3）氯化水解法

① 反应原理。反应式如下：

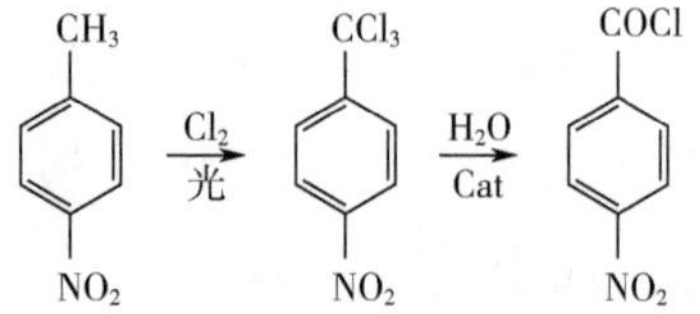

② 工艺流程。将对硝基甲苯原料投入氯化反应釜中，加热升温至 150 ~ 180℃，加入引发剂，在光照条件下通氯气进行反应，反应生成的氯化氢气体通过真空排出回收成盐酸。以气相色谱分析跟踪控制整个反应进程，直至对硝基三氯苄的含量在 90% 以上后停止通氯，整个过程约需 30h。将所得的氯化物抽入水解釜中，调节料温在 110℃左右，加入少量 Fe^{3+} 作为催化剂，滴加水反应，加水量应严格控制，否则生成的酰氯会进一步水解生成对硝基苯甲酸。将水解产物减压精馏，收集 145 ~ 155℃（2.0kPa）的馏分即产品，总产率约 75%。

（4）歧化法

① 反应原理。反应式如下：

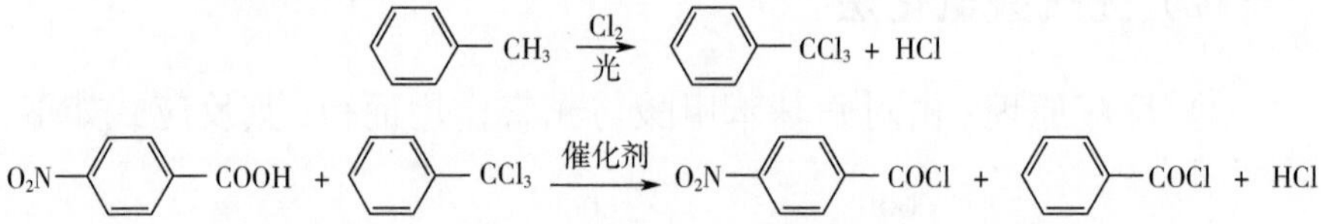

② 工艺流程。将甲苯投入氯化反应釜中，加热至回流温度，在光照条件下通入氯气进行反应，反应生成的氯化氢气体通过真空排法，用水吸收成盐酸。以气相色谱跟踪分析控制整个反应进程，直至三氯苄的含量达到 98% 左右为止，将三氯苄冷却至室温备用。

将上述生成的三氯苄投入歧化釜中，再加入对硝基苯甲酸，加入少量盐酸为催化剂，加热至130℃左右搅拌5~6h，反应过程中生成的氯化氢气体也通过真空抽出，回收制成盐酸。当不再有氯化氢气体生成后，停止反应，冷却，将反应液抽入精馏塔，减压精馏，收集前馏分得副产物苯甲酰氯，切除过渡馏分后，收集145~155℃（2.0kPa）馏分即得产品，产率约80%。

4.工艺流程选择

在上述四种工艺中，第三种工艺路线采用的主要原料是对硝基甲苯和氯气，原料来源较易，价格便宜，但由于氯化反应过程速度慢，时间长，氯气在反应后期，产率较低，三氯化物的纯度较难提高，因此所得的产品纯度在97%~98%，操作环境较差，但有一定成本优势。其余三种工艺均采用对硝基苯甲酸为主要原料，该原料可通过氧化对硝基甲苯获得。其中第二种方法产率较高，但由于过程中使用到剧毒性物质光气，因而环境污染问题较重，且光气的使用是国家控制定点、总量限制的生产工艺，因而该工艺趋于淘汰。第四种工艺生产中使用了甲苯作为另一种主要原料，反应过程中联产苯甲酰氯产品，因此可根据苯甲酰氯产品在各地的供应情况因地制宜地选择。第一种工艺操作简单，产率较高，易于大规模生产，也便于小规模合成，生产成本中等，产品质量较好，因此推荐该法应用于工业生产。

5.工艺流程图（图4-15）

六、对氨基苯甲醛产品的开发与设计

1.产品简介

对氨基苯甲醛是一个多功能团的中间体，其氨基可以通过氮

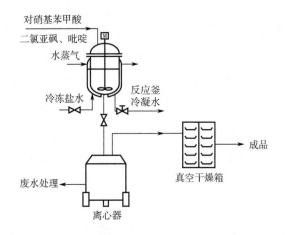

图 4-15　对硝基苯甲酰氯生产工艺流程与合成路线

化反应置换成氰基、羟基等特殊化学品，其醛基则能进行 Perkin
反应、Knoevenagel 反应等以延伸碳链。对氨基苯甲醛在染料、药
品、香料等合成中有着重要的地位，它在医药工业中用于合成磺
胺类抗菌增效剂甲苄胺嘧啶（TMP）、胺苯硫脲（thioacetazonum）、
乙酰胺苯烟腙（1NHA-17）等；香料工业中用作大茴香醛、香兰
素的中间体；农药工业中用作对氯苯甲醛的原料，另外，它还用
于光敏电阻的制造，以及机械金属保护薄膜的合成。对氨基苯甲
醛作为化工原料在国内的应用已有几十年，但长期以来一直是进
口产品充斥市场。国内自 20 世纪 90 年代以后，逐步出现了小规
模生产对硝基苯甲醛和对氨基苯甲醛的厂家，但产品质量低，工
艺欠成熟。采用经济合理的工艺生产对氨基苯甲醛产品在国内将
会有较好的发展前景。

2.产品性质

对氨基苯甲醛为黄色片状或针状结晶或粉末，熔点 71 ～
72℃。溶于乙醇、乙醚、苯和热水，几乎不溶于冷水。置空气中易
聚合，遇酸分解。

分子式：C_7H_7NO；

分子量：121.14；

结构式：$H_2N-\underset{}{\bigcirc}-\overset{O}{\underset{}{C}}-H$。

3.生产工艺流程与合成路线

（1）对硝基苯甲醛亚硫酸盐还原法

① 反应原理。反应式如下：

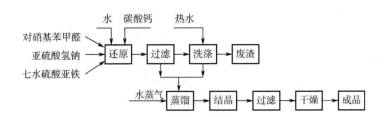

② 方框流程图。对硝基苯甲醛亚硫酸盐还原法工艺流程如图 4-16 所示。

图 4-16　对硝基苯甲醛亚硫酸盐还原法工艺流程

③ 投料比（质量）。对硝基苯甲醛:亚硫酸氢钠:七水硫酸亚铁:水:碳酸钙=1:12:12:100:5

④ 操作过程。在还原釜内投入对硝基苯甲醛、亚硫酸氢钠、七水硫酸亚铁、水和碳酸钙，开启搅拌器，慢慢升温至回流，并保持平稳回流 2h，然后热过滤，用热水洗涤滤饼。接着混合滤液和洗液进入蒸馏釜，通水蒸气进行蒸馏。所得的馏出液经冷却结晶、离心过滤、真空干燥，得金黄色片状结晶对氨基苯甲醛。熔点 71～72℃，产率约 65%。

据报道,以对硝基苯甲醛为原料还原法生产对氨基苯甲醛时,还原剂也可采用硫酸亚铁和浓氨水的混合物,采用相似的操作,可以较高产率获得产品,产率在 72%以上。

(2) 对硝基甲苯氧化还原法

① 反应原理。反应式如下:

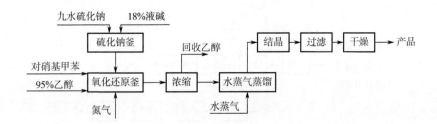

② 方框流程图。对硝基甲苯氧化还原法工艺流程如图 4-17 所示。

图 4-17 对硝基甲苯氧化还原法工艺流程

③ 投料比(质量)。对硝基甲苯:九水硫化钠:18%液碱:95% 乙醇=1:0.6:14:5.0。

在硫化钠釜内投入 30%的液碱,加水配成 18%的溶液,然后加入含 9 个结晶水的硫化钠,搅拌溶解,再鼓氮气赶氧气 15min,并在氮气保护下备用。

在氧化还原釜内加入对硝基甲苯和 95%的工业乙醇,鼓入氮气以置换反应釜及料液中的空气(主要是氧气),然后在氮气保护下慢慢升温,同时缓缓加入脱氧的硫化钠溶液。加毕,继续在氮气保护下升温至回流，并保持缓缓回流 3~4h，接着蒸馏回收乙醇，残留物则通入水蒸气进行水蒸气蒸馏。所得的馏出物经冷却结晶、过滤、真空干燥，得黄色片状结晶。熔点 71~72℃，产率≥65%。

制备实例一

向 1L 烧瓶中加入 5g（0.125mol）氢氧化钠溶解于 10g 水中的溶液，保持 45℃，经 1h 通入 4.1g（0.121mol）硫化氢，进行反应。向所得的连二亚硫酸钠水溶液中加入 9.1g（0.22mol）氢氧化钠和 547g 水，制得硫化钠水溶液。向该溶液中加入 14.5g（0.45mol）硫黄，在 80℃下反应 1h，制得多硫化钠水溶液。该多硫化钠为 Na_2S_x（x 为 3~4）。

向 IL 烧瓶中加入 66.7g（0.487mol）对硝基甲苯、223g 乙醇和 2.7g N,N-二甲基甲酰胺（以对硝基甲苯计为 4.1%），溶解，保持 80℃，向其中滴加上述多硫化钠水溶液（加入 50%氢氧化钠水溶液 51.5g 使之成为碱水溶液的混合物），约 2h 滴加毕，回流 2h 反应结束。反应产物进行水蒸气蒸馏，得 42.3g（0.350mol）对氨基苯甲醛。以对硝基甲苯计，产率为 71.8%。

制备实例二

将 50g 对硝基甲苯溶于 300mL 95%乙醇中，边通入二氧化碳边煮沸搅拌，反应器中的空气完全赶出之后，加入由 30g 硫化钠（含 9 个结晶水）、127g 氢氧化钠、15g 硫黄、600mL 水组成的并事先用二氧化碳气体完全赶出空气的溶液，煮沸搅拌 3h，并要始终向系统中缓慢导入二氧化碳气体，以防止空气从外部进入反应系统，同时进行反应。蒸出液一旦达到 1500mL，则将残留物在剧烈搅拌下加入 600g 冰中，进行冷却，在搅拌约 2h 后，将产物进行过滤，用 500mL 冰水洗涤，干燥，得对氨基苯甲醛 29.7g，产率为 68.3%。

④ 注意事项。a.本品不太稳定，遇空气易氧化。b.由于对氨基苯甲醛在热水中有一定的溶解度，过滤母液和蒸馏残液浓缩后，

可回收部分对氨基苯甲醛。

4.工艺路线选择

对氨基苯甲醛的合成工艺路线大体为以上两类。就产品相对原料的产率来看，两种工艺路线的产率都在 65%～75% 之间，使用的辅助原料成本也比较接近，但由于第一种工艺路线所采用的原料为对硝基苯甲醛，目前国内市场上对硝基苯甲醛产品多是由对硝基甲苯合成而得，因而两者无论从价格角度或是市场供应量角度都有着较大的成本差距，采用对硝基甲苯为原料直接氧化还原合成对氨基苯甲醛更为经济合理。

5.工艺流程图

对氨基苯甲醛生产工艺流程合成路线见图 4-18。

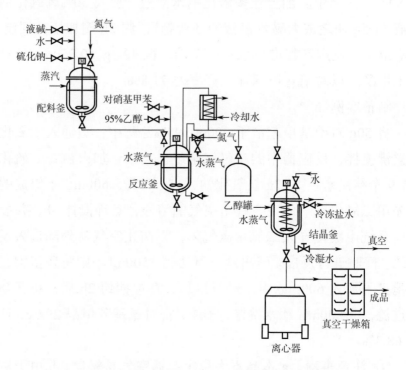

图 4-18　对氨基苯甲醛生产工艺流程与合成路线

七、间羟基苯甲酸产品的开发与设计

1.产品简介

间羟基苯甲酸是医药、染料的中间体，同时也用于合成杀菌剂、防腐剂、增塑剂，在有机合成中可用于合成间甲氧基甲苯、间羟基苯甲酸甲酯、间羟基苯甲酸乙酯及 3-羟基-5-氯苯甲酸等。近年来，间羟基苯甲酸的用量不断增大，发达国家的间羟基苯甲酸产量逐年减少，且趋于停产，而国际市场需求量在不断增加，因此采用绿色环保工艺生产间羟基苯甲酸的经济效益十分明显。

2.产品性质

本品为白色结晶，熔点 210℃，相对密度 1.473，微溶于水和苯，可溶于乙醇、乙醚、正丁醇。化学性质稳定。

3.生产工艺流程与合成路线

间羟基苯甲酸的合成路线有苯甲酸法、对甲苯磺酸间甲酚酯法和间磺基邻苯二甲酸法。苯甲酸法是以苯甲酸为原料，经过磺化制成间羧基苯磺酸，再经碱熔成间羧基酚钠后经酸化而成间羟基苯甲酸，该方法即为磺化碱熔法，产率达 80%。其反应方程式如下：

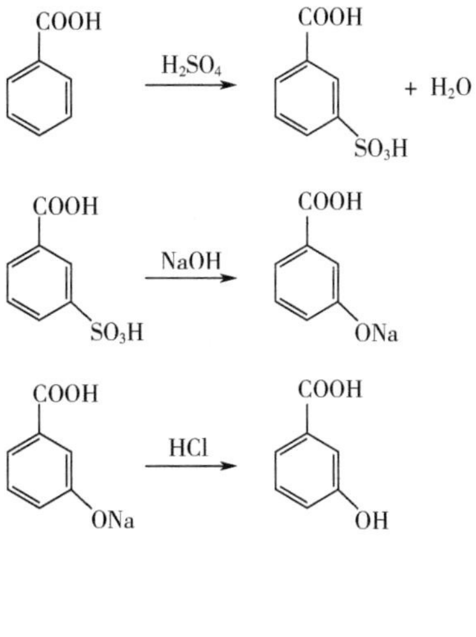

　　对甲苯磺酸间甲酚酯法是以对甲苯磺酸间酚酯为原料经空气氧化，以乙酸为溶剂，乙酸钴、溴化铵为催化剂，后经碱性条件下水解而得到间羟基苯甲酸。该方法废水量少，较易处理，总产率达 95%。其反应方程式如下：

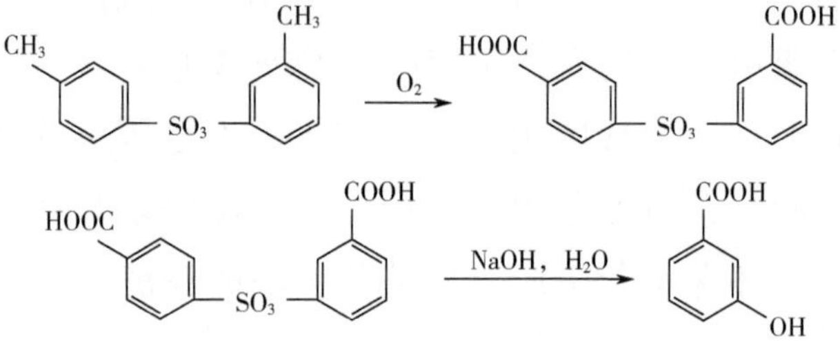

　　间磺基邻苯二甲酸法是以间磺基邻苯二甲酸为原料经脱羟水解直接制得。该反应需 1.7～1.9MPa 和 23.5℃的反应条件，产率达 95%。但原料消耗较多，反应条件要求高，对设备的要求高。其反应方程式如下：

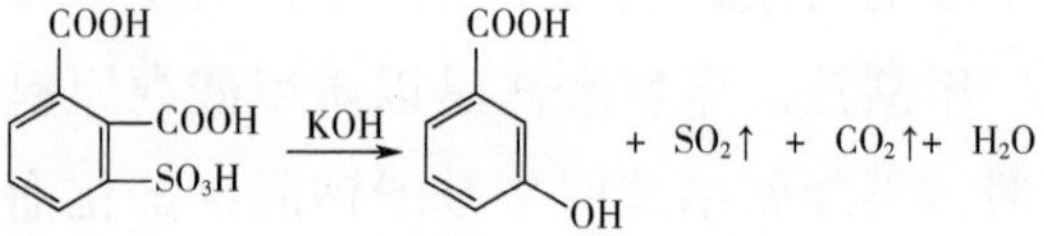

4.工艺路线选择

　　苯甲酸法采用是经典的磺化碱熔法，尽管原料成本低，但废水量大且难以处理，三废处理成本高，从而引起总生产成本高。间磺基邻苯二甲酸法尽管反应相对简单，但原料价格高，反应条件要求苛刻，需高压设备，工业化生产的设备投资偏高，从而导致总生产成本偏高。而对甲苯磺酸间甲酚酯法采用先进氧化工艺，水解后产生的废水量较少，且易于处理，总生产成本比较合理，是目前工业生产较理想的生产方法。

5.工艺流程图及操作步骤

（1）工艺流程图（图 4-19）

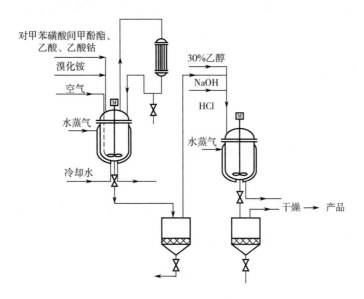

图 4-19　间羟基苯甲酸生产工艺流程与合成路线

（2）操作说明

将对甲苯磺酸间甲酚酯、乙酸、乙酸钴四水合物、溴化铵加入反应釜中，加热升温至 100℃，搅拌并通入空气，同时进行液相色谱跟踪分析。当对甲苯磺酸间甲酚酯含量低于 1% 时停止反应，过滤，放入另一反应釜并加入 10% 的氢氧化钠溶液，搅拌回流 3～5h 后加入盐酸酸化，并加入 30% 乙醇，冷却至室温后过滤，经干燥即得间羟基苯甲酸。

八、甲氧基乙酸甲酯产品的开发与设计

1.产品简介

甲氧基乙酸甲酯是乙酸甲酯的衍生物，它的结构式为

$CH_3OCH_2COOC_2H_5$，主要用于合成维生素 B_6、磺胺-5-甲氧基嘧啶（SMD）以及磺胺邻二甲氧嘧啶等。甲氧基乙酸甲酯也是重要的有机化工中间体，经加氢可得到乙二醇单甲醚，水解加氢可得到乙二醇。

2.产品性质

分子式：$C_4H_8O_3$；

结构式：$CH_3-O-CH_2-\overset{\displaystyle O}{\overset{\|}{C}}-O-CH_3$；

性状：五色液体；沸点：131℃；相对密度：1，0511（20℃）；折射率：1.3962；闪点：35℃。微溶于水，易溶于醇和醚，溶于丙酮。

3.生产工艺流程与合成路线

① 由氯乙酸甲酯与甲醇钠经甲氧基化反应而得。反应式如下：

$$ClCH_2COOCH_3 \xrightarrow{\text{CH}_3\text{ONa}} CH_3OCH_2COOCH_3 + NaCl$$

制备实例：将甲醇钠加入反应釜中，在搅拌下加入氯乙酸甲酯，开始时温度控制在 30℃左右，此后一直保持 70℃左右进行反应。温度过高将影响成品色泽质量，温度过低则反应速率太慢，加料完毕，反应后期测定 pH 值，如 pH 值小于 9，则应补加甲醇钠调整并继续保温反应至结束。反应产物在脱盐锅蒸馏出甲氧基乙酸甲酯，而反应生成的氯化钠则留在脱盐锅中。

② 甲酸甲酯与三聚甲醛偶联合成乙醇酸甲酯，副产甲氧基乙酸甲酯。反应式为：

$$HCOOCH_3 + HCHO \xrightarrow{\text{H}} HOCH_2COOCH_3 （主产）$$
$$HCOOCH_3 + HCHO \xrightarrow{\text{H}^+} CH_3OCH_2COOCH_3 （副产）$$

工艺过程：在高压釜中加入一定量的浓硫酸和石膏搅拌子，然后关闭高压釜，抽真空。在真空下加入甲酸甲酯与三聚甲醛的混合物，旋紧阀门，电热带加热高压釜，使釜内升温至 160℃。保温反应 4h，得乙醇酸甲酯 36.2%，甲氧基乙酸酯 24.1%，然后减压精馏得产品。

4.工艺路线选择

因第二种工艺路线是高压反应，工艺条件比较苛刻，且主产品为乙醇酸甲酯，甲氧基乙酸甲酯产率较低，故采用第一种工艺路线比较合适。

（1）工艺流程图（图 4-20）

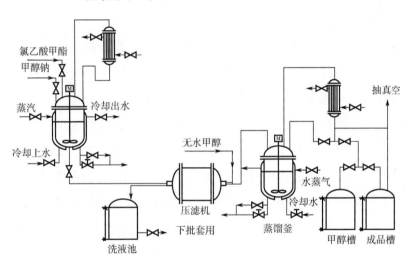

图 4-20　甲氧基乙酸甲酯生产工艺流程与合成路线

（2）操作说明

① 投料比（质量）。氯乙酸甲酯:28%甲醇钠=1:（1.8～2.0）。

② 操作过程。在搪玻璃釜中投入甲醇和甲醇钠，开启搅拌，缓缓滴加氯乙酸甲酯。加毕，慢慢升温至 65℃，并在（65±2）℃下继续搅拌 3～4h，再滴加甲醇钠调节料液 pH 值至 8.5±0.5。反应结束后，关闭蒸汽加热系统，通冷却水将料液冷却至 30℃。接

着压滤以除去氯化钠，滤液则直接压至蒸馏釜，先蒸馏回收甲醇，再真空蒸馏，蒸出甲氧基乙酸甲酯。产率大于 95%，含量大于98.5%（GC）。

③ 注意事项。a.如果 pH 值小于 8，则必须补加甲醇钠，如果pH 值为 8~9，则无须补加甲醇钠。b.过滤所得的氯化钠滤饼，应加适量无水甲醇淋洗。洗液和滤液合并后，可做下批投料用。

九、4,4′-二氨基二苯醚产品的开发与设计

1.产品简介

4,4′-二氨基二苯醚广泛用于高分子树脂的合成，可用于合成耐，热塑料聚酰亚胺树脂、聚马来酰亚胺树脂、聚酰胺-酰亚胺树脂、聚酯-酰亚胺树脂还可用作耐热性环氧树脂、聚氨酯等高分子化合物的原料及交联剂，它与其他酸进行酰亚胺化反应，生成多种树脂。在耐热树脂中，性质最优良的是聚酰亚胺，连续使用温度可达 250℃。也是合成偶氮染料中间体、环氧树脂的固化剂。

随着高分子树脂应用的普遍，4,4′-氨基二苯醚的需求量逐年增大，该产品的生产需具备一定规模，生产能力太小效益不明显，千吨级及以上生产规模的经济效益十分明显。

2.产品性质

本品为白色结晶。熔点 186℃，不溶于水，可溶于盐酸。本品有毒，人吸入其蒸气或粉末可引起中毒。

3.生产工艺流程与合成路线

4,4′-氨基二苯醚的合成方法有对硝基氯苯硝化、加氢还原法和 4,4′-二硝基二苯醚铁粉还原法。两者的工艺路线中，前期合成相同，都是采用对硝基氯苯与对硝基苯酚，以氯化钾作催化剂，

在 215℃条件下反应制得 4,4′-二硝基二苯醚，该步缩合反应产率高，可达 95%以上。铁粉还原法是将 4,4′-二硝基二苯醚在铁粉、丁醇、氯化铵存在下加热至 100℃还原生成 4,4′-二氨基二苯醚，该法反应的产品纯度不高，需提纯，以酸碱处理后含量可达 98%。加氢还原法是直接将 4,4′-二硝基二苯醚在镍为催化剂、乙二醇为溶剂存在下，反应压力在 0.55MPa 条件下，直接加氢还原成产品。反应结束蒸出溶剂即得产品。各步反应方程式如下：

缩合反应

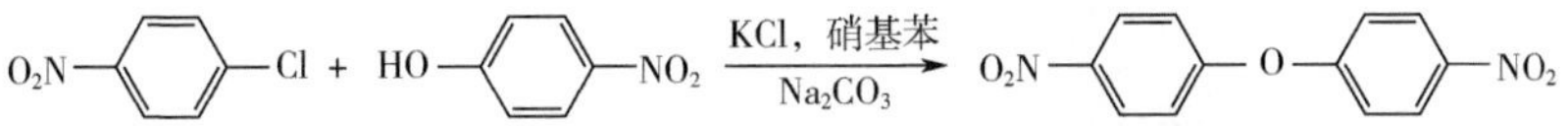

铁粉还原

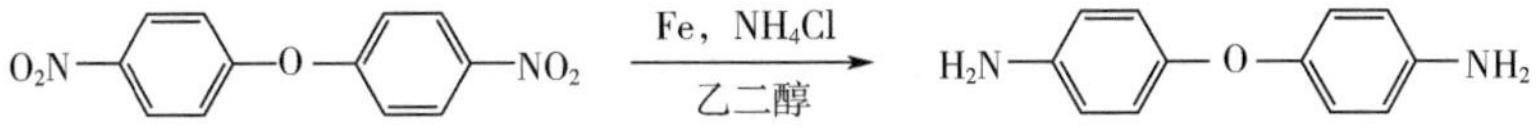

加氢还原

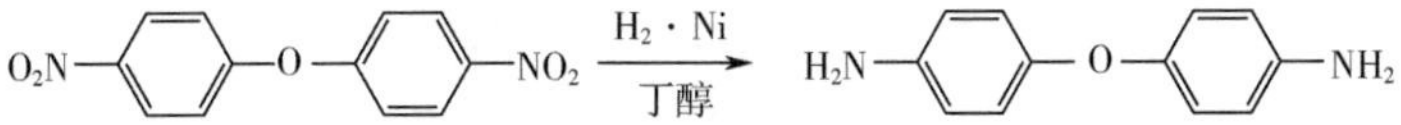

4.工艺路线选择

由于加氢还原法三废少，产率高，操作方便，因此选择加氢还原法。

5.工艺流程图及操作步骤

（1）工艺流程图（见图 4-21）

（2）操作说明

将对硝基氯苯、对硝基苯酚、硝基苯、碳酸钠加入反应釜中，升温至 215℃进行缩合反应，反应过程中以高压液相色谱跟踪分析，反应结束后，放入蒸馏釜先蒸出部分硝基苯溶剂，再加水蒸出全部硝基苯，冷却放料过滤即得 4,4′-二硝基二苯醚，后将其放入加氢釜，加入乙二醇、镍催化剂升压至 0.55MPa 并通入氢气反应，反应结束泄压热滤后放入脱溶釜蒸出溶剂后过滤即得 4,4′-二氨基二苯醚。

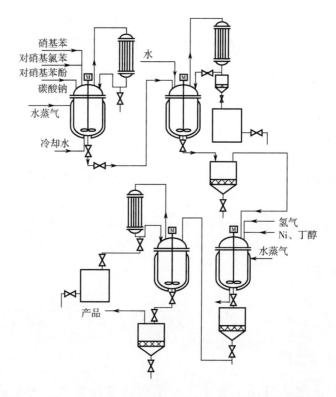

图 4-21　4,4′-二氨基二苯醚生产工艺流程与合成路线

第七节
医药中间体高端产品合成与设计实例

医药中间体，实际上是一些用于药品合成工艺过程中的一些

化工原料或化工产品。这种化工产品，不需要药品的生产许可证，在普通的化工厂即可生产，只要达到一些的级别，即可用于药品的合成。

一、值得关注的新型医药中间体

医药作为精细化工领域中的重要行业，成为近十多年来发展与竞争的焦点，随着科学技术的进步，许多医药被源源不断地开发出来，造福人类，这些医药的合成依赖于新型的高质量的医药中间体的生产，新药受到专利保护，而与之配套的中间体却不存在那样的问题，因此新型医药中间体国内外市场和应用前景都十分看好。新型医药中间体品种众多，不可能完全介绍，如下介绍一些非常值得关注的高端新型医药中间体及一些重要医药中间体的新工艺。

1. 1-（6-甲氧基-2-萘基）乙醇

非甾体消炎药物萘普生有多种合成方法，其中羰基化合成路线的高选择性、环境友好性，使得羰基化合成的非甾体消炎药优于传统的路线。羰基化合成萘普生的关键中间体就是 1-（6-甲氧基-2-萘基）乙醇。国内湖南大学以 2-甲氧基萘为原料，采用 1,3-二溴-5,5-二甲基乙内酰脲盐酸催化溴乙酰基化、乙酰基化和常压下钯多相催化加氢还原，经过 1-溴-2-甲氧基萘、5-溴-6-甲氧基-2-乙酰基萘等中间产物最终得到产品。

2. 4-丙硫基邻苯二胺

4-丙硫基邻苯二胺是高效广谱驱虫药物阿苯达唑的关键中间体，阿苯达唑是 20 世纪 80 年代末才上市的新药，对人体和动物毒性低，是苯并咪唑类药物中药性最强的。以邻硝基苯胺为原料，与硫氰酸钠在甲醇存在下，经过硫氰化、丙基溴取代得到 4-丙硫基-2-硝基苯胺，然后还原得到 4-丙硫基邻苯二胺，由于 4-丙硫基-2-硝基苯胺结构上含有丙硫基，因此其还原成 4-丙硫基邻苯二胺是其中关键，国外研究采用镍或铂系金属催化加氢技术都因为催化剂易中毒或者丙硫基易破坏而难以工业化；而水合肼还原易爆炸；因此最适合工业化生产的方法是硫化钠还原法，尽管会产生一定含盐废水，但是技术可行。另有报道国内外研究一氧化碳催化剂还原法，但是离工业化尚有距离。

3. α-亚甲基环酮

α-亚甲基环酮是许多具有抗癌活性药物的活性中心，其含有 α，β-不饱和酮结构属于抗癌活性基团的隐蔽基团，成为合成很多重要环状抗癌药物的重要中间体。文献报道合成路线有三：a.是环酮和甲醛的羟醛缩合；b.由 Mannich 反应产生 β-二烷基胺甲基环酮，产物胺或季铵盐的热分解产生 α-亚甲基环酮；c.是环酮与草酸二乙酯缩合后，与甲醛反应得到 α-亚甲基环酮。国内中科院广州药物研究所开发出分别以环戊酮、环己酮、异佛尔酮分别与草酸二乙酯反应后，反应产物再与甲醛一起反应得到相应的 α-亚甲基环戊酮、α-亚甲基环己酮和 α-亚甲基异佛尔酮等。其中第一步要在溶剂存在下反应，溶剂一般选用二甲基亚砜和四氢呋喃等。

4. 4,4′-二甲氧基乙酰乙酸甲酯

4,4′-二甲氧基乙酰乙酸甲酯是重要的心脑血管疾病治疗药物尼伐地平的中间体，尼伐地平是由日本藤泽药品公司开发，1989年上市的第二代钙拮抗剂，是目前国际市场上主导的心脑血管疾病治疗药物，国内尚没有生产。以乙醛酸为原料与原甲酸三甲酯在浓硫酸存在下合成得到二甲氧基乙酸甲酯，后者与乙酸甲酯、甲醇钠反应得到 4,4′-二甲氧基乙酰乙酸甲酯。

5. C₃-氯代头孢烯酸

C$_3$-氯代头孢烯酸是重要头孢菌素头孢克洛中间体,头孢克洛是由美国礼莱公司开发的第二代高效口服头孢菌素,由于其疗效明显及口服优势,2001 年在美国销售额达到 8000 万元以上,位居抗生素药物第二。C$_3$-氯代头孢烯酸合成路线有两种:a.青霉素 G 盐经过氧化、酯化、扩环、还原、氧化、还原、氧化、去乙酰基、水解等多步合成,步骤太多,产率低。b.以 7-氨基头孢烷酸(7-ACA)为原料,7-ACA 在进行 3 位的母核改造时,由于其 7 位氨基和 4 位羧基活性很高,首先要进行保护,4-羧基保护常用方法将其制成叔丁酯、二苯甲酯和对硝基苄酯;7-氨基的保护可采用苯氧甲基、苄基以及三甲基氯甲硅烷等甲硅烷基化试剂保护。然后进行亲核取代和还原反应,首先通过含硫的亲核试剂,如乙基黄原酸盐、硫脲或硫醇对头孢烷酸进行亲核取代乙氧基团,再用镍为催化剂氢化还原生成 3-环外亚甲基头孢烷酸;然后进行环外双键的氧化及还原,氧化剂一般选用臭氧,其中关键要控制氧化深度,常用还原剂有亚硫酸氢盐、二甲硫醚、二氧化硫及三甲基磷酸盐等;第三步是氯代、脱保护基及水解反应,氯化剂可选用 $SOCl_2$、PCl_3、$POCl_3$、$COCl_3$ 或固体光气等,可以氯代、脱酰、水解一步完成得到 C$_3$-氯代头孢烯酸母核。

6. 2-四氢萘酮

2-四氢萘酮主要用于医药和液晶工业,近年来国内外需求强劲,常规合成路线是以取代苯乙酸为原料,先与氯化亚砜作用生成酰氯,酰氯与烯进行酰化反应和环合合成 2-四氢萘酮,该法存在着不经济和溶剂不易回收等缺点。最近国内开发出新型一锅法酰化反应,采用三氟乙酸酐/磷酸催化体系,由取代苯乙酸与乙烯进行反应,反应过程中三氟乙酸可以被转化成三氟乙酸酐直接循环使用，且对设备腐蚀性较小，非常具有应用前景。

7. N-苄基-N-甲基乙醇胺

N-苄基-N-甲基乙醇胺是重要医药中间体，可以合成抗哮喘和抗过敏药，抗高血压药尼卡地平及一些新型治疗心血管疾病药物；此外还可以合成农药除草剂、植物杀菌剂和金属防腐剂等。N-苄基-N-甲基乙醇胺合成有三条路线：a. N-苄基-N-甲基胺与环氧乙烷反应；b. N-苄基-N-甲基胺与氯乙醇低温反应；c. 2-苄胺乙醇与多聚甲醛、甲酸混合，加热反应，然后用过量氢氧化钠进行处理，异构体用乙醚和苯进行萃取分离。

8. 1-溴乙氧基碳酸乙酯

1-溴乙氧基碳酸乙酯是头孢抗菌素头孢呋辛酯的中间体，头孢呋辛酯在 2001 年全球销售额高达 4.7 亿美元，目前国内也有多家企业生产。该中间体有四条合成路线：a.由乙氧基甲酰氯与溴进行自由基反应得到 1-溴乙氧基甲酰氯，后者与醇进行酯化反应得到；b.二乙基碳酸酯直接溴化得到，该法副产品太多；c.1-氯乙氧基碳酸酯与过量溴盐进行取代反应，常用溴盐有溴化锂、溴化四乙基锂、溴化四丁基锂等；d.乙烯基碳酸乙酯与溴化氢反应，该法不使用溶剂，而且产率和选择性都比较不错。

9. 7-羟基异黄酮

7-羟基异黄酮是治疗骨质疏松代表性新药依普黄酮的中间体，依普黄酮是由日本武田药物公司开发的新药。7-羟基异黄酮合成主要采用 2,4-二羟基苯基苄酮与原甲酸三乙酯在催化剂存在下进行环合，不同专利报道只是催化剂和溶剂选择有所不同，国内研究表明采用异丙醇为溶剂、吗啉为催化剂的合成路线比较理想，其中副产物 7-乙氧基异黄酮含量较低。7-羟基异黄酮合成关键是 2,4-二羟基苯基苄酮, 该中间体不仅可以合成 7-羟基异黄酮, 还可以合成多种精细化学品, 目前有三条合成路线: a.苯乙腈与间苯二酚在无水乙醚中缩合, 由于工业化生产中乙醚难以回收, 国内研究者用 1,2-二氯乙烷代替乙醚, 同时加入催化剂乙二醇二甲醚; b.苯乙酸在无水氯化锌为催化剂与间苯二酚反应, 其中苯乙酸既是反应原料也是反应介质, 得到产品质量较好; c.以苯乙酰氯为原料, 路易斯酸为催化剂, 在惰性有机溶剂中与间苯二酚进行缩合得到 2,4-二羟基苯基苄酮。其中苯乙酸法比较经济, 具有发展前景。

10.对氯苯基丙酮

对氯苯基丙酮是用于合成拟交感神经药物对氯安非他明的重要中间体, 近年来国内外市场需求强劲。原始路线是以苯乙腈为原料, 在乙酸钠存在下, 与乙酸乙酯进行反应, 然后酸化得到, 该路线三废排放量大, 原料成本高; 近年来国内开发出以对氯氯苄为原料合成工艺, 颇具发展潜力。对氯氯苄以四氢呋喃为溶剂与锌粉反应合成对氯苄基锌四氢呋喃溶液; 乙酸酐滴加到对氯苄基氯化锌的四氢呋喃溶液中进行反应, 然后加入硫酸酸化得到对氯苯基丙酮。该路线过程简单, 产品产率高, 非常具有开发前景。

11. 4′-苄氧基-3′-硝基苯乙酮

4′-苄氧基-3′-硝基苯乙酮是合成福莫特罗的中间体, 福莫特罗是由日本山之内公司新开发上市的新型、长效的 β2-肾上腺素受体激动剂平喘药物, 主要用于支气管哮喘, 作用强而持久。以对羟基苯乙酮为原料, 用硝酸进行硝化得到 4′-羟基-3′-硝基苯乙酮, 后者与碳酸钾、碘化钠、氯苄和氯仿混合加热反应, 分出有机层后, 进行碱洗后浓缩并采用异丙醚-丁酮重结晶得到 4′-苄氧基-3′-硝基苯乙酮。其中第一步反应硝化温度控制非常重要, 一般在低温下进行，否则易产生太多二硝基化合物；第二步反应可以采用相转移催化剂，期望可以得到较好的产率与产品纯度。

12. 5-甲氧基尿嘧啶

5-甲氧基尿嘧啶是合成嘧啶核糖核酸和嘧啶脱氧核糖核酸的重要中间体，目前核苷酸类物质是抗癌抗病毒主要物质，5-甲氧基尿嘧啶是基础的尿嘧啶类核酸类药物的基础中间体，可以合成一系列重要的抗癌新药。合成路线主要有：a.将甲基异硫脲硫酸盐的氢氧化钠溶液加到 α-甲氧基丙烯酸酯-β-羟基钠的混悬液中反应，除去硫酸钠后，用硫酸酸化得到产品，该路线原料来源较为困难；b.甲氧基乙酸甲酯和甲酸乙酯在金属钠催化下进行克莱森酯缩合得到钠盐，再与硫脲亲核加成得 2-巯基-4-羟基-5-甲氧基嘧啶，经过水解后得到 5-甲氧基尿嘧啶，该法路线较长，但是原料来源与产率尚好；c.甲氧基乙酸甲酯和甲酸乙酯在金属钠催化下进行克莱森酯缩合得到钠盐，与尿素直接加成得到产品，该法前景较好，但是产率不十分理想。

13.青霉胺

青霉胺化学名称 2-氨基-3-巯基-3-甲基丁羧酸，是一种重要的医药中间体，用于合成治疗关节炎、慢性肝炎和艾滋病等药物。青霉胺是一种手性化合物，具有左右旋两种结构，传统合成路线是从青霉素中降解得到，降解采用一些亲核试剂，如苯肼、水合肼等进行 D-青霉胺的提取。近年来国内外研究者研究多种化学法制备 D，L-青霉胺工艺，主要有：a.首先以异丁醛与硫、氨水反应得到 2-异丙基-5,5-二甲基-3-噻唑啉，然后经过氰化、水解，再将腈基皂化成羧基，然后开环得到 D，L-青霉胺，再经过拆分得到D-青霉胺；b.β-溴代异丁醛与硫代苯基乙醇钠盐反应得到 β-苯甲基硫异丁醛，再与氰化氢氨水反应，形成氰，经水解脱去苯甲醛，得到 D,L-青酶胺；c.是近年来开发一些新的中间体用于合成青酶胺，如 2-甲基-4-异丙基-5 唑酮等。

14.间三氟甲基苯胺

间三氟甲基苯胺是重要医药中间体，以其为原料可以合成抗疟药物甲氟喹，消炎镇痛药氟芬那酸、尼氟灭酸，利尿药苄氟噻嗪、氢氟噻嗪，抗抑郁药氟伏沙明，镇痛药夫洛非宁，另外还可以合成消炎药物氟灭酸丁酯、莫尼氟酯、氟沙仑，皮肤用杀菌剂二氟二苯脲（TFC），抗前列腺药物氟硝丁酰胺及多种强安定抗精神病药物等。文献报道间三氟甲基苯胺有多种合成路线，其中已经工业化且具有发展前景的路线是以间三氟硝基苯为原料还原得到间三氟甲基苯胺，国内外均已成功开发出催化加氢还原工艺，催化剂一般选用 Pd/C 或者高活性镍催化剂。其原料间三氟硝基苯来源主要有两条路线：一是氟化法，以间三氯硝基苯为原料通过氢氟酸氟化而得；二是硝化法，以三氟甲基苯为原料，通过混酸硝化得到。

15. 1-溴-3-氯丙烷

1-溴-3-氯丙烷合成是以烯丙烯氯与溴化氢反应得到。该产品国外大量生产，可以用于合成多种药物，如治疗脑血栓后遗症的药物乙酮可可碱，抗抑郁药物盐酸氯卡帕明、地昔帕明，冠状血管扩张药物盐酸地拉卓、盐酸维拉帕米等，另外还可以作为合成香料的原料。随着我国溴素产量不断增加，而且这些药物在国内发展前景比较好，因此 1-溴-3-氯丙烷在国内开发与应用前景广阔。

二、LED 光催化技术合成药物及中间体设计

LED 光催化合成技术颠覆传统药物生产工艺，将 LED 光能

转化为高附加值的化学能，以极低的成本与污染，制备结构复杂的药物片段、骨架和原料药。

我国是化学原料药生产大国，尤其是发酵类药物产品的产能产量位居世界第一；而原料药生产过程中产生的"三废"量大，废物成分复杂，污染危害严重，进而使得制药环保的现实情况显得较为严峻，并不断有制药企业由于环保不达标被要求限产或停产整顿。

具体就生产工艺而言，原料药生产一般应用的是化学合成技术和生物发酵技术。化学合成技术又分为全合成和半合成技术；生物发酵制药技术是利用微生物技术通过高度工程化的新型综合性技术来生产，这种技术工艺在医药制药当中通常称为发酵工艺，比如青霉素、土霉素的生产都是采用发酵工艺。

这些合成工艺技术线路长、反应步骤多的特点，使得原料药生产过程中投入的原辅料种类多，甚至其中一些属于危险化学品。同时，由于投入的物料产成品转化率低且具有生物毒性的特点，加上投入的单类物料的数量较少，因此，废弃物中的单一废弃物的回收经济率不高，难以实现废弃物资源化，一般只能作为废弃物处理。

1. LED 光催化技术

传统药物生产：生产过程高温、高压，需要反应釜、反应塔等设备。研发、生产成本高，会导致水污染、空气污染、土壤污染、固体废物等。LED 光催化技术合成：降低环境压力，避免使用剧毒试剂；开发绿色环保工艺；使用清洁能源；提高能量利用率；高度选择性；高原子经济性。

LED 光催化技术具有如下优势。工艺安全简洁：避免使用高温；避免使用高压；避免易燃易爆；消除安全隐患；工艺简洁高效；工艺重复性强。降低生产成本：原料廉价易得；设备成本小；

避免劳动密集；生产效率高；产品品质高；工艺成本低。易工业化：工艺嫁接简便；场地需求小；工艺适用性强；无危险废物；产品附加值高；易大规模制备。

2.应用实例一

氟西汀是一种选择性 5-羟色胺再吸收抑制剂（SSRI）型抗抑郁药，其药物形态为盐酸氟西汀（fluoxetine hydrochloride），商品名为"百优解"或"百忧解"。在临床上用于成人抑郁症、强迫症和神经性贪食症的治疗，还用于治疗具有或不具有广场恐惧症的惊恐症，在医药市场占有重要地位，礼来公司曾创下全球 28 亿美元的销售额。

对氯三氟甲苯与 3-甲氨基-1-苯基丙醇进行 SN_2 芳基醚化反应：重金属催化，转化率低，成本高。Mannich/还原反应制备 3-甲氨基-1-苯基丙醇：Mannich 反应产率低，还原条件恶劣，合成步骤多，工艺复杂。

蓝光 LED 催化只需一步反应，预计成本降低 60%。反应式如下：

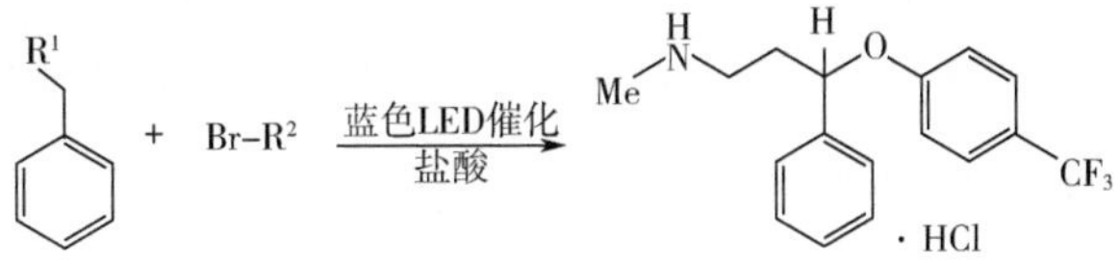

3.应用实例二

巴氯芬用于改善锥体束损害造成的肌张力增高的痉挛症状、不同原因造成的痉挛性偏瘫和截瘫，如多发性硬化、脑血管病、脊髓损伤和脊髓炎后遗症、儿童脑性瘫痪、破伤风、难治性呃逆；改善 Duchenne 肌营养不良症患者中十二指肠梗阻出现的反复呕吐；缓解三叉神经痛、带状疱疹后神经痛，改善锥体外系损害后造成的肌强直如帕金森病、迟发性运动障碍以及 Huntington 舞蹈病。销售额达数十亿美元。

传统合成方法：对氯肉桂酸甲酯与硝基甲烷进行 Michael 加成反应，水解，最后加氢还原。生物酶水解，实验条件苛刻，使用氢气还原，存在一定安全隐患。

蓝光 LED 催化只需一步反应，预计成本降低 40%。反应式如下：

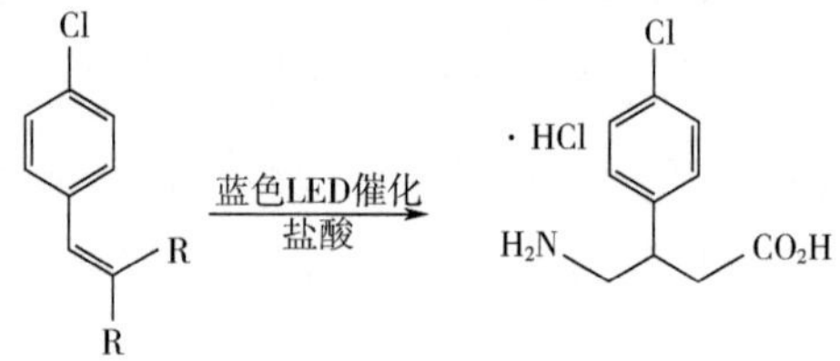

三、咪唑产品的开发与设计

1.产品简介

咪唑是一种含有两个氮原子的五元杂环化合物，它不仅是生物体内组氨酸的组分，也是核糖核酸（RNA）和脱氧核糖核酸（DNA）中嘌呤的组分，且在肌肽、组氨酸等内均含有咪唑结构。它的弱碱性在组氨酸中起传递质子、使简单脂进行水解的作用。

咪唑享有"生物催化剂""生物配体"美誉，在自然界，咪唑作为许多酶的活性中心功能基，参与了重要的生物化学反应，对生命活动起着十分重要的作用，许多药物、酶抑制剂等也含有咪唑中心功能基。含咪唑基的双核铜蛋白模型物、鎓型咪唑、鎓型咪唑环番已成功地实现了酶的模拟。咪唑类化合物在分析化学中可作为沉淀剂测定金属离子，作为黑色剂用于某些离子的光度分析，还可作为指示剂用于容量分析等。咪唑类衍生物可以制成阳离子型、两性型和酰胺型表面活性剂。用作日用化学品，如清洗剂、洗涤剂；用作纺织助剂，如抗静电剂、柔软剂、防水剂。咪唑是生物体内级组氨酸、肌肽、组氨乃至核酸的组分，可构成一系列具有生理活性的咪唑衍生物。因而咪唑类医药像嘌呤类、腺苷类等具有抗病毒、抗癌活性，一直备受人们重视。还有像驱虫药盐酸左旋咪唑，灭菌用的外用药克霉唑，治疗高血压、心绞痛、脑血管痉挛等用的地巴唑等。

咪唑衍生物在农业生产方面也有广泛的用途，比如像多菌灵、苯菌灵、甲硝咪唑和咪康唑等，它还可以用作环氧树脂的固化剂，同时它也是生产缺真菌药物双氯苯咪唑、益康唑、酮康唑、克霉唑的主要原料之一。以咪唑和 2,4-二氯苯乙酮为主要原料可制得伊迈唑，它是一种抗真菌药，还广泛用作水里的防腐剂。以于咪唑及其衍生物具有十分广泛的用途，因而百余年来它的合成及应用研究从未间断，至今仍十分活跃。为此，咪唑的合成前景十分广阔。

2.产品性质

分子式：$C_3H_4N_2$;

结构式：

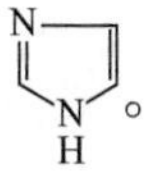

性状为无色棱形结晶。熔点 90～91℃，沸点 257℃，165～168℃（2.7kPa），相对密度 1.0303（101℃），折射率 1.4801（101℃），闪点 145℃。易溶于水、乙醇、乙醚、氯仿、吡啶，微溶于苯，极微溶于石油醚。呈弱碱性。与高锰酸水溶液作用生成甲酸，与过氧化氢作用生成草酸。

3.生产工艺流程与合成路线

（1）乙二醛法

由乙二醛、甲醛与硫酸铵作用而得，其反应式如下：

$$\begin{array}{c} \text{CHO} \\ | \\ \text{CHO} \end{array} + \text{HCHO} + (\text{NH}_4)_2\text{SO}_4 \longrightarrow \underset{\text{N}}{\overset{\text{N}}{\bigcirc}} \cdot \frac{1}{2}\text{H}_2\text{SO}_4 \xrightarrow{\text{Ca(OH)}_2} \underset{\text{N}}{\overset{\text{N}}{\bigcirc}}$$

制备实例：

配料比为乙二醛（40%）：甲醛（37%）：硫酸铵：水=1:0.56:0.9:0.71。将乙二醛、甲醛、硫酸铵投入反应罐中，搅拌升温至 85～88℃，保温 4h，冷却至 50～60℃，加入石灰水至 pH 值为 10 以上，加热至 85～90℃，排氨 1h 以上。稍冷过滤，滤饼用热水洗涤，合并洗液、滤液，减压薄膜浓缩至无水蒸出。蒸出水后，继续减压蒸馏至低沸物全部蒸完，收集 105～160℃（0.133～0.267kPa）馏分，即为咪唑。产率近 78%。

（2）邻苯二胺法

以邻苯二胺为起始原料，与甲酸环合生成苯并咪唑，再与双氧水反应开环为 4,5-二羧基咪唑，最后脱羧而得咪唑，其反应式为：

$$\underset{\text{NH}_2}{\overset{\text{NH}_2}{\bigcirc}} \xrightarrow{\text{HCOOH}} \underset{\text{N}}{\overset{\text{N}}{\bigcirc}} \xrightarrow[\text{H}_2\text{SO}_4]{\text{H}_2\text{O}_2} \underset{\text{N}}{\overset{\text{N}}{\bigcirc}}\begin{array}{c}\text{COOH}\\\text{COOH}\end{array} \xrightarrow[100\sim280℃]{\text{CuO}} \underset{\text{N}}{\overset{\text{N}}{\bigcirc}}$$

制备实例：

① 环合。配料比：邻苯二胺：甲酸=1:0.65。将邻苯二胺与甲酸混合，搅拌下升温至 95～98℃，保温 2h.然后降温至 50～60℃，用 10%氢氧化钠液调节至 pH=10，降至室温，过滤、水洗、干燥，得苯并咪唑。产率 90%，熔点 170℃。

② 开环。配料比：苯并咪唑：浓硫酸：双氧水（30%）：水=1:23:13.75:22.5。将浓硫酸投入反应罐中，搅拌下加入苯并咪唑，升温至 100℃。慢慢滴加双氧水，滴加完毕，控制温度在 140～150℃，搅拌反应 1h。降温至 40℃，加水稀释，析出结晶，过滤、

水洗、干燥，得 4,5-二羧基咪唑。产率 70%，熔点 270℃。

③ 消除。配料比：4,5-二羧基咪唑∶氧化铜=1∶0.014。将 4,5-羧基咪唑与氧化铜混合后投入反应釜中，加热至 100~280℃，放出大量的 CO_2 气体。收集馏出物，约 4h。当有褐色物馏出时停止加热，馏出物冷却后结晶，即为咪唑。产率 80%，熔点 75℃以上。

（3）溴乙醛法

用醋酸乙烯酯与溴加成，再用乙醇处理，生成溴代乙醛。溴代乙醛与溴化氢、乙醇作用生成缩醛。缩醛在乙二醇及浓盐酸作用下生成环状缩醛，然后用过量甲酰胺与环状缩醛在不断通入氮气情况下反应，生成咪唑，产率为 50%。

（4）酒石酸法

用酒石酸、发烟硝酸、硫酸于 38℃下搅拌，使之生成酒石酸的二硝酸酯，再与氢氧化钙反应，生成中间体二羰基丁二酸，再与氨、甲醛缩合环合，转化为咪唑-4,5-二羧酸，然后再脱羧即得咪唑。反应式如下：

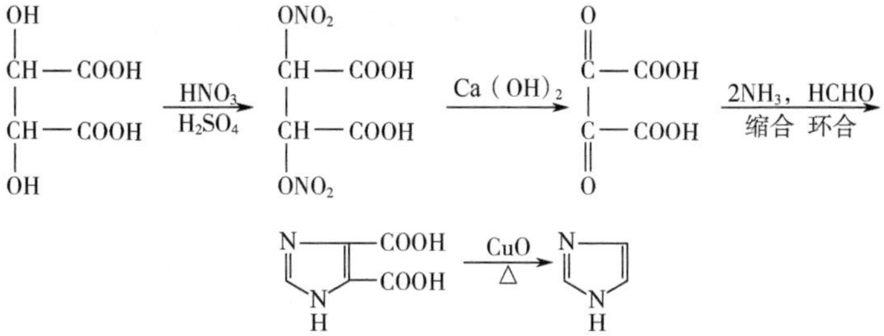

4.工艺路线选择

咪唑的合成方法较多，主要有乙二醛法、邻苯二胺法、溴乙醛法和酒石酸法。但邻苯二胺法、溴乙醛法和酒石酸法都因污染严重、产率比较低和成本高而不适宜采用。常选择的工艺路线为乙二醛法，原先的经典合成方法采用 NH_3，但因采用高压，产率只有 15% 左右而被放弃。现改用 $(NH_4)_2SO_4$ 或 NH_4Cl 代替 NH_3，并控制 pH=0.1，将乙二醛、甲醛、氨的摩尔比调整为 1∶1∶2.5，于 70℃ 反应，在酸性条件下缩合成咪唑。产率可以提高到 80%～85%，改进后的工艺是目前合成咪唑的最佳工艺路线。

5.工艺流程图及操作步骤

（1）工艺流程图（图 4-22）

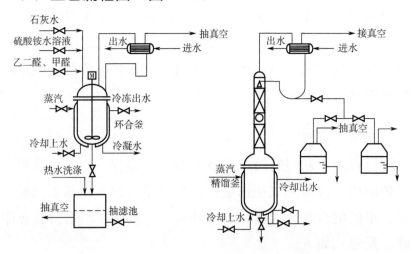

图 4-22　咪唑生产工艺流程与合成路线

（2）操作说明

① 将含 40%L-醛 100kg、37% 的甲醛 560kg、硫酸铵水溶液 150kg（含硫酸铵 100kg）加入到环合釜内，开动搅拌，加热升温至 85～88℃，保温反应 4h，然后冷却至 50～60℃，加入石灰水调节 pH 值为 10 以上，然后，继续加热至 85～90℃，搅拌，用真空抽除未反应的氨气，待除尽后，冷却反应物料。

② 当物料冷至 70℃ 时，放入准备好的抽滤池内，抽真空吸滤，吸滤完后，在滤饼上用热水洗涤 2～3 次，然后将物料吸入精

馏釜内。

③ 加热精馏釜内物料，并打开水冲泵对精馏塔内抽真空，先减压蒸去低沸物后，再收集 105～160℃（0.133～0.267kPa）馏分，即为咪唑。产率为 80%。

四、草酸二乙酯产品的开发与设计

1.产品简介

分子式：$C_6H_{10}O_4$；

结构式：$C_2H_5O_2C$—$CO_2C_2H_5$。

草酸二乙酯是医药工业的基本原料，是制造卡尔明、苯巴比妥、长效磺胺、碘胺、噁唑、硫唑嘌呤、异噁唑、磺甲氧萘、乙哌氧氮苄、羧苯酯霉素、乳酸氯喹、噻苯咪唑和青霉素等药物的中间体，更是制造畅销新药"新诺明"的主要原料。其次，草酸二乙酯还可用于制造塑料促进剂，且是电视机显像管喷涂阴极的溶液成分，染料的中间体，纤维素和香料的溶剂等。日本还应用草酸二乙酯作天然或合成树脂的溶剂。

近年来，我国草酸二乙酯的生产能力发展较快，据不完全统计，国内草酸二乙酯的生产厂有 30 家以上，总生产能力约 18500～20500t/a。草酸二乙酯一度由于"新诺明"的不断扩产而偏紧，目前产销基本平衡。

2.产品性质

草酸二乙酯为无色有芳香气味的油状液体。有毒，易燃。熔点-40.6℃，沸点 185.7℃，相对密度 1.086，折射率 1.4101（18℃），闪点 75℃。能与乙醇、乙醚、乙酸乙酯等常用有机溶剂相混溶，微溶于水，不稳定，易分解。

3.生产工艺流程与合成路线

草酸二乙酯的生产方法主要有三种：传统法，一次酯化、脱水法和一氧化碳、乙醇催化氧化偶合法。

（1）传统法

$$\begin{array}{c} COOH \\ | \\ COOH \end{array} + 2C_2H_5OH \rightleftharpoons \begin{array}{c} COOC_2H_5 \\ | \\ COOC_2H_5 \end{array} + 2H_2O$$

其过程是先用甲苯或苯脱去工业草酸（$C_2H_2O_4 \cdot 2H_2O$）中的结晶水。然后加入乙醇、甲苯或苯的混合液进行一次酯化，加热分水回流一定时间后，进行一次蒸馏。然后再加入甲苯或苯和工业乙醇进行二次酯化和二次蒸馏，即得粗品草酸二乙酯，将后者进行减压蒸馏，得到草酸二乙酯成品。

实际生产中，采用增加反应物乙醇的投料量和用甲苯或苯作共沸脱水剂，达到提高草酸二乙酯产率的目的。

这种方法的生产周期较长，酯化过程一般需要 22～24h。并且产品的单耗也较高，以草酸计，草酸二乙酯产率仅有 84%左右。

制备实例

将 1mol 结晶草酸和 1.4mol 脱水剂加入到装有搅拌器、冷凝器、温度计的 500mL 三口烧瓶中，搅拌加热，进行回流脱水。当分水器内水层达一定位置时定时放水，至温度达 110℃时，加入 2mol 工业乙醇，加热分水回流，从分水器下层分出水及带出的少量乙醇水溶液，脱水剂重新回流至反应瓶，温度达 118℃时，向反应釜中加入 0.3mol 乙醇及高、低沸物，回流分水，至温度达 120℃时，蒸出脱水剂，温度达 135℃时，进行减压蒸馏，收集 105～107℃/3.33kPa 时的主要馏分，得到无色油状液体。经测定，产品沸点为 185～186℃。

（2）一次酯化、脱水法

一次酯化、脱水法生成草酸二乙酯的化学反应式与传统法相同。

该法是将工业草酸和乙醇、脱水剂甲苯按一定的配比同时投入反应釜进行酯化反应。加热分水，回流至酯化终点时，蒸出甲苯，即得粗品草酸二乙酯。再将粗品减压蒸馏，即得成品草酸二乙酯。

此法生产过程简单，操作方便，酯化反应过程只需要 16～18h，设备生产能力相应增加。与传统法相比较，此法产率较高，以草酸计，草酸二乙酯产率 86%～94%。因此，一次酯化、脱水法生产工艺具有较高的实用性及推广价值。

一次酯化、脱水法工艺条件如下。

① 酯化反应温度及脱水剂的选择。草酸和乙醇的酯化反应为吸热反应。显然，温度升高有利于加速酯化反应和提高产率。但反应温度过高，反应物乙醇急剧汽化，对反应不利。曾分别采用苯和甲苯两种脱水剂进行实验。苯和水的共沸温度为 69.25℃（共沸组成：苯 91.2%，水 8.8%）；甲苯与水的共沸温度为 84.1℃（共沸组成：甲苯 81.4%，水 18.6%）。从上述数据可以推断，用甲苯比用苯好。实验也证明采用苯为脱水剂，反应时间较长，苯的损耗较大，故采用甲苯较好。因此酯化反应温度为甲苯与水的共沸点（实际数据为 84～90℃）。

② 草酸和乙醇的投料比。草酸和乙醇酯化反应的理论摩尔比为 1:2。因为乙醇的沸点较低，且能与水形成低共沸物，在酯化温度下不断被蒸出。所以，实际生产中需采用过量的乙醇配比，以提高酯的产率。生产过程中一般控制草酸和乙醇投料摩尔比为 1:(2.5～3)。

③ 脱水剂甲苯的投料量。甲苯的作用是与酯化反应生成的水及原料带入的水形成低共沸物被不断蒸出，以便酯化反应顺利进行。甲苯的投料量以满足与酯化反应系统中全部水形成低共沸物

所必需的用量为准。若投入量太多，势必降低系统中反应物的浓度，影响酯化反应的速度，同时也会增加甲苯的工艺损失和能量消耗。

实际生产中甲苯与水的共沸物在分水器中分离后又回流到酯化系统中循环脱水。因此，一般控制甲苯的投料量约为草酸和乙醇投料总量的 60% ~ 70%。

④ 酯化终点控制。酯化终点的控制以物料中草酸含量（g/L）来判断。如果酸度偏高，则酯化反应不完全，产品产率下降，而且产品的酸度达不到要求。但追求过低酸度，必将延长酯化反应时间。因此，酯化终点酸度的控制，对草酸二乙酯的产量、质量和消耗有很大的影响。生产过程中酯化终点控制酸度在小于20g/L 较宜。

（3）一氧化碳、乙醇气相催化氧化偶合法

以 NO 为原料合成草酸二乙酯的反应可概括为：

$$NO \xrightarrow{O_2} \begin{matrix} NO \\ NO_2 \end{matrix} \xrightarrow{C_2H_5OH} C_2H_5ONO \xrightarrow{CO} \begin{matrix} O=C-OC_2H_5 \\ | \\ O=C-OC_2H_5 \end{matrix} + NO$$

NO 可通过 HNO_3 分解或液氨氧化而来。

① 亚硝酸乙酯的合成。亚硝酸乙酯的合成涉及如下反应：

a. $2NO + O_2 \longrightarrow 2NO_2$

b. $NO + NO_2 \rightleftharpoons N_2O_3$

c. $C_2H_5OH + N_2O_3 \longrightarrow C_2H_5ONO + HONO$

d. $C_2H_5OH + HONO \longrightarrow C_2H_5ONO + H_2O$

e. $N_2O_3 + H_2O \longrightarrow 2HONO$

f. $2NO_2 \rightleftharpoons N_2O_4$

g. $C_2H_5OH + N_2O_4 \longrightarrow C_2H_5ONO + HNO_3$

h. $N_2O_4 + H_2O \longrightarrow HONO + HNO_3$

生成亚硝酸乙酯的主反应，实质上就是反应 a~d，其总反应式为：

$$4C_2H_5OH + 4NO + O_2 \longrightarrow 4C_2H_5ONO + 2H_2O$$

反应生成的 H_2O 与 N_2O_3 反应生成 HONO（见反应 e，HONO 是反应 d 的反应，有利于 C_2H_5ONO 的生成。而反应 f~h 是不希望发生的，既消耗了 NO，又生成副产物 HNO_3）又要在反应后除去。为了减少副反应的发生，必须控制 NO_2 的含量，也即控制反应过程中 O_2 的通入量。

② 草酸二乙酯的合成。草酸二乙酯的合成主要有下列两个反应：

$$a. 2CO + 2C_2H_5ONO \xrightarrow[\text{常压}]{\text{催化剂}} (C_2H_5OCO)_2 + 2NO$$

$$b. CO + 2C_2H_5ONO \xrightarrow[\text{常压}]{\text{催化剂}} (C_2H_5O)_2CO + 2NO$$

反应 a 为主反应，生成草酸二乙酯，反应 b 为副反应，产物为碳酸二乙酯，反应生成的 NO 循环使用。

由有关热力学数据可知，反应 a 和 b 均为放热反应，且主反应在热力学上更为有利，对于放热反应来说，高温下不利于反应进行，且在一定温度下存在如下反应：

$$2C_2H_5ONO \xrightarrow{\triangle} CH_3CHO + 2NO + C_2H_5OH$$

因此，反应所放出的热应及时除去。

（4）工艺流程

工艺流程见图 4-23。

反应塔（I）为生成亚硝酸乙酯的反应塔，由两部分组成，一部分为反应区，位于反应塔的下部，填有 6m 高的惰性填料，另一

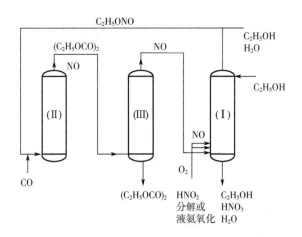

图 4-23　气相催化合成草酸二乙酯工艺流程

部分为精馏区，位于反应塔上部，由多个塔板组成，每个塔板间距离为 0.6m。从反应器产生的气体或蒸气可直接进入精馏区，从精馏区产生的液体可直接进入反应区。NO 和 O_2 从填料下部进入反应区，C_2H_5OH 从精馏区塔板上部加入，C_2H_5OH 用量较大，一部分作反应物，一部分作回流液。未反应的乙醇和生成的 HNO_3 与 H_2O 从反应器底部放出，经冷凝器冷却后，分离出 C_2H_5OH 可回用，C_2H_5ONO 蒸气从反应塔顶部蒸出，其工艺参数为：反应温度 30 ~ 120℃；压力 0.0152 ~ 0.405MPa；NO/O_2=（4 ~ 5）:1（摩尔比）；C_2H_5OH/O_2=（4 ~ 12）:1（摩尔比）。此反应不需要催化剂。反应塔（Ⅱ）为草酸二乙酯合成塔，该反应塔为固定床反应塔，内装催化剂，床层上、下填装惰性填料，催化剂采用浸渍法制备，载体为 Al_2O_3，Pd 含量为 1.5%，Fe 含量为 0.9%。原料气组成：CO 含 20%，亚硝酸乙酯 15% ~ 20%，C_2H_5OH 10% ~ 15%，其余为惰性气体 N_2。

　　CO 和 C_2H_5ONO 的比例在（1 ~ 1.3）:1，前面提到亚硝酸乙酯受热易分解，在原料气中加入乙醇有助于抑制亚硝酸乙酯在反应床层中的分解反应，提高草酯的产率。适宜的工艺参数为：反应温度 110℃，压力为常压，反应时间 2～3s。生成的草酸二乙酯和 NO 经气液分离装置[装置（Ⅲ）]进行分离，NO 从装置上面逸出，通入反应塔（Ⅰ）循环使用，草酸二乙酯从装置下端分离出来，经蒸馏精馏而得液相产品。CO 转化率为 40%～50%，所得的液态草酸二乙酯为无色透明液体，沸点 185℃，经气相色谱分析，含量达 98%。

（5）工艺路线选择

草酸二乙酯的制备方法主要有传统法，一次酯化、脱水法和一氧化碳、乙醇催化氧化偶合法。目前，国内生产厂家还主要采用传统法和一次酯化、脱水法，但是，一氧化碳、乙醇催化氧化偶合法更具竞争力，是合成草酸二乙酯的新技术。通过 NO 与 C_2H_5OH 气相合成 C_2H_5ONO，进而与 CO 气相催化偶联合成草酸二乙酯，NO 循环使用，既节约原料，又不污染环境。以廉价的 CO 代替草酸，亦可利用邻近化肥厂排出的 CO 废气，降低了成本，且有利于废弃物的资源化。反应条件温和，选择性高，具有广泛的工业前景。

五、环丙烷甲酰氯产品的开发与设计

1.产品简介

环丙烷甲酰氯在医药上用于合成环丙胺，而环丙胺则是合成环丙沙星、环丙氟啶酸、斯帕沙星的重要中间体，环丙胺也是合成除草剂 6-环丙氨基-2-氯均三嗪、抗寄生虫药 N-环丙基-1,3,5-三嗪-2,4,6-三胺及杀虫剂的中间体。因此，环丙烷甲酰氯是十分重要的精细化工中间体。

2.产品性质

本品为无色透明液体，沸点 120～123℃，有刺激性气味。

3.生产工艺流程与合成路线

环丙烷甲酰氯的合成其最后一步均是由环丙烷羧酸与氯化亚砜进行酰化反应合成环丙烷甲酰氯，而环丙烷羧酸的合成方法主要有以下两种：

（1）γ-丁内酯法

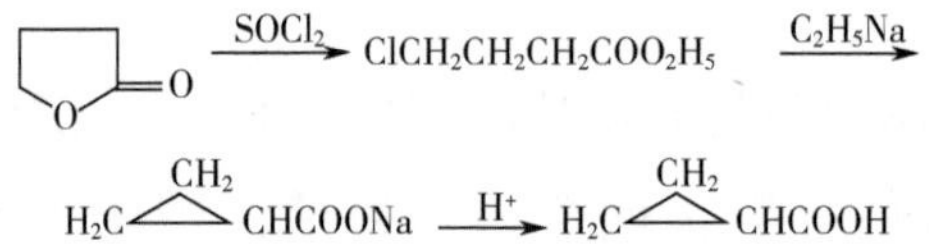

该方法是以 γ-丁内酯为原料与加入氯化亚砜的无水乙醇溶液进行反应，再经乙醚分离洗涤后蒸馏分离后再与新制得的乙醇钠反应后用盐酸酸化后，得环丙烷羧粗品，再经减压蒸馏得环丙烷羧酸精品。

（2）环丙烷甲酸异丙酯法

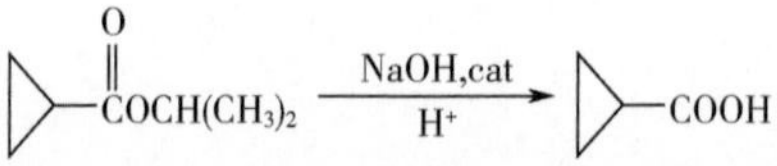

该法是将环丙烷甲酸异丙酯与氢氧化钠水溶液在相转移催化剂存在下反应，酸化后用乙醚萃取，再用无水硫酸钠干燥后进行精馏，收集含量为98%以上的环丙烷羧酸。

4.工艺路线选择

γ-丁内酯法相对工艺路线长，且所使用的乙醇钠必须是新制得的，因此必须附设乙醇钠的生产装置，而且增加了氯化亚砜原料，增加了分离步骤，其生产成本较高，产率较低，而环丙烷甲酸异丙酯法工艺路线短，反应条件温和，所需设备简单，且成本低，产率高，产品纯度好，这是一条较理想的工业化合成路线。

5.工艺流程图及操作步骤

（1）工艺流程图（图 4-24）

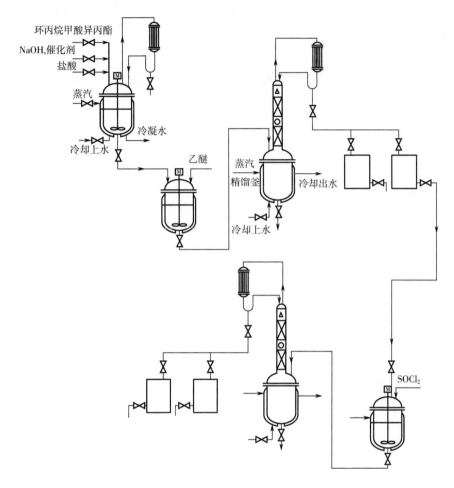

图 4-24　环丙烷甲酸异丙酯法工艺路线

（2）操作步骤

将环丙烷甲酸异丙酯、氢氧化钠水溶液、聚乙二醇加入反应釜中，升温到 85℃时，搅拌反应 5h，然后加入盐酸到 pH 值为 2～4 时用乙醚萃取放入干燥釜，加入无水硫酸钠干燥 3h 后，将物料放入精馏釜减压精馏。将收集的环丙烷甲酸放入酰化釜中，加入氯化亚砜酰化反应 3h 后，将物料放入精馏釜进行常压精馏，以气相色谱法进行跟踪分析。先收集未反应的氯化亚砜，再收集含量为 98%以上的环丙烷甲酰氯，最终产品纯度可达 98.5%以上。

六、2-氨基 5-甲氧基嘧啶产品的开发与设计

1.产品简介

分子式：$C_5H_7N_3O$；

分子量：125.14；

结构式：H_2N—◯—OCH_3。

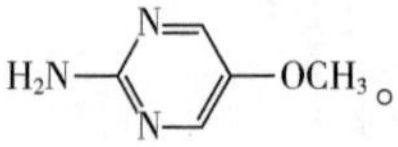

本晶为长效磺胺药磺胺甲氧嘧啶（SMD）的中间体，该中间体与 SN 缩合便得 SMD。

2.产品性质

熔点 80~83℃；沸点 115~120℃/1.6kPa，133~135℃/1.73kPa。溶于二氯甲烷、氯仿、苯等。

3.主要合成工艺路线

（1）以 2-氨基-4-氯-5-甲氧基嘧啶为原料的工艺

① 反应原理。反应式如下：

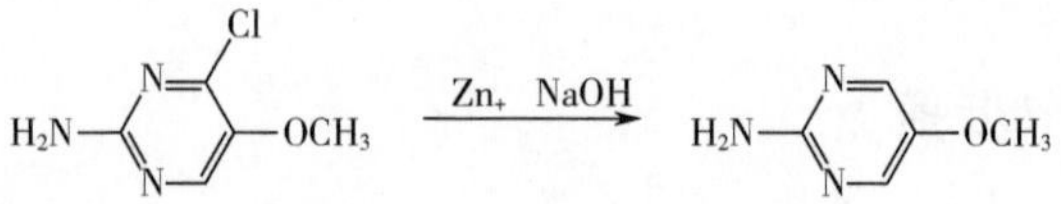

② 工艺流程图。工艺流程如图 4-25 所示。

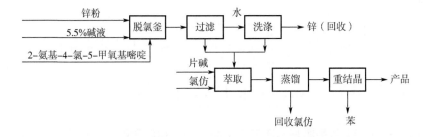

图 4-25　以 2-氨基-4-氯-5-甲氧基嘧啶为原料的工艺流程

③ 操作过程　在搪玻璃脱氯釜内加入 2-氨基-4-氯-5-甲氧基嘧啶、锌粉和 5.5% 的碱液，开启搅拌和蒸汽加热系统，升温至 60℃，并在 60～65℃下搅拌 3.5～4.0h，然后取样分析以判断反应是否完全。反应毕，冷却至室温（25±5）℃，并离心过滤，用水淋洗。所得的滤渣为过量的锌，可回收套用，滤液和洗液则合并后去萃取釜，先加入片碱处理，再加入萃取剂氯仿萃取三次。合并萃取相，真空浓缩至干，蒸出的氯仿可套用（一般回收率在 85% 以上），残留物则加入 5～8 倍的苯，加热溶解，然后稍冷却，加入适量的活性炭，并继续升温回流 15min，接着热过滤，滤液去冷却结晶。待结晶完全析出后，压滤，并用少量的冷苯洗涤滤饼，再压干、真空干燥，得 2-氨基-5-甲氧基嘧啶。

（2）以 2-甲氧基乙醛缩二甲醇、光气和硝酸胍为原料的工艺

① 反应原理。反应式如下：

$$H_3COCH_2CH \begin{matrix} OCH_3 \\ OCH_3 \end{matrix} + COCl_2 + H_2N-\overset{\underset{\|}{NH}}{C}-NH_2 \cdot HNO_2$$

$$\longrightarrow H_2N-\overset{N}{\underset{N}{\diagup}}-OCH_3$$

② 工艺流程图。工艺流程如图 4-26 所示。

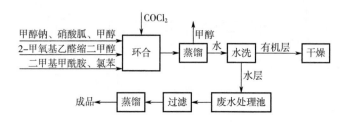

图 4-26　以 2-甲氧基乙醛缩二甲醇、光气和硝酸胍为原料的工艺流程

③ 操作过程。在环合釜内投入 N,N-二甲基甲酰胺（DMF）、氯苯和 2-甲氧基乙醛缩二甲醇，开启搅拌，慢慢通入光气，约通 30～45min。光气通毕，继续搅拌 30min，然后慢慢升温到 70℃，并在 70℃下搅拌 60～90min。接着冷却至 20℃，滴加甲醇钠和硝酸胍的甲醇溶液，温度不超过 30℃。

环合反应结束后，常压蒸馏以回收甲醇，残留物则先在 95～100℃下搅拌 60～75min，再冷却至 25～30℃，加水洗涤。所得的有机层用无水硫酸镁干燥后，过滤，滤液去真空蒸馏，并收集 115～120℃/1.6kPa 的馏分，得产品，产率 40%，熔点 81～82℃。

（3）以 2-甲氧基乙醛缩二甲醇、五氯化磷和硝酸胍为原料的工艺

① 反应原理。反应式如下：

$$CH_3OCH_2CH\,(OCH_3)_2 \xrightarrow[\text{硝酸胍}]{PCl_5} \quad H_2N-\!\!\!\!\bigcirc\!\!\!\!-OCH_3$$

② 工艺流程图。工艺流程图如图 4-27 所示。

③ 操作过程。在反应釜内加入 2-甲氧基乙醛缩二甲醇，开启搅拌和冷却水冷却系统，慢慢加入五氯化磷，温度控制在 20～25℃，加毕后继续在该温度下搅拌 30min。然后在该温度下滴加 N,N-二甲基甲酰胺（DMF）。滴完后，慢慢升温至 60℃，并保温 70～80min，再降温至 20℃，慢慢加入甲醇（1），温度控制在 25℃

以下，所得的料液备用。

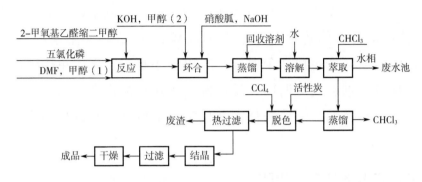

图 4-27　以 2-甲氧基乙醛缩二甲醇、五氯化磷和硝酸胍为原料的工艺流程

在环合釜内加入氢氧化钾和甲醇（2），搅拌均匀后滴加上述料液，温度控制在 20～25℃，加毕后继续搅拌 30～45min，然后加入硝酸胍和片碱，并保持在室温下搅拌 30～60min，接着减压蒸馏回收甲醇等溶剂。所得的残留物先加水溶解，再加氯仿萃取，萃取相去干燥，并减压蒸馏以回收氯仿。残留物即粗晶，粗晶用 CCl₄ 重结晶后，得熔点为 81～82℃、含量大于 98。5% 的 2-氨基-5-甲氧基嘧啶，产率约 30%。

4.工艺路线选择

以 2-甲氧基乙醛缩二甲醇、光气和硝酸胍为原料合成的 2-氨基-5-甲氧基嘧啶，产品的产率只有 40%，在反应过程中使用光气，反应装置的密封性要求高，从而增加了投资费用，尾气必须用氨水吸收，产生的三废量较大，处理费用高。以 2-甲氧基乙醛缩二甲醇、五氯化磷和硝酸胍为原料的合成方法产率也比较低，只有 30%，而且工艺路线长，多次洗涤、过滤、干燥、脱色、重结晶，产生的废水量较大。这两种方法都不太合适，工业生产中，只有以 2-氨基-4-氯-5-甲氧基嘧啶为原料的工艺是目前较合适的工艺路线。

最近李伟铭提出以甲醇与丙二腈为主要原料，在无水甲苯的氯化氢体系中发生亲核加成反应合成 1,3-二甲氧基丙二亚胺盐酸盐;碱中和后与单腈胺反应生成 3-氨基-3-甲氧基-N-腈基-2-丙咪;甲苯中回流环合生成 2-氨基-4,6-二甲氧基嘧啶。采用单因素法考察了反应溶剂、反应时间、反应温度等对产品产率的影响。得到了合成目标产物的最佳条件，在此条件下目标产品的最终产率为 75%（以丙二腈计）。

5.工艺流程图及操作步骤

（1）工艺流程图（图 4-28）

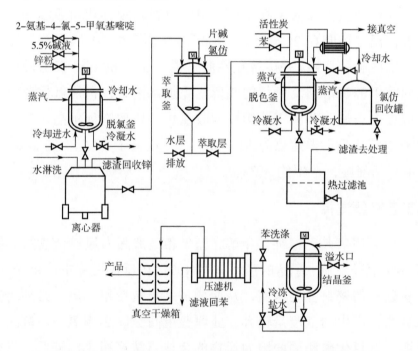

图 4-28 2-氨基-4-氯-5-甲氧基嘧啶为原料的工艺路线

（2）操作说明

① 投料比。2-氨基-4-氯-5-甲氧基嘧啶:锌粉:5.5%碱液:片

碱∶氯仿=1∶4.2∶5.0∶2.0∶适量。

②　操作过程。在搪玻璃脱氯釜内加入 2-氨基-4-氯-5-甲氧基嘧啶、锌粉和 5.5% 的碱液，开启搅拌和蒸汽加热系统，升温至 60℃，并在 60~65℃下搅拌 3.5~4.0h，然后取样分析以判断反应是否完全。反应毕，冷却至室温（25±5）℃，并离心过滤、用水淋洗，所得的滤渣为过量的锌，可回收套用，滤液和洗液则合并后去萃取釜，先加入片碱处理，再加入萃取剂氯仿萃取三次。合并萃取相，真空浓缩至干，蒸出的氯仿可套用（一般回收率在 85% 以上）。残留物则加入 5~8 倍的苯，加热溶解，然后稍冷却，加入适量的活性炭，并继续升温回流 15min，接着热过滤，滤液去冷却结晶。待结晶完全析出后，压滤，并用少量冷的苯洗涤滤饼，再压干，真空干燥，得 2-氨基-5-甲氧基嘧啶，熔点 81~82℃。

③　注意事项。a.如果起始原料为 2-氨基-5-甲氧基-4-嘧啶醇，那么中间产品 2-氨基-4-氯-5-甲氧基嘧啶无须精制，便于直接投料反应，而且对反应产率影响不是很大，但投料比要进行相应的调整。b.重结晶溶剂也可用四氯化碳代替苯，而且这样更安全，结晶过滤也可用离心机。c.如以 2-氨基-5-甲氧基-4,6-氯嘧啶为原料，用类似的方法也可得到 2-氨基-5-甲氧基嘧啶。

七、对硝基苯乙醇产品的开发与设计

1.产品简介

对硝基苯乙醇是重要的精细化工中间体，在医药上用于合成选择性 β-受体阻断剂美多心安，在香料行业中是合成香料的中间体。随着心血管药美多心安需求量的不断加大，对硝基苯乙醇的市场容量越来越大。近年来，江苏生产的心血管药美多心安几乎全部用于出口，目前出口量成倍增长，在江苏常州等地有好几家企业正在建设对硝基苯乙基甲醚的生产装置，这是生产美多心安的直接原料，这些装置投产后，需要的对硝基苯乙醇也将成倍增长。

2.产品性质

本品为深黄色固体，熔点 48~52℃。

3.生产工艺流程与合成路线

（1）硝基苯乙酸法

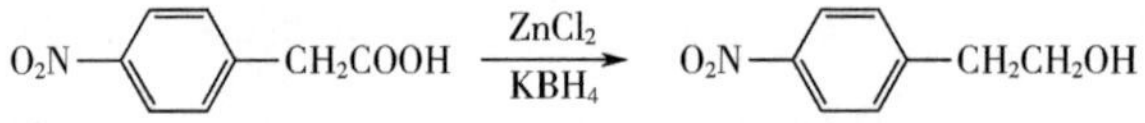

该方法是以四氢呋喃为溶剂，在氯化锌催化剂及苯存下，使对硝基苯乙酸、硼氢化钾反应生成对硝基苯乙醇，反应结束后将反应液倒入盐酸中，过滤，滤液用 20%的氢氧化钠溶液调节 pH 值至 12 左右，再用乙醚提取。然后用无水硫酸钠干燥，蒸去乙醚，所得固体即为对硝基苯乙醇，产率为 65%。

（2）苯乙醇法

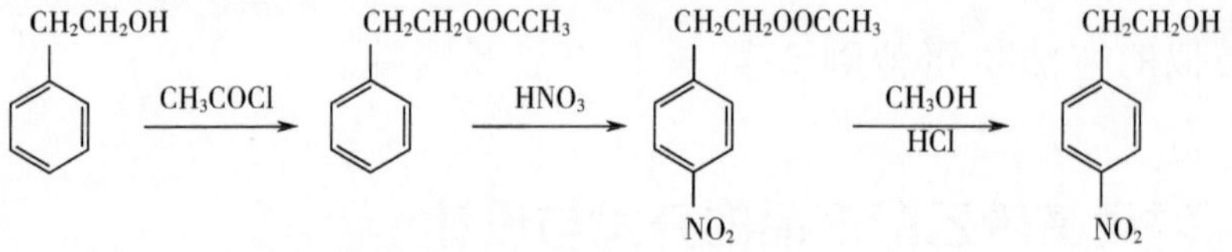

该方法是以苯乙醇与乙酰氯反应生成乙酸苯乙酯，进一步硝化成对硝基乙酸苯乙酯后与甲醇、盐酸反应生成对硝基苯乙醇。该方法虽然工艺路线较长，但生产成本低且产率较高，工业化生产的经济效益比较明显。

4.工艺路线选择

以硝基苯乙酸为原料的生产方法在工业化生产中用到硼氢化

钾，操作上较麻烦，该方法的生产成本高，而以苯乙醇为原料的生产方法其生产路线虽然较长，但生产成本低且产率高，便于工业化生产。

在反应中，硝化工艺反应条件比较苛刻，但就现有研究水平而言，该方法是相对较好的方法。

5.工艺流程图及操作步骤

（1）工艺流程图（图 4-29）

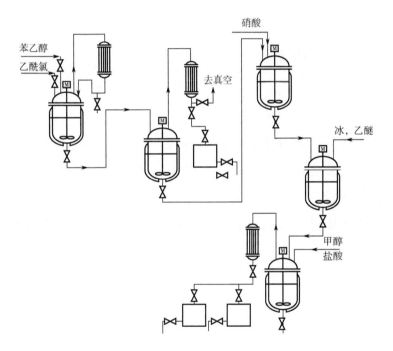

图 4-29　对硝基苯乙醇为原料的工艺路线

（2）操作步骤

将苯乙醇、乙酰氯放入带搅拌回流的反应釜中，升温至 60～70℃，反应 12h，然后放入蒸馏釜中蒸去氯化氢和未反应的乙酰氯。将生成的乙酸苯乙酯放入硝化釜中，降温至-15℃以下，开始滴加发烟硝酸，在该温度下反应 6h。将物料放入预先放有碎冰的反应釜中，并放入乙醚萃取后，将萃取液放入另一反应釜中，加入甲醇、盐酸，加热回流 12h 后蒸出酯和甲醇，残留物重结晶后即得对硝基苯乙醇，含量可达 98%。

八、扁桃酸产品的开发与设计

1.产品简介

别名：α-羟基苯乙酸；俗名：扁桃酸、苦杏仁酸、苯基乙醇酸。

分子式：$C_8H_8O_3$；

分子量：152.15；

结构式：

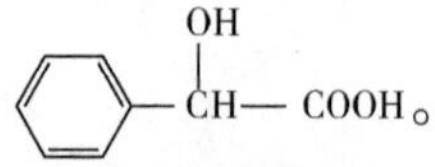

扁桃酸是一种重要的医药中间体，口服用于尿路感染，也可用于合成羟苄头孢菌素和合成血管扩张药，还可合成滴眼药羟苄唑、环扁桃酸酯、阿托品类解痉药等。

扁桃酸还可合成红古豆醇酯、乙酰基扁桃酰氯和苦杏仁酸乙醇胺等。

2.产品性质

扁桃酸为白色斜方片状结晶或结晶性粉末。有旋光异构体，见光分解变色。天然品为左旋扁桃酸，熔点 130℃，消旋扁桃酸熔点为 120～122℃。1mL 乙醇可溶解 1g 消旋扁桃酸，本品还可溶于乙醚、甲醇和异丙醇。

3.生产工艺流程与合成路线

（1）以苯甲醛为原料

① 反应原理。反应式如下：

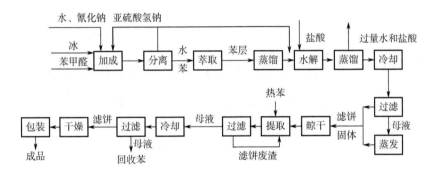

② 工艺流程图。工艺流程如图4-30所示。

图4-30　以苯甲醛为原料的工艺流程

③ 工艺过程。在釜内加入氰化钠和水，搅拌溶解后加入苯甲醛，边搅拌边滴加亚硫酸钠饱和溶液，约18h（当加入1/2左右时，加入碎冰）。加完后静置30min，过滤。滤液（水）加1/6的苯萃取，且分出苯相去蒸馏以回收苯。残留物与滤饼合并去水解釜，加浓盐酸水解，在冷却下水解12～15h。然后，在蒸汽加热下减压蒸出过量的氯化氢和水，并继续加热5h，接着冷却下析出结晶，过滤。母液在减压下蒸干，残留物与上述滤饼合并，用热苯分两次打浆提取，所得提取液用盐水冷却结晶，再压滤、干燥，得扁桃酸，产率约50%。

（2）以苯乙酮为原料

① 反应原理。反应式如下：

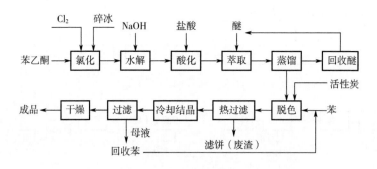

② 工艺流程图。工艺流程图如图 4-31 所示。

图 4-31 以苯乙酮为原料的工艺流程

③ 工艺过程。在氯化釜内先加入苯乙酮和溶剂冰醋酸，开启搅拌，慢慢升温，并在 50～60℃下通氯（先快后慢）。其间取样薄层分析，以判断反应终点，或观察反应液颜色为黄色时，停止通氯气（一般需通 5～6h）。接着加入碎冰搅拌，静置分层，分去水层，有机层慢慢滴加到预先加有氢氧化钠的水解釜中，滴加时间控制在 1h 内，温度不超过 65℃。滴加完后在 65℃下搅拌，再加入盐酸酸化，并冷却。用醚萃取，所得萃取相去蒸馏以回收醚。残留物则加苯重结晶，其湿晶在真空下干燥，得成品。测熔点为121～122℃。

（3）以苯、乙醛酸为原料

① 反应原理。反应式如下：

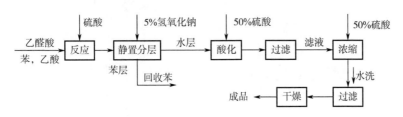

② 工艺流程图。工艺流程如图 4-32 所示。

```
           硫酸      5%氢氧化钠   50%硫酸            50%硫酸
            ↓          ↓           ↓                 ↓
乙醛酸   ┌──────┐  ┌──────┐  水层 ┌──────┐ ┌──────┐ 滤液 ┌──────┐
─────→  │ 反应 │→ │静置分层│────→│ 酸化 │→│ 过滤 │────→│ 浓缩 │
苯, 乙酸 └──────┘  └──────┘      └──────┘ └──────┘      └──────┘
                     │苯层                                  │水洗
                     ↓回收苯                                ↓
              成品 ←── ┌──────┐ ←── ┌──────┐
                      │ 干燥 │      │ 过滤 │
                      └──────┘      └──────┘
```

图 4-32　苯、乙醛酸法工艺流程

③ 工艺过程。向带有搅拌器、温度计和滴液漏斗的 500mL 四口烧瓶中加入 50%乙醛酸 0.2mol、苯 2mol 及乙酸 1mol，在搅拌下滴加 0.19mol 的硫酸，并在 80℃下反应 4h，反应毕，冷却，分离苯层和水层，向苯层加入 5%氢氧化钠水溶，使分离的水层 pH 值达 8，分离苯层和水层之后，向水层加入 50%的硫酸，使 pH 值达 5，析出沉淀。过滤，浓缩滤液，再加 50%的硫酸使之 pH 值达 1，过滤析出物，水洗，干燥，得产品，以乙醛酸计产率为 60%。

4.工艺路线选择

扁桃酸的合成方法主要有三种，分别是以苯甲醛、苯乙酮和苯与乙醛酸为原料来合成，以苯和乙醛酸为原料合成扁桃酸，三废量大，水污染严重，而且成本高，不适宜采用；以苯甲醛为原料合成扁桃酸因工艺路线长，投资费用高，而又使用剧毒物氰化钠，故不宜采用；以苯乙酮为原料来合成扁桃酸，工艺流程短、三废排放量少，生产易控制，投资省，产率较高，而被采用。

5.工艺流程图及操作步骤

（1）工艺流程图（图 4-33）

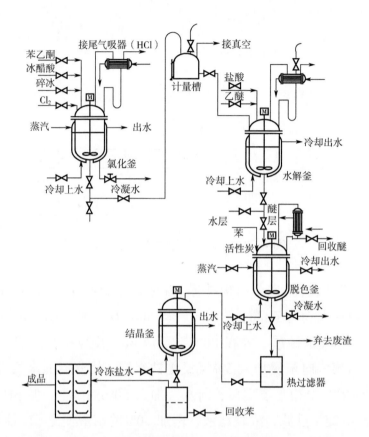

图 4-33　以苯乙酮为原料来合成扁桃酸的工艺路线

（2）操作说明

① 投料比（质量）。苯乙酮:冰醋酸:氯气:碎冰:氢氧化钠:36%盐酸:醚:苯=1:4.3:适量:25:（11~12）:（1.5~2.0）:1.3:（2~3）。

② 氯化。在装有搅拌装置、带有光照和加热冷却系统的搪瓷反应釜内放入苯乙酮和冰醋酸。开启搅拌，打开光照灯，加热升温到50℃时，通入氯气，让其反应，掌握先快后慢的通氯速度，生成的氯化氢尾气经降膜吸收塔吸收成盐酸。反应期间从釜底取样作薄层分析，待反应完全或料液颜色变黄时，停止通氯气（一般反应需5~6h）。接着加入碎冰搅拌静置分层，从釜底放去水层，有

机层抽入计量槽内备用。

③　水解。在装有搅拌装置的搪瓷釜内，放入计量好的氢氧化钠，然后滴加氯化物，控制在 1h 内滴毕，温度不超过 65℃。滴完后在 65℃下搅拌 3h，然后再加入盐酸酸化，并冷却。用醚萃取有机物，静置后分去水层，萃取层放入脱色釜内。

④　脱色、重结晶、过滤和干燥。在脱色釜内先进行常压蒸馏以回收乙醚，然后加入苯和活性炭进行升温脱色，脱色后趁热放入过滤池内，去除滤饼，滤液打入结晶釜内，用冷冻盐水冷却结晶后放入过滤池内，滤液去回收苯。滤饼进真空干燥箱干燥得成品扁桃酸，含量≥99%。

九、氨噻肟酸产品的开发与设计

1.产品简介

2-(2-氨基-4-噻唑)-2-甲氧亚胺乙酸（简称氨噻肟酸）及其衍生物是重要的医药中间体，主要用于氨噻肟头孢菌素的合成。20 世纪 80 年代中期，人们发现由氨噻肟酸类化合物合成的第三代头孢菌类具有令人瞩目的抗菌活性，而且对人的毒副作用小，有耐 β-内酰胺酶的作用，其疗效比青链霉素高数十倍。此后，以氨噻肟酸类化合物作为抗生素侧链备受青睐。

2.产品性质

分子式：$C_6H_7N_3O_3S$；

结构式：

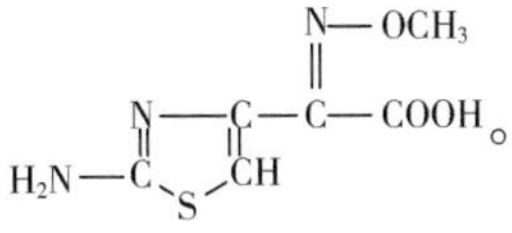

外观为白色或微黄色结晶性粉末，或针状结晶。熔点 134～150℃。

3.生产工艺流程与合成路线

（1）肟化、环化、醚化、水解合成法

$$B_1-CH_2COCH_2CO_2C_2H_5 \xrightarrow[\text{肟化}]{NaNO_2} B_1-CH_2COC(=NOH)CO_2C_2H_5 + NaOH$$

$$B_1-CH_2COC(=NOH)CO_2C_2H_5 \xrightarrow[\text{环化}]{(H_2N)_2CS} \text{[2-氨基噻唑环] } C(=NOH)CO_2C_2H_5 + HBr$$

$$\text{[2-氨基噻唑环] } C(=NOH)CO_2C_2H_5 \xrightarrow[\text{醚化}]{(CH_3)_2SO_4} \text{[2-氨基噻唑环] } C(=NOCH_3)CO_2Et + H_2SO_4$$

$$\text{[2-氨基噻唑环] } C(=NOCH_3)CO_2C_2H_5 \xrightarrow[\text{水解}]{NaOH,\ H_2O} \text{[2-氨基噻唑环] } C(=NOCH_3)COOH + C_2H_5OH$$

（2）溴化、环化、肟化和水解合成法

$$CH_3COCH_2CO_2Et \xrightarrow[\text{溴化}]{Br_2} BrCH_2COCH_2CO_2Et \xrightarrow[\text{环化}]{(NH_2)_2CS}$$

$$\text{[2-氨基噻唑环] } C(=O)CO_2Et \xrightarrow[\text{肟化}]{NH_2OH} \text{[2-氨基噻唑环] } C(=NOH)CO_2Et$$

$$\text{[2-氨基噻唑环] } C(=NOCH_3)CO_2Et \xrightarrow[\text{水解}]{NaOH,\ H_2O} \text{[2-氨基噻唑环] } C(=NOCH_3)COOH$$

（3）肟化、氯化、环化、醚化和水解合成法

$$CH_3COCH_2CO_2Et \xrightarrow{\text{肟化}} CH_3COC(=NOH)CO_2Et \xrightarrow[\text{氯化}]{SO_2Cl_2}$$

$$CH_3COC(=NOH)CO_2Et \xrightarrow[\text{环化}]{(H_2N)_2CS} \text{[2-氨基噻唑环] } C(=NOH)CO_2Et \xrightarrow[\text{醚化}]{(CH_3)_2SO_4}$$

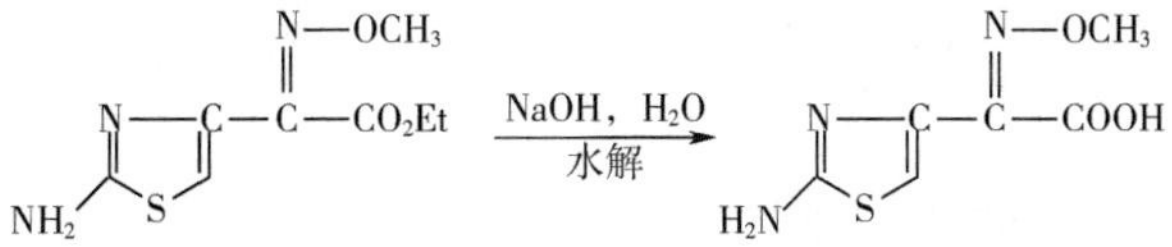

（4）肟化、醚化、溴化、环化和水解合成法

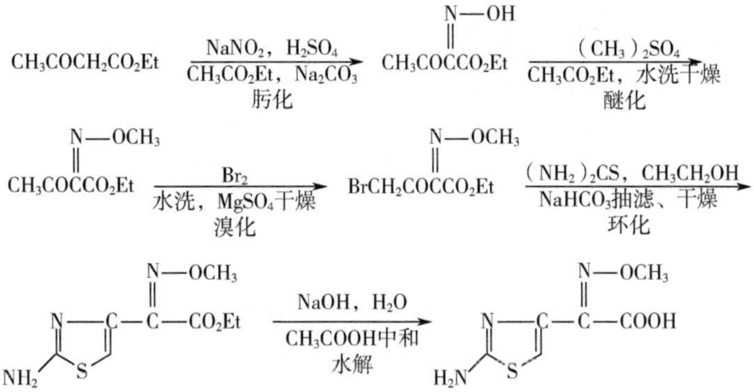

4.工艺路线选择

氨噻肟酸的合成方法较多，它都是通过溴化或氯化、肟化、环化、醚化和水解单元操作完成，各单元操作复杂，各步反应处理多采用乙酸乙酯萃取，再经干燥、蒸发溶剂等繁杂操作，不利于生产的应用，且总产率低（30%～60%）。第一种合成方法还存在原料难得的困难，第三种方法由于使用了 SO_2Cl_2，导致制备成本增高和三废严重等问题。醚化反应系采用乙酸乙酯萃取亚硝化产物，再利用过量的 Na_2CO_3 溶液反萃，在甲醇和水溶液中与过量的硫酸二甲酯反应，此法硫酸二甲酯和甲醇消耗量大，不利于反应的进行。为此，必须采用新的工艺路线，以易得的乙酰乙酸乙酯为起始原料，采用"一锅煮"的方法，在同一反应器内完成卤化、肟化、环化、醚化反应，合成氨噻酸乙酯，然后水解制得氨噻肟酸，这一工艺采用乙醇和四氢呋喃为混合溶剂，亚硝酸乙酯为肟化剂，避免了单元操作复杂，使整个反应在酸性条件下一次性完成。

该工艺具备操作简单、原料易得、成本低、总产率高（70%）、三废少、生产方便等优点。

5.工艺流程图及操作步骤

（1）工艺流程图（图4-34）

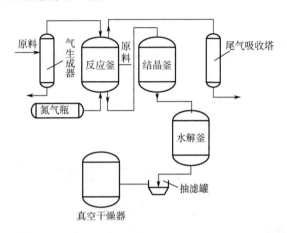

图4-34　以乙醇和四氢呋喃为混合溶剂制备的亚硝酸乙酯的工艺路线

（2）操作步骤

① 亚硝酸乙酯制备。在气体生成器内装入 8.2kg NaNO$_2$（0.12kmol）、80kg 水以及 6L CH$_3$CH$_2$OH，然后再滴加 80kg H$_2$O，6L CH$_3$CH$_2$OH 及 6L 98%H$_2$SO$_4$ 的混合液，即生成亚硝酸乙酯。

② 氨噻肟酸乙酯的制备。在返回反应釜内加入 10.4kg CH$_3$COCH$_2$CO$_2$Et，溶液冷却下滴加 12.5kg Br$_2$ 及 20L 溶剂，搅拌，通 N$_2$ 以带走生成的 HBr 气体。加完后，继续搅拌，直至体系呈无色，停止通 N$_2$。在 5℃以下，把上述制备的亚硝酸乙酯气体通入反应釜中，加完后，于 15℃以下搅拌 24h，通氮气 1h，以除去未反应的肟化剂。于 15℃以下分批加入 6kg（80L）硫脲，加完后，自然升至室温，搅拌 2h，放置过夜，在所得的溶液中，加入相转移催化剂溴化四丁基胺 50g，碳酸钠 2.9kg，开动搅拌器在室温下滴加 3.4kg（CH$_3$)$_2$SO$_4$ 和 5L 混合溶剂，加完后，继续搅拌 2h，冷

却、结晶，得到固体产物氨噻肟酸乙酯 13.8kg，产率 75.0%，熔点 160～161℃。

③ 氨噻肟酸制备。将 13.8kg 氨噻肟酸乙酯与 40L CH_3CH_2OH 及 10L 2mol/L NaOH 溶液混合，在 45℃的水解釜中加热搅拌 45min，然后于夹套中用冷冻盐水冷却，用盐酸调节 pH=6 析出沉淀，真空抽滤，先用 50%酒精洗涤，再用乙醚洗涤，干燥后得到白色粉末氨噻肟酸 10.5kg，总产率 70%。

十、苯并咪唑产品的开发与设计

1.产品简介

苯并咪唑是一种重要的医药中间体，也是一种分析试剂。在医药工业中主要用于合成头孢咪唑中间体 4,5-咪唑二甲酸及克霉唑中间体咪唑等，属于较广谱的抗菌药物。在工业分析中主要用作测定金属钴的试剂。

2.产品性质

苯并咪唑为白色平片状斜方及单斜结晶，熔点 170.5℃，沸点大于 360℃。呈弱碱性，微溶于冷水和乙醚，稍溶于热水，易溶于乙醇，几乎不溶于苯和石油醚，在 2g 沸腾甲苯中可溶解 1g 苯并咪唑，溶于酸和强碱的水溶液。有较好的化学稳定性。

分子式：$C_7H_6N_2$；

分子量：118.14；

结构式：。

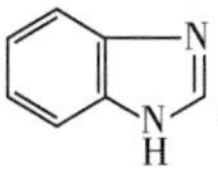

3.合成路线

苯并咪唑一般用邻苯二胺与甲酸环合而成。介绍如下。

（1）反应原理

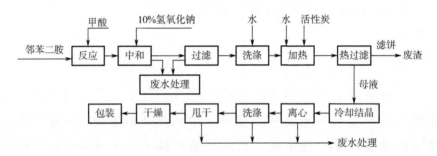

（2）投料比（质量）

邻苯二胺:90%甲酸:精制用水=1:0.6:12

（3）方框流程图（图4-35）

图4-35　邻苯二胺和甲酸环合方框流程

（4）操作过程

在搪玻璃反应釜中加入邻苯二胺和甲酸，开启搅拌及加热系统，在搅拌下升温至95℃。在（95±2）℃下搅拌2h，冷却至55℃左右，然后在搅拌下滴加10%液碱中和至溶液呈碱性。继续冷却至30℃，离心过滤，滤饼用冷水淋洗后，离心得粗品。接着将粗品加入溶解釜中，加水搅拌升温至微沸。待粗晶全溶后继续微沸15min，稍冷却，加入适量的活性炭，再微沸10min，趁热过滤。

滤液转至结晶釜，慢速搅拌下冷却至15℃以下，离心过滤，滤饼用少量冰水洗涤后离心，热风干燥，得产品。产率约85%~90%，含量（HPLC测定）≥98.5%，熔点170~171℃。

（5）注意事项

① 工业生产上也可先用 80%的甲酸代替 90%甲酸。

② 液碱中和至呈碱性，pH 值一般控制在 10 左右。

4.工艺流程图（图 4-36）

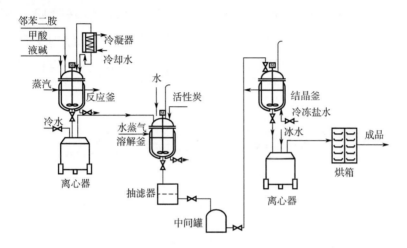

图 4-36　以邻苯二胺和甲酸制备苯并咪唑的工艺路线

十一、2-噻吩乙胺产品的开发与设计

1.产品简介

2-噻吩乙胺是很多具有生物活性药物的关键中间体。主要是乙胺中引进了噻吩基团，利用它可以合成多种抗菌药、降血脂药、抗溃疡药以及血小板凝集抑制剂、心血管舒张药和 5-脂氧合酶抑制剂等。目前，市场行情看好，有利于开发生产。

2.产品性质

分子式：C_6H_9SN；

结构式：

分子量：127.21；

本品为棕红色固体，沸点 200～201℃/7.35kPa，折射率 1.5510，相对密度 1.087。

3.生产工艺流程与合成路线

① 噻吩甲醛与硝基甲烷反应得 2-硝基乙烯基噻吩，再以 BF$_3$•EtONaBH$_4$/KBH$_4$ 或 LiAlH$_4$ 为还原剂，一步还原为 2-噻吩乙胺。噻吩甲醛是由噻吩和 DMF 在 POCl$_3$ 存在下反应得到。反应式如下：

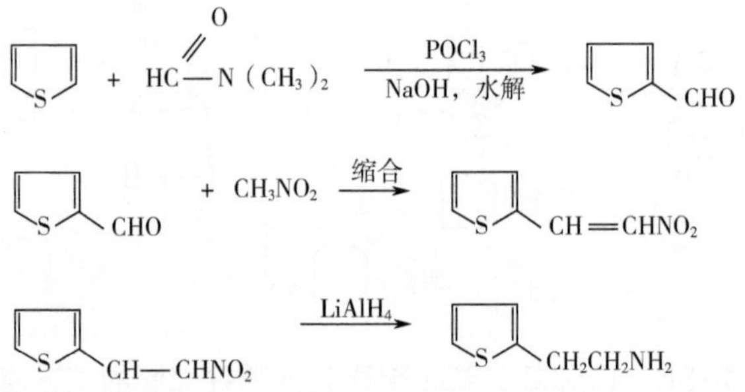

② 以噻吩乙醇为原料，经对甲苯磺酰氯磺化，然后再氨解而制得。

③ 2-噻吩溴乙烷用醇/氨处理制得。

④ N,N-二甲基甲酰胺（DMF）和噻吩在三氯氧磷存在下反应得 2-噻吩甲醛，氯乙酸与异丙醇酯化反应得到氯乙酸异丙酯，2-噻吩甲醛与氯乙酸异丙酯发生 Daizens 反应得到 2-噻吩乙醛，再与盐酸羟胺反应得到 2-噻吩乙醛肟，再用金属钠/L 醇还原为 2-噻吩乙胺。反应式如下：

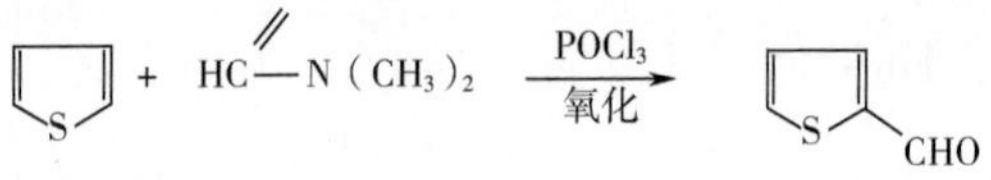

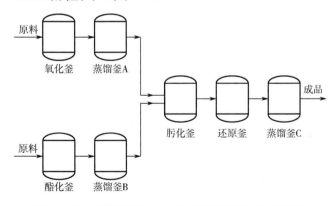

（图中化学反应式区域）

ClCH₂COOH + CH₃CH(OH)CH₃ (异丙醇) →(酯化) ClCH₂COOCH(CH₃)₂ + H₂O

噻吩-2-CHO + ClCH₂COOCH(CH₃)₂ →(Daizens) 噻吩-2-CH₂CHO

噻吩-2-CH₂CHO + NH₂OH·HCl →(肟化) 噻吩-2-CH₂CH=NOH

噻吩-2-CH₂CH=NOH →(Na/C₂H₅OH 还原) 噻吩-2-CH₂CH₂NH₂

4.工艺路线选择

在第①种工艺路线中，以硼氢化钠作还原剂，在三氟化硼乙醚存在下还原 2-硝基乙烯基噻吩。其中三氟化硼乙醚是剧毒药品，而且易挥发，对人体极为有害。也有的用氢化铝锂来还原 2-硝基乙烯基噻吩，但氢化铝锂易着火，操作要求高。而第②、第③两种工艺路线，都因产率低于 50% 而不适于选择，并且第③种工艺是采用高压催化氢化得到产品。为此，采用第④种工艺路线比较适合于工业化生产。

5.工艺流程图及操作步骤

（1）工艺流程图（图 4-37）

图 4-37　噻吩乙胺的生产工艺流程与合成路线

（2）操作步骤

① 噻吩甲醛的合成。将 133.2L DMF 与 104.8L 噻吩同时加入 1000L 的氧化釜中混合搅拌，此时反应液无色。然后滴入 159L 三氯氧磷，随着滴入的进行，溶液颜色不断变深，此时温度缓慢上升。滴完后升温至 95℃，搅拌 6h 然后停止加热，冷却至室温。此时溶液为黑绿色。将碎冰加入反应釜内，剧烈放热用水冷却。然后用 30% 的氢氧化钠溶液中和至 pH 值为 5。用乙醚萃取 3 次，每次用 200L 乙醚。合并 3 次萃取液，用水洗乙醚层后，加入无水硫酸钠干燥。然后过滤去硫酸钠，物料进入蒸馏釜 A 内，先常压蒸去乙醚，蒸干乙醚后减压蒸馏（82℃/0.099MPa），得 2-噻吩甲醛 103kg，产率 62%。

② 氯乙酸异丙酯的合成。将 189kg 氯乙酸、192L 异丙醇放入 1000L 的酯化釜内，然后慢慢滴加 22kg 浓硫酸。加热回流 6h，冷却，将 500kg 冷却水加入釜内，搅拌，静置分层，上层水相为浅蓝色，下层油相为淡黄色。用 50L 饱和 Na_2CO_3 溶液洗涤后分层，上层水相透明，下层油相为乳白色。分层后用无水氯化钙和无水硫酸钠干燥酯层，使其变成澄清的淡黄色液体。滤去 $CaCl_2$ 和 Na_2SO_4，放物料于蒸馏釜内，进行减压蒸馏，得五色透明产品约 140kg，产率 55%。

③ 2-噻吩乙醛肟的合成。将 200L 异丙醇放入肟化釜内，微回流，分批加入 3.6kg 钠使其全部溶解后冷至室温。将 103kg 2-噻吩甲醛、140kg 氯乙酸异丙酯和 300kg 异丙醇混合后在 1h 内滴入肟化釜内。滴完，搅拌 30min，此时溶液为棕色。将 160kg 35% 的液碱滴入釜内，升温至 50℃，反应 2h。将 103kg 盐酸羟胺溶于 150kg 水中再次滴入釜内，反应 30min。滤去反应生成的固体，加入水和二氯甲烷洗涤分层，上层为红色油相，下层为浅黄色水相。分出油相，用二氯甲烷提取，用无水 Na_2SO_4 干燥，过滤，蒸发二

氯甲烷得晶体产品 93kg，产率 72%。

④ 2-噻吩乙胺的合成。将 42kg 2-噻吩乙醛肟加入还原釜，倒入 1000L 无水乙醇溶解，此时反应液为棕红色。将 69kg 金属钠在 4h 内加入反应液中，加完钠后，反应液为红褐色黏稠状液体，回流 1h。然后降温至 40℃ 以下，加入 600kg 蒸馏水再滴加浓盐酸调 pH 值为 3～4，反应液为棕红色，减压蒸馏蒸去 2/3 的溶剂，用浓氢氧化钠溶液调 pH 值到 13，放置 30min 以上。然后用乙醚萃取 3 次，每次 300L 乙醚。合并有机层，用无水硫酸钠干燥，过滤后物料装入蒸馏釜内，先常压蒸去乙醚，然后减压蒸出产品约 23kg，产率为 61%。

十二、4-氨基-2,6-二氯嘧啶产品的开发与设计

1.产品简介

分子式：$C_4H_3Cl_2N_3$；

分子量：163.99；

结构式：

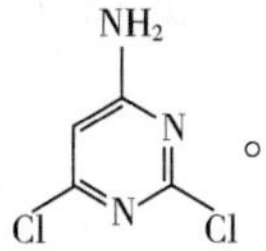

4-氨基-2,6-二氯嘧啶主要用于合成赛甲氧星和磺胺二甲氧啶。

2.产品性质

4-氨基-2,6-二氯嘧啶为无色针状结晶，熔点 265℃（分解）。

3.主要合成工艺路线

（1）以 4-氨基-2,6-二羟基嘧啶为原料的合成工艺

① 反应原理。反应式如下：

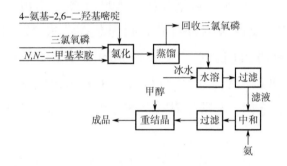

② 工艺流程图。工艺流程图如图 4-38 所示。

图 4-38 以 4-氨基-2,6-二羟基嘧啶为原料的工艺流程

③ 操作过程。在氯化釜内加入 *N,N-*二甲苯胺和三氯氧磷，开启搅拌，加入 4-氨基-2,6-二羟基嘧啶，然后打开尾气氯化氢吸收系统，在搅拌下慢慢升温到回流，并保持平稳回流 8～9h，反应结束后，先真空蒸馏回收过量的三氯氧磷，残留物则呈细流状加到预先加入冰水的稀释釜内，温度不超过 30℃，加毕，继续在 30℃以下搅拌 4h，过滤，滤液直接抽至中和釜。开启中和釜的冷却和搅拌系统，在搅拌下通氨气中和至 pH 值为 3～4，并继续冷却，待结晶充分析出后过滤，滤饼经干燥、甲醇重结晶，得针状结晶4-氨基-2,6-二氯嘧啶，产率 65%。

（2）以 4-氨基脲嘧啶为原料的合成工艺

① 反应原理。反应式如下：

② 工艺流程图。工艺流程如图 4-39 所示。

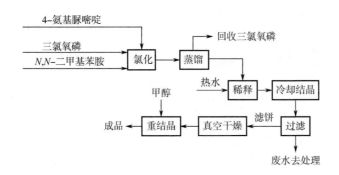

图 4-39 以 4-氨基脲嘧啶为原料的工艺流程

③ 操作过程。在搪玻璃反应釜内加入 N,N-二甲基苯胺、三氯氧磷和 4-氨基脲嘧啶，于搅拌下慢慢升温至回流，并保持温度回流 1 ~ 2h，反应结束后，真空蒸馏回收过量的三氯氧磷，直到压力为 2kPa、温度为 100℃时为止。残留物加热水稀释，并回流 30min，然后慢慢冷却析出结晶，过滤，滤饼在真空下干燥，再用无水甲醇重结晶，得含量大于 99% 的 4-氨基-2,6-二氯嘧啶，产率大于 75%。

4.工艺路线选择

4-氨基-2,6-二氯嘧啶的常用合成方法有两种，第一种是以 4-氨基-2,6-二羟基嘧啶为原料的合成工艺，生产周期长，生产过程中用到原料氨气，如果设备密封性差，大气污染就比较重，且产率只有 65%；第二种生产工艺以 4-氨基脲嘧啶为原料的合成工艺，其产率大于 75%。从原材料、生产周期、产品产率、三废量以及经济效益方面分析，采用第二种方法是目前较理想的合成方法。

5.工艺流程图及操作步骤

（1）工艺流程图（图 4-40）

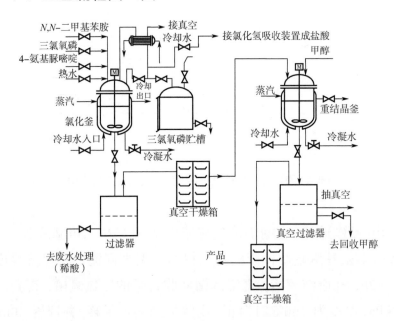

图 4-40　以 4-氨基脲嘧啶为原料的合成工艺

（2）操作说明

① 投料比。4-氨基脲嘧啶：N,N-二甲基苯胺：三氯氧磷：水=1：20：10.0：（18～20）。

② 操作过程。在带有搅拌器和冷凝器的搪瓷反应釜内投入 N,N-二甲基苯胺、三氯氧磷和 4-氨基脲嘧啶，于搅拌下加热升温至回流，并维持温度回流 1～2h。反应结束后，真空蒸馏回收过量的三氯氧磷，直到压力为 2kPa、温度为 100℃时为止。残留物加热水稀释，并回流 30min，然后使其慢慢冷却析出结晶，过滤，滤液得到的稀酸处理回收，滤饼进行真空干燥，得粗品 4-氨基-2,6-二氯嘧啶。将粗品放入重结晶釜内，加入计量好的甲醇（为粗品的 12 倍重），加热待粗品溶解后，再对其进行冷却结晶，然后进

行真空过滤，滤液主要含甲醇，经处理回收后套用，用甲醇重结晶，滤饼即为成品，可进行真空干燥，得含量大于99%的4-氨基-2,6-二氯嘧啶，产率大于75%。

③ 注意事项。a.回流温度一般为125~135℃，当反应开始接近回流时，放出含有大量氯化氢的气体，此时应放慢速度，以防氯化氢来不及被吸收。b.可用吡啶或二甲胺代替 N,N-二甲基苯胺。

十三、苯氧乙酸产品的开发与设计

1.产品简介

苯氧乙酸是重要的化工中间体，在医药工业中可用于制备头孢唑啉、苄胺青霉素V和海巴青霉素、氯酯酰等。苯氧乙酸又名叫苯氧醋酸，它本身也是用途很广的杀菌剂。在农业生产中苯氧乙酸及其酯类既是一种具有多种用途的选择性除草剂，也是许多植物的生长调节剂，例如作为"增产灵""番茄通"的合成原料和测定钍的试剂。该产品国内主要生产厂家有河北保定化工四厂、四川西南大学化学系和上海淮海药厂，它们的生产量都较小，有待于扩大生产。

2.产品性质

分子量：152.15；

分子式：$C_8H_8O_3$；

结构式：—OCH₂COOH。

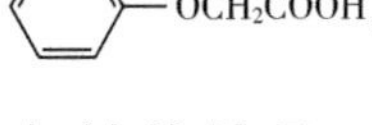

本品为白色针状结晶，熔点98~99℃，沸点285℃（部分分解）。易溶于醇、醚、苯、二硫化碳和冰醋酸，溶于水，但在水中溶解度不大，1g苯氧乙酸需用75mL水溶解。

3.生产工艺路线

① 由苯酚与氯乙酸在碱性溶液中进行缩合,然后酸化制得苯氧乙酸。

② 化学反应式。反应式如下:

$$\text{苯环}-OH + NaOH \longrightarrow \text{苯环}-ONa + H_2O$$

$$2ClCH_2COOH + Na_2CO_3 \longrightarrow 2ClCH_2COONa + H_2O+CO_2$$

$$\text{苯环}-ONa + ClCH_2COONa \longrightarrow \text{苯环}-OCH_2COONa + NaCl$$

$$\text{苯环}-OCH_2COONa + HCl \longrightarrow \text{苯环}-OCH_2COOH + NaCl$$

③ 工艺过程。将熔融的苯酚与 15%的氢氧化钠溶液混合,配制成酚钠,同时将氯乙酸溶解于水,并加碳酸钠中和,然后将两种溶液加入反应釜,加热回流 4h,反应毕,用盐酸酸化至 pH 值为 2~3,搅拌、冷却、结晶、过滤、用冰水洗涤、干燥,得苯氧乙酸。

4.工艺流程图及操作说明

（1）工艺流程图（图 4-41）

（2）操作说明

① 投料比（质量）。苯酚:15%液碱:氯乙酸:水:碳酸钠=1:3:1:0.5:（0.56~0.60）

② 在搪玻璃缩合釜内先投入苯酚和 15%的液碱,开启搅拌。与此同时往中和釜内投入氯乙酸和水,搅拌溶解后,分批加入碳酸钠使其中和,中和结束后,将料液以细流状流入缩合釜,开启缩合釜加热系统,在搅拌下升温回流,保持平稳回流 4~5h。取样分析,待反应达终点后,稍冷却,滴加盐酸酸化至 pH 值至 2.5 左

右，继续冷却让共晶体充分析出，然后离心过滤，滤饼返回酸化釜，加入冰水打浆洗涤，离心后进烘房干燥。产率约80%，熔点98~100℃。

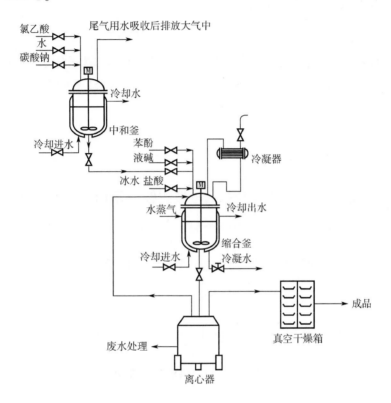

图 4-41 苯氧乙酸的生产工艺流程与合成路线

十四、苯甲酰胺产品的开发与设计

1.产品简介

本品是一种有机合成原料，可用于合成医药及其他精细化学品等，如合成磺胺苯酰（sulfabenzamide）。本品是较有发展前途的精细化学品，目前国内生产规模较小，但市场需求量在不断增加，达到千吨级时将会产生较多的经济效益。

2.产品性质

分子式：C_7H_7NO；

结构式：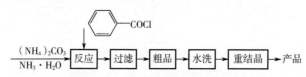

本品是无色或白色结晶，熔点 132~133℃，沸点 290℃，相对密度 1.0792。1g 本品可溶于 74mL 水中、6mL 酒精中、3.3mL 吡啶中。溶于热苯，微溶于醚，溶于氨而形成少量苄腈。

3.合成工艺路线

（1）苯甲酰氯法

① 反应原理。由苯甲酰氯与碳酸铵作用而得，反应式如下：

$$\text{C}_6\text{H}_5-\text{COCl} + (\text{NH}_4)_2\text{CO}_3 \longrightarrow \text{C}_6\text{H}_5-\text{CONH}_2 + \text{CO}_2 + \text{NH}_4\text{Cl} + \text{H}_2\text{O}$$

② 工艺流程图。工艺流程如图 4-42 所示。

$$\begin{array}{c}
\text{C}_6\text{H}_5-\text{COCl}\\
\downarrow\\
\dfrac{(\text{NH}_4)_2\text{CO}_3}{\text{NH}_3\cdot\text{H}_2\text{O}}\rightarrow\boxed{\text{反应}}\rightarrow\boxed{\text{过滤}}\rightarrow\boxed{\text{粗品}}\rightarrow\boxed{\text{水洗}}\rightarrow\boxed{\text{重结晶}}\rightarrow\text{产品}
\end{array}$$

图 4-42　苯甲酰氯工艺流程

③ 工艺过程。先向搪瓷反应釜内放入 $(\text{NH}_4)_2\text{CO}_3$ 和相对密度 0.905 以下的氨水，开动搅拌器，在 40℃以下慢慢加入苯酰氯，加完后搅拌 3~4h 至无苯甲酰氯气味为止。将所得粗品过滤、水洗，再用蒸馏水重结晶即得成品。

（2）苯腈水解法

① 反应原理。由多磷酸（PPA）作催化剂，苯腈水解成酰胺，反应式如下：

$$\text{C}_6\text{H}_5-\text{CN} + \text{H}_2\text{O} \xrightarrow{\text{PPA}} \text{C}_6\text{H}_5-\text{CONH}_2$$

② 工艺流程图。工艺流程如图 4-43 所示。

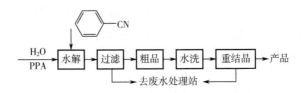

图 4-43　苯腈水解法工艺流程

③ 工艺过程。向搪瓷釜内放入苯腈，在搅拌下慢慢滴加水和多磷酸混合物，让其水解。滴定后搅拌 2h，将所得粗品过滤、水洗，再用蒸馏水重结晶得成品。

4.工艺路线选择

苯腈水解法合成苯甲酰胺是实验室制作小样的常用方法，产品产率低，三废污染重，处理废水的费用较高，带来的生产成本高。工业生产中，一般采用苯甲酰氯与碳酸铵作用而得，这种生产方法废水量少，而且尾气是二氧化碳，毒性较小，生产易于控制，经济效益较好，原材料易得，是目前工业生产中最佳的方法。

5.工艺流程图及操作步骤

（1）工艺流程图（图 4-44）

（2）操作说明

① 投料比（质量）。苯甲酰氯∶28%氨水∶碳酸铵=1∶0.53∶（0.34～0.40）。

② 在带有搅拌器的反应釜中加入浓氨水，开启搅拌，再加入碳酸铵，使其溶解均匀，然后滴加苯甲酰氯，调节滴加速度，控制反应温度不超过 40℃，必要时开冷却水冷却。滴加完毕后，继续搅拌反应 4h，取样进行色谱分析，若体系中苯甲酰氯已转化完

则停止反应，放料至抽滤器抽滤，并用少量水洗滤饼。滤饼抽干后投入重结晶釜中，加入水重结晶，温度升至 80℃左右使其溶解均匀，然后冷却至 30℃以下，放料至离心机离心，晶体烘干后即得产品。

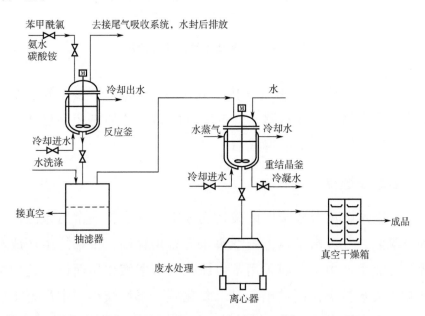

图 4-44　以苯甲酰氯与碳酸铵为原料的合成工艺

第八节
农药中间体高端产品合成与设计实例

农药中间体是用农用原材料加工生产出来的产品，是一种将两种或两种以上物质结合在一起的中间介质。在农药里可以理解为增效剂，是生产农药的中间材料。国内已生产和将要生产的各类农药（杀虫剂、杀螨剂、杀鼠剂、杀菌剂、杀线虫剂、除草剂和植物生长调节剂等）的中间体有 800 多种，如植物生长调节剂：胺鲜酯（DA-6）、氯吡脲（KT-30）、复硝酚钠、细胞分裂素、α-萘乙酸钠、5-硝基愈创木酚钠、吲哚丁酸等。

目前，农药中间体进入缓慢增长期，高端的专用中间体开发发展较快。

从产业链细分角度，农药产品可大致分为农药中间体、农药原药和农药制剂。农药中间体用于生产农药原药，而农药原药不可直接施用于作物，必须根据其活性成分的特性和不同的防治对象制成适合的制剂剂型以便施用。同时，人们还可以将不同类型的农药进行复配，得到防治范围更广泛、效果更好的农药制品。

我国农药工业已建立起从原药生产、中间体配套到制剂加工在内的较完整的工业体系。随着国家新农药的开发，一些高端专用中间体的开发发展较快，如含氟、含氰基、含杂环的中间体，其中较突出的是菊酯类农药中间体，如菊酸、二氯菊酸、丁酸、醚醛、丙烯醇酮。这类中间体目前国内都能生产，生产地点目前主要集中在上海、浙江、江苏地区。另外，一些农药中间体的工艺技改也较为活跃，主要取得的成果有：异戊烯法合成频哪酮、甲醇羰基法合成甲酸、乙酸酐催化法合成氯乙酸、二乙氧基硫代磷酰氯新工艺、定向结晶法提取精萘、定向氯化法生产二氯苯、相转移催化反应、双乙烯酮法合成氯乙酰氯、催化加氢生产芳香族胺类化合物等。

2021 年我国高附加值农药中间体有赖于进口，国内高端仿制药、高级中间体等迎来市场机遇。

目前，我国农药中间体生产企业规模大小不一，大部分为农药企业，国有或国有控股的大型企业只有几十家，行业面临着资源重新配置等问题，市场竞争压力增大。另外，目前我国农药中间体多为大宗、附加值低的产品，而高附加值的如含氟农药中间体产品等大部分还需要进口。

一、三氟氯菊酸产品的开发与设计

1.产品简介

三氟氯菊酸，纯品溶于苯、氯仿、乙酸乙酯等，不溶于水，易溶于碱性溶液。用于功夫菊酯、联苯菊酯、七氟菊酯等原药的中间体。是合成拟除虫菊酯类杀虫剂的重要中间体菊酸的品种之一，由它可以合成高效的拟除虫菊酯。

2.产品性质

分子式：$C_9H_{10}ClF_3O_2$；

分子量：242.6227；

蒸气压：0.239Pa（25℃）；

折射率：1.511。

3.材料及主要设备

试验材料：贲亭酸甲酯，叔丁醇，三氟三氯乙烷（F113A），叔丁醇钠，氯化亚铜。

试验设备：反应釜，齿轮泵，氮气保护系统，真空泵，精馏釜，蒸馏釜，储槽，压滤机，结晶釜，离心机。

4.合成工艺路线

（1）加成反应

4,6,6-三氯-7,7,7-三氟-3,3-二甲基庚酸甲酯的合成。

1.1.1-三氯-2.2.2-三氟乙烷

$$H_2C\!\!=\!\!\overset{\displaystyle \underset{H}{|}}{C}-\overset{\displaystyle \underset{CH_3}{\overset{CH_3}{|}}}{C}-\overset{\displaystyle \overset{O}{\|}}{C}-C-O-CH_3 + Cl-\overset{\displaystyle \underset{Cl}{\overset{Cl}{|}}}{C}-\overset{\displaystyle \underset{F}{\overset{F}{|}}}{C}-F \longrightarrow F-\overset{\displaystyle \underset{F}{\overset{F}{|}}}{C}-\overset{\displaystyle \underset{Cl}{\overset{Cl}{|}}}{C}-\overset{\displaystyle \overset{H_2}{|}}{C}-\overset{\displaystyle \underset{CH_3}{\overset{CH_3}{|}}}{C}-\overset{\displaystyle \overset{H_2}{|}}{C}-\overset{\displaystyle \overset{O}{\|}}{C}-O-CH_3$$

3,3-二甲基-4-戊烯酸甲酯　　　　4,6,6-三氯-7,7,7-三氟-,3,3-
二甲基庚酸甲酯

（2）环化反应

顺，反-3-（2，2-二氯-3,3,3-三氟丙基）-2，2-二甲环丙羧酸酯的合成。

4,6,6-三氯-7,7,7-三氟-3,3-
二甲基庚酸甲酯

顺，反-3-（2,2-二氯-3,3,3-三氟丙基）
-2,2-二甲基环丙羧酸酯

（3）皂化反应

3-（2-氯-3,3,3-三氟-丙烯-1-基）2,2-二甲基环丙羧酸酯的合成。

顺，反-3-（2,2-二氯-3,3,3-三氟丙基）
-2,2-二甲基环丙羧酸酯

3-（2-氯-3,3,3-三氟-丙烯-1-基）
2,2-二甲基环丙羧酸酯

（4）酸化反应

3-（2-氯-3,3,3-三氟-丙烯-1-基）2,2-二甲基环丙羧酸酯的合成。

3-（2-氯-3,3,3-三氟-丙烯-1-基）
2,2-二甲基环丙羧酸酯

3-（2-氯-3,3,3-三氟-丙烯-1-基）
2,2-二甲基环丙羧酸酯

5.工艺路线选择

三氟氯菊酸是合成高效氯氟氰菊酯、功夫菊酯、联苯菊酯、七氟菊酯等拟除虫菊酯的重要中间体。设计是以贲亭酸酯（甲酯和乙酯）先跟三氟三氯乙烷（F113A）进行加成反应，生成产物再经环化、皂化、酸化、重结晶等工艺过程，最终得到顺式异构体含量在 98%以上的合格商品酸。该工艺提高了产品和溶剂的回收率，提高了产品质量，并减少废水产生量，是一种清洁生产新工艺。

6.工艺流程图及操作步骤

（1）工艺流程（图 4-45）

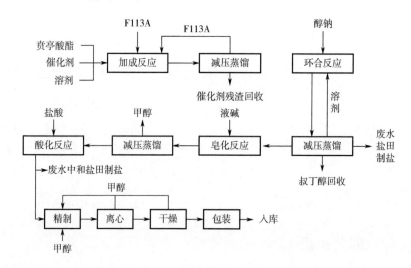

图 4-45　三氟氯菊酸生产工艺流程

（2）工艺设计过程：

1）4,6,6-三氯-7,7,7-三氟-3,3-二甲基庚酸甲酯的合成（加成反应）

① 常压间歇法工艺。贲亭酸甲酯 600kg（99%）、叔丁醇700 kg（99.5%）、一乙醇胺 18 kg 和适量氯化亚铜相继投入 2000L加成反应釜中，开动搅拌，升温，当釜内温度达到回流状态时开始滴加 F113A 1200kg，加毕，保持回流反应 12～18h。反应完成

后，将物料转移到沉降罐，静置，使氯化亚铜沉于罐底，上层清液作减压脱溶处理，最后在-0.095MPa 真空度下将低沸物尽量赶净，得到粗品加成物 1000 ~ 1200kg，含量 95%以上，可不经精馏直接用于下道工序合成。

② 加压法工艺

此法的突出优点是生产周期短，反应时间是间歇法的 1/5 ~ 1/4，而且收效高，操作稳定。加压法生产工艺的原料配比除适量降低 F113A 投料量外，其余跟间歇法大体相同。将参加反应物料经计量后用齿轮泵一次性泵入 2000L 压力釜中，全部物料加完后关闭压力釜上的全部阀门，开动搅拌约 10min，使物料充分混合均匀，然后打开蒸汽进口阀门，升温反应 6 ~ 8h，反应即完成。

将物料进行冷却，当料温降至 60℃以下，再将物料送至沉降罐沉淀、静置，除去固体催化剂。之后的处理方法跟间歇法操作相同，产率 94% ~ 95%（以贲亭酸甲酯计）。

2）顺，反-3-（2,2-二氯-3,3,3-三氟丙基）-2,2-二甲环丙羧酸酯的合成

将二甲乙酰胺、叔丁醇的混合溶剂 600kg 和叔丁醇钠相继投入到环合反应釜中，开启搅拌，并打开夹套冷冻盐水降温，当料温下降到-15℃以下时，开始往里滴加加成物 200 ~ 250kg（96%），加毕，保持在 0℃以下反应 1 h，中控加成物<1%即可，然后停止反应。用真空泵将物料抽入脱溶釜中进行减压蒸馏，蒸出的溶剂供下批次循环使用，不足部分添加新鲜溶剂。脱完溶剂后的料液送至皂化反应工段。粗环化物含量 70%左右。

3）3-(2-氯-3,3,3-三氟-丙烯-1-基)2,2-二甲基环丙羧酸酯的合成（皂化反应）

来自前段工序的环丙羧酸酯被抽入 2000L 装有 20m² 回流冷凝器的皂化反应釜中，投甲醇 250 ~ 300kg，氢氧化钾 90 ~ 120kg，升温回流，反应到中控指标合格即为皂化反应终点。用真空泵将

物料抽至脱溶釜，将甲醇和环合反应过程中未脱净的溶剂和副产的高沸物尽可能脱净，之后，往釜里加适量清水，趁热将物料全部溶解，得到三氟氯菊酸钠盐水溶液，送至酸化釜进行酸化处理。

4）三氟氯菊酸粗品的合成（酸化反应）

来自皂化反应工段的皂化物水溶液先经过滤以除去机械杂质，然后补加足量清水稀释。缓慢搅拌，降温到 20 ~ 30℃，用 15% 稀盐酸（或 10% 稀硫酸）进行酸化，当 pH 值接近 7 时会有固体沉淀物析出，放慢滴酸速度，当体系内物料 pH 值达到 2 时，停止加酸。再继续搅拌 30min 以使固体充分析出，接着进行抽滤，并用适量清水洗涤滤饼，得到 280 ~ 300kg 浅黄色砂粒状固体物料，含顺体在 93% 左右。滤液经中和后送废水站处理，达标后排放。

5）三氟氯菊酸工业品的合成（粗品酸纯化）

在 1000L 搪玻璃釜里先投入酸化工段得到的粗品三氟氯菊酸 600kg，加醇 100 ~ 150kg，在静止状态下缓慢通蒸汽升温，使物料逐渐溶解，当粗酸全部溶清后再升温使体系达到回流状态，保持 30min，趁热将物料压送到同体积的结晶釜，通盐水降温，当结晶釜内料液温度降到 15 ~ 20℃时，即可离心过滤，干燥后即得到白色粉状结晶三氟氯菊酸工业品，熔点 107 ~ 110℃，含量>98%。滤液经浓缩回收甲醇，残液再经提纯仍可回收到部分合格产品。总产率 52% ~ 56%（以贲亭酸甲酯计）。

工艺技术创新如下：

① 工艺中所使用溶剂可以回收利用，大大提高了产品和溶剂的回收率。

② 创新设计加成反应和环化反应物的新型负压精馏工艺，提高粗品质量和外观白度。

③ 自主创新设计环化等过程氮气隔离保护，避免了事故的发生。

④ 皂化过程由一次加碱改为多次加碱，作了研究改进。

⑤ 工艺对溶剂采取回收策略，不仅产率和产品的白度、熔点得到了提高，且减少了废水的产生量，是一种清洁环保的生产方法。

⑥ 整个生产过程中产生的主要废水为稀盐酸，经碱中和后产生 NaCl，经管道输送到盐田制盐。

⑦ 生产过程中使用的催化剂为氯化亚铜，不参与反应，分离于残液中，进行处理后可回收制成硫酸铜或者还原为铜。

⑧ 生产过程中产生的尾气中还有叔丁醇钠气体，采用无油真空系统回收，回收率达 99%，基本无尾气排放。

⑨ 生产过程中高温蒸馏后产生的残液用于回收，残渣可以作为燃料出售。

操作注意事项如下：

① 加成反应过程中一定要确保 F113A 对贲亭酸酯摩尔比有较大过量，间歇法尤为如此，否则贲亭酸酯会发生自聚合反应。

② 加成和环化反应要在无水条件下完成，水分百分含量高于 0.1% 会不利于反应的进行。

③ 参与环化反应所用碱性物料以叔丁醇钠最为合适。

④ 皂化反应所用的碱可以是液碱，也可以是固体的氢氧化钾；反应介质可以是水、甲醇（或乙醇），或两者的混合物，但需要调整原料配比。

⑤ 各步回收的溶剂大多可供直接循环使用，有的则需要脱水后方能够再使用。

⑥ 目前，各工艺报道对加成物和环化物这两个中间产物都未作精馏处理，而是直接往下进行反应。如果能够事先经过简单蒸馏，再进入下道工序，则粗品质量和外观会有很大改善，且更易于纯化。

二、2-氯乙醇产品的开发与设计

1.产品简介

2-氯乙醇是重要的有机合成中间体，在医药上用以合成磷酸哌嗪、呋喃唑酮、普鲁卡因等，在农药上是合成农药内吸磷杀虫剂的中间体；在有机合成中可以用于合成乙醇胺、乙二醇、环氧乙烷。

本品还用于生产聚硫橡胶、染料及助剂。随着医药、农药的不断发展，市场对 2-氯乙醇的需求量逐渐增多，同时有出口国外市场的需求。

2.产品性质

本品为无色或淡黄色透明液体，熔点$-67.5℃$，沸点 $128℃$，相对密度 1.2003，折射率 1.4419（$20℃$），闪点 $57.2℃$。可与水、丙酮、乙醚、乙醇混溶，微溶于氯仿、四氯化碳及烃类。本品有毒，人体吸入高浓度的 2-氯乙醇或经皮肤吸收，可引起呕吐、头痛、体温下降、四肢麻痹、心区疼痛而致死。大鼠经口 LD_{50} 为 95mg/kg。工作场所空气中允许的最高浓度为 5×10^{-6}。本品质量浓度一般为 32%，但二氯乙烷含量应小于 1%，酸度（以 HCl 计）应在 0.2%以下。高含量的氯乙醇含量可达 98%。

3.生产工艺流程与合成路线

目前氯乙醇的生产方法主要有环氧乙烷法和氯醇法。环氧乙烷法是以环氧乙烷为原料与盐酸进行加成反应而制得，也可用环氧乙烷与氯化氢气体在氯化铁或磷酸二氢钠催化下直接加成反应而制得。该方法合成的氯乙醇含量高，可以达到 98%，且工艺路线简单，反应式如下：

$$\overset{CH_2-CH_2}{\underset{O}{\diagdown\diagup}} \xrightarrow[\text{55℃，催化剂}]{HCl,\ \triangle} ClCH_2CH_2OH$$

　　氯醇法是以乙烯、氯气、水为原料，经合成、中和、精馏而得。乙烯通常用乙醇脱水制得，也可以直接用裂解乙烯进行合成。反应式如下：

$$C_2H_5OH \xrightarrow{\text{催化剂}} CH_2\!=\!CH_2 + H_2O$$

$$CH_2\!=\!CH_2 + Cl_2 + H_2O \longrightarrow CCH_2CH_2OH + HCl$$

　　其工艺过程是首先将乙醇加压至 0.15MPa，温度升至 200℃时，在催化剂 $\gamma\text{-}Al_2O_3$ 存在下进行脱水反应，乙醇脱水成乙烯，将乙烯钝化后在合成塔中与氯气、水进行反应，将未反应的物料送入下一节合成塔，共进行三节串联反应和精馏分离，最终可得到 32% 的氯乙醇。该方法的特点是：设备投资较大，副产二氯乙烷，工艺操作条件要求高，生产成本相对较高。

4.工艺路线选择

　　综合以上两种合成方法可知，环氧乙烷法有明显的优势，应用于工业生产相对来说较为理想。目前国际上正在开发的乙醇直接氯化法还有待研究，一旦开发成功，生产成本可大幅度下降。

5.工艺流程图及操作步骤

　　（1）工艺流程图（图 4-46）

　　（2）操作说明

　　将环氧乙烷、氯化铁加入到反应釜内，开启搅拌，并首先通入氮气置换空气，然后开启反应釜夹套内蒸汽加热至 50℃ 左右，缓慢通入 HCl 气体，反应过程中以气相色谱跟踪分析，当有氯乙

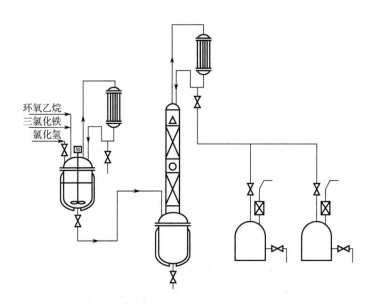

环氧乙烷
三氯化铁
氯化氢

**图 4-46　以环氧乙烷与氯化氢气体在氯化铁或磷酸
二氢钠催化下为原料的合成工艺**

醇生成时即表明反应已开始，此时可加大氯化氢气体的通入速度，反应过程中始终保持反应温度在 60℃以下。当氯乙醇含量不再增加时停止通入氯化氢气体，并继续搅拌 2h 后再通入氮气，并向反应釜夹套内通入冷却水，使物料温度冷至室温。将物料放入精馏釜中进行减压精馏，首先收集前馏分。精馏过程中同样以气相色谱跟踪分析，当氯乙醇含量达 97%时开始收集产品，最终所得氯乙醇含量在 98%以上。在生产过程中要注意安全使用环氧乙烷，反应设备防腐、防爆要求高。

三、二苯基乙酸产品的开发与设计

1.产品简介

二苯基乙酸是合成二苯基丙酮的中间体，而二苯基丙酮是合成杀鼠剂敌鼠钠的中间体。本品是重要的农药中间体，用于合成除草剂双苯酰草胺，该农药主要用于花生、辣椒、番茄、葡萄及观赏植物芽前防除禾本科杂草及阔叶杂草。近年来，该除草剂在国内外应用越来越普遍，对二苯基乙酸需求量也越来越大。国内目前尚无规模性二苯基乙酸的生产企业，该产品的价格在不断上涨，所以采用合理的工艺路线进行工业化生产二苯基乙酸可创造可观的经济效益和社会效益。

2.产品性质

本品为黄色或淡黄色结晶。熔点148℃，可溶于乙醇、苯等有机溶剂。

3.生产工艺流程与合成路线

主要生产方法有苯-三氯乙醛法、苯基三氯乙烷法和乙醛酸法。苯-三氯乙醛法主要是以苯、三氯乙醛为原料，在浓硫酸存在下，于0~5℃条件下缩合脱水后，再用苯进行萃取，后用碳酸钠水溶液及水洗涤，油水分离后将油层蒸出苯，所得白色固体再在乙二醇单乙醚、苯、固体氢氧化钠存在下升温至160℃进行反应，反应结束后用5%氢氧化钠洗涤后再用苯萃取，用活性炭脱色，然后加入盐酸酸化，蒸去部分苯结晶后即得二苯基乙酸，总产率为65%。反应方程式如下：

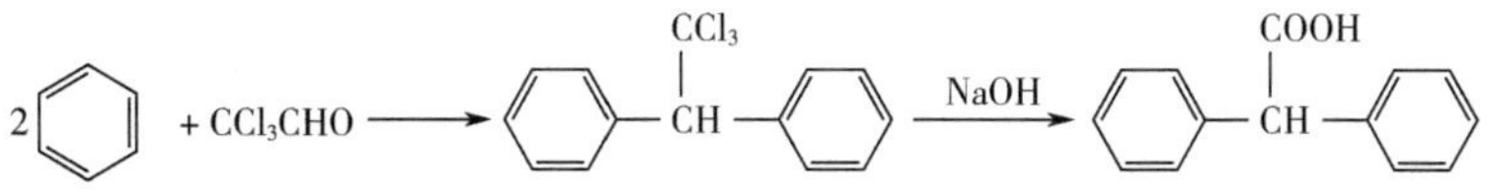

苯基三氯乙烷法是将二苯基三氯乙烷与新制得的乙二醇钠反应制得二苯基乙酸钠，再经酸化后得二苯基乙酸粗品后，经乙醇重结晶得白色结晶的二苯基乙酸结晶。该方法中乙二醇钠由乙二醇与金属钠反应制得，产率在35%左右。反应方程式如下：

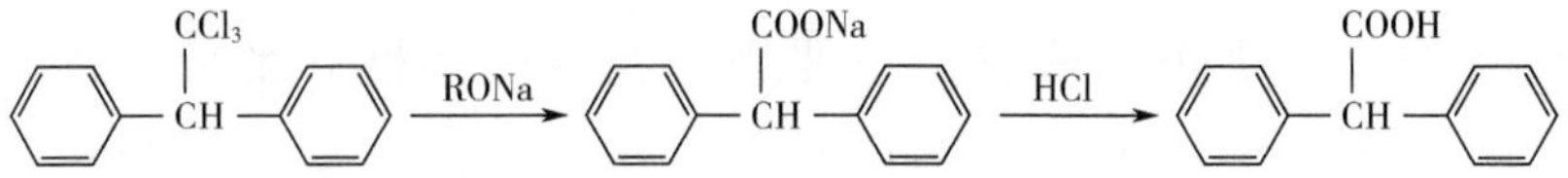

乙醛酸法是将苯直接与乙醛酸反应制得，以浓硫酸脱水，采用苯与水共沸除去水，反应结束后加苯萃取后用 5% 的氢氧化钠洗涤，后用硫酸酸化后结晶、水洗干燥得粗晶，再以乙醇溶解脱色后重结晶即得精品，产率为 80%。反应方程式如下：

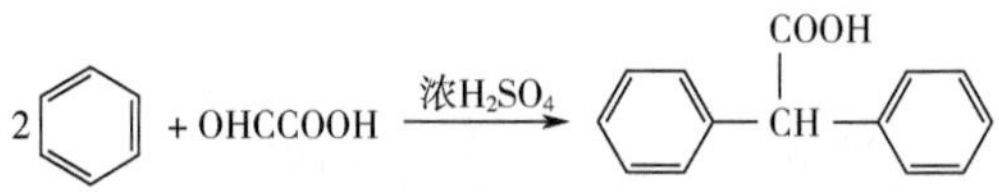

4.工艺路线选择

苯-三氯乙醛法和苯基三氯乙烷法两者的共同点是都必须先合成到苯基三氯乙烷再进行后续反应，前者直接水解，后者是与乙二醇钠反应。这两种方法总产率都比较低，且生产工艺路线较长，三废治理成本高，从而造成总生产成本较高，而乙醛酸法工艺路线简单，所需生产设备少，产率高达 80%，是一条理想的工业化生产方法。

5.工艺流程图及操作步骤

（1）工艺流程图（图 4-47）

（2）操作说明

将乙醛酸、苯、浓硫酸加入反应釜中加热至 30℃，反应 3 ~ 5h 后，继续加热回流，不断分出水，反应过程中以高压液相色谱跟踪分析，当乙醛酸含量低于 3% 时，停止反应。将物料放入脱色釜中，加入 5%NaOH 及活性炭，脱色 1h 后抽滤，将滤液放入酸化釜中加入 50% 的硫酸酸化，结晶后抽滤即得成品。

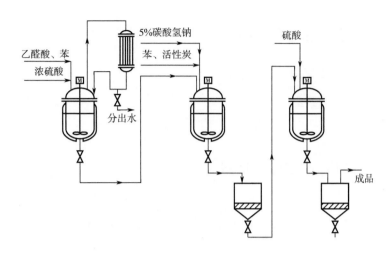

图 4-47　以乙醛酸法为原料制备的二苯基乙酸合成工艺

四、邻氟苯腈产品的开发与设计

1.产品简介

　　邻氟苯腈是生产农药、医药和分散染料的重要中间体，近年来开发的多种新型农药都需要邻氟苯腈作原料，随着新型农药的使用，对该产品的需求量将逐渐增大，尤其是国外市场需求量不断增加，国内在农药生产方面主要用于合成邻氟苯甲酯、邻氟苯甲酸等。这几种农药的生产其规模已由前几年的百吨级上升到现在的千吨级，国内有十多家厂生产这些农药，其中有近一半用于出口，一半国内使用。国内生产邻氟苯甲酯的企业正在扩大规模。本品也可用于合成新型抗瘫药和肌肉松弛剂。就目前市场分析，邻氟苯腈主要用于农药的合成，其用量占总量的80%以上，药物合成只占20%，该产品市场前景良好，尤其是出口行情逐年看好。

2.产品性质

　　邻氟苯腈为淡黄色液体，折射率 1.5082，相对密度 1.110（20℃）。

3.生产工艺流程与合成路线

（1）以邻氯苯腈为原料

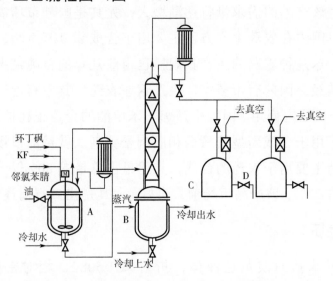

（2）以邻甲苯胺为原料

4. 工艺路线选择

以邻氯苯腈为原料，工艺路线简单，操作方便，产率高；以邻甲苯胺为原料，其原料来源广，价格较低，但工艺路线，产率低。所以选择以邻氯苯腈为原料的生产工艺较宜。

5. 工艺流程图和操作步骤

（1）工艺流程图（图4-48）

图4-48 以邻氯苯腈为原料的制备的邻氟苯腈合成工艺

（2）操作步骤

向反应釜 A 中加入环丁砜及活性 KF，开启搅拌及反应釜夹套蒸汽在 1h 左右，加热至 120℃，在该温度下反应 5h，反应过程中采用高压液相色谱分析，抽真空（0.08MPa）脱水 30min，然后再加入邻氯苯腈。采用过热蒸汽加热继续升温至 255～260℃，保温 6h，取样分析，当邻氯苯腈的转化率大于 98%即可结束反应。反应结束后停止通蒸汽，放空后向反应釜夹套内通入冷却水，使反应釜物料温度冷至 80℃时，将物料放入精馏釜中，然后在精馏釜 B 中减压精馏，先收集溶剂环丁砜，可回收套用。精馏过程中以高压液相色谱跟踪分析馏出物，当环丁砜收集结束后，提高真空度至-0.095MPa 以上，首先收集中间馏分，当产品含量达 97.5%以上时，开始收集产品。此时收集的馏分中产品含量不断上升，达到一定程度后含量会逐渐下降，当收集的馏分中产品含量低于 97%时，停止收集产品。最终可以得到含量 98%以上的邻氟苯腈。

五、邻异丙基酚产品的开发与设计

1.产品简介

邻异丙基酚是一种重要的农药、医药助剂及有机合成中间体。

邻异丙基酚与甲基异氰酸酯可合成异丙威（又称叶蝉散），在湖南临湘农药厂已建成 2000t/a 异丙威工业生产装置。从异丙威原药出发，研究的制剂有 20%异丙威乳油、25%异丙威可湿性粉剂、30%乳油、20%异丙威胶悬剂、25%扑虱散可湿性粉剂以及沅江化学厂的 40%叶胺磷乳油等。

异丙威是高效低残留氨基甲酸酯类农药重要品种之一。对水稻叶蝉、飞虱有特效，对棉蚜虫、棉红铃虫、红蜘蛛有良好防效。

邻异丙基酚、苯酚与三氯氧磷在催化剂作用下生成三芳基磷酸酯即阻燃灵。阻燃灵是当前世界上磷系列阻燃剂中的新品种。具有低毒、无臭、易分解、抗霉菌性及优异的耐热性能。广泛用于塑料、橡胶、纤维素等材料的阻燃，尤其适用于聚氯乙烯运输带、电缆、贴墙布、地板等阻燃制品。

副产物 2,6-二异丙基酚可用于静脉全麻醉药剂。自 1986 年在英国问世以来，目前已在 40 多个国家上市。该药在英、法两国中已占外科麻醉用药的 50%。该药具有作用迅速、平稳、清醒迅速、舒适、无明显蓄积等优点，国内尚无生产和应用该药的报道。

从邻异丙基酚的残液精馏分离 2,6-二异丙基酚，产品纯度可达 99.5%以上，完全能满足静脉麻醉药剂的要求。国外对乳剂研究的专利文献报道较多，国内已有单位正开展该方面的研究、2,6-二异丙基酚与异戊二烯在催化剂作用下可合成苧烷型麝香。天津香料厂曾进行探索试验和评香试验。该产品国外由瑞士先研制成功，在美国、德国、日本、英国获专利。它具有香气浓厚、柔和、留香久等优点。可在化妆品及中、高档香皂香精中作定香剂。

2.产品性质

分子式：$C_9H_{12}O$;

分子量：136.19;

CAS 号：[88-69-7];

结构式：

英文名称：2-（1-methylethyl）phenol 或 *o*-hydroxycumene。

邻异丙基苯酚常温下为透明液体，熔点 15～16℃，沸点 213～214℃，相对密度为 1.012（20℃），折射率 1.5315，闪点 88℃，可溶解于苯、乙醇、乙醚等有机溶剂。

3.主要工艺技术路线及对比

（1）烷基化试剂选择

邻异丙基酚的合成通常是采用苯酚与各种烷基化试剂如异丙醇、卤代丙烷、丙烯等。用异丙醇作烷基化试剂（ZnO-Fe$_2$O$_3$ 或 MgO 作催化剂）时，邻烷基酚的产率低，苯酚转化率也只有 23.9%，且异丙醇是用丙烯加压水合制得的，故异丙醇法是不合适的。同样，卤代丙烷也是从烯烃与卤化氢发生加成反应而生成的。因此，直接使用廉价的丙烯作烷基化试剂是最合理选择。

（2）邻位烷基化催化剂

采用苯酚与烯烃进行邻位烷基化的方法，国外报道甚多，关键在于选择一种高选择性的邻位烷基化催化剂。按催化剂分类归纳于下列四种。

① 酸类催化剂。可以各种酸类为催化剂，报道比较多的是氢氟酸、硫酸、磷酸以及有机酸等，如日本大阪瓦斯公司采用硫酸、磷和丁二酸的混合催化剂，西班牙专利报道以磷酸、硫酸及芳香族磺酸作催化剂，苏联以氟化氢作催化剂。国内上海农药所曾以浓硫酸作催化剂进行邻异丙基酚研究。采用酸类作催化剂的主要缺点是：产品组分复杂，三种异构体的混合物分离困难，并且三废中产生大量稀酸残液。这不但使工艺过程复杂化，而且废酸难以处理，对设备腐蚀性大。

② 离子交换树脂催化剂。苏联用 KY-2 型阳离子交换树脂（即磺化的苯乙烯与二乙烯共聚物），其异丙基酚的产率为 65%，邻位与对位之比为 54∶46。美国 KOPPERS 公司也有同样的报道，总产率为 19.2%。美国联合碳化公司的专利报道用 Dawex-50-x-4 型离子交换树脂作催化剂。采用离子交换树脂作催化剂的主要优点是反应液与催化剂容易分离，树脂可再活化、循环使用。但邻

位选择性不高，产品组成复杂，后处理困难。

③ 氧化铝型催化剂。氧化铝型催化剂报道很多，有不同制备方法、不同处理方法、不同形态的三氧化二铝，如 γ-Al_2O_3/氟或氟化氢处理的 Al_2O_3，加金属盐（如 $CaSO_4$、$NiSO_4$ 等硫酸盐）类助催化剂与 Al_2O_3 混合的复合催化剂。美国乙基公司以两性元素铝为催化剂，或用高压间歇法采用 KA-101 型催化剂，所得邻异丙基酚的产率为 63.3%，2.6-异丙基酚的产率为 5.3%。国内研究单位采用低压法以 γ-Al_2O_3 为催化剂进行了邻异丙基酚的合成研究；国内某化工研究所以 γ-Al_2O_3 作催化剂，用固定床气相常压连续烃化的工艺路线完成了邻仲丁基酚的小试。采用 Al_2O_3 为催化剂其产率较高，反应易于进行，是一个值得注意的方法。主要问题是产物中有对位异构体，给分离带来一定困难。

④ 酚盐催化剂。酚盐为催化剂，通常是苯酚的盐类，如 Al、Fe、Mg、Zn、As 等酚盐。用得最多的是酚铝和酚镁。该法主要特点是邻位选择性高、工艺简单、操作容易、三废少，未反应的苯酚可循环使用，多烷基酚通过烷基转移（即歧化反应）可转变成邻位产品。

（3）酚铝法工艺流程概述

1）反应方程式

① 催化剂酚铝反应。反应式如下：

$$3\ \text{C}_6\text{H}_5\text{OH} + Al \xrightarrow{165\sim170℃} Al(O\text{-}C_6H_5)_3 + \frac{3}{2}H_2\uparrow$$

主要副反应：

$$Al(O\text{-}C_6H_5)_3 + H_2O \longrightarrow \begin{cases} Al(OH)(O\text{-}C_6H_5)_2 + HO\text{-}C_6H_5 \\ Al(OH)_2(O\text{-}C_6H_5) + HO\text{-}C_6H_5 \\ Al(OH)_3 + HO\text{-}C_6H_5 \end{cases}$$

② 邻异丙基酚合成，反应式如下：

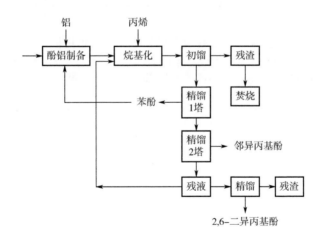

主要副反应：

③ 歧化反应。反应式如下：

2）工艺流程（图 4-49）

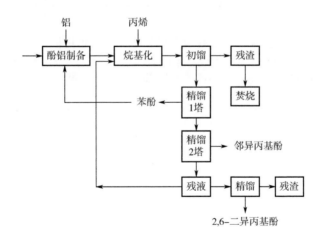

图 4-49 酚铝法工艺流程

3）原料要求

苯酚：工业一级品，纯度 >98%，水分<0.15%；

丙烯：工业品，含量 >92%；

铝：工业品，含量 >98%，可用铝屑或牙膏皮下脚料。

4）产品技术规格

邻异丙基酚含量 ≥98%

苯酚含量 ≤1%

2,6-二异丙基酚含量 ≤1%

5）工艺技术指标对比（表 4-4 和表 4-5）

表 4-4 工艺技术指标对比表

技术指标	小试	30t/a	250t/a	文献值
苯酚转化率	50%～55%	48%～51%	40.8%	57.3%
邻异丙基酚单程产率	38%～40%	38%～39%	38.1%	40.8%
邻位选择性	75%～80%	75%～80%	93.3%	61.2%
总产率(按转化苯酚计)	87%	90%	82.4%	

表 4-5 歧化反应达到的工艺技术指标

技术指标	小试	30t/a	250t/a
2,6-二异丙基酚转化率	70%	73%～77%	76%
邻异丙基酚单程产率	62%～64%	66%～69%	63.4%
邻异丙基酚选择性	90%	90 %	84%

6）几点看法

① 生产厂家宜适当增添设备，并建成多功能烷基酚生产车间，以适应市场需要，提高经济效益。邻异丙基酚生产装置除可生产邻仲丁基酚外，还可考虑生产世界卫生组织公认的残杀威的中间体邻异丙氧基苯酚。

② 建成千吨级装置的单位，除生产大吨位农药外，还要重视小吨位其他精细化工领域新品种开发。

③ 宜重视副产 2,6-二异丙基酚的直接应用。虽然可通过歧化反应提高邻位转化率，但更需要尽快开发高附加值的麻醉剂和香料。

4.工艺流程图（图 4-50）

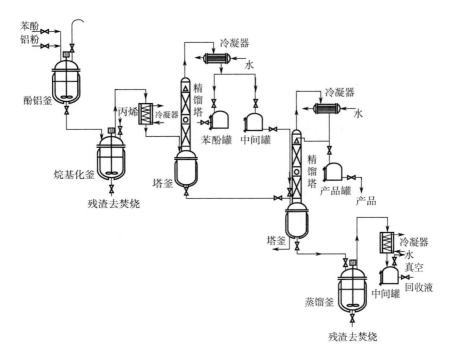

图 4-50　邻异丙基酚生产工艺流程与合成路线

六、2-氨基-4,6-二甲基嘧啶产品的开发与设计

1.产品简介

本品化学名：2-氨基-4,6-二甲基嘧啶，英文名：2-amino-4,6-dimethylpyrimidine。它是合成农药的中间体，主要用于合成噻吩磺酰脲类除草剂 N，—（4,6-甲基嘧啶-2-基）-2-噻吩磺酰脲，还用

于制备磺酰二甲吡啶（SM₂ 等），2-氨基-4，6-'甲基嘧啶还可用于合成磺胺类抗菌素，如磺胺二甲嘧啶、水杨酸偶氮磺胺二甲嘧啶和磺胺硝呋嘧啶等。

2.产品性质

分子式：$C_6H_9N_3$;

分子量：123.16;

结构式：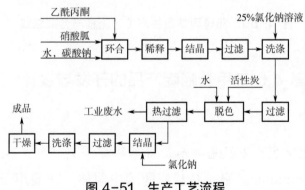

本品为五色结晶，熔点 151～153℃。

3.生产工艺流程与合成路线

（1）反应原理

（2）工艺流程图（图 4-51）

图 4-51　生产工艺流程

制备实例一

向 100mL 单颈瓶中投入硝酸胍 6.1g（0.05mol）、乙酰丙酮 8g。浓缩滤液，抽滤结晶干燥后得白色结晶产品 4.329g，产率 90%，熔点 152.4～153.9℃。

制备实例二

向 500mL 单颈瓶中投入硝酸胍 24.4g（0.2mol）、乙酰丙酮 20g（0.2mol）、水 200ml、碳酸钠 16g，一定温度下反应，反应完毕，过滤，干燥后得 12g 白色晶体，产率 90%，熔点 150～152℃。

4.工艺流程图及操作步骤

（1）工艺流程图（图 4-52）

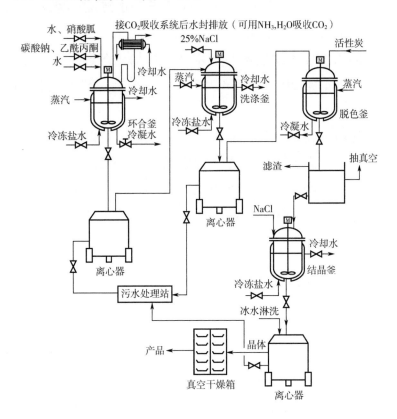

图 4-52 2-氨基-4,6-二甲基嘧啶生产工艺流程与合成路线

（2）操作说明

1）投料比（质量）

乙酰丙酮：硝酸胍：水：碳酸钠：水（稀释）：25%氯化钠水溶液：水（脱色）：活性炭：氯化钠：冰=1：（1.3～1.4）：2.5：（0.8～0.9）：4.9：（0.7～0.8）：（3.0～3.5）：0.04：（0.9～1.0）：0.3

2）操作说明

① 搪玻璃环合釜内先依次投入水、硝酸胍、碳酸钠和乙酰丙酮，开启搅拌，夹套通蒸汽加热。待料液温度升至95℃时，暂停加热，并在95～100℃下搅拌反应2～3h。

② 反应毕，稍冷却，加水稀释，并冷至10℃以下，结晶1～1.5h，接着离心过滤，滤饼转移至洗涤釜，加25%氯化钠水溶液打浆30min（温度不超过10℃），再离心过滤。

③ 将滤饼投入脱色釜，加水，搅拌加热溶解后加入活性炭，并继续升温搅拌20～30min，然后真空抽滤，滤液直接抽到结晶釜。

④ 开启结晶釜搅拌，加入氯化钠。搅拌15min后，冷却，随着温度的降低慢慢析出结晶，再继续冷却至15℃以下，并养晶30min，接着离心过滤、冰水淋洗、离心甩干、50℃下真空干燥，得产品，产率大于85%，含量（HPLC）大于99%，熔点为151～153℃。

七、对甲基苯乙酮产品的开发与设计

1.产品简介

对甲基苯乙酮是有机合成的重要原料，近年来在医药、农药等行业逐步得到应用，目前国内主要用于香精的调和，在化妆品行业、食用香精行业应用较广泛，这就要求合成的对甲基苯乙酮具有高纯度。国际上高纯度的香精级对甲基苯乙酮价格十分昂贵，以千克论价。而国内的产品其纯度难以达到国际香精级的要求，要找到一条合理的合成路线和提纯工艺十分必要。

2.产品性质

本品为微黄透明液体，具有山楂花及紫苜蓿、蜂蜜和香豆素的香味，香味清淡。熔点 29℃，沸点 255℃（98.13kPa），相对密度 1.005，折射率 1.533（20℃）。不溶于水，可溶于乙醇、乙醚、氯仿、四氯化碳、丙二醇等有机溶剂。

3.生产工艺流程与合成路线

本产品的合成方法有乙酐乙酰化法和甲苯与乙酰氯缩合法。乙酐乙酰化法是由甲苯与乙酐在无水三氯化铝存在下，进行乙酰化反应而制得，其反应方程式如下：

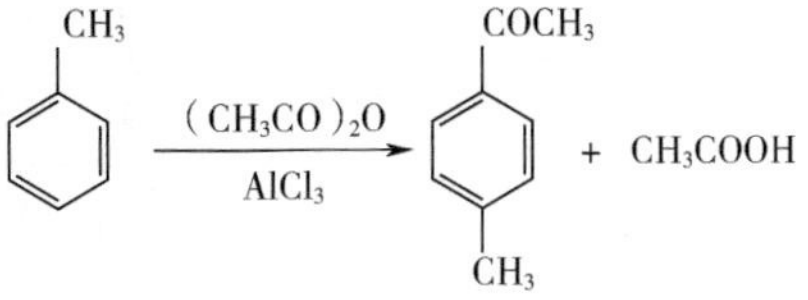

其反应过程是将无水三氯化铝与干燥的甲苯、乙酐加入反应釜中，在 90℃条件下反应 3～5h，后经过洗涤分层，分出有机层再进行水洗、碱洗、水洗，经干燥后进行减压精馏而得纯品。

甲苯与乙酰氯缩合法是将甲苯与乙酰氯在三氯化铝催化下进行的缩合反应，反应温度在 85℃左右，反应结束后再以二硫化碳进行萃取后经减压精馏而得成品，该方法合成的对甲苯乙酮可以用作有机合成的中间体，但用作调和香精其纯度不够，有异味。

4.工艺路线选择

就乙酐乙酰化法与甲苯与乙酰氯缩合法相比反应机理基本相同，其产率、成本也基本相当，但甲苯与乙酰氯缩合法对设备防腐要求较高，且产品纯度难以达到香精级的要求，而乙酐乙酰化法对设备要求相对较低，产品纯度好。

5.工艺流程图及操作步骤

（1）工艺流程图（图4-53）

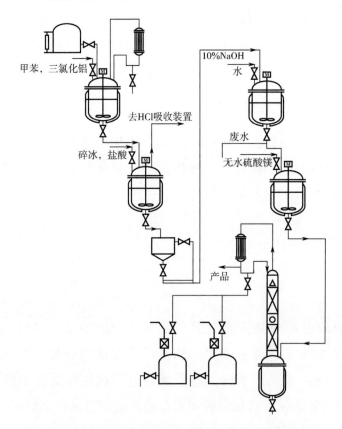

图4-53　对甲基苯乙酮生产工艺流程与合成路线

（2）操作说明

① 将无水甲苯、无水 AlCl₃ 加入反应釜内，升温度至 70℃时开始从高位槽中放出乙酐，缓慢滴加至反应釜中。

② 反应过程中以高压液相色谱仪跟踪分析，保持乙酐的滴加

量是甲苯摩尔质量的 1/2，加毕后保温在 85～95℃条件下反应 2～3h，然后冷却至室温。

③ 将物料放至盛有碎冰和盐酸的反应釜中，加入过程中放出的 HCl 气体去尾气吸收系统吸收成盐酸，加毕，待 AlCl₃ 完全溶解后，放入油水分离器，分出油层至碱洗釜经 10% 的 NaOH 水溶液洗涤后再以水洗至中性，将油层放入干燥釜。

④ 加入无水硫酸镁干燥 3h 后，将油层放入精馏釜进行减压精馏。精馏过程中以高压液相色谱仪分析馏出物含量，当对甲基苯乙酮含量达到 99.7% 时，开始收集产品，最终可以得到含量 99.9% 的对甲基苯乙酮精品。

⑤ 精馏过程中的前馏分和后馏分可以在下次精馏时套用。以该方法合成并经精馏出的对甲基苯乙酮无异味，产品纯度高，可以达到香精级的要求。

⑥ 必须注意在反应过程中应严格控制反应条件，以避免间甲基苯乙酮等异构体的形成。

第五章

高端精细化学品合成与设计过程

第一节
高端精细化学品的绿色合成技术与设计

一、精细化学品绿色合成技术设计内容及意义

精细化工是生产精细化学品工业的通称。具有品种多，更新换代快；产量小，大多以间歇方式生产；具有功能性或最终使用性；许多为复配性产品，配方等技术决定产品性能；产品质量要求高；商品性强，多数以商品名销售；技术密集高，要求不断进行新产品的技术设计和应用技术研究，重视技术服务；设备投资较小；附加价值率高等特点。

各种精细化学品新产品、新工艺和新技术，在它们实现产业化之前，大都是从实验研究开始并以实验室研究成果的形式出现的。

1.精细化学品绿色合成技术开发内容

精细化学品开发包含的内容十分广泛。从广义上讲，它是对

某一产品进行全面的设计、研究、开发，以满足国民经济的需要；从狭义上讲，开发产品过程中的每个局部问题的处理和解决都应视为开发。化工开发中存在着技术风险，主要表现在工艺发展前途和竞争状况等方面，所以，精细化学品开发必须以工艺先进、技术可靠、经济合理、保护环境为前提；如果对其他技术领域也有价值，则将更有开发意义。

从其研究过程而论，精细化学品开发通常可分为实验室设计与过程开发两个阶段。

实验室设计也常称作"基础研究"，是在实验室里进行的初级阶段的研究开发工作。其主要任务是围绕所确定的课题，对所收集到的工艺路线和技术方法，进行充分的验证和比较，从中筛选出有把握的方法，并了解过程的特征，测取必要的数据，对其精细化学品工业产业化前景做出初步的预测和工业生产的设想。

精细化学品过程设计是指从实验室取得一定的成果（包括新工艺、新产品）后，将其过渡到第一套工业装置的全过程。它建立在明确的目标上，其主要任务是获得所必需的信息资料，对基础研究所提出的"设想"，进行技术和经济上的考核和论证，获得实现工业生产所必需的、完整的工程资料和数据，并完成设计、试生产等工作。由于它涉及化工工艺、化学工程、化工装置、操作控制、环境保护、技术经济等各个领域，包括了从实验室研究到工程设计，以及最终施工建厂、投入生产的所有过程，因此它是一个综合性很强的工程技术。通过过程开发，实现科学技术向生产力的转化，是精细化学品设计的最终目的。

2.精细化学品绿色合成技术开发意义

精细化工工业的迅速发展，使得它几乎涉及国民经济、国防建设、资源开发和人类衣食住行等各方面，并且也将对解决人类所面临的人口、资源、能源和环境等可持续发展的重大问题起到十分重要的作用。所以说，精细化学品开发是推动整个人类科学技术进步不可或缺的一部分。

19 世纪中叶，李比希（1803—1873 年）首创了肥料和煤化学工业，霍夫曼（1818—1892 年）进行了染料、香料、医药合成的广泛研究，这些成果的应用给德国带来了巨大的经济效益，使其仅用了 40 年的时间，就从一个落后的农业国一跃成为化学品生产基地的经济强国。20 世纪初，美国对石油化学工业的开发，开辟了有机合成的新领域，在世界范围内，推动着化工技术得到飞速的发展。国内改革开放以来，加大了对化学工业的投入与开发力度，并且取得了引人注目的成就。

精细化学品开发不仅促进了化学工业的发展，而且带动了各行各业的进步。比如，涉及的包括有机化工、无机化工、化学矿、催化剂、涂料和颜料、合成树脂及塑料、农药、染料、染料中间体及助剂、照相用化学品、感光材料、磁记录材料、橡胶和橡胶制品、轮胎、水处理药剂、合成材料用助剂、表面活性剂、食品添加剂、炭黑和石油化工产品等。无机新材料、新技术的开发与应用，不仅解决了人们日常生活中的需要，也在工业、农业、建筑业、国防建设等工程方面得到广泛应用，节约了地球上有限的土地资源和矿产资源。精细化学品的深层次开发、纳米化工技术与纳米生物技术的有机结合等，将使化学工业进入一个崭新的时代，给整个世界带来丰富多彩的变化。

精细化学品开发与环境保护相辅相成。在环境保护要求的驱动下，许多实现"绿色"生产的新材料、新技术相继开发成功。比如，碳酸二甲酯（dimethyl carbonate，DMC）的生产设计与应用，取代了化工合成中许多高污染的环节，在纳米精细化工领域得到广泛应用；无毒无害的分子筛、固体酸催化剂正在逐步取代腐蚀、污染严重的液体酸催化剂；超临界 CO_2 在某些方面代替了有毒的有机溶剂；大自然赋予的取之不尽、用之不竭的生物资源，以其特有的安全、高效为化学工业提供了新的发展方向等。

总之，开发高端精细化工产品是提高国家综合技术水平的标志之一。开发创新是化学工业的主旋律，是化学工业的昌盛之本。

二、精细化学品绿色合成技术开发的一般程序

前已述及，精细化学品绿色合成技术开发包括实验室设计与过程开发两个阶段。实验室设计是一项基本的开发工作，通常是从选择技术方法入手，通过安排科学的实验方案和组织合理的实验流程，进行实验室规模的对比实验，从中得出有价值的结论。

过程开发是一项十分复杂的工作，涉及的内容和环节很多。其中包括收集和整理所有必需的信息资料，对预期的生产方法进行技术上和经济上的可行性考核与论证；对试验所需的模型装置及中试装置进行设计、安装和实验操作等。各环节在执行时又相互穿插，需要综合考虑。

对于精细化学品绿色合成技术开发工作虽然没有绝对一样的模式，但基本步骤与循环工作可用三个重要步骤概括。

第一步是在实验室研究的基础上提出设想流程。由于实验室研究阶段的资料和数据有限，因此还要从工程的观点来收集与过程开发有关的信息资料，查找所需的物理化学数据、经验公式以及与设计产品相关的市场信息，整理出一套完整可靠的技术资料。同时，还要对主要资料进行分析评价，作为过程开发的初步依据。在此基础上就可提出设想的流程，进行全过程的物料衡算、能量衡算，估算生产工程的原料消耗、能耗，并做出评价（包括对流程和生产过程等的分析）。根据评价可知设想流程的把握有多大，即可以决定是继续开发还是中断开发。

第二步是中间试验。如果对设想流程的评价认为可以继续开发，就可以按评价分析中提出的不充分的那部分数据和资料来拟

定中试方案和规模。中间试验一般不是作方法的比较，而是为了收集工业装置设计所需的数据，对于用计算机辅助开发的过程，中试更重要的工作是为了验证和修改数学模型。总之，中间试验是为工业装置的预设计提供可靠的依据。

第三步是进行工业装置的预设计。设计内容应按化工设计中初步设计要求来进行，以工艺设计为主，如操作条件的选择、物料衡算、热量衡算，确定设备的工艺尺寸和结构，设备材料选择以及安全生产、劳动保护、三废处理的要求等，还要估算装置及其他费用，并提供预设计文件，包括装置的平面布置图、带仪表控制点的工艺流程图及其说明书。

精细化学品过程设计的最后一步是建立第一套工业生产装置。其工作内容主要涉及工程设计、安装施工和开车试生产等工作，所以应由设计、施工及生产单位共同完成。过程设计者也应参与工作，以便从第一套工业生产装置的开车中总结经验。

评价工作非常重要，它贯穿于设计的全过程。在设计的不同阶段，评价的具体内容、要求和侧重点均有所不同，但评价的原则是一样的，即在满足国家环保要求的前提下，达到工艺先进、技术可靠和经济合理。

值得注意的是，随着精细化工工业的飞速发展，精细化学品过程设计正呈现出新的特点和趋势，主要表现在以下两个方面：一是在满足技术上先进、经济上合理的同时，尽可能实现过程最优化；二是尽可能缩短从实验室成果向工业化生产过渡的周期，即实现由实验室成果的超高倍数的放大，直接用于工业化生产。精馏过程的放大就是最典型的例子。对于以上趋势，随着化学工程理论的完善和发展，化工数学模型的建立和电子计算机的广泛应用，正在逐步地实现和进一步发展。

三、开发绿色精细化学品合成技术前期准备

综前所述，适用于某一特定对象并满足应用对象对其性能提出的特殊要求的精细化学品，多数是通过一定的配方并制成一定的剂型后方可实现，因而市场上的那些适用于不同对象、牌号及品种众多的精细化学品，或称专用化学品，都是由一种或几种主要成分，辅以若干辅助成分，以一定的比例制成特定剂型后冠以商品的混合物。因而，可以说精细化学品（专用化学品）的研究，主要包括两方面：精细化学品的应用配方研究和应用技术研究。也可以说配方与其应用技术的研究是精细化学品满足消费者要求，走向实际应用的必由之路。

大量实践表明，精细化学品合成技术（配方研究、剂型配制技术研究）的创造力是令人惊叹的。常可见到，同一主成分物质，当其与不同的物质复配时，便可诞生一系列可适用于不同对象的、功能各异的系列产品。例如，以农用杀菌剂二硫氰基甲烷为例，当其与不同的物质复配时，即产生了适用于松木、橡胶木、纤维板、竹纤维板、竹制品、涂料、青壳纸、橡胶跑道等的工业防霉剂，适用于冷却水、造纸用水等的水处理剂，以及防治农作物剑麻斑马纹病、胡椒瘟病等的农用杀菌剂等不同系列的众多品牌的产品。像二硫氰基甲烷那样，围绕一个主成分，开发系列专用化学品，实现一物多用，并创造良好的社会效益及经济效益的例子，在配方产品中是不胜枚举的。可以毫不夸张地说，配方出效能，配方左右产品性能。

精细化学品合成技术的研究内容包括两大部分：其一是精细化学品的配方研究，包括（旧）配方的解析技术研究，新配方确定的方法和途径研究。在确定新配方的同时，应将剂型加工的问题统筹考虑。其二为精细化学品的制剂成型技术研究，包括剂型确定依据和宗旨、各类剂型加工技术的研究等。其中，配方研究

及剂型加工技术研究有着一套与化学合成不同的方法。如何掌握合成技术，提高开发精细化学品合成新品种的创新能力，是当前我国精细化工发展面临的一个重大问题，是发展精细化工的关键。本章将在前人研究基础上，对精细化学品合成技术设计过程中涉及的基本原则、思路、方法等，进行梳理、归纳和总结，并辅以笔者的部分研究实例加以阐述。

1.精细化学品合成技术开发的前期调研

有许多人以为，精细化学品产品只不过是几种物质的简单混合，只要清楚配方，买到原料，谁都可以配制出来。于是就有一些不懂化工或对化工知之甚少的人，找到某一配方资料之后，就想"照方抓药"、制造产品、发财致富。结果，除个别侥幸者外，绝大多数均以劳民伤财而收场。究其原因，是因为这些人忽视了合成产品所具有的技术高度保密性。试想，如果真的一配就成，那岂不是一日就可造出许多新产品来？通常公开的配方，大部分都是隐瞒了某些技术诀窍的。这些诀窍，也许出现在配制过程中，也许出现在原材料的质量规格上，也许包含在没有显示的组分里，或许出现在应用条件中。因此，合成技术产品的配制，很少是照方抓药就能制成的，其产品开发过程一般均带有研究性质。一个优秀的复配型产品制造者，既要有本行业坚实的基础知识、丰富的实践经验，还应对产品的应用领域十分了解。只有这样，才能具有分析问题的能力、敏锐地发现问题的直觉，懂得利用一切技术手段（例如配方剖析等）去揭开合成技术产品中的秘密，从而真正理解配方资料给出的信息，买到合乎需要的原料，即使在买不到资料上指定的原料或嫌指定原料太贵时，但懂得以何种物质替代，并可在制造工艺出现问题时能找到解决的办法，在产品性能的某些方面不符合使用要求时，能对配方做出合适的调整。据统计，一项现代新发现或新技术合成，其内容的90%可从已有的资料中获得。因此，在动手配制产品之前，首先应进行学习及调查，充分查阅相关资料，从各个方面、多种途径获取信息，提高自己的专业素养，这才是通向目的地的捷径。

(1) 调研的主要内容

无论是配方产品，还是非配方产品，其新产品开发的最终目的，都是要走向市场、实现商品化，创造社会效益与经济效益。因此，必须了解市场需求，了解消费者对产品性能的要求，了解竞争对手同类产品的技术及经济现状，了解有关的可利用的以往技术及新技术、新设备、新工艺，这样才能在产品设计时少走弯路，缩短开发周期，并保证产品在未来竞争中处于优势。调查研究是达到上述目的的唯一途径。

调研的主要内容包括技术调研及市场调研两个方面。

1) 技术调研

相关技术内容的调研通常可通过对文献、资料的查阅而获得信息。其内容范围包括：

① 精细化学品产品目标性能的主要成分；

② 功能类似的产品的现有品种；

③ 精细化学品产品配方的基本构成、配制的工艺技术、设备与流程；

④ 产品的技术水平现状与发展趋势；

⑤ 产品质量的检测方法及所需手段；

⑥ 有关产品性能、产品设计与应用技术方面的有待解决的难题；

⑦ 有关原材料性能、价格、货源与质量、原料代用品的情况；

⑧ 与产品有关的政策、法规、标准等。

通过详细的技术调研，可以正确定位待设计产品应达到的性能及技术水平，可以尽可能多地吸取前人相关产品开发的经验，可以熟悉新技术、新观点、新工艺的状况，进而为新产品的开发制定合理的技术路线、原料路线，为产品检测方法的拟定及产品应用范围的界定等各环节积累相关资料、信息；从而避免开发工作在低水平上的重复劳动，提高产品的开发速度。此外，通过充分的技术调研也能使产品设计者根据获得的信息，分析开发工作的难度，确定主攻点及做出有无能力设计的判断。

2）市场调研

市场调研的主要内容包括：

① 市场（用户）对产品性能的要求；

② 市场现用产品的牌号、来源、性能、价格；

③ 用户（消费者）对现用产品的评价及有无进一步改进的要求；

④ 市售（含进口）或试制中的同类产品的品种、性能特点、价格，各品种的销售走势、竞争现状；

⑤ 相关行业的现状（生产企业数、相关产品产量、效益等）、发展趋向、对产品的总需求；

⑥ 与产品有关的原料及设备的生产现状，以及其产量、质量及价格走向等。

通过市场调研所获得的信息，可以帮助从经济角度上分析精细化学品开发的可行性，为新产品开发提出关于成本、价格等经济目标，并对产品可达到的生产规模、产品销售方向、营销策略等提供决策依据。

（2）调研的基本方法

按调查对象及信息渠道的不同，调研可分为文献调研和市场调研。两种调研方式均可获得与产品有关的技术信息和市场信息，因而其任务是一致的，但其调研方法却各不相同。文献调研的基本方法同科技文献的检索方式，这里不再赘述，在此只介绍市场调研的基本方法。

市场调研通常是通过走访用户、生产与经营单位，参加产销会，或收集情报资料中透露的商业信息、国家的指导性政策等，从而掌握与产品有关的商业经济情报。如用户现用的产品牌号、来源，用户对产品性能的评价、提出的新要求，现用产品的用法、需求量，现用产品的销售走势，同类产品在市场上的竞争情况，相关行业的现状及发展趋势，等等。

调查用户时，调查对象应为典型性企业或有代表性的个人消费群体；调查方式可采用面调、函调，亦可委托有调查能力的单位或个人做专题调查；调查重点应以省内、国内为主，同时兼顾国外有关产品的情况，包括新开发并已在国外市场出售的新产品、试制中的新产品、在中国市场试销的产品的情况等，因为这些产品或迟或早都可能进入我国市场，并影响我们欲设计产品的前途，因改革开放后外国企业已纷纷打入中国市场，再加上发达国家在精细化工技术水平比我们先进。亦可通过走访外贸部门、商检部门，通过收集商业广告，通过考察国内外市场，通过收集产品样本、说明书、商品标签等渠道而获得相关信息。值得指出的是，在文献调研时即应注意收集此方面的信息。

（3）综合分析与决策

对调查所获得的资料做综合整理、分析之后，即可对有关产品能否开发、产品设计的目标、技术路线等做出决策。在作综合分析时，应对以下几点给予足够的重视。

① 国家有关政策和法规。精细化学品产品设计必须符合国家的发展政策。例如国家对有污染的产品采取了严格限制的政策，因此凡涉及可能污染环境的有毒原料、溶剂等产品，如涂料、油墨、农药、杀菌剂产品、金属清洗剂等，必须走低毒或无毒、无污染路线，否则终将被淘汰。

②　同类产品在发达国家的走势。随着现代化的进程，人民对生活质量及环境保护要求的提高，产品亦随之更新换代，因而同类产品在发达国家的发展走势常可作为借鉴。以洗衣粉为例，以磷酸盐作为助洗剂的含磷洗衣粉，在发达国家长时间使用后，引起水域过肥，因而在发达国家已受到限制。以此为借鉴，在开发洗衣粉产品时就应着力于低磷或无磷的配方产品。

③　用户心态。产品能否占领市场，性能及合理的价格固然重要，但用户心态亦是产品能否被接受的重要条件。在民用精细化工产品市场尤其如此。以家用餐具消毒剂为例，用此产品浸泡餐具可起消毒作用，实不失为一种简便的消毒方法。但当消毒碗柜问世后，多数居民接受后者而拒绝前者，这是因为高温可消毒的观点日久年深、深入人心，另外对化学物质的毒性，居民普遍有一种戒备心理。又如在化妆品市场，具有漂亮包装、新颖造型、优雅香气的名牌化妆品，其价格与价值相差甚远，但顾客信赖高档产品，故呈热销走势。因此，在决定开发项目、开发目标和营销策略时，用户心理状态是不能忽视的。

④　风险和效益的预测。市场需求量，通常是以应用产品的行业的产量与吨产品对设计产品的需求量的乘积，并辅以企业的市场占有率进行估算的，再以此估算出企业的效益。但市场往往是变幻无常的。可靠的预测必须建立在对风险及产生风险的可能性有足够估计的基础上。只有对风险有足够的认识预测，才是科学的。

2.精细化学品合成技术开发的基本理论与配方设计

精细化学品的研究和开发，是研究工作者以某一具体应用对象提出的性能要求作为研究开发目标，从熟悉的基本理论、掌握的技术信息资料及具备的以往经验出发，进行配方设计、实验探索，直至最后确定精细化学品产品的最佳配方组成、配制技术、应用技术、产品鉴定和推广的全过程。

（1）合成技术配方设计的主要依据

精细化学品品种繁多，性能千差万别，其配方原理、结构、组成更是各不相同。但作为一类专用性很强的化工商品来说，其合成技术配方设计的指导思想，或配方设计的主要依据却是相同的，概括起来，配方设计的主要依据，主要包括以下几个方面。

① 合成技术产品的性能。精细化学品（又称专用化学品）是为特定目的及各种专门用途而开发的化工产品。因此，进行合成技术的配方组成设计时，必须以特定应用对象和特定目的所要求的特定功能为目标。

一个合成技术的产品功能，一般都包含基本功能与特定功能两个方面。前者是由使用对象的性质及作为商品必须具备的基本使用性能、产品外观、气味、货架寿命等构成；后者则往往是在具备基本功能的基础上，附加的特异新功能。以餐具洗涤剂为例，当确定洗涤方式为手洗，污垢主要为动植物油污，被清洗物为餐具、灶具、果蔬等应用目标时，其基本功能的要求是：保证产品对人体安全无害，能较好地清除动植物油垢，不损伤餐具、灶具，不影响果蔬风味，产品储存稳定性好。而其特定功能则是在基本功能基础上，进一步赋予产品某一特定功能，如护肤润手功能、杀菌消毒功能、消除洗涤剂在餐具上形成的斑纹功能、保护餐具釉面功能等，或同时兼备多种特定功能。这些都是在具备基本功能以外，为特定要求而开发的新功能。所开发的特定功能则是复配型产品配方设计的主要目标，但绝不能忘记产品的基本功能。这是产品性能设计时的基本原则。产品的基本功能，通常已体现在以往产品中，其理化性能已具体化为物理化学指标，并已通过各类标准对其指标及检测方法进行了规范化管理。因此，进行产品性能设计时，除全新的产品配方组成设计外，其理化指标均应以已有同类产品的有关标准作为参考，并在此基础上创新、发展。

② 经济性。在保证产品性能前提下，应以获得最大效益为指导原则。经济性指导思想，必须贯穿于配方组成设计的整个过程。从配方组成所用的原料来源、质量、价格，到寻找增效搭配辅料和填料、简化配制工艺与应用方法、合理包装等，均应围绕着降低成本、获得最大效能、最大效益这一经济原则。

经济实用，常是在竞争中取胜的砝码，对于以工业用途为对象的产品更是如此。以水质稳定剂为例，由于工业冷却水系统的水循环量极大（每小时以万吨计），因此每一个工厂的此类药剂费用每年动辄十几万至几百万，是一个工厂的一笔不小开支，所以水质稳定剂的配方设计，都十分注意选择高效、价廉、投药量少的药剂。对于价格昂贵的药剂，除非特别高效，且总使用成本有可比性，否则会被用户冷落，在竞争中被淘汰。

同时，经济性必须与科学性、长远性等观点相结合，才可获得最大效益。例如，以化妆品原料的选用为例，作为乳化稳定剂的十八醇，其分子蒸馏产品售价虽较贵，但由于其香气纯正，可减少配方中香精的用量，又可提高产品档次，故虽然采用此种较贵原料，使产品的单一原料成本提高，但售价却可因档次提高而大大提高。同样，同质量的化妆品产品，包装简易者成本低，包装讲究者成本高。但后者常因包装优而提高产品档次，比前者有更好的经济效益。再如，以涂料为例，如果一种涂料的使用成本很低，但使用年限很短，而另一种涂料使用成本虽高，但具有很好的水洗去污性能，可在较长使用期内保持良好的外观性能，那么两种产品相比，消费者会选择后者而不是前者。因此，进行产品配方组成设计时，应从多角度综合考虑其经济性。

③ 安全性。精细化学品为终端产品，其安全性更为重要。在其配方组成设计时，有关安全性的考虑，应包括生产的安全性、

使用的安全性、包装储运的安全性，以及对环境的影响等。生产的不安全因素，常来自化工原料的毒性与腐蚀性、易燃易爆性以及生产设备和操作过程。设计时应尽量选用低毒、安全的原料，并应对生产设备及工艺的探讨给予足够的注意。

使用的安全性，主要是指使用对象的安全性。使用对象可以是人及其器官、牲畜、工业设备等。如各种洗涤剂、化妆品、食品添加剂、卫生杀虫剂、空气清新剂等均与人体直接接触，或被人体经口或呼吸系统直接摄入。对这些产品，在其性能设计时常把对人体的安全性放在第一位。为确保安全，国家经常制定产品标准及卫生法规等进行管理。这些法规是进行配方设计时必须遵循的，对饲料添加剂等也是如此。而对于水处理剂、锅炉清洗剂、工业清洗剂等以工业设备为主要对象的产品，在操作者按章操作时可保证安全的前提下，其安全性主要是确保对设备无腐蚀、无污染。

对环境的不安全性，主要指在产品制造和使用过程造成的环境污染。如涂料、农药、油墨的生产与使用过程中溶剂的臭味及对大气的污染，含磷洗涤剂对水域造成过肥，生产过程排放的污水造成的污染，生产过程的粉尘污染，等等。由于国际社会对环境保护十分注意，先进工业国及我国均已开发出许多无污染的换代产品，对某些易产生污染的原料采取了禁用或限制使用的政策，对生产过程污染物排放制定了标准等，这些都是产品设计时应考虑或必须遵守的原则。

④ 地域性。由于地理环境、经济发展水平、生活习俗的不同，对产品的性能要求也不相同，故进行产品配方组成设计时应考虑地域性原则。例如，衣用洗涤剂配方设计时，就要考虑不同地区水质的差别（是硬水还是软水）、衣物上污垢的差别（以动植物油污严重污染为主，还是轻度油污及灰尘为主）等。水质稳定剂的配方则要考虑地域的水质。此外，各国因发展水平不同而对环保

的认识程度也不同，一些化学物质在某些国家允许使用而在另一些国家则被禁止使用，在一些国家可接受的使用方法（如用热水洗涤衣物以减少洗涤剂用量）而在另一些能源缺乏的国家则不能接受，如此等等，甚至产品商标采用图案的设计也会在此国受欢迎而在彼国却视为忌讳。因此，地域性原则在产品配方设计时亦必须给予足够的注意。

⑤ 原料易得性。一个产品最终应以走向市场为目标，因而其原料必须易得，且质量稳定。这点是显而易见的。

（2）合成技术配方设计的主要内容

精细化学品合成技术的配方设计必须在充分考虑上述设计原则的基础上进行。配方设计的内容通常包括产品性能指标设计和配方原理及结构设计两部分。

① 合成技术产品性能指标（含剂型）的设计。精细化学品是为满足应用对象对产品的特殊需要或多种要求而生产的产品，向用户提供的主要是产品的特定性能，因而性能设计是否具有实用性、科学性、先进性，往往是产品能否被用户接受，能否占领市场的关键。所以，合成技术产品的性能指标设计，就是在充分了解市场现实要求或潜在要求的基础上，把市场的要求及研究者的创意具体化为物理的、化学的指标及一些可具体考察的性能要求，作为产品开发的目标。

合成技术产品的性能指标常常包括两个方面：产品外观性能及使用性能。目前，在合成技术产品开发中，占相当比重的产品开发是仿制型产品或赶超型产品，因而仿制或赶超目标产品的性能指标即为开发产品的目标或参考目标。此时，可通过查找相关产品的标准（企业标准或国标、部标）及产品使用说明书，并以此为借鉴确定产品应达到的性能指标要求。

对于新产品，包括在原有产品性能基础上赋予新性能的产品，其产品的性能设计则必须在兼顾同类产品必有的基本性能的基础上，提出对欲赋予的新性能以明确的、可具体衡量或检测的指标要求。以一种可通过颜色变化提示用户加药的水处理药剂为例，作为水处理剂必须对水中存在的主要细菌、真菌、藻类具有强力的杀灭和控制作用，同时还应具有对设备的防腐缓蚀性能。这是对冷却水处理剂的基本要求，而变色指示加药则是新性能。作为性能指标设计，应包含上述两个方面，即产品外观性能及使用性能。

对于专门为某种产品的生产或应用过程的特定要求而开发的产品，其性能则只能根据具体情况进行设计。以磁带防霉剂为例，资料和市场调查显示，目前尚未有添加于磁带内具有高效长效防霉作用的磁带防霉剂，故性能指标只能根据产品和生产过程的特点以及用户要求进行设计。据用户介绍，磁带是由聚氨酯、三元树脂、大豆磷脂、磁粉等按一定比例，并与由丁酮、环己酮等组成的混合溶剂，在室温下混合并砂磨成磁浆后，再涂布在片基上并以 100～120℃烘干而成。磁带上的主要霉菌为木霉、杂色曲霉、黄曲霉、蜡叶芽枝霉、镰刀霉、黄青霉、宛氏拟青霉等。根据上述情况，在磁带防霉剂性能设计时提出了以下几点关键性要求：一是防霉剂的加入不得影响磁带的磁性能；二是防霉剂在 110～120℃生产条件下必须稳定，不得分解或升华、挥发；三是对磁带上的霉菌必须高效，防霉期不少于 3 年；四是防霉剂必须能溶于磁浆所用的溶剂中或其粒径应小于等于磁粉经砂磨后的粒径。由于上述性能指标反映了用户的要求，体现了产品应用及生产过程的特点，故循此目标研制的产品可满足用户要求，因而作为产品性能设计的目的已达到。由此可见，精细化学品产品的性能设计是要在透彻了解应用对象、应用条件的基础上进行。有时，对象的情况用户自己也说不清，比如用户只知道产品发霉，但不知是什么菌，因此在设计前还需对霉菌进行分离确认。总之，通过实验去了解对象，再进行性能设计的情况是常有的。

另外，在进行精细化学品产品性能设计时，还必须设计或收集有关性能测试的方法，以供精细化学品产品研制时进行性能测定，并判断目标是否已达到。

② 精细化学品产品的配方原理及结构的设计。合成技术产品的性能主要由配方决定，其次为选择合适剂型以及对配制工艺的掌握。因而配方原理及其结构，就成为精细化学品新产品开发中的技术关键。配方原理及其结构设计，应在掌握有关基本知识、理论、经验、发展动向、市场需求的基础上进行，它应能体现设计原则并保证性能目标的实现。

不同类别的合成技术产品，其配方原理不同；即使同一类但性能不同的合成技术产品，其配方原理也有很大差异。有些合成技术产品的配方原理与化学反应有关（如固体酒精的配制，主要是在固化剂合成过程中将液体酒精包裹在固化剂中，但多数合成技术产品的配方原理则与化学反应无关。合成技术产品配方原理的千差万别，构成了其产品性能上的差异。例如洗涤剂类配方，其产品的配方原理是基于表面活性剂可以降低表面张力，从而产生润湿、渗透、乳化、分散、增溶等多种作用，将衣物上的污垢脱落并分散于介质中，通过漂洗而达到去污效果。但有去污作用的物质，除表面活性剂外，常用的还有无机碱，其去污原理是碱与油污之间的皂化作用。此外，酶对污垢有分解作用，从而产生较强的去污力。而酶的品种不同，其去污原理也不同。脂肪酶通过生化反应将油脂类污垢分解，蛋白酶是将蛋白质分解为水溶性的低分子氨基酸或肽，淀粉酶可将淀粉转化为糊精，等等。所以在进行配方原理设计时，应根据产品的目标性能要求，确定去污原理，选用不同的物质作配方的主成分，或将不同类的物质复配作为配方的主成分。又如杀菌洗涤剂，配方原理设计除考虑去污功能外还要考虑杀菌功能；若是漂白洗涤剂则除考虑去污功能外，尚需考虑其漂白功能。总之，不同产品性能的差异，要通过配方原理设计上的差异来体现。根据配方原理设计而选择主成分物质时，通常要多选几种主成分或其组合进行实验，并通过性能测试比较其性能后确定一两个（或复合）主成分，再围绕主成分按性能指标要求进行配方结构设计。

对于配方原理涉及化学反应的配方，通常是根据化学反应式，以有关反应物质的量关系为参考，拟定几个不同的配比，作为原理性配方试验方案，并以目标性能指标为判据，对试验结果进行评价，最终确定原理性配方的主成分及其比例，然后再按目标性能要求，按功能互补的原则等进行配方结构设计。

配方结构的设计，是为了弥补主成分性能及使用性能的不足，或增加目标要求所需的功能而进行的。以洗涤剂为例，按原理设计确定的主成分，使产品具有去污功能，但为了加强洗涤效果、充分发挥主成分的作用、降低成本、增加新功能等，通常还必须加入各种助剂。在配方结构中，除主成分外，可考虑加入的助剂有：碱性助剂、酸性助剂，降低表面活性剂溶液的表面张力助剂，降低胶束临界浓度、增强分散溶液中污垢能力的助剂，防止被分散的污垢再附着的助剂，有软化硬水作用的助剂，以及对金属离子有封闭作用的助剂等，如配方中有酶，则必须有酶稳定剂。配方结构由配方原理及产品性能决定。在配方结构设计时应充分发挥主剂和助剂以及助剂之间的协同效果。

四、精细化学品绿色合成技术开发与实验技术具体内容

精细化学品绿色合成开发技术是一项以实验为主要手段的应用技术，任何一种过程开发的第一个阶段都是从实验室开始的。在这一项基本的工作过程中，完成对工艺路线、反应方式、分离方法和实验装置等的筛选工作，并用所得的最佳数据去证实所选

方案的可靠性，以此决定开发工作是否进行下去。所以，实验室阶段是开发工作的起点。

即使在过程开发阶段，还要进行必要的小试、中试、冷模试验等试验内容。工程设计是在实验室研究的基础上进行的。小型实验若不能揭示过程的各种特征，则工程研究就很难有应用的可能性。实验基础不牢，往往导致实践的失败。因此，实验室研究工作的深度和广度并不亚于过程研究本身，它是整个精细化学品开发的重要组成部分。例如，各种分析方法的研究，催化剂的开发，化学物质的物性数据测定，反应动力学数据测定，新型结构装置的研究，全流程或部分流程试验等，进行这些工作，不但要有足够的理论水平，而且还要掌握一定的实验技术。

那么，精细化学品绿色合成开发实验技术指的是什么？它都包括哪些具体内容？

其一，从其研究规律上，精细化学品开发实验技术包括试验设计和流程设计两个方面。试验设计是指在探求客观事物存在的规律中采用什么样的方法，以期用最少的实验获得可靠而明确的结论；流程设计是指在研究过程中选用什么样的装置，以什么样的实验手段获得开发中所必需的结果。

试验设计的方法很多，代表性的有三种：网格设计法、正交设计法和贯序设计法。网格法简单，但实验工作量大；贯序法科学且精度高，但使用难度大；正交法具有实验次数少，使用和分析结果方便，结论可靠等优点，常被广泛采用。至于采用什么样的实验仪器设备，组织什么样的装置和流程，要根据研究对象的特征及具体的实验内容来确定。

其二，从研究的具体内容上，化工开发实验技术主要包括：物质物性常数测量技术（如黏度、表面张力、汽液平衡数据等）、反应技术（如气-液反应、气-固反应、液-液反应、催化反应等）、催化剂制备与性能测试技术、分析测试技术（如化学分析、仪器分析）、分离技术（如精馏、离子交换、膜分离、吸附、萃取、层析等分离技术）、特殊条件控制技术（如高温、加压、真空等技术）以及与实验有关的自动控制技术等。这些技术都有其自身的特点和规律性。在具体实践中，要针对具体研究对象的特点，进行认真分析，选择相应的实验技术。

总之，实验是精细化学品开发工作中获取结果的主要手段。只有熟练掌握和正确运用各项实验技术，才能作好精细化学品开发工作。

第二节
高端精细化学品绿色合成技术合成产品与工艺设计

精细化学品工艺实验是培养学生系统掌握实验技术与实验研究方法的一个重要的综合性实践教学环节。工艺实验不同于基础实验，其目的不仅仅是为了验证一个原理、观察一种现象或是寻求一个普遍适用的规律，而应当是针对某项具体的生产技术与特点所进行的具有明确意义的实践活动。因此，与科研工作十分相似，在实验的开发过程上也是从查阅文献、收集资料入手，在尽可能掌握与实验项目有关的研究方法、检测手段和基础数据的基础上，通过对项目技术路线的优选、实验方案的设计、实验仪器设备的选配、实验流程的组织等来完成实验工作，并通过对实验结果的分析与评价获得最有价值的结论。

精细化学品实验产品工艺实验的开发主要包括以下两个阶段：第一是工艺路线的选择；第二是实验设计。

一、精细化学品绿色合成技术工艺路线的选择

精细化工工业的一个突出特点就是具有多方案性，即可以从不同原料出发，制得同一种产品；也可以从同一原料出发，经过不同的生产工艺，得到不同的产品；由同一种原料制取同一种产品，还可以有许多不同的工艺方法来达到等。这些不同的方案中，包含着技术、经济、环境保护等诸多因素。所以，在精细化学品实验产品实验工作全面展开之前，选择好切实可行的工艺路线是极为必要的。

工艺路线的选择主要包括：选择原则和选择方法。

1.选择原则

由于精细化学品实验产品工艺实验的一个重要任务是解决具有明确工业背景的工艺技术问题，它是工业化生产的前提和基础。所以，它应该具备科学性、实用性、先进性和预见性。在选择工艺路线时，要紧紧围绕实现工业生产这个目的，进行深入细致的、全方位的考虑。做好这项工作需要考虑的因素很多，归纳起来，应该从以下四个方面进行重点研究。

（1）原料路线

精细化学品生产中，原料是应该首先考虑的问题。因为原料是精细化学品生产成本的主要组成部分，精细化学品生产中所用到的原材料非常复杂，除了参加反应的各种原料、试剂之外，还常用到大量的有机溶剂、酸和碱等，它们作为反应的介质或精制用的辅助原材料必不可少；其次，精细化学品生产中所用的原料决定着采用的反应类型、反应器型式、产品质量与产率、生产工艺以及可能对环境造成的影响等。这就要求在选择工艺路线时，必须对不同路线所需的原料和试剂做全面的了解和比较。对原料

和试剂比较理想的要求是：价廉易得，来源丰富，产率与利用率高，使用安全，低污染或无污染。

（2）技术路线

精细化学品生产大多技术密集，科技含量高，且存在一定的危险性，所以在选择工艺路线时应充分考虑技术的先进与合理性。技术上应该从操作、设备、反应类型、安全等几个方面认真考虑。操作要求简便、安全、易于掌握和控制；设备要求简单实用，尽量减少特殊设备（如高压、高温、高真空或需复杂的安全防护措施）的使用；反应应选择步骤尽可能少、副反应少的路线，以减少操作环节和提高产率。

（3）生产成本

生产成本是指（企业）用于生产某种产品所需费用的总和。其构成非常复杂，除了必需的原辅材料费用、固定资产投资、公用工程（水、气、暖等）费用之外，还包括管理费用、销售费用、工资、利润等。在实验开发阶段，除了可以对其中的原料、部分公用工程等费用做初步计算外，其他的费用只能根据所掌握的各种资料，凭借经验进行粗略的估算。

由于生产成本是产品具备市场竞争性的主要因素之一，所以，在实验室研究阶段就应该将其作为重点考虑的内容。通过各种信息途径，尽可能多地收集开发与课题有关的技术经济资料，并认真分析、调查，从中筛选出成本低、市场竞争性强的工艺路线。

（4）环境保护

进入21世纪，为使人类可持续发展，保护地球的生态平衡，开发资源、节约能源、保护环境成为国民经济发展的重要课题。尤其对于精细化工，有效地利用资源，避免高污染、高毒性化学品的使用，保护环境，实现清洁生产，成为精细化学品新技术、新产品开发中必须认真考虑的问题。

2.选择方法

进行精细化学品产品小试前，不仅要掌握实验原理和实验步骤，还必须了解原材料、中间产物、催化剂和溶剂的化学性质、物理常数及预测可能产生的副反应和副产品，这些资料对指导反应物、产物、副产物、催化剂和溶剂的分离具有重要意义。在对实验所用原材料、中间产物和产品进行分析检测时，尚需了解分析原理、分析方法、所用标准溶液的制备及仪器的使用方法等。因此必须学会查阅一些常用的手册、辞典和参考书，学会查阅国家标准和行业标准，从中得到相关的、较新的信息，用以指导精细化学品实验。

为了寻找到更合理的工艺路线和先进的生产方法，需要对实验研究项目进行全面而深入的了解。为此，应通过各种途径尽可能多地收集与课题有关的技术资料。

3.逆向合成法

对于精细化学品中结构复杂且具有特殊功能的化合物，如医药及其化学品中间体、纳米化学品等，文献有时不能满足开发工作的需要，这时需要借助于特殊的方法来达到预期的目的，利用合成设计法是获得此类物质合成工艺路线的有效途径。由于合成设计所涉及的学科众多，内容极其丰富，这里仅简单介绍其中的逆向合成法来引导大家开拓思路，学会灵活运用所学过的化学反应和实验技术，经过推理、分析、比较和归纳，选择最适宜的路线和方法。

所谓逆向合成法，是指在设计合成路线时，由预期合成的化合物——目标分子（target molecule）开始，通过对结构进行分析，将复杂的分子结构逐渐简化，向前一步一步地推导到需要使用的起始原料。在逆推过程中，只要每一步逆推合理，就可以得出合理的合成路线。但是，合理的路线并不一定是生产上适用的路线，需要通过综合评价和实践的检验，才能确定它在生产上的使用价值。

逆向合成法设计合成路线包括以下三个主要过程：

① 由目标分子出发，依据合理的化学反应，逐步逆推，直到得到价廉易得的原料为止；

② 对上述分析推断得出的若干可能的路线，从原料到目标分子的方向，全面审查每步反应的可行性，在比较的基础上选定少数被认为最好的路线和方法；

③ 在具体实验过程中验证并不断完善各步的反应条件、操作方法、产率和选择性等，最后确定一条较理想的、切合实际的合成工艺路线。使用逆向合成法，需要熟练掌握和正确运用化学反应理论和一定的分析技巧。

近年来，随着现代精细化工的不断发展，如何利用资源优势，由价廉易得的原料合成具有复杂结构和特殊功能的新化合物，是经常遇到的问题。化学工作者不能满足于单纯模仿文献或标准方法上，还需要掌握合成设计的方法和思路，以便在今后工作中有所发现和创新。

二、精细化学品绿色合成技术实验设计

在工艺路线确定之后，接下来需要考虑实验研究的具体内容和方法。需要针对研究对象的特征，对实验工作展开全面的规划与构想。根据已确定的实验内容，依据科学的方法，制定出切实可行的试验方案，以指导实验的正常进行，这项工作称为实验设计。

1.实验内容的确定

实验内容指通过实验需要具体考察的指标、影响因素及其相互间的关系。实验内容的确定不应盲目追求面面俱到，而应该抓住课题的主要矛盾，有的放矢地开展实验。

（1）实验指标的确定

实验指标是指为达到实验目的而必须通过实验来获取的一些表征研究对象特征的参数。如动力学实验中测定的反应速率，工艺实验测定的转化率、产率等。

实验指标的确定应紧紧围绕实验目的。比如同样是研究气-液相反应，其目的可能有二：一是研究其动力学规律；二是利用气-液相反应生产新的精细化学品。对于前者，实验指标应确定为气体的平衡分压、传质速率、气体的溶解度等；对于后者，实验指标应确定为液相反应物的转化率、产品产率、产品纯度等。

（2）实验因素的确定

实验因素是指可能对实验指标产生影响，必须在实验中直接考察和测定的工艺参数或操作条件，如反应温度、压力、流量、原料组成、溶剂、催化剂、搅拌强度等。

所考察的实验因素必须具备两个条件：一是可检测性，即能够采用现有的分析方法或检测仪器直接测得；二是相关性，即实验因素与实验所产生的结果具有明确的关系，否则，不能列为工艺实验因素来考察。

需要注意的是，影响实验指标的因素常常很多，在实际确定实验因素时，需要根据研究对象的变化规律、精度要求以及现有的实验条件，选取几个主要因素来考察。

（3）因素水平的确定

因素水平是指各因素在实验中所取的具体状态，一个状态代

表一个水平，如温度分别取 80℃、100℃、120℃，便称温度有三水平。

选取因素水平时，需要注意两点：一是要有代表性，即重点要考察的因素可以多选几个水平，反之可以少选，以减少实验次数；二是要有可行性，即在它的工艺水平可行（允许）范围内选择。如温度的选择，既应考虑到能使反应有效进行，又要考虑到不会对催化剂、原料及产物等产生不良影响；又如原料浓度的选择，既要考虑到转化率，又要考虑原料的来源及生产前后工序的限制等。

2.析因实验

析因实验是指为了寻找引起某些变化、结果（例如转化率、选择性、反应速率）的原因而组织的实验，或者说，是从已知的结果、现象出发，通过实验，"由表及里"地探索因果关系。具体内容包括如下方面。

（1）直接原因

化学反应工程理论指出，影响反应结果的直接原因有催化剂特性、温度、浓度（压力），当催化剂特性一定时，对特定反应而言，影响反应结果的因素只有温度与浓度两种因素。

（2）工程因素

上述温度与浓度是指进行化学反应（分子尺度）处的温度与浓度。事实上，工艺条件、反应器型式及尺寸、操作方式三者总是结合与汇集在一个系统，又会派生出若干工程因素，诸如流速、流速分布、返混、预混、进料浓度、混合、加热、冷却等。这些工程因素又会造成若干浓度与温度分布，诸如床层的轴向、径向；滴内、颗内、膜内、泡内的浓度与温度分布。如图 5-1 所示，构成了三个层次。其中第一层次，通过设计、操作人们可以直接控制，而直接影响反应结果的是第三层次诸因素，它又隐于第二层次诸因素之中，难于观察，无法直接控制。

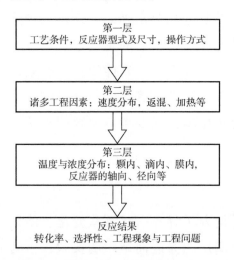

图 5-1　影响反应结果的因素层次

（3）非常规因素

一些非常规因素也会影响反应结果。诸如，催化剂中毒、烧结、晶态变化；循环使用的液体因污染改性；参与反应的固体表面包裹、黏结；固相沉积、黏稠物沉积；容器材质参与反应；药品变质、仪表失灵等意外事故等。

三、精细化学品绿色合成技术配方的实验室优化与工艺的确定

1.配方实验室研究的主要内容

（1）主成分物质及辅助物质的筛选

合成技术产品配方中的主成分物质，在配方结构设计时，可

根据文献资料的介绍及市场调查等，在掌握其性能及原料来源、价格等基础上初步确定。但其最后确定，必须通过实验筛选。这是因为：a.为达到设计性能目标，可作为主成分的物质不止一种，文献在肯定某种物质的功效时，可能由于作者知识面或工作条件的限制，不一定对所有可作主成分的物质进行过充分的对比，故文献作者认为最好的东西未必为最好；b.由于原料的来源不同或由于应用对象和使用条件的不同，在此地为最好的主成分，在彼地不一定为最好；c.由于保密的原因，在文献尤其是配方资料中，关于主成分物质的介绍，有时只具体到是何种（类）物质，此时需取不同的具体物质做对比试验，才能确定具体化合物的品种。基于此，主成分物质的筛选和确定，则成为配方筛选的首要内容。由于主成分不同，其他辅助物质亦会随之改变，因而主成分的筛选试验亦常常安排在配方设计阶段进行，即通过探索试验去比较不同主成分物质的性能，再确定选择何种物质为主成分，然后围绕此物质去设计配方，选择辅助成分。

辅助成分在配方中的作用主要有两方面：一为提高产品的性能，二是使产品具有合适的剂型。如果说文献和专利在产品配方上留有一手的话，那么这种现象主要发生在辅助物质身上。因为辅助成分的作用，非亲自进行实验仿制的人是难以发现的。因此，在配方试验研究过程中，当发现产品的性能，特别是使用性能出现问题时，应着力于辅助物质的研究。其研究内容主要有几个方面：a.对可起同样作用的辅助物质的不同品种进行对比试验，以确定何种物质最适宜。b.从经验和原理上去分析，配方中是否有意隐瞒了某一类有重要作用的物质。比如，在研究一种水处理剂时，依照专利配方配制的产品，其浓度无论怎样调整，配方组成和工艺均达不到专利介绍的水平。由于有效成分浓度低，无法实现商品化。根据经验和理论分析，可能是其中缺少了一种增溶成分。经添加不同增溶组分进行筛选，很快就解决了问题。c.寻找与主成分有相乘作用的配伍物质。效果卓著的配方，通常组分间有相乘效果。详细的文献资料或专利，通常对配方组分的增效搭配有详细介绍，但新开发的产品或一般配方集中引用的配方，物质间有无相乘作用，就需在掌握增效机理或前人经验的基础上，对配方中各物质进行分析，然后收集可能产生增效作用的物质进行不同浓度搭配及对比试验。以某一水处理剂的配方为例，配方中除主成分外，还含有表面活性剂和溶剂。要求产品具有水溶性及良好的杀菌性能。此产品性能是否好，关键在于表面活性剂的选择。如果仅从解决产品在水中的溶解性能的角度去选择表面活性剂，那么产品的杀菌性能就不够理想。如从表面活性剂既起增溶作用，又与主成分有相乘作用的角度去选择表面活性剂，则产品的性能就卓著。因而增效辅助物质的选择在配方实验中具有十分重要的意义。

（2）组分配比的确定

在对配方组分进行逐个选择时，经常是从由资料获得或初步设计的原始配方出发，先改变其中一个因素，固定其他条件，对此因素采用不同物质进行试验。与此同时，如对参与筛选的每一物质都安排不同用量进行试验的话，那么在比较出何种物质对性能有良好影响的同时，物质不同用量的比较结果亦可同时得出。将已选好的因素及用量代入原始配方中，固定其他因素，再改变另一因素，并同时安排不同用量进行试验。如此反复试验即可确定物质的配比。但这样得出的结果往往不是最佳配比。因为原先固定的因素，在最后的配方中均发生了变化，即在进行选择试验时，各物质的配比与最终物质配伍时的各物质的用量关系不是同一回事。因此，在筛选并确定了主辅成分各物质及初步选择了其用量后，最好用优选法去确定各物质的用量。通过优选法试验，可以确定何种物质对性能影响最大，何种物质影响最小，哪些物质间有互相影响。在各物质均取多个不同用量进行试验时，采用优选法可得知哪几个用量搭配效果最好。对影响不大的物质，可以取最小用量。这样，既能保证性能，又可降低成本。

（3）配方工艺的确定

配方的组分、配比、剂型确定后，还要进行实验室配制试验，确定配方的配制工艺。若配方的配制工艺不当，会造成组分间分层，出现沉淀或药剂组分间的物理变化、化学变化和生物活性变化，影响产品性能。通过实验确定配方各组分最佳的搭配方法，发挥其有效成分与辅助成分的配伍作用，配方达到最佳性能，是配方工艺实验研究的目的。

配制工艺实验的内容主要有：a.各组分加料顺序的确定；b.混合工艺条件，包括加料速度、温度、混合速度和方式等的确定。实践证明，透彻理解组分性能及有关的物理化学基本理论，对完成产品配制工艺的研究是至关重要的。下面介绍几个产品生产工艺操作注意事项，由此可进一步了解配制工艺方法的不同，将对产品质量和性能产生重大影响。

【例1】液体洗涤剂

液体洗涤剂是各种原料在一定的工艺条件下，经过配方加工制成的一种复杂混合物。当采用表面活性剂脂肪醇聚氧乙烯醚硫酸钠（AES）等为原料，配制液体洗涤剂时必须注意：第一，只能把AES慢慢加进水中，而决不能直接加水溶解AES，否则可能形成一种黏度极大的凝胶；第二，AES在高温下很容易水解，因此整个操作过程的温度应控制在40℃左右，最高不超过60℃；第三，对于含有AES的配方来说，若总的活性物浓度超过28%，则应先将其余表面活性剂、氯化钠及增溶剂加入40℃水中，搅拌到物料完全溶解后再加入AES。

【例 2】 内墙涂料

配制中档的聚乙酸乙烯酯（PVA）乳胶内墙涂料时，关键是向 PVA 水溶液中加水玻璃时的工艺条件。若速度过快或搅拌太弱，或温度高于 70℃时，均会生成絮状胶团，无黏性。有时即使制成了涂料，放几天后也会发生凝胶化。此外，在按严格操作要求配成涂料后，绝不可掺入冷水或温水，否则会影响涂料的结构和性能。

【例 3】 橡胶型压敏胶黏剂

橡胶型压敏胶黏剂的加工工艺中有硫化过程。硫化方法不同，胶黏剂性能也有所不同。方法之一是在配胶前就将橡胶部分硫化；另一种方法是在胶黏带粘贴后再加热硫化。前一种工艺既可改善压敏胶的强度和耐热性，又可保持常温下粘贴的良好工艺性，但部分硫化程度受到交联聚合物溶解的限制。后一种工艺对于改善胶层抗溶剂性效果显著。

【例 4】 粉状合成洗涤剂的配制

在配制粉状合成洗涤剂的料浆时，各组分的投料次序和料浆的温度均会影响料浆的质量。根据实验，一般投料的原则为：先投难溶解料，后投易溶解料；先投轻料，后投重料，先投量少的料，后投量多的料。总原则是每投入一种原料，都必须搅拌均匀后方可投入下一种原料，以达到料浆的均匀性。料浆体保持一定的温度有助于各组分的溶解和搅拌，并可控制结块，使溶液进入均质状态。但是，如果温度太高，某些组分的溶解度反而降低，析出晶体或者加速水合和水解。温度一般在 60～65℃，不超过 70℃为宜。

【例 5】 水质稳定剂

某铝系水质稳定剂为钼酸盐、葡萄糖酸钠、锌盐、有机多元膦酸和苯并三氮唑的复合配方水溶液，工艺实验研究表明，药剂加入顺序最为重要。正确的操作是：苯并三氮唑先用少量碱溶解，然后缓缓加入至其他药剂（除锌盐外）的水溶液中。锌盐的水溶液要在上述各药剂溶解后，再缓缓加入，同时还应控制溶液的 pH 值在一定范围内。否则会发生溶液分层，有沉淀物析出。只有通过正确配制工艺才能获得黄绿色透明的液体产品。

【例 6】锅炉水除氧剂

锅炉水除氧剂是一种淡黄色粉末，由除氧剂、缓蚀剂、活化剂和稳定剂等多组分复合而成。其配制工艺也要通过实验确定。复配时各组分的投加顺序有严格规定，一定要把稳定剂先于活化剂加入到除氧剂中并混合均匀，如果加入顺序不对，即把活化剂先于稳定剂加入的话，除氧剂就会被空气中的氧过早氧化，使药剂的除氧效果变差。

【例 7】O/W 型乳状液配制工艺

在将一种与水不互溶的主成分油类配制成 O/W 型乳状液时，筛选合适乳化剂是配制的关键。当所确定的乳化剂为复合组分时，配制 O/W 型乳状液的过程中，复合乳化剂的加料顺序应是从亲水亲油平衡（HLB）值小者逐渐过渡到 HLB 值大者，且每加一种乳化剂，均应混合均匀后再加下一种乳化剂，最后加水制成 O/W 型乳状液。否则，所制成 O/W 型乳状液，不仅外观质量差，而且乳状液稳定性差。

上述例子表明，配方工艺与配方原料的性质是密切相关的。因此进行工艺设计与试验时，必须在充分考虑原料性质的基础上进行。

（4）原材料质量规格的确定

复配型精细化学品，都是由多种物质复配而成。原料的质量规格，对保证产品质量与性能有十分重要的意义。

原材料的质量，通常可从产品的纯度、牌号、生产厂三方面去把握。对于许多通过聚合、缩合反应制得的产品而言，牌号不同，其聚合度就不同，分子量也不同。甚至平均分子量相同的聚合物，因分子量分布不同，性质也有差别。对粉状产品而言，产品的颗粒形状、颗粒度不同，其性能、用途有很大差异。对于由天然物提取的物质而言，产地不同，则成分不同。而上述的这些差异，都对原材料的性能产生影响。此外，同种原料，可由不同的工艺路线制得。不同生产厂家由于采用不同工艺路线，或即使采用同一工艺路线，但因原料来源不同、生产水平不同，往往名称相同的原料，其性能亦会因生产不同而有差异。因此在有些情况下，在确定原材料的质量规格时，还须指定应采用何单位生产的产品。

在通过小试确定原材料时，为了减少杂质对配方性能的干扰，通常都采用试剂（化学纯、分析纯）为原料。由于纯试剂杂质少，故在固定工艺和配比的条件下进行试验时，试验结果能本质地体现出不同原料对产品性能的影响，从而对原料品种或牌号做出选择。通常在确定了品种或牌号后，再逐一改用工业原料。当试验表明工业原料对配方产品质量影响很小时，即可以直接采用。有些工业原料所含的杂质会影响配方产品的质量，此时若经过适当的提纯或处理后，质量可符合要求，而经处理后成本仍低于纯试剂时，就应确定处理工艺和质量标准，将工业原料处理后使用。在保证产品性能的前提下，尽量使用价廉的工业原料是降低成本的重要环节。而按产品的性能要求来确定原料规格，是最重要的原则。

以化妆品为例，化妆品质量的好坏，除了受配方、加工技术及加工设备条件影响外，主要取决于所采用的原材料的质量。原料的质量常直接影响产品的色泽、香味及产品的档次。某些杂质的存在甚至会引起皮肤过敏等不良反应。因而化妆品常须采用化妆品级的原料，并要按产品档次不同去选择原料的来源、等级等。比如配制香水时，原料因产品档次不同而异。高级香水里的香精多选用来自天然花、果的芳香油及动物香料配制，所得产品花香、果香和动物香浑然一体，气味高雅、怡人，且有留香持久的特点。低档香水所用香精多用人造香料配制，香气稍俗，且留香时间也短。

　　在确定产品的原料规格时，产品牌号及原料颗粒形状、大小等的选择都是不能忽视的。许多不同牌号的产品，性能有很大差异。比如，聚乙二醇是平均分子量约 200~20000 的乙二醇聚合物的总称，分子量不同；对应的牌号不同，性质也不同。分子量低的 PEG200、PEG400、PEG600 吸湿性较强，常可用作保湿剂，还用作增溶剂、软化剂、润滑剂。分子量较高的 PEG1540 常用作柔软剂、润滑剂及黏度调节剂等。对于聚合所得的原料，聚合度不同而产生诸多牌号的情况是常有的，必须给予足够的注意。此外，许多无机物、粉状精细化工产品及原料，其结晶形状或颗粒的形状大小，对性能均有较大的影响，颜料、填料、医药、农药、聚合物粉末、粉末涂料、精细化工的粉体产品、高级磨料、固体润滑材料、高级电磁材料、化妆品、粉末状食品等，除对原料纯度要求不同外，对颗料的细度、形状等都有不同的要求。有的要求颗粒极细，平均粒径仅数微米，甚至在 1μm 以下；有的要求粒度分布狭窄，产品中过大过细的颗粒含量极低，甚至不允许含有；有的要求颗粒外表光滑，没有棱角、凸起或凹陷；有的要求颗粒形状应接近球形；有的则要求为圆柱形或纺锤形、针形或其他规整形状等。颗粒形状不同、粒径不同，性能差异悬殊。比如，二氧化钛（钛白粉）就有三种结晶形态，即金红石型、锐钛型和板钛型。作为颜料，常用前两种。金红石型的光亮度、着色力、遮盖力、抗粉化性能比后者强，锐钛型白度和分散性好。故作外墙涂料时，应用耐候性好的金红石型，锐钛型只能用于内墙涂料。又如作为聚合物制品的填料时，一般认为，球状、立方体状的填料可提高聚合物的加工性，但力学强度差；而鳞片状、纤维状的填料，其作用则相反。

综上可见，当使用的原料有不同的颗粒形状和规格时，对其颗粒度及颗粒形状对产品是否有影响，必须通过实验确定。

2.配方的实验室评价方法

在配方的实验室研究过程中，产品的性能评定始终是评价产品好坏的唯一标准，因而确定一个行之有效的实验室评价方法，乃是进行配方实验研究的先决条件。

精细化工产品品种繁多、性能各异，因而实验室评定的方法也是千差万别、各不相同的。但对于大多数已经成行成市的产品，其性能测定往往已有成熟的方法，有的甚至已经用国家标准（或部级、行业、企业标准等）的形式规定下来。但对于新兴行业及其新产品，则可能无标准可依，此时就需要研究人员自行设计有效的评价方法。

（1）各种标准规定的评定方法

对于在标准中规定了测定方法的产品，其性能测试必须按标准的规定进行。这种标准的实验测定方法，可以查阅已经公布的国家级或部级或行业、企业标准而得。

例如，关于水质稳定剂的配方评定，从标准 HG/T 2024—2009、GB/T 14643.6—2009 中查得产品评价方法有：a.碳酸钙沉积试验法；b.硫酸钙沉积试验法；c.旋转挂片腐蚀试验法；d.极性曲线评定试验法；e.线性极化测定法；f.水中微生物测定法。通过 a.和 b.法评定配方的阻垢分散效果，通过 c.、d.及 e.法评定配方对各金属的缓蚀效果，通过 f.法评定配方的杀生效果。有了这些评价试验方法，就可以发现配方产品存在哪方面的问题，以指导配方调整实验。

又如液体洗涤剂，实验室主要是通过评定其去污力、起泡力、

感观等指标评价配方产品，而这些性能测定的具体方法，已被
GB/T 13173—2008 及 GB/T 13174—2008 所规定。涂料、胶黏剂、
油墨、农药、化妆品，甚至一些日用品如皮鞋油、墨水等精细化
工产品，其性能评定大都有标准可循，这是在考虑产品评定时需
要注意的。

（2）自行设计的评定方法

对于在现有产品标准中找不到相应性能评定方法的产品，则
需要研究者在掌握有关基本知识及理论的基础上，以类似产品的
评价方法为借鉴，自行设计可行有效的实验室产品评定方法。

以高温（90~95℃）水质稳定剂的性能评价方法为例，在现
标准中无高温水质稳定剂的评价方法，故只得自行设计。实际研
究过程中，设计了一个高温、鼓泡热水恒温装置，在此装置中，
可模拟高温水操作条件下产生气穴、碰击等试验环境，从而为产
品的性能测试找到了有效、可靠的评定方法。自行设计时需注意
新方法的科学性、可操作性、精确性和重现性。

3.配方实验研究中常用的优选法

配方的研究过程离不开实验，从主成分的初步确定，到辅助
物质的品种、用量、质量规格，以及工艺路线、工艺条件、应用
技术的确定，均需要进行实验。配方的实验室研究过程，就是对
组分的筛选、组分的配比及配制工艺等的研究过程。此过程以配
方结构设计为基础。可固定配方的其他条件，只改变其中一个条
件进行实验，如此逐一对各条件进行试验，并将不同条件下获得
的配方产品进行性能测试，通过性能对比，找出较好组分、较好
配比和较好工艺。但因为此结果是在固定其他因素下取得的，故
当几个因素同时改变时，很难说明上述结果一定最好，因此在配
方的实验室研究中，在按上述方法取得了较好的结果后，常以上

述结果组成的配方为基础，再用优选法进行配方优化设计，以产品的性能为目标，通过优选试验及数据处理，确定哪些组分为影响产品性能的主要因素，哪些因素间有相互作用，最后再确定最佳配比和工艺条件，并通过验证实验后，实验工作即告完成。

关于优选法，可供选择的方法很多，其数据的处理亦有一套规律。

配方实验研究中常用的优选法有单因素优选法、多因素变换优选法、平均试验法以及正交试验法。其中正交试验法由于具有水平均匀性和搭配均匀性，被广大科研人员广泛采用，其特点是试验次数少，试验点具有典型性和代表性，试验安排符合正交性，是一种科学的试验设计方法。正交试验设计是当指标、因子、水平都确定后，再安排试验的一种数学方法。它主要解决以下三方面的问题：a.分析因子（配方组分，工艺条件等）与指标的关系，即当因子变化时，指标怎样变化，找出规律，指导配方生产；b.分析各因子影响指标的主次。即分析哪个因子是影响指标的主要因素，哪个是次要因素，找出主要因素是生产中的关键；c.寻找好的配方组合或工艺条件，这是配方研究与设计中最需要的结果。

正交试验设计法结果分析步骤如下：a.确定试验的基本配方，以及因素、水平变化范围、各因素之间是否有交互作用；b.选择合适的正交表，主要是根据因素与水平来确定，如果因素间有交互作用，可按另一个因素考虑，查正交交互作用表安排在相应的列中；c.按表上提供的因素、水平试验组合方案进行试验。正交试验的每一组数据都很关键，试验要尽量减少误差，要准确、全面；d.结果分析，正交试验的结果分析有直观分析和方差分析两种。

直观分析是通过计算各因子在不同水平上试验指标的平均值，用图形表示出来，通过比较，确定最优方案，以及通过极差（最大指标对应的水平与最小指标对应的水平之差）来判断因素对结果指标影响的大小次序。直观分析虽然简单、直观、计算量小，但是，直观分析不能给出误差的大小，因此，也就不知道结果的精度。方差分析可以弥补直观分析的不足之处，方差则可反映数据的波动值，表明数据变化的显著程度，又反映了因素对指标影响的大小。方差分析的计算可参阅专门的书籍。这里以环氧胶黏剂的配方设计为例，介绍正交试验直观分析寻找最佳配方的方法。

正交试验分析实例

环氧胶黏剂配方的基本组成有：环氧树脂、固化剂、填料、增韧剂共四种组分。一般可固定环氧树脂的量为 100 份，因此，配方实际需确定另外三个组分加入的份数。根据正交试验方案的特点，可选用四因素三水平的正交试验表。以胶黏剪切强度为试验目标，其测定在拉伸试验机上进行。目标值越大越好。根据环氧胶黏剂的基本配方组成的取值范围确定的三个因素，三个水平正交试验表见表 5-1，正交试验结果列于表 5-2，正交试验结果的直观分析列于表 5-3。

表 5-1　四因素三水平正交试验表

水平	因素		
	固化剂(A_i)	填料(B_i)	增韧剂(C_i)
1	30(A_1)	30(B_1)	5(C_1)
2	40(A_2)	60(B_2)	10(C_2)
3	50(A_3)	90(B_3)	15(C_3)

表 5-2　正交试验结果

试验号	因素			指标(y_i)/MPa
	A_i	B_i	C_i	
1	A_1	B_1	C_1	9.8(y_1)

续表

试验号	因素			指标(y_i)/MPa
	A_i	B_i	C_i	
2	A_1	B_2	C_2	9.9(y_2)
3	A_1	B_3	C_3	9.4(y_3)
4	A_2	B_1	C_2	11.3(y_4)
5	A_2	B_2	C_3	11.0(y_5)
6	A_2	B_3	C_1	9.8(y_6)
7	A_3	B_1	C_3	10.6(y_7)
8	A_3	B_2	C_1	10.7(y_8)
9	A_3	B_3	C_2	8.2(y_9)

表 5-3　正交试验结果的直观分析

水平	因素		
	固化剂(A_i)	填料(B_i)	增韧剂(C_i)
$K_1 = \sum y_{1i}$	29.1	22.1	20.1
$K_2 = \sum y_{2i}$	32.1	31.1	29.4
$K_3 = \sum y_{3i}$	29.5	27.4	31.0
$k_1 = K_1/3$	9.7	7.4	6.8
$k_2 = K_2/3$	10.7	10.5	9.8
$k_3 = K_3/3$	9.8	9.1	10.3
极差 $R = k_{max} - k_{min}$	1.0	3.1	3.5

为了直观，还可以绘出因子水平与 k 值的关系图，该图称为直方图，本例的直方图如图 5-2 所示。

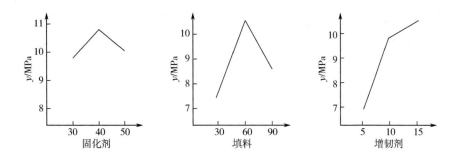

图 5-2　正交试验直观分析直方图

正交试验直观分析有：

① 因子与指标的变化规律。从直方图可看出因子的变化对指标的影响规律。

② 因子影响指标的主次顺序。极差的大小反映了各因素对配方指标影响的大小，各因素极差大小顺序为增韧剂>填料>固化剂，反映出在各组分取值范围内，增韧剂对环氧胶黏剂剪切强度的影响最大，固化剂影响最小。

③ 选出最优方案。本例的最优方案为 $A_2B_2C_3$，即固化剂 40 份、填料 60 份、增韧剂 15 份。

从以上正交试验结果分析可得出各因素的最好水平为：环氧树脂 100 份，固化剂 40 份，填料 60 份，增韧剂 15 份。根据以上试验配方再进行验证试验测得的剪切强度为 11.0MPa，其结果低于正交试验中的结果。这说明上述配方是较优的，但不是最优配方，可进一步通过有交互作用的正交试验或其他最优化设计方法提高配方的优化程度，如回归正交试验设计、逐步回归分析、混料试验设计等优化配方的方法。

第三节

高端精细化学品绿色合成技术的中试产品及后期工作

一、中试产品

由于配方产品的小试是在实验室进行,因受实验条件的限制,小试结果与实际生产和应用要求之间可能会有相当大的距离, 故在投产和生产应用前需通过模拟试验进一步检验实验室研究成果的实用性和工艺的合理性,探索使用条件和使用方法,对产品走向实际应用的可能性做进一步的试验。所谓模拟试验,是模拟实际生产应用环境及操作工艺,对配方进行更进一步的考察。通常根据模拟试验结果,推荐 1～2 个方案做生产性试验。模拟试验的方法,根据产品应用领域的不同而截然不同。有的产品,可以在实验室的模拟装置上进行。有的则需借助工厂设备进行,有些生产工艺简单或认为配方性能有保证的产品,也可不进行模拟试验而直接进行生产规模试验。模拟试验包括产品生产工艺的模拟及应用条件的模拟两个方面。

涉及合成反应的产品、混合过程设备与小试差别较大的产品以及因规模放大导致混合过程的传质、传热条件变化而对产品质量影响较大的产品,在规模生产前,常需进行模拟试验,以便进一步确定生产工艺和操作条件,为生产提供依据,或为生产设备的选型及生产工艺设计提供数据。

以某单位研制的啤酒用助滤剂硅藻土为例。小试时,是将助溶剂溶于水中,接着将其喷到硅藻土上,然后将含上述溶液达 30%

的湿土人工造球，再将球干燥，放入马弗炉烧。当上述产品实现工业化生产时，要将小试的间歇操作改为连续操作，采用圆盘造粒代替人工造粒，以回转窑代替马弗炉。由于生产设备与小试差别很大，由此而产生了诸如造球时的水分含量、窑的各段温度控制、窑的转速、球的大小、粉尘处理等一大串问题，都必须借助工厂的回转窑、造粒机等进行测试，才能取得数据，供工业设计时参考。

又如涂料类、胶黏剂类配方产品，常涉及脲醛树脂、酚醛树脂等的制备。通常，在实验室小试确定了合成工艺条件及配方后，还要进一步在扩大的试验装置（反应锅）中进行合成反应，考察反应组分配比、加料速度、加热温度、反应时间、反应物加入顺序等，探索合成反应的最佳配比和工艺条件，为工业生产提供依据。

产品性能的模拟应用试验，主要是与提供工（农）业用途的配方产品有关。由于这些产品须在特定条件下使用，或添加于产品中，或用于处理产品，或用于某一操作系统。故其性能、用量、使用方法等常需通过模拟试验做进一步验证后才能生产应用，以避免使用不当或配方不完善造成经济损失及不良的社会影响。

例如，水质稳定剂配方研究，在通过实验室小试筛选出 1~2 个配方后，一定要将配方产品在动态模拟试验装置上做进一步的性能考察。我国的化工行业标准 HG/T 2160—2008 给出了室内模拟试验流程图。该流程是专为水质稳定剂模拟应用试验而设计的，是工厂循环水系统在实验室的缩影。按照相似原则，装置在材质、几何形状、化学组成、传热过程和运动状态等方面均进行了较充分模拟和适当的强化，故作为实验室阶段的最终试验而推荐的这套模拟装置，所评价的方案及其腐蚀、结垢和积污的趋势，可作为判断配方产品能否提供现场做循环冷却水系统试验考察的依据。通过在模拟装置中的周期连续试验最后可取得配方腐蚀控制、黏附控制、菌藻控制的数据，提出 1～2 个更理想的配方推荐到生产中应用。如果模拟应用发现问题则须调整配方。

又如工业用色漆配方设计时，虽然已经考虑了其施工应用性能，但实验室的涂布与固化条件毕竟与涂装线涂布及干燥固化条件不同，因此，由实验室筛选的色漆配方必须进行施工应用试验，根据试验结果，必要时还要对色漆的配方组成进行调整。在色漆生产厂中，新的色漆配方产品出厂必须经两段检测，前一段先由实验室对色漆物化性能进行检测，合格后，再在工厂专用施工应用模拟涂装线上进行实涂考查。如符合标准要求，则可出厂。若发现问题，则需再进行改正，查找原因，调整配方，然后再返回实验室进行品质复查，合格后再送到施工应用模拟涂装线进行验证，直到完全达到标准要求为止。在胶黏带的生产厂，亦有类似生产工艺的小型涂布模拟装置，以检测胶黏剂性能，保证产品质量，这些装置经常接受新产品开发单位的委托，为新产品提供模拟试验数据。

二、现场应用试验

这是对配方产品最后的、也是最关键的检验。对用户说，应用试验的结果是决定其是否采用该产品的关键。所以，配方研究中，一定要在有足够把握时，才到用户单位进行应用试验。试验过程中，研究人员一定要深入实际，掌握第一手材料，并能通过修改配方或改进生产应用条件等，及时解决生产实际中出现的各种问题，使配方的应用试验顺利进行。生产应用试验的最终目的是验证、确定配方，确定使用条件和使用方法，以优良的应用效果、可靠的试验数据和良好的服务，使用户接受试验的产品。由于应用试验是在现场进行，因而事先应与用户共商试验计划，取得用户及现场生产操作人员的密切配合，只有在严格的生产管理下，才能做到对试验过程严格操作和严密监控，才能获得可靠的数据。否则再好的配方产品，也不能发挥其作用，也就无经济和社会效益可言。

产品的应用试验，因产品不同而方法各异，但都包括实际应用和检测两方面，而且，通常都应以同类产品作对照。

比如，一个由 TF 树脂、多聚甲醛、填充物组成的三夹板胶黏剂，其应用试验首先是按胶黏剂特性及由三夹板生产流程确定的条件，进行三夹板的生产试验，再令制得的三夹板通过 112 个周期（以 80℃水 3h，80℃空气 3h 为一个周期）的湿热试验。若经历 112 个周期后，性能测试证明胶黏剂确有良好黏合性能和稳定性，即表明此胶黏剂符合三合板胶黏剂应具有的耐高温、高湿度、耐老化等性能要求，同时具有一定的黏合强度，即可推向三合板胶黏剂市场。

不同产品应用的现场试验方法千差万别，在此不一一枚举。

三、产品质量标准的制定

配方研究完成后得到了精细化工新产品，为了控制和保证产品质量，需要制定产品质量标准。

产品的标准是对产品结构、规格、质量和检验方法所做的技术规定。它是一定时期和一定范围内具有约束力的产品技术准则。是产品生产、质量检验、选购、验收、使用、保管和贸易洽谈的依据。产品标准内容主要包括：产品品种、规格和主要成分，产品的主要性能；产品的适用范围；产品的试验、检验方法和验收规则；产品的包装储存和运输等方面的要求。

产品质量标准的内容和书写格式，须严格按 GB/T 1.1—2009《标准化工作导则　第 1 部分：标准的结构和编写》及 GB/T 1.3—1997《标准化工作导则　第 1 单元　标准的起草与表述规则　第

3部分　产品标准编写规定》。标准首先由研究人员按上述规定起草，然后交科研项目的负责单位，由该单位组织有关专业的专家（一般5~8人）进行产品标准审查，提交审查意见及专家签字。然后科研人员按专家的审查意见重新整理产品标准，再呈送主管部门审查，并报技术监督部门备案。对实行生产许可证制度的产品，须由厅级主管单位组织审查，报省技术监督局备案。其余产品，可由地（市）主管部门组织审查，报各地（市）技术监督局备案。经审批并获得标准编号和备案号的企业标准才可成为正式的产品企业标准。

对于已有国家标准或行业标准的产品，可直接执行国家标准或行业标准。企业亦可制定高于国标的企业标准，以确保产品质量安全可靠。此外，在编写企业标准时，若涉及的操作方法或测定方法已有国家标准作了规定的，应引用国家标准。

四、产品的鉴定

在新产品已完成了配方研究工作，并已在用户中应用，且有一定的市场占有率，取得了一定的经济效益和社会效益时，即可申请成果鉴定。符合鉴定条件的科研成果，可由该项目的负责单位与主要协作单位协商，经基层单位的技术部门认真审查并签署意见后，填写鉴定申请表，并附全套技术资料，向下达任务的上级部门提出鉴定申请。

须提交的技术资料有：a.产品试验研究工作总结：包括产品选题、样品剖析、配方性能评定的试验方法、产品质量评定方法、应用及配制工艺等。b.技术工作总结：包括配方研究的技术路线、解决的主要技术问题及配方研究可达到的技术水平；存在的主要技术问题及改进意见；产品开发可行性意见及产品推广中取得的经济效益等。c.产品企业标准的审批件。d.认证单位检测报告：配制好的批量产品在进入市场前，均须请认证单位（权威的产品质量监督部门，如省或市级的产品质量监督检验所）到配药现场对即将出厂的批量产品进行随机抽样，并按标准（已获批准的企标或国标等）规定的方法和内容对产品的成分和性能进行检测。质量检测部门检测后，即可提供产品质量检测报告。e.用户意见：多个使用产品的用户对产品进行了较长时间的试用后，根据产品性能、使用情况、产生的效果（包括社会效益和经济效益）等提供的结论性的应用报告证明材料。f.科技信息查新报告：委托省（市）科学技术信息研究所等单位，根据产品配方研究的类型、组成、用途及技术路线等，进行国内外文献的全面检索调查，根据调查结果做出查新报告，说明在国内外是否已有相同类型产品，产品工艺路线及性能是否新颖等。

鉴定主管部门对上述材料进行审查，认为已具备鉴定条件后，即安排鉴定计划并按项目内容，邀请同行业中研究生产、使用和设计部门的专家组成鉴定组。并指定和委任正、副组长负责该项目的鉴定工作。参加鉴定人员就下列问题作出评价：a.技术路线和技术方案的先进性、合理性和研究结论的科学性；b.技术水平、作用、意义和经济效益；c.应用条件和范围；d.存在问题、改进意见或推广意见等。

产品的鉴定书，是产品申请生产许可证及申请成果必不可少的技术文件，对扩大产品的影响亦有重大作用。

五、产品车间规模生产的注意事项

配方型精细化工产品，在经过一段推广应用时期打开市场之后，扩大生产规模就提到了议事日程。由于精细化工产品品种不同，生产过程的繁、简、难、易程度亦有很大差异，因而在扩大生产时面临的问题亦不同。但要实现规模生产，以下几个有关政策及技术方面的问题则是必须注意的。

1."三废"处理应有妥善的方案

实验室进行配方研究及产品试制时，都是间歇式的小量生产。配制过程产生的废水、废渣、废气（以下简称"三废"）量很少，三废污染不严重，因而不为人们注意。但当进入车间规模生产时，随着产品生产量的增加，三废量亦随之增加，其治理也就成了不容忽视的问题。根据我国有关规定，产品投产前，必须向有关环保部门提交三废治理方案，经环保部门审查通过后，生产车间方能投产。三废治理方案的内容，应包括生产的基本原理，基本流程，三废的主要内容及来源，三废量估算，三废治理方法、治理效果等。经治理后，三废的排放必须符合国家规定的工业三废排放标准。

2.生产许可证的办理

为了保证产品的质量和消费者的权益，我国对与人民生活及健康关系密切的产品，如农药、化肥、食品添加剂、饲料添加剂、化妆品、餐具洗涤剂等，实行生产许可证管理制度。因而产品投产前，应先弄清楚产品属不属于生产许可证制度管理的范围。如果是，则必须申办生产许可证。

申请生产许可证时，通常要准备如下技术资料：a.生产工艺总结（包括实验室及中间试验总结）；b.质量标准及起草说明；c.三废处理措施；d.产品使用说明书；e.用户意见；f.生产成本计算书；g.鉴定证书。

与人体健康相关的产品，还须有下述有关产品的安全性的资料：产品毒性试验报告厂食品卫生或化妆品卫生指标检测报告。

申请许可证可由研究或生产单位报请省、市、自治区的有关厅（局）审批，批准后，方可领取生产许可证。精细化工产品品

种、类别不同，审批的厅（局）不同，审核的重点不同，程序上
亦有差别。

3.设备的选型

精细化工配方产品在由小试扩大至生产规模时，都要进行设
备的选型。对于一些由液体混合而成的产品，设备可选用一般常
用于合成反应的反应釜，只需根据原料性质、生产规模、过程是
否需加热或冷却、何种材质及何种形式搅拌桨最为合适等进行设
备选型即可。但对于固-固、固-液混合，其过程又涉及粉碎、干燥、
研磨、煅烧、捏合、成型或高分子混合加工，涉及混炼、塑炼；
液-液混合涉及乳化时，设备选型就变得复杂得多。

以过氯乙烯底漆的生产为例，其色浆的研磨设备是选用球磨
机还是三轴磨较好，这就需要试验及分析比较。试验和对生产情
况的具体分析表明，以球磨机为宜。这是因为一般过氯乙烯色漆
含多量颜料，只用增塑剂不足以浸润这样多的颜料，故须连同树
脂液也一起用作研磨剂，所以采用密闭的球磨机较适合。其次，
即使增塑剂量也很多，但由于考虑到漆的要求，有时不能多用浸
润性好的增塑剂，这样在三轴磨上研磨也不甚适宜。还有根据实
际操作的结果，用球磨机研磨所得的色浆黏度较低，在配漆时分
散较易；如果是用三轴磨轧的色浆，配漆时就得仔细、逐步地将
色浆调稀，以免未调开的色浆成团地悬浮在漆内。故选用球磨机
是合适的。

仍以过氯乙烯漆为例，在溶解、研磨、配漆之后，需将漆过
滤以除去各组分带入的机械杂质、操作过程引入的机械杂质及未
分散好的颜料。可供选用的过滤机有离心机、压滤机和单轴磨等。
单轴磨除起过滤作用外还有研磨作用；离心机转速快
（15000r/min），过滤效力很强，但如果研磨和配漆的操作不好，就
会使未充分分散的颜料分离出来，使漆的成分产生变化。而对于

密度和漆液相近的杂质（例如存在于树脂中的胶质透明粒子），则需连续过滤多次才有效。采用压滤机时，压滤效能比离心机差，采用 325 目的滤网，透明粒子仍不能滤去。若目数高，过滤效率太低。故应以单轴磨为首选，如无单轴磨，则可选高速离心机连续过滤 3～4 次。

从上例可见，设备的选型必须充分考虑加工物料及设备的特性，对产品质量、工艺操作以及生产效率的影响等，且常需通过试验才能得到结论。

4.生产工艺及操作规程的确定

在实验室进行产品配方研究时，对配方配制工艺作了实验研究，确定了产品小试配制工艺。通过模拟试验，对小试工艺又做了验证及必要的修正。但由于生产时采用的设备和规模不同，故前述试验选出的优良工艺条件，在生产时不一定就是优良条件。因此必须将实验确定的配制工艺在大的生产装备中进行试验。通常可在实验确定的最优工艺条件的基础上，在一定的范围内，设定两三个方案，按不同方案的工艺条件，在生产设备上进行产品的生产。然后进行产品性能测定，通过比较选择最好的方案，并确定生产操作时各工艺条件允许的操作误差，为操作规程的确定提供依据。此工艺条件的验证与修正实验，最好采用优选法进行安排。

为了保证产品质量，正确的生产操作是至关重要的。由于操作者的专业水平通常都不高，故每种产品的生产都应制定详细的工艺操作规程，由技术负责人签署后下达，并对操作工进行技术培训。

工艺操作规程必须详细规定原料添加顺序、添加量、添加速度、添加时的条件，是否需要搅拌、保温、冷却或放置，如何确定某一步操作是否完成，如何采样，何时进行中间控制检测，如何出料，如何包装，等等。操作规程的条文，必须具体、明确，操作性应非常强，每点规定应以规范一步操作为宜。一个好的操作规程，应做到即使对化工了解不多的人，只要严格按规定操作，也能做出合格的产品。

5.建立原料及产品质量检测制度

配方研究时，已确定了配方的原材料质量规格，一般来说原材料质量规格的要求不会随生产规模的变化而改变。故在扩大生产规模时，若在小试阶段已对原料质量和规格进行了足够的研究的话，那么直接采用小试的结果即可。但亦有因设备材质与小试不同，对原料中的杂质要求不同，或因操作条件不同，对原料要求不同的情况，对此亦须注意。为保证产品质量，正规批量生产时，应建立原料质量检查制度，把好原料进货时的质量关，坚持原料先取样分析后投产的制度。对不符合要求的原料应不准进入生产过程。原料质量检查可采用随机抽样检查方法取样，按产品相应的国家标准或生产企业提供的企业标准进行检测。

成品的质量检测，是保证产品质量的最重要的也是最后的一关，必须建立产品出厂前取样检查，合格产品须凭合格证出厂的制度。产品的检测，应严格按照产品质量标准指定的项目和方法进行。

第四节
高端精细化学品绿色合成技术开发实例

上述已对精细化学品设计的基本原理、基本过程、基本方法等进行了较为系统地阐述，本节如下主要以作者多年来所设计的一些复配型精细化学品为例，具体介绍复配型精细化学品的研究设计过程。

一、乳液型硅油消泡剂的配制

在工业生产过程中，消除有害泡沫是一个重要的课题，通常采用的有效方法是化学消泡法，即在起泡体系中加入消泡剂。消泡剂是以低浓度加入起泡体系中，能控制泡沫产生的物质的总称。实际生产中，由于起泡体系以及生产条件的不同，使用的消泡剂亦不尽相同，为满足各种需要，应生产出品种多样、性质各异的消泡剂。

在文献记载的消泡剂品种中，由于有机硅型消泡剂具有消泡能力强、化学稳定性高、生理惰性和高低温性能好等特性而被广泛应用。单纯的有机硅，如二甲基硅油，并没有消泡作用，需将其乳化后，表面张力迅速降低，使用很少量即可达到较强的破泡和抑泡作用，因而有机硅消泡剂的制备主要为复合型，研究的重点是配方技术和乳化工艺，尤其是乳化剂的筛选复配和用量的确定。

1.产品性能特征的确定

在文献中，有机硅型消泡剂有强酸介质用消泡剂，适用于消除和抑制弱碱性发泡液的消泡剂，以及更具体体系（如发酵体系、造纸工业、制糖工业等）中所用的消泡剂，未见有适用范围较宽的消泡剂产品的研究报道。同时，含硅乳液消泡剂的乳化剂用量一般为 6%~7%，有的高达 13%~15%，且储存期较短，一般为 6个月，有的仅为 3 个月。针对此种情况，本研究所研制产品具备的性能特征为：a.在中性、酸性和碱性条件下均具有快速破泡作用和具有良好的抑泡性能；b.储存期达 12 个月以上仍保持性能不变；c.乳化剂用量控制在 5%以下。

2.配方原理与结构设计

研究发现影响乳液型制剂稳定性和产品性能的因素有很多，包括内在因素和外部条件。例如，操作温度、加料顺序、均质时间以及均质速度等外部条件，可以通过规范操作而避免；但一些内在因素，如选用的乳化剂种类与 HLB 值、乳化剂用量、消泡成分的配比等，必须通过试验来确定；同时，二甲基硅油是较难乳化的一种原料。基于此，在阅读文献资料的基础上，确定所研究的硅油乳液型消泡剂的结构设计如下：消泡成分确定为二甲基硅油和二氧化硅，采用复合乳化剂，确定复合乳化剂的 HLB 值、乳化剂种类与用量。

3.本研究中采用的测试方法

本研究中采用的性能测试指标包括：动态稳定性、消泡力、抑泡性、耐强酸/强碱性。

（1）动态稳定性

将制得的消泡剂乳液用去离子水稀释 10 倍后置于低速台式离心机中，3000r/min 离心 30min，观察分层情况。

（2）消泡力

发泡液：0.5%十二烷基苯磺酸钠水溶液。

向罗氏泡沫仪中加入 250mL 发泡液（0.5%十二烷基苯磺酸钠水溶液），通气鼓泡 5min，记下泡沫高度（用 mm 表示），然后加入 0.002g 的消泡剂乳液，同时开始观察消泡情况，并记录消泡时间。当泡沫高度降至 2mm 时，计算消泡速度。消泡速度：泡沫高度/消泡时间。

（3）抑泡性

方法：振荡法。

在 100mL 具塞量筒中，加入 30mL 发泡液和 1 滴消泡剂（稀释 100 倍），在室温下竖直振荡 20 次后静止。待泡沫稳定记录泡高（用 mm 表示），同等条件下做一空白实验。

$$抑泡效率=\frac{空白泡高-样品泡高}{空白泡高}\times100\%$$

（4）耐强酸、强碱性

比较加硝酸（12.3%）、磷酸（1.6%）及氢氧化钠（4.8%）前后消泡剂的消泡及抑泡性能变化。

4.研究内容和方法

二甲基硅油的溶解性和分散性、有机硅乳液消泡剂的稳定性和储存期等均与乳液的稳定性有关，而乳液的稳定性则与乳化剂的乳化能力、乳化剂用量等有关。影响二甲基硅油乳液型消泡剂稳定性因素主要有两方面：乳化工艺和消泡剂配方。通常，乳化工艺包括三条路径：乳化剂在水中法；乳化剂在油中法；轮流加入法。其中，乳化剂在油中法工艺成熟，所得产品均匀细腻，本实验采用此法，重点考察消泡剂的配方组成，尤其是乳化剂的筛选。由于正交试验可以反映出多因素协同作用中影响因素的变化趋势，而且又能减少试验的次数，方便、简捷，所以本实验在确定复合乳化剂的基础上，采用 L9（34）正交实验来优化最佳配方。

（1）复合乳化剂组成的确定

在有机硅乳液消泡剂研究的文献中，大多数文献均未介绍复合乳化剂的组成及配比，而实际配制中，同一 HLB 值下的不同复合乳化剂的组合，其乳化效果差异较大，因此本研究首先考察复合乳化剂的选择与配比。试验以 Span60 和 Tween60 为基础乳化剂，乳化剂的 HLB 值确定为 9，复配其他类非离子乳化剂进行实验，结果如表 5-4 所示。

表 5-4　不同乳化剂复配对消泡剂性能的影响

序号	乳化剂组成	性能		
		动态稳定性	消泡速度/（mm/s）	抑泡效率/%
1	Span60-Tween60-PEG300 单硬脂酸酯	略有分层	31.5	93.5
2	Span60-Tween60-PEG400 单硬脂酸酯	不分层	36.2	98.2
3	Span60-Tween60-PEG600 单硬脂酸酯	略有分层	29.6	87.6
4	Span60-Tween60-PEG800 单硬脂酸酯	分层	25.4	81.5
5	Span60-Tween60-Span20	略有分层	27.3	83.8
6	Span60-Tween60-Span40	不分层	34.8	95.8
7	Span60-Tween60-Span80	明显分层	27.4	84.9
8	Span60-Tween60-Tween20	略有分层	26.4	88.2
9	Span60-Tween60-Tween40	分层	28.1	82.3
10	Spun60-Tween60-Tween80	明显分层	23.9	80.1
11	Span60-Tween60	略有分层	30.6	94.2

表 5-4 中数据表明，用 HLB 值较小的亲油性乳化剂逐渐过渡到 HLB 值较大的亲水性乳化剂，按一定比例组成的乳化剂对原料

进行乳化，得到的硅油乳液消泡剂的稳定性及消泡和抑泡性能均好（如 2 号和 6 号，2 号复合乳化剂的 HLB 值依次为 4.7—14.9—11.6，6 号为 4.7—14.9—6.7），而复合乳化剂的 HLB 值相差较大时，对硅油的乳化能力较差。

（2）消泡剂最佳配方确定

在制备乳液型有机硅消泡剂过程中，影响因素除复合乳化剂组成外，乳化剂用量、乳化剂的 HLB 值及二甲基硅油和二氧化硅的比例等都是重要的影响因素。为了考察这些因素的协同作用，实验过程中采用四因素三水平正交试验优化最佳配方，评价指标采用综合打分。试验安排见表 5-5，试验结果见表 5-6。

表 5-5　四因素三水平正交试验安排

水平	因素			
	A	B	C	D
1	12∶1	3.5	25	8.5
2	13∶1	4.0	30	9.0
3	14∶1	4.5	35	9.5

注：A 为二甲基硅油∶二氧化硅，质量比；B 为乳化剂用量，%；C 为 Span60 和 Tween60 占乳化剂总量的百分比，二者比例为 1.4∶1；D 为乳化剂的 HLB 值（用 PEG400 单硬脂酸酯和 Span40 调节）。

表 5-6　四因素三水平正交试验结果

实验号	A	B	C	D	动态稳定性	消泡速度/(mm/s)	抑泡效率/%	综合评分
1	A_1	B_1	C_1	D_1	差	20.9	82.4	8
2	A_1	B_2	C_2	D_2	优	35.1	98.4	24

实验号	A	B	C	D	动态稳定性	消泡速度/ (mm/s)	抑泡效率/%	综合评分
3	A_1	B_3	C_3	D_3	良	29.8	86.5	16
4	A_2	B_1	C_2	D_3	良	22.6	90.8	16
5	A_2	B_2	C_3	D_1	中	26.3	88.4	14
6	A_2	B_3	C_1	D_2	优	34.2	94.3	22
7	A_3	B_1	C_3	D_2	中	25.8	84.7	12
8	A_3	B_2	C_1	D_3	良	23.6	86.9	14
9	A_3	B_3	C_2	D_1	中	19.4	87.6	10
K_1	48	36	44	32				
K_2	52	52	50	58	T=136			
K_3	36	48	42	46				
R	18	16	10	26				

注：动稳定性：优 8 分，良 6 分，中 4 分，差 2 分；消泡速度：>30 为 8 分，25～30 为 6 分，20～25 为 4 分，15～20 为 2 分；抑泡效率：>95 为 8 分，90～95 为 6 分，85～90 为 4 分，80～85 为 2 分。

比较表 5-6 中 9 个实验的综合评分，2 号实验最高，其因素水平组合为 $A_1B_2C_2D_2$。计算比较 R 值可知，$R_D > R_A > R_B > R_C$，乳化剂的 HLB 值和二甲基硅油与二氧化硅配比是主要因素。比较 R 值，较好的因素-水平组合为 $A_2B_2C_2D_2$，即二甲基硅油与二氧化硅配比为 13:1、乳化剂用量是 4%、Span60 和 Tween60 占乳化剂总量的百分比为 30%、乳化剂的 HLB 值为 9 是最佳配方。

（3）验证实验与消泡剂耐酸碱性性能评价

为考察确定的配方是否最佳及性能是否优良，进行了 3 次平行实验，并对其耐酸碱性及与市售同类产品的性能进行了比较，结果见表 5-7。

表 5-7　验证实验及性能评价

序号	动态稳定性				消泡速度/（mm/s）				抑泡效率/%			
	中性	NaOH	H_3PO_4	HNO_3	中性	NaOH	H_3PO_4	HNO_3	中性	NaOH	H_3PO_4	HNO_3
1	不分层	不分层	不分层	不分层	36.4	34.5	35.1	36.2	99.1	96.9	98.4	98.4
2	不分层	不分层	不分层	不分层	36.1	35.0	35.3	35.7	98.6	98.4	97.9	98.2
3	不分层	不分层	不分层	不分层	35.8	34.6	36.3	35.9	98.9	97.2	98.3	98.6
法-R114	不分层	不分层	不分层	不分层	36.2	33.2	36.2	37.2	98.9	94.1	99.2	99.4
SAG-662	不分层	不分层	不分层	不分层	35.6	36.7	33.6	34.2	98.1	99.6	97.3	94.6

由表 5-7 看出，所确定的配方优于正交试验中 2 号实验，且重复性较好；与市售同类产品比较结果表明：本产品在中性条件下与国内外产品性能相当，酸性条件下优于 SAG-662，与法-R114 性能一致，碱性条件下则优于法-R114 而与 SAG-662 接近。

（4）储藏稳定性考察

有效储存期是产品的一项重要指标，为考察本产品的储藏稳定性，将制备的产品装于玻璃瓶中于室温下保存，每季度取样分析，结果列于表 5-8。

表 5-8　产品储藏稳定性

项目	储存时间			
	3 个月	6 个月	9 个月	12 个月
动态稳定性	不分层	不分层	不分层	不分层

续表

项目	储存时间			
	3个月	6个月	9个月	12个月
消泡速度/（mm/s）	35.9	35.8	35.8	34.6
抑泡效率/%	99.1	98.5	98.2	96.4

通过上述研究，最终确定的最优配方为：硅油复合物（二甲基硅油：二氧化硅=13:1）20%、复合乳化剂（Span60和Tween60占乳化剂量的30%，HLB值为9）4.0%、其余为去离子水。本产品性能稳定，既可在中性和碱性条件下使用，也可用于酸性条件下，适于较长期储存。

二、汽车发动机清洗液的配制

汽油车或柴油车发动机中的污垢主要是积炭。积炭是燃料及润滑油在高温下因燃烧不完全而形成的。由于燃烧不完全，就产生油烟和润滑油被烧焦的微粒。它混合着燃烧后残留的油液经不断氧化而成胶质，以致被牢固地附在燃烧室内，随后在高温的不断作用下，胶质又被缩聚，依次向沥青质、油焦质、炭质逐渐转化，形成积炭。由于燃料系统积炭严重，最后导致车况变坏、油耗增加、功率下降、故障率升高、尾气排放污染物超标，直接影响了机动车辆的使用寿命。因此研制汽油与柴油车发动机清洗液非常重要。

目前国内市场上出售的汽车发动机积炭清洗液，多数是汽车大修时直接清洗发动机。由于汽油车或柴油车发动机中积炭的成分基本相同，本研究的配方可称为汽车发动机清净剂，其具有易分散、抗沉积、除炭等作用，且使用方便，即把清净剂作为一个组分配入节能剂中用作汽油添加剂复配物使用。清洗方法是将燃油与燃料系清洗液按一定比例混合后，以所需的流量和压力输送给怠速工作的发动机进行燃烧,清净剂与发动机燃烧室中的积炭、胶结物等发生化学反应，使其软化、分解、疏松和逐层剥落燃烧，然后随废气排出发动机体外，除炭净化率达90%以上。本产品研究的重点是配方技术，尤其是表面活性剂、除炭剂、增溶剂、助剂、润滑剂的筛选和用量的确定。

1.产品性能特征的确定

在文献中，汽车发动机清洗液清洗方法是汽车在大修时把发动机拆卸后再清洗，针对此种情况，本研究所研制产品具备的性能特征为:a.汽车在正常行驶过程中直接把清洗液加入到油箱中清洗。b.汽车发动机清洗液既适合汽油车，也适用于柴油车。

2.配方原理与结构设计

去污的本质就是把污垢从被洗涤物上除去，将被洗涤物洗干净，在这个洗涤过程中，借助于某些化学物质（洗涤剂）以减弱污垢与被洗表面的黏附作用，并施以机械力，使污垢与被洗物分离。发动机清洗液的去污机理可用下式表示:

发动机·污垢+发动机清洗液——→发动机+发动机清洗液·污垢

清除积炭的过程是氧化的聚合物膨胀和溶解的过程。清洗液和积炭接触后，先在积炭层表面形成吸附层，而后由于分子之间的运动以及清洗液分子与积炭分子极性基的相互作用，使脱炭分子逐渐向积炭内部扩散，即能在积炭网状分子的极性基间生成键结合，使网状分子间的极性力减弱，破坏网状聚合物的有序排列，使之逐渐变松而被清除，汽车发动机的清洗液主要由去污剂（表面活性剂）、增溶剂、助剂、润滑剂等复组分配合而成。因此，其基本配方如下:

十二醇聚氧乙烯醚（AE）作为本配方的去污剂（表面活性剂），它能减弱污垢与被洗物表面的黏附作用，使污垢与被洗物分离并悬浮于介质中，最后将污垢洗净冲走。

单乙醇胺作为本配方的助剂，能中和酸性物质。此助剂具有螯合、分散、乳化和阻碍污垢再沉积的作用。油酸作为本配方的润滑剂，能够将发动机中各个零部件的摩擦系数降到最低值。

乙二醇单丁醚作为本配方的除炭剂，其与积炭接触后，先在积炭层表面形成吸附层，而后由于分子之间的运动以及除炭剂分子与积炭分子极性基的相互作用，最终将积炭清除掉。丙二醇作为本配方的增溶剂，使胶束增大，有利于非极性有机化合物插入胶束"栅栏"间，使烃类化合物的溶解量增大。

柴油或汽油作为本配方的溶剂，可使黏稠的积炭溶液稀释，使固体药剂在其中溶解，同时降低成本。

3.采用的测试方法

采用的性能测试指标包括：酸度、相对密度、稳定性、对橡胶的影响、铜片腐蚀性、机械杂质、清洗能力等。

（1）酸度的测定

根据 SH/T 0069—1991 为引用标准。量取 20mL 试样注入 50mL 烧杯中，将烧杯放在酸度计的台架上。把准备好的两个电极浸入试样中搅拌 3～5min，使整个系统达到平衡。打开酸度计上的测量开关，仪器的指针稳定在某一数值时，记录此数值。同一操作重复测定的 3 个结果之差不应大于 0.1pH 值。取重复测定结果的算术平均值作为实验结果并取至 0.001pH 值。

（2）相对密度的测定

根据 SH/T 0068—2002 为引用标准。采用密度计法。

（3）稳定性的测定

① 高温稳定性。量取 50mL 试样注入玻璃试管中，然后将带试样的玻璃试管放入恒温箱中，温度控制在（40±2）℃，保持 24h。取出试管，待试样恢复到室温后，将试样水平倾倒 5 次，观察试样是否均匀，有无沉淀物或分层现象。

② 低温稳定性。量取 50mL 试样注入玻璃试管中，然后将带试样的玻璃试管放入低温箱中，温度控制在（15±2）℃，保持 24h。取出试管，待试样恢复到室温后，将试样水平倾倒 5 次，观察试样是否均匀，有无沉淀物或分层现象。

（4）对橡胶的影响的测定

取两块同样大小的油封氯丁橡胶，精确称量每段试样在空气中的质量（精确到 0.1mg），按 GB/T 1690—2010 的方法测量试件在蒸馏水中的质量（精确到 0.1mg），每块重（4±0.2）g。在两个玻璃瓶中分别注入 75mL 清洗液试样，并将其放入已恒温到（70±2）℃的恒温箱内，待两个玻璃瓶中的清洗液试样温度达到（70±2）℃后取出，立即将已称重的橡胶试件分别浸没在两个装有清洗液试样的玻璃瓶中，盖上盖子。再放回已恒温到（70±2）℃的恒温箱内，保持 30min。取出橡胶试片后，立即用 95%乙醇清洗干净，晾干，观察表面是否有鼓泡、脱落等变质现象，并精确称量每块橡胶试件（精确到 0.1mg）。橡胶试件体积变化率 ΔV（%）按下式计算：

$$\Delta V = \frac{(m_3 - m_4) - (m_1 - m_2)}{m_1 - m_2} \times 100\%$$

式中，m_1 为试验前橡胶试件质量，g；m_2 为试验前橡胶试件在水中的质量，g；m_3 为试验后橡胶试件质量，g；m_4 为试验后橡胶试件在水中的质量，g。

（5）铜片腐蚀性的测定

① 腐蚀水。将 148mg 无水硫酸钠、165mg 氯化钠、138mg 碳酸氢钠溶解在蒸馏水中，即得到腐蚀水。

② 测定步骤。取一标准铜片（25mm×50mm），再用砂纸将铜片打磨干净，称其质量（精确至 0.1mg）m_1，备用。取两个 100mL 锥形瓶，分别加入 10mL 试样和 10mL 腐蚀水，然后将两个准备好的铜片分别放入两个锥形瓶中。再接上回流冷凝管，放在 (88 ± 3)℃ 的恒温水浴箱中，保持 24h。取出锥形瓶，待温度降至室温时取出两个铜片，同时用 95%乙醇清洗干净，晾干。此时称量放在试样中的铜片的质量（精确至 0.1mg）为 m_2，并观察放在试样中的铜片外观与放在腐蚀水中的铜片外观相比较。铜片腐蚀率按下式计算：

$$X = \frac{m_1 - m_2}{m_1} \times 100\%$$

式中，m_1 为浸泡前铜片的质量，g；m_2 为浸泡后铜片的质量，g。

（6）机械杂质的测定

将试样和汽油预先加热到 40～80℃，再将定量滤纸放在有盖的称量瓶中，在 105～110℃的烘箱中干燥 30min，然后盖上盖子放在干燥器中冷却 30min，进行称量，质量为 G_1（精确至 0.0001g），备用。

从上述预热好的试样中取 5g（精确至 0.1g），放在烧杯中。再取为试样 6 倍量的汽油即 30g 也放在烧杯中，并用玻璃棒搅拌。

趁热将试样溶液用恒重好的滤纸过滤，该滤纸是安置至固定于漏斗架上的玻璃漏斗中，溶液沿着玻璃棒倒在滤纸上，过滤时倒入漏斗中的溶液高度不得超过滤纸的 3/4。

在带有沉淀的滤纸和过滤器冲洗完毕后，将带有沉淀的滤纸放在已恒重的称量瓶中，敞开盖子，放在 105 ~ 110℃烘箱中干燥不少于 1h，然后盖上盖子放在干燥器中冷却 30min，进行称量，质量为 G_2（精确至 0.0001g）。按下式计算机械杂质含量：

$$X = \frac{G_2 - G_1}{G} \times 100\%$$

式中，G_2 为带有机械杂质的滤纸和称量瓶的质量，g；G_1 为滤纸和称量瓶的质量，g；G 为试样质量，g。

取平行测定两个结果的算术平均值作为实验结果，机械杂质的含量在 0.005%以下时，认为无机械杂质。

（7）清洗能力的测定

人工污渍：将白凡士林、三氧化铝和活性炭各 1 份，羊毛脂 2 份，钙基脂 4 份等混合，于 120℃左右熔融并搅拌均匀即得。将打磨并清洗过的试片放在天平上称重 m_1，（精确至 0.1mg）。分别将试片浸入预先加热到约 80℃的人工污渍中浸涂 5min 以上，污物浸涂量为 110 ~ 120mg。待试片与人工污物温度相同后，取出沥干 20min。刮去试片底部聚集的油滴，称重 m_2：（精确至 0.1mg）。将浸油并称重后的试片分别浸入三个盛有（80±2）℃的 500mL 清洗液中，立即开始计时。静浸 3min，摆洗 3min，取出试片，再在（80±2）℃的 500mL 蒸馏水中摆洗 10 次，取出试片立即在（70±2）℃的恒温箱中保持 30min 后取出，将试片冷却至室温后称重 m_3（精确至 0.1mg）。按下式计算清洗率 h：

$$h = \frac{m_2 - m_3}{m_2 - m_1} \times 100\%$$

式中，m_1 为打磨并清洗过的试片质量，g；m_2 为浸油后试片的质量，g；m_3 为清洗后试片的质量，g。

说明：以人工污渍为对象的测定结果记为净洗力，以实际污渍为对象的测定结果记为实际净洗力。

4.试验内容和方法

（1）配方确定

经过配方筛选，在前人的配方研究基础上，加以改进拟定了如下的配方：以总量 100g 为标准，在室温下称量药品，依次加入 AE（十二醇聚氧乙烯醚）、6501（椰子油酰乙二醇胺）、乙二醇单丁醚、单乙醇胺、油酸、丙二醇、柴油到烧杯中，同时将磁子也放入到烧杯中，用磁力加热搅拌器搅拌 1h，得到样品。

配方试验中，丙二醇和 6501（椰子油酰乙二醇胺）的量是固定的，对 AE（十二醇聚氧乙烯醚）、乙二醇单丁醚、单乙醇胺、油酸进行考察。采用四因素三水平正交试验进行优化配方（表5-9）。

表 5-9　正交试验设计的因素与水平

水平	因素			
	乙二醇单丁醚/g（A）	AE/g（B）	单乙醇胺/g（C）	油酸/g（D）
1	11.0	5.0	3.5	18.0
2	12.0	6.0	4.0	20.0
3	13.0	7.0	4.5	22.0

（2）性能评价

对汽车发动机清洗液的酸度、相对密度、高/低温稳定性、橡胶腐蚀性、铜片腐蚀性、净洗力、机械杂质、实际净洗力测定结果进行综合等级打分。根据对测定指标的打分可以确定各组配方性能的好坏，进而以确定最佳配方及考察因素对配方影响的大小，结果见表 5-10，正交试验直观分析见表 5-11。

表 5-10　正交试验指标等级打分结果

序号	各指标等级打分结果									
	酸度	相对密度	高温稳定性	低温稳定性	橡胶腐蚀性	铜片腐蚀性	清洗率		机械杂质	总分
							净洗力	实际净洗力		
1	3	2	3	3	2	3	1	1	3	21
2	2	1	3	3	2	3	3	1	1	19
3	2	1	3	3	2	2	3	1	2	19
4	3	3	3	3	3	2	2	3	1	23
5	3	3	3	3	2	2	2	2	3	23
6	2	1	3	3	1	2	2	2	3	19
7	1	2	3	3	2	3	2	2	3	21
8	3	2	3	3	2	2	2	2	2	21
9	1	2	3	3	2	3	2	2	2	20

表 5-11　正交试验直观分析表

试验号	A	B	C	D	综合评分
1	A_1	B_1	C_1	D_1	21
2	A_1	B_2	C_2	D_2	19
3	A_1	B_3	C_3	D_3	19
4	A_2	B_1	C_2	D_3	23
5	A_2	B_2	C_3	D_1	23
6	A_2	B_3	C_1	D_2	19
7	A_3	B_1	C_3	D_2	21
8	A_3	B_2	C_1	D_3	21

续表

试验号	A	B	C	D	综合评分
9	A_3	B_3	C_2	D_1	20
K_1	59	65	61	64	
K_2	65	63	62	59	
K_3	62	58	63	63	
k_1	19.67	21.67	20.33	21.33	
k_2	21.67	21.00	20.67	19.67	
k_3	20.67	19.33	21.00	21.00	
R	2.00	2.34	0.67	1.66	

由表 5-11 中数据可知，配方中各组分对产品综合指标影响主次为：$R_B > R_A > R_D > R_C$，即 AE（十二醇聚氧乙烯醚）的加入量是配方中影响最大的组分，其次是乙二醇单丁醚的含量，然后是油酸的含量，最后是单乙醇胺的含量。

根据表 5-11 中数据，可以绘出各因子水平与 k 值的关系图（直方图），见图 5-3 ~ 图 5-6。

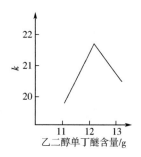

图 5-3　乙二醇单丁醚含量与 k 值的
　　　　关系图

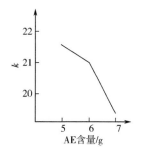

图 5-4　AE 含量与 k 值的
　　　　关系图

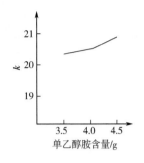

图 5-5　单乙醇胺含量与 *k* 值的
关系图

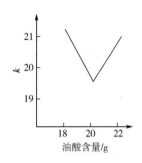

图 5-6　油酸含量与 *k* 值的
关系图

正交试验直观分析有：a.因子与指标的变化规律，从直方图可看出因子的变化对指标的影响规律；b.因子影响指标的主次顺序，极差的大小反映了各因素对配方指标的影响大小，各因素极差大小顺序为 AE>乙二醇单丁醚>油酸>单乙醇胺，反映出在各组分取值范围内，AE 对配方影响最大，单乙醇胺对配方影响最小；c.选出最优方案，本例的最优方案为 $A_2B_1C_3D_1$，即乙二醇单丁醚 12.0g、AE 5.0g、单乙醇胺 4.5g、油酸 18g。

（3）最佳条件验证实验

为验证所确定 $A_2B_1C_3D_1$ 是否为最佳配方，安排了 3 次平行实验进行验证，结果见表 5-12。

表 5-12　最佳条件验证实验性能测定结果表

序号	各指标等级打分结果									
	酸度	相对密度	高温稳定性	低温稳定性	橡胶腐蚀性	铜片腐蚀性	清洗率		机械杂质	总分
							净洗力	实际净洗力		
1	2	2	3	3	2	3	3	3	2	24
2	2	2	3	3	2	3	4	3	2	25
3	3	2	3	3	2	4	3	3	2	25

由表 5-12 可知，所确定的配方均优于 9 组正交试验，且重复性较好，至此证明实验成功，所确定的最优方案为：乙二醇单丁醚 12.0g、AE 5.0g、单乙醇胺 4.5g、油酸 18g。

三、汽车挡风玻璃清洗剂的配制

在我国，汽车挡风玻璃清洗剂是近几年发展起来的一种清洗剂，我国目前还没有一套完善的汽车挡风玻璃清洗剂的相关标准。汽车挡风玻璃清洗剂产品的标准，最完善的是日本的 JIS K2398—2009《汽车用风挡玻璃清洗液》。该标准详细规定了各项技术指标：外观、冰点、pH 值、高温稳定性、低温稳定性、去污力，以及对金属、橡胶、塑料、涂料的影响等。发达国家的汽车公司，如美国通用公司、美国国防部和英国国防部，对汽车挡风玻璃清洗剂的民用和军用产品，制定了相关的标准。我国有关部门，也在加紧研究和申报汽车挡风玻璃清洗剂产品相关的国家行业标准。

合格的汽车挡风玻璃清洗剂产品，外观应为无分层、无沉淀的液体，气味符合规定香型，如果是透明外包装，应为透明液体。冰点符合规定要求，如冬季-30℃产品，冰点应≤-30℃。pH 值最好在 6.0 ~ 7.5 范围之内。产品在较高和较低温度下存放一段时间，恢复室温后无沉淀或溶剂分层的现象。产品在一段时间内溶解大部分模拟污垢，产品对金属、橡胶、无影响等。

1.产品性能特征的确定

优质的汽车挡风玻璃清洗剂主要由水、酒精、乙二醇、缓蚀剂及多种表面活性剂组成。主要具有如下性能特征。

① 清洗性能

汽车挡风玻璃清洗剂是由多种表面活性剂及添加剂复配而

成。表面活性剂通常具有润湿、渗透、增溶等功能，从而起到清洗去污的作用。

② 防冻性能

酒精、乙二醇的存在，能显著降低液体的冰点，从而起到防冻的作用，能很快溶解冰霜。

③ 防雾性能

玻璃表面会形成一层单分子保护膜。这层保护膜能防止形成雾滴，保证挡风玻璃清晰透明，视野清晰。

④ 抗静电性能

用汽车挡风玻璃清洗剂清洗后，吸附在玻璃表面的物质能消除玻璃表面的电荷。

⑤ 润滑性能

车窗中含有乙二醇，黏度较大，可以起润滑作用，减少雨刷器与玻璃之间的摩擦，防止产生划痕。

⑥ 防腐蚀性能

汽车挡风玻璃清洗剂中含有多种缓蚀剂，对各种金属没有任何腐蚀作用，保证汽车面漆、橡胶绝对安全。

2.汽车玻璃清洗剂的配制原则

由于汽车挡风玻璃光滑透明，对玻璃洗涤剂的要求是既具有高洗净能力，又不能侵蚀玻璃表面。所以在选择清洗剂的各种成分时，一般应满足下列条件：

① 对挡风玻璃外表面的冲洗具有良好的清洗效果，不留痕迹，对玻璃无损伤。

② 所选用的各组分与各种不同型号的汽车挡风玻璃中的成分不应有互溶现象，否则清洗后易使玻璃起雾，不易清洗干净。

③ 使用的溶剂和助剂挥发性要好，以免清洗后汽车挡风玻璃上留有条纹。并且要求对汽车本身无不良影响，不污染周围环境，

清洗剂对人体无害。

3.本研究中采用的测试方法

（1）pH 值的测定方法

① 仪器的校正。接通 pH 仪电源，稳定 30min，然后按仪器说明进行调节。将电极浸入到所选择的缓冲溶液中，将缓冲溶液摇动几下并观察其温度。然后把 pH 仪中温度调节旋钮调到与缓冲溶液的温度一致。随后调节测定 pH 值的指针，使其所表示的数值与缓冲溶液的数值相一致。用蒸馏水冲洗电极，并用滤纸将电极上的水吸干，然后将电极浸入到另一个缓冲溶液中，此时 pH 仪读数应与缓冲溶液的 pH 值之差在 0.05pH 值内，如果不符，则表明电极有故障，应更换电极重新校正。

② 检测步骤。量取 100mL 试样注入 150mL 烧杯中，将烧杯放在 pH 仪的台架上。把准备好的两个电极浸入到试样中，搅拌 3~5min，使整个系统达到平衡。

打开 pH 仪上的测量开关，当仪器上显示某一数值时，记录该数值并重复测定 2 次。取重复结果的算术平均值作为实验结果，并取至 0.1pH。

（2）金属腐蚀性的测定方法

① 试样的准备。将汽车玻璃清洗剂浓缩液用事先制备好的腐蚀水配成冰点为（-18±1）℃的试样（本实验中配制的体积比为 1:5）。

② 金属片的准备。将金属片的棱角、四个边以及通孔先用粒度为 150 号的砂纸打磨，再用 180 号砂纸打磨到表面不得有凹坑、划痕以及锈迹，最后再用 240 号砂纸打磨。磨好的试片不要再用手接触，并且尽快用无水乙醇清洗，干燥后称重（精确至 0.1mg）。

③ 实验步骤。彻底清洗实验所用的烧瓶、橡胶塞、温度计以及回流冷凝管。将准备好的试片束放入烧瓶中并加入 300mL 试

样，进行回流冷凝。温度控制在（88±2）℃，时间为 24h。

实验终了时，要立即取出试片束，用软毛刷轻轻刷洗并进行称量，以确定金属试片的损失值。

（3）冰点的测定方法

① 定义。冰点是指在没有过冷的情况下，冷却液开始结晶的温度；或在过冷的情况下，冷却液最初形成结晶后迅速回升所达到的最高温度。

② 准备工作及实验步骤。向冷却浴中注入工业乙醇。其液面高度要适当，即冷却管放入时即不溢出又足以使其液面高于冷却管内试样的高度，向冷却浴中加入固体二氧化碳，每次加入量不可过多。否则容易使工业乙醇溢出。

固体二氧化碳不断加入不断融化，致冷剂温度随之迅速下降，当固体二氧化碳加入到一定数量时，融化速度明显减慢。当试样预冷到比预期冰点高 8℃时就可以进行实验了。

实验过程中要注意观察，当被测样品出现结晶时要迅速记录此时的温度，该温度即为该样品的冰点。

（4）平衡回流沸点的测定方法

① 仪器的校正。进行实验时，必须采用经过校正的温度计。

将经过校正的温度计插入烧瓶的侧口中，插的深度以水银球距烧瓶底部的中心 6.5mm 为准，温度计与烧瓶侧口可用一段橡胶管缠绕，以免漏气。

取 60mL 试样装入烧瓶中并放入 3~4 粒沸石。将清洁干燥的冷凝管插入烧瓶中，并将烧瓶放在电热套上，冷凝管的上部用夹子固定在铁架台上，在冷凝管的进、出水口上分别接上橡胶管，并使冷凝管夹层充满水。

当一切准备工作完成后，即可以进行加热。调节加热速度，使试样在 10min 内达到沸腾，沸腾之后，缓慢地降低加热速度，使其在 10min 内回流速度达到每秒 1~2 滴。仔细观察回流速度，在保持规定的回流速度 2min 后，再读取温度，并记录观测到的温度和实验时的大气压。

② 计算。对温度计进行校正后，再对所观测到的温度进行大气压力差校正，可利用下表来确定大气压力差校正系数或根据公式直接进行计算（表 5-13）。

表 5-13 校正温度计

经修正后的温度计观测温度/℃	单位标准大气压力与实际大气压力之差的温度校正系数/（℃/kPa）
<100	0.23
100~190	0.30
>190	0.30

注：实验时的大气压力若低于标准大气压力，试样沸点即将经温度计读数修正后的观测温度值加上大气压力差乘以表中系数所得的校正值；实际大气压力若高于标准大气压力，就减去所得的校正值。

试样沸点的大气压力差温度校正值 C（℃）也可按下式计算：

$$C=0.0007126（101.3-p）（273+t）$$

式中，p 为实验时的实际大气压力，kPa；t 为经修正后的温度计观测温度，℃。

对观测到的温度经过温度计读数修正和大气压力差校正后，作为试样的平衡沸点，结果报告至 0.5℃。

4.试验内容和方法

（1）配方确定

目前对于汽车挡风玻璃清洗剂还没有相应的标准，因而在实验中采取了直接观察的方法，即直接把清洗剂喷射在玻璃上，然后用汽车雨刷器擦拭，观察玻璃是否光亮，有没有水纹。然后，根据配制原则，从众多配方中筛选出洗涤效果较好的配方，选取最佳用量及范围，确定了基础实验配方（表5-14）。

表 5-14　汽车挡风玻璃清洗剂基础配方

组分	十二烷基苯磺酸钠	癸二酸	NaOH	BTA	380	乙醇	去离子水
用量/g	0.1	2	1	0.1	0.1	160	75

按日本的"JIS K2398—2009"标准对按表 5-14 中配制的产品进行了分析，结果见表 5-15。

表 5-15　汽车挡风玻璃清洗剂检测结果

考察项目	pH值	冰点	平衡回流点	金属腐蚀性/mg		
				铜片	铝片	钢片
检测结果	7.12	−35℃	84℃	−0.2312	−0.6442	−0.2350

（2）试验方案

分析表 5-14 配方中各组分的功能发现，对于汽车挡风玻璃清洗剂除具有一定的去污作用（表面活性剂，如十二烷基苯磺酸钠）、降低清洗剂冰点（乙醇）外，此类产品应重点考察产品对金属的腐蚀性。根据表 5-14 配方中，BTA（苯并三氮唑）对铜起保护作用，380（羧酸盐）对铝起保护作用，而癸二酸钠则对钢起保护作用，因此试验方案的重点是考察清洗剂对金属的腐蚀性。由此，配方的优化试验方案原则是：在表 5-14 配方的基础上，选择 380、癸二酸、BTA 作为考察因素；其水平是以表 5-15 配方中的相应配比量为中间量进行试验。试验方案的因素水平见表 5-16。

表 5-16　试验方案因素水平表

水平	因素		
	380(A)/g	癸二酸(B)/g	BTA(D)/g
1	0.07	1	0.07
2	0.10	2	0.10
3	0.13	3	0.13

（3）试验结果与分析

试验过程中，根据日本工业标准校订的 JIS K2398—2009《汽车用风挡玻璃清洗液》标准（表 5-17）进行分析测试，试验与分析结果见表 5-18。

表 5-17　汽车风挡玻璃清洗液标准

项目	标准
外观	浅蓝色透明液体或无色透明液体，无漂浮物及其他沉积物，没有不良气味
pH 值	6.5～7.5
金属腐蚀性[（50±2.0）℃，48h]/mg	—
铜	±0.15
钢	±0.80
铝	±0.30
冰点/℃	≤−35
平衡回流沸点/℃	84～87

表 5-18　L9（33）正交试验方案与试验结果

序号	因素			检测项目					
	A	B	C	pH值	冰点/℃	平衡回流点/℃	金属腐蚀性/mg		
							铜	钢	铝
1	A_1	B_1	C_1	8.27	-40.0	84.5	-1.62	-0.45	-1.86
2	A_1	B_2	C_2	7.31	-46.2	85.0	-0.57	-1.03	-0.31
3	A_1	B_3	C_3	7.26	-48.0	85.3	-0.03	-0.24	-0.12
4	A_2	B_1	C_3	7.48	-43.9	84.1	+0.51	-0.56	9.85
5	A_2	B_2	C_2	7.94	-46.7	83.6	-0.61	-0.89	-0.15
6	A_2	B_3	C_1	8.12	-45.3	83.4	-0.33	-6.25	-0.13
7	A_3	B_1	C_2	8.05	-47.2	83.5	-3.16	-6.28	-8.57
8	A_3	B_2	C_3	7.83	-46.8	83.5	-3.86	-2.36	-5.88
9	A_3	B_3	C_1	7.84	-47.8	84.2	+3.55	+7.99	-1.99

注：产品性状，全部为透明液体，无沉淀生成。

根据对正交试验各考察项目（表 5-18）与表 5-17 中标准进行比较，可以清楚地看出：9 组正交试验中的冰点全部合格，而其他项目或多或少都存在一些问题，其中 3 号实验所得产品的各项指标均达到"JIS K2398—2009"标准，且优于表 5-14 配方产品。

（4）重复验证实验

根据对正交试验各考察项目的分析比较，最终确定 3 号试验所得产品为最佳结果，即表 5-14 配方调整为表 5-19 中配方。

表 5-19　汽车风挡玻璃清洗剂调整配方

组分	十二烷基苯磺酸钠	癸二酸	NaOH	BTA	380	乙醇	去离子水
用量/g	0.1	3（原 2）	1	0.13（原 0.1）	0.07（原 0.1）	160	75

为了验证所确定的配方是否较优以及其重复性，按照 3 号试验的配方（即表 5-19 配方）进行 3 次重复试验，试验结果见表 5-20。

由表 5-20 中结果可知，按照上述试验研究所确定的配方（表5-19）配制的汽车风挡玻璃清洗剂，各项检测指标均达到 JIS K2398—2009《汽车用风挡玻璃清洗液》的要求，而且重复性较好，证明所得产品为合格产品，可以按照该配方进行生产。

表 5-20 重复试验结果表

序号	检测项目					
	pH 值	冰点/℃	平衡回流点/℃	金属腐蚀性/mg		
				铜	钢	铝
一	7.36	85.3	−46.8	−0.02	−0.25	−0.16
2	7.11	84.9	−43.9	−0.07	−0.23	−0.17
3	7.32	84.1	−47.5	−0.03	−0.24	−0.15

注：产品性状，全部为透明液体，无沉淀生成。

本试验所确定的汽车风挡玻璃清洗剂为全有机型配方，该配方性能稳定，经过 48h/50℃金属腐蚀性试验，证明对金属如紫铜、钢、铝基本无腐蚀。该配方不含磷酸盐、亚硝酸盐、硅酸盐、硼酸盐等无机酸盐，且不含有甲醇。选用的表面活性剂生物降解性好，环境污染小，低毒，符合日本汽车风挡玻璃清洗剂工业标准及环保要求。研制的汽车风挡玻璃清洗剂含表面活性剂和挥发性溶剂，不用水洗，对汽车风挡玻璃的污垢具有良好的去除能力，且使用方便、快捷；该清洗剂生产工艺简单，成本低，且可四季使用。

四、环保型液体洗涤剂的配制

与固体洗涤剂相比，液体洗涤剂具有使用方便、溶解速度快、低温洗涤性能好的特点，还具有配方灵活、制造工艺简单、设备投资少、节省能源、加工成本低、包装漂亮的优点，越来越受到消费者的欢迎。随着人民生活水平的提高，人们对于洗涤用品的需求也日益多样化，要求洗涤剂能去除各种顽固性污渍，漂洗方便，洗后增白，不泛黄，又要求手洗用的洗涤剂不刺激皮肤且具有杀菌等功能。

焦磷酸钠、三聚磷酸钠，因为其去污力强、洗涤效果好被用作许多洗涤剂中的助剂，但是富磷污染已成为一个不可忽视的问题，因此，开发一种无磷，但去污力同样很强的环保型洗涤剂是必然的趋势。

1.产品性能特征的确定

预研制的液体洗涤剂为无公害产品，所用的原材料微生物降解率高，不含强酸、强碱、磷等有害成分，对环境不产生污染；该产品可快速洗去衣物上的动物油、植物油、矿物油等油污并具有杀菌的效果，具有一定的应用价值。

2.环保型液体洗涤剂的配方组成

表面活性剂：AEO-9、AEO-3、6501、AES 等非离子、阴离子表面活性剂均具有对皮肤刺激性小、去污力强、微生物降解率高、配伍性良好等特点；选用的杀菌剂为阳离子表面活性剂——新洁尔灭。

助剂：柠檬酸钠、乙醇、油酸钠、甲苯磺酸钠、柠檬酸、乙二醇丁醚等。

3.试验中采用的测试方法

（1）稳定性测定

将样品分成 3 份，分别密封于瓶中，第一份置于（40±2）℃的烘箱中，放置 24h 取出，检查有无分层现象；第二份置于（-5±2）℃的冰箱中，放置 24h 取出，自然恢复到室温，检查有无分层和沉淀现象；第三份自然存放，定期观察所发生的变化。

（2）表面活性剂含量的测定

按 GB/T 13173.2—2000 所述方法进行。

（3）pH 值的测定

按 GB/T 6368—2008 所述方法进行。

（4）去污力测定

衣物上的污垢普遍较重，因此按 GB/T 13174—2008 衣料用洗涤剂去污力及循环洗涤性能进行测定和计算。

（5）黏度

用乌氏黏度计测定。

（6）产品外观分析

待产品稳定后，用眼观察其颜色及透明度。

（7）泡高的测定

用罗氏泡沫仪测定。

4.试验的内容和方法

（1）实验操作

将定量的 AEO-9、AEO-3、6501 混合于 250mL 烧杯中，加入

去离子水和定量的柠檬酸钠，放入恒温水浴锅中（复配温度控制在40℃左右），开动均质机并计时，待混合均匀后加入定量的新洁尔灭，再依次加入乙醇、乙二醇丁醚，最后加入适量的防腐剂、香精及调色剂，继续搅拌一定时间后，停止。

（2）配方的优选

为了选择较佳的复配工艺条件，如复配温度、乳化时间、AEO与AES的物料配比、溶剂用量等，在单因素实验的基础上选用L8(27)正交表做正交试验。正交试验的因素水平见表5-21，正交实验结果见表5-22。

表 5-21　正交试验的因素水平表

水平	因素								
	A/%			B/% AES	C/% 乙醇	D/% 乙二醇丁醚	E/min 乳化时间	F/℃ 温度	G/% 新洁尔灭
	AEO-9	AEO-3	6501						
1	6	2	4	6	10	7	120	40	3
2	5	3	5	7	12	5	90	45	4

表 5-22　正交试验结果

实验号	A	B	C	D	E	F	G	去污比值 K
1	1	1	1	1	2	1	1	1.08
2	1	1	1	2	1	2	2	1.03
3	1	2	2	2	2	2	2	1.34
4	1	2	2	2	1	1	1	1.45
5	2	1	2	1	1	2	1	1.11

实验号	A	B	C	D	E	F	G	去污比值 K
6	2	1	2	2	2	1	2	1.05
7	2	2	1	1	2	1	2	1.23
8	2	2	1	2	2	2	1	1.01
K_1	4.9	4.27	4.35	4.54	4.72	4.81	4.65	
K_2	4.4	5.03	4.95	4.76	4.58	4.49	4.65	
R	0.5	0.76	0.6	0.22	0.14	0.22	0	

从上述结果的极差可知，对去污力影响的顺序为 $B>C>A>F>D>E>G$，从各因素对产品指标影响的不同数据，可以分析出：表面活性剂在配方中的作用为洗涤，去除污垢，其用量直接影响产品的去污力，若用量多，虽然有好的去污力，但会提高成本并使溶液碱性偏高，不适宜于手洗；乳化时间的长短对洗涤剂溶液的稳定性及均匀度有一定的影响，乳化时间太短，溶液不均匀并且稳定性会减弱；溶剂的用量也有一定的选择性，用量过多会使产品的黏度降低，降低去污能力；用量过少又会使溶液黏度过大，不利于搅拌，各组分将不能充分混合接触，得不到透明均匀的溶液。另外阴离子表面活性剂 AES 在高温下较容易分解，因此，整个操作温度不宜过高。

综合上述对试验结果的分析，可以选出较佳的配方为 $A_1B_2C_2D_2E_1F_1G_1$，结果见表 5-23。

表 5-23　复配的较佳配方组合

项目	AEO-9 /%	AEO-3 /%	6501 /%	AES /%	乙醇 /%	乙二醇丁醚/%	乳化时间 /min	温度 /℃	新洁尔灭 /%
条件	6	2	5	7	12	5	120	40	3

（3）配方的进一步优化

通过正交试验已选出较好的试验方案，是否为最好的试验条件，需要进一步验证。将表 5-23 进一步做延伸实验，结果相差不大。实验中可以看出，此配方在性能方面比较完善，但在组成及成本方面，又存在些不足。归纳为：a.采用去离子水使成本不太乐观；b.色泽方面与同类产品不同，不能符合大众眼光，因此需要对配方进行进一步优化。首先，改用自来水代替去离子水进行复配，结果溶液中有细小悬浮物，不太澄清透明，稳定性也不好，出现沉淀物，可能是硬水中 Ca^{2+}、Mg^{2+} 带来的负面影响，选用价格适宜的柠檬酸钠作为螯合剂，来减少水中离子的影响，同时，柠檬酸钠又作为一种助剂，使此配方的组成更加完善；色泽方面选用油酸钠，既可以起到调色作用又兼作助洗剂。再次，配方中柠檬酸钠用量占 1.5%、油酸钠占 0.5%，其他条件不变，结果得到浅黄色透明溶液，黏度适中，为弱碱性，稳定性、去污力符合标准。

综上，配方的最佳组合为：AEO-9 6%、AEO-3 2%、6501 5%、AFS 7%、乙醇 12%、乙二醇丁醚 5%、新洁尔灭 3%、柠檬酸钠 1.5%、油酸钠 0.5%、防腐剂及香精适量，其余为水，乳化时间 120min，复配温度 40℃。所得产品测定的各项指标见表 5-24。

表 5-24　洗涤液的各项指标

项目	指标	项目	指标
外观	不分层，无沉淀，均匀	泡沫[（25±1）℃]/mm	82
气味	无其他异味	表面活性剂含量/%	≥20
pH 值	8	黏度/（Pa·s）	0.98
去污力比值	>1	冷热稳定性	均匀，不分层

（4）放大试验

在上述配方的基础上进行了放大试验，放大到 5 倍，结果显示与少量复配时结果相同，达到各项检测指标的要求。

五、固体酒精的配制

随着人民生活水平的日益提高，火锅已经成为人们在冬季餐桌上的美味佳肴。以酒精做火锅燃料，易点燃，燃烧升温快，易挥发，无毒害。但液体酒精在使用时既不方便，也不安全。在添加时，必须将酒精炉熄灭或燃烧完全后再添加并点燃，否则容易引起火灾或烧伤事故。为了解决这个问题，将液体酒精固化，研制一种安全、卫生、方便的新型燃料——固体酒精，便具有安全、实用、方便的意义。

固体酒精的合成工艺已有较多研究，制备方法也很多。但固体酒精的制备工艺与性能的研究还未见报道。本研究在前人工作的基础上，参照文献的研究方法，对固体酒精的配制工艺进行了优化，在此基础上研究了固体酒精的制备工艺与性能的关系。

1.产品性能特征的确定

预研制的固体酒精为固体燃料，所制成的产品，硬度应适中、外观均匀透明、燃烧时间较长、残渣量小；同时，制备过程中凝固温度较高（>30℃）、凝固时间较短（<15min）。

2.固体酒精的配方原理与组成

固体酒精，即让酒精从液体变成固体，是一个物理变化过程，其主要成分仍是酒精，化学性质不变。其配方原理为：用一种可凝固的物质来承载酒精，包容其中，使其具有一定形状和硬度。硬脂酸与氢氧化钠混合后将发生下列反应：

$$C_{17}H_{35}COOH+NaOH\longrightarrow C_{17}H_{35}COONa+H_2O$$

反应生成的硬脂酸钠是一个长碳链的极性分子,室温下在酒精中不易溶。在较高的温度下,硬脂酸钠可以均匀地分散在液体酒精中,而冷却后则形成凝胶体系,使酒精分子被束缚于相互连接的大分子之间,呈不流动状态而使酒精凝固,形成了固体状态的酒精。

配方组成:主成分为酒精(工业级),其量固定;固化剂为硬脂酸、氢氧化钠。

3.试验中采用的测试方法

(1)燃烧性能测定

称取一定质量的固体酒精制品,放入燃烧钵中,采用固定装置,点燃样品,测定开始燃烧至燃烧完全所需的时间,记录水温的升高值,计算热值,称量燃烧后的残渣量。

(2)凝固性能测定

将达到反应时间的酒精与硬脂酸钠混合液放入模具中,上悬温度计,测定产品达到凝固的时间和凝固时的温度。

(3)产品外观

主要考察透明度和硬度。

4.试验的内容和方法

(1)试验操作

取一定量酒精溶解硬脂酸,另取适量酒精溶解氢氧化钠,分别将两种溶液加入反应器中混合后,进行回流反应合成固化剂并将酒精混于其中,出料,经自然冷却的方法进行固体酒精的制备。具体工艺流程如下:原料混合—→加热溶解—→回流反应—→

冷却──→成型。

（2）配方优化

在文献资料基础上，采用 L9（34）正交表进行配方优化试验。固体酒精正交试验因素水平见表 5-25，正交试验结果见表 5-26，正交试验条件对产品主要性能影响的直观分析见表 5-27。

表 5-25　固体酒精正交试验因素水平表

水平	因素			
	硬脂酸（A）/g	氢氧化钠（B）/g	混合后反应时间（C）/min	混合后反应温度（D）/℃
1	1.5(A_1)	0.2(B_1)	30(C_1)	60(D_1)
2	2.0(A_2)	0.3(B_2)	40(C_2)	70(D_2)
3	2.5(A_3)	0.4(B_3)	50(C_3)	80(D_3)

表 5-26　正交试验结果

实验号	因素				燃烧时间/（s/g）	凝固温度/℃	凝固时间/min	透明度	残渣量/%	硬度
	A	B	C	D						
1	A_1	B_1	C_1	D_1	35.8	24	35~40	均匀透明	5.00	3
2	A_1	B_2	C_2	D_2	29.7	24	35~40	均匀透明	5.00	2
3	A_1	B_3	C_3	D_3	30.8	28	40~50	均匀透明	4.50	4
4	A_2	B_1	C_2	D_3	28.8	无	无	絮状沉淀	4.50	无
5	A_2	B_2	C_3	D_1	29.9	26	8~12	均匀透明	5.00	5

续表

实验号	因素				燃烧时间/（s/g）	凝固温度/℃	凝固时间/min	透明度	残渣量/%	硬度
	A	B	C	D						
6	A_2	B_3	C_1	D_2	32.7	34	10～15	均匀透明	4.75	4
7	A_3	B_1	C_3	D_2	28.7	无	无	絮状沉淀	5.00	无
8	A_3	B_2	C_1	D_3	33.0	20	28～32	不透明	6.00	4
9	A_2	B_3	C_2	D_1	26.1	36	8～14	均匀透明	5.75	5

表 5-27　正交试验条件对产品主要性能影响的直观分析

水平	残渣量/%				燃烧时间/（s/g）				热值/（℃/g）			
	A	B	C	D	A	B	C	D	A	B	C	D
1	4.80	5.25	4.80	5.25	32.1	31.1	30.5	30.6	0.18	0.18	0.188	0.19
2	4.75	5.02	5.30	4.92	30.5	30.9	28.2	30.4	0.19	0.195	0.190	0.18
3	5.58	4.80	5.00	5.00	29.3	29.9	29.8	30.9	0.19	0.188	0.188	0.19
极差	0.83	0.45	0.50	0.33	2.8	1.2	2.3	0.5	0.01	0.007	0.002	0.01

　　根据前述产品的性能要求（硬度应适中、外观均匀透明、燃烧时间较长、残渣量小；制备过程中凝固温度较高、凝固时间较短），由表 5-26 可知，9 组正交试验中，4 号和 7 号根本不凝固，1 号、2 号、8 号凝固温度较低（<26℃），9 号燃烧时间最短，此 6 组配方与工艺条件组合未达到产品性能要求。余者 3 号、5 号、6 号相比，3 号虽残渣量较小（4.5%）、燃烧时间较长，但凝固时间较长（40～50min）；5 号虽凝固时间最短（8～12min），但硬度

太大且残渣量较高（5%）。综合分析，6 号试验效果较优，其残渣量虽比 3 稍高些(4.75%)，但凝固温度高(34℃)，凝固时间短(10~15min)，且硬度适中、外观均匀透明，因此 6 号试验配方与工艺条件较优。

由表 5-27 试验条件对产品主要性能影响的直观分析可知，对残渣量的影响极差顺序是硬脂酸用量>反应时间>氢氧化钠用量>反应温度；极差最大的因素是硬脂酸（极差为 0.83），其次是反应时间和氢氧化钠用量（极差分别为 0.50 和 0.45）；所以影响残渣量的主要因素是硬脂酸，其次是反应时间和氢氧化钠用量。

表 5-27 中数据显示，对燃烧时间的影响极差顺序也是硬脂酸>反应时间>氢氧化钠>反应温度；极差最大的因素是硬脂酸（极差为 2.8），其次是反应时间和氢氧化钠用量（极差分别为 2.3 和 1.2）。所以影响燃烧时间的主要因素也是硬脂酸，其次是反应时间和氢氧化钠用量。

表 5-27 数据还表明，所选四个因素对热值的影响很小；其中极差大的是硬脂酸和反应温度（极差均为 0.01），即硬脂酸用量和反应温度对热值稍有影响。

由以上分析可以看出，在采用硬脂酸与氢氧化钠反应生成硬脂酸钠作为固化剂的固体酒精制备过程中，对制品的燃烧残渣量和燃烧时间影响的主要因素是硬脂酸用量，其次是反应时间和氢氧化钠用量；硬脂酸用量和反应温度对热值稍有影响。

综合上述正交试验所得各指标的直观分析结果，得出 6 号配方为最佳配方，即：硬脂酸 2g，氢氧化钠 0.4g，反应时间 30min，反应温度 70℃，酒精总用量 90mL。

（3）重复试验与放大试验

为考察正交试验所得的最佳配方的稳定性，对 6 号配方进行了 3 次重复试验，并进行 3 倍和 5 倍放大试验，试验结果分别见

表 5-28、表 5-29。

表 5-28　重复试验及性能测定结果

实验号	指标						
	残渣/%	燃烧时间/（s/g）	热值/（℃/g）	硬度	凝固温度/℃	凝固时间/min	透明度
1	5.00	33.1	0.200	4	34	8～10	均匀透明
2	4.75	32.7	0.190	4	35	9～12	均匀透明
3	4.50	32.9	0.195	4	35	7～10	均匀透明

表 5-29　放大试验及性能测定结果

实验号	指标						
	残渣/%	燃烧时间/（s/g）	热值/（℃/g）	硬度	凝固温度/℃	凝固时间/min	透明度
1（3倍）	3.75	29.2	0.205	4	34.5	9～11	均匀透明
2（5倍）	3.75	29.8	0.195	4	35.0	8～10	均匀透明

　　由表 5-28 可以看出，重复试验结果与正交试验结果中 6 号试验组相比，在各项性能指标方面相差无几，表明 6 号配方所制得的固体酒精性能稳定。

　　由表 5-29 明显看出，按比例放大 3 倍、5 倍后，制得的产品其各项指标与正交试验、重复试验的各项指标相差无几，说明此配方适合批量生产，其制品性能均稳定。

第五节
高端绿色聚氨酯胶黏剂的配方设计实例

一、概述

胶黏剂的设计是以获得最终使用性能为目的,对聚氨酯(PU)胶黏剂进行配方设计,要考虑到所制成的胶黏剂的施工性(可操作性)、固化条件及黏结强度、耐热性、耐化学品性、耐久性等性能要求。

二、聚氨酯分子设计

1.结构与性能

聚氨酯由于其原料品种及组成的多样性,因而可合成各种各样性能的高分子材料。例如从其本体材料(即不含溶剂)的外观性能来讲,可得到由柔软至坚硬的弹性体、泡沫材料。聚氨酯从其本体性质(或者说其固化物)而言,基本上属弹性体性质,它的一些物理化学性质如黏结强度、力学性能、耐久性、耐低温性、耐药品性,主要取决于所生成的聚氨酯固化物的化学结构。所以,要对聚氨酯胶黏剂进行配方设计,首先要进行分子设计,即从化学结构及组成对性能的影响来认识有关聚氨酯原料品种及化学结构与性能的关系。

2.从原料角度对 PU 胶黏剂制备进行设计

聚氨酯胶黏剂配方中一般用到三类原料:一类为 NCO 类原料

（即二异氰酸酯或其改性物、多异氰酸酯），一类为 OH 类原料（即含羟基的低聚物多元醇、扩链剂等，广义地说，是含活性氢的化合物，故也包括多元胺、水等），另有一类为溶剂和催化剂等添加剂。从原料的角度对聚氨酯胶黏剂进行配方设计，其方法有下述两种。

（1）由上述原料直接配制

最简单的聚氨酯胶黏剂配制法是 OH 类原料和 NCO 类原料（或及添加剂）简单地混合，直接使用。这种方法在聚氨酯胶黏剂配方设计中不常采用，原因是大多数低聚物多元醇分子量较低（通常聚醚分子量<6000，聚酯分子量<3000），因而所配制的胶黏剂组合物黏度小、初黏力小。有时即使添加催化剂，固化速度仍较慢，并且固化物强度低，实用价值不大。并且未改性的 TDI 蒸气压较高，气味大、挥发毒性大，而 MDI 常温下为固态，使用不方便，只有少数几种商品化多异氰酸酯如 PAPl、Desmodur R、Desmodur RF、Coronate L 等可用作异氰酸酯原料。

不过，有几种情况可用上述方法配成聚氨酯胶黏剂。例如：a.由高分子量聚酯（分子量 5000～50000）的有机溶液与多异氰酸酯溶液（如 Coronate L）组成的双组分聚氨酯胶黏剂，可用于复合层压薄膜等，性能较好。这是因为其主成分高分子量聚酯本身就有较高的初始黏结力，组成的胶黏剂内聚强度大；b.由聚醚（或聚酯）及水、多异氰酸酯、催化剂等配成的组合物，作为发泡型聚氨酯胶黏剂、黏合剂，用于保温材料等的黏结、制造等，有一定的实用价值。

（2）NCO 类及 OH 类原料预先氨酯化改性

如上所述，由于大多数低聚物多元醇的分子量较低，并且 TDI 挥发毒性大，MDI 常温下为固态，直接配成胶一般性能较差，故为了提高胶黏剂的初始黏度，缩短产生一定黏结强度所需的时间，通常把聚醚或聚酯多元醇与 TDI 或 MDI 单体反应，制成端 NCO 基或 OH 基的氨基甲酸酯预聚物，作为 NCO 成分或 OH 成分使用。

3.从使用形态的要求设计 PU 胶

从聚氨酯胶黏剂的使用形态来分，主要有单组分和双组分两种。

（1）单组分聚氨酯胶黏剂

单组分聚氨酯胶黏剂的优点是可直接使用，无双组分胶黏剂使用前需调胶之麻烦。单组分聚氨酯胶黏剂主要有下述两种类型。

① 以—NCO 为端基的聚氨酯预聚物为主体的湿固化聚氨酯胶黏剂。合成反应利用空气中微量水分及基材表面微量吸附水而固化，还可与基材表面活性氢基团反应形成牢固的化学键。这种类型的聚氨酯胶一般为无溶剂型，由于为了便于施胶，黏度不能太大，单组分湿固化聚氨酯胶黏剂多为聚醚型，即主要的含—OH 原料为聚醚多元醇。此类胶中游离 NCO 含量究竟以何程度为宜，应根据胶的黏度（影响可操作性）、涂胶方式、涂胶厚度及被黏物类型等而定，并要考虑胶的储存稳定性。

② 以热塑性聚氨酯弹性体为基础的单组分溶剂型聚氨酯胶黏剂。主成分为高分子量—OH 端基线型聚氨酯，羟基数量很少，当溶剂开始挥发时胶的黏度迅速增大，产生初黏力。当溶剂基本上完全挥发后，就产生了足够的黏结力，经过室温放置，多数该类型聚氨酯弹性体中的链段结晶可进一步提高黏结强度。这种类型的单组分聚氨酯胶一般以结晶性聚酯作为聚氨酯的主要原料。

单组分聚氨酯胶另外还有聚氨酯热熔胶、单组分水性聚氨酯胶黏剂等类型。

（2）双组分聚氨酯胶黏剂

双组分聚氨酯胶黏剂由含端羟基的主剂和含端 NCO 基团的固化剂组成，与单组分相比，双组分性能好，黏结强度高，且同一种双组分聚氨酯胶黏剂的两组分配比可允许一定的范围，可依此调节固化物的性能。主剂一般为聚氨酯多元醇或高分子聚酯多元醇。两组分的配比以固化剂稍过量，即有微量 NCO 基团过剩为宜，如此可弥补可能的水分造成的 NCO 损失，保证胶黏剂产生足够的交联反应。

4.根据性能要求设计 PU 胶

若对聚氨酯胶黏剂有特殊的性能要求，应根据聚氨酯结构与性能的关系进行配方设计。

不同的基材，不同的应用领域和应用环境，往往对聚氨酯胶有一些特殊要求，如在工业化生产线上使用的聚氨酯胶要求快速固化，复合软包装薄膜用的聚氨酯胶黏剂要求耐酸耐水解，其中耐蒸煮软包装用胶黏剂还要求一定程度的高温黏结力，等等。

（1）耐高温

聚氨酯胶黏剂普遍耐高温性能不足。若要在特殊耐温场合使用，可预先对聚氨酯胶黏剂进行设计。有几个途径可提高聚氨酯胶的耐热性，如：a.采用含苯环的聚醚、聚酯和异氰酸酯原料；b.提高异氰酸酯及扩链剂（它们组成硬段）的含量；c.提高固化剂用量；d.采用耐高温热解的多异氰酸酯（如含异氰脲酸酯环的），或在固化时产生异氰脲酸酯；e.用比较耐温的环氧树脂或聚砜酰胺等树脂与聚氨酯共混改性，而采用耐高温热解的多异氰酸酯来提高聚合物相容性的有效途径。

（2）耐水解性

聚酯型聚氨酯胶黏剂的耐水解性较差，可添加水解稳定剂（如碳化二亚胺、环氧化合物等）进行改善。为了提高聚酯本身的耐水解性，可采用长链二元酸及二元醇原料（如癸二酸、1，6-己二醇等），有支链的二元醇如新戊二醇原料也能提高聚酯的耐水解性。聚醚的耐水解性较好，有时可与聚酯并用制备聚氨酯胶黏剂。在胶黏剂配方中添加少量有机硅偶联剂也能提高胶黏层的耐水解性。

（3）提高固化速度

提高固化速度的一种主要方法是使聚氨酯胶黏剂有一定的初黏力，即黏结后不再容易脱离。因而提高主剂的分子量、使用可产生结晶性聚氨酯的原料是提高初黏力和固化速度的有效方法。有时加入少量三乙醇胺这类有催化性的交联剂也有助于提高初黏力。添加催化剂亦为加快固化的主要方法。

三、聚氨酯的黏结工艺设计

1.表面处理

形成良好黏结的条件之一是对基材表面进行必要的处理。

被黏物表面常常存在着油脂、灰尘等弱界面层，受其影响，建立在弱界面层上的黏结所得黏结强度不易提高。对那些与胶黏剂表面张力不匹配的基材表面，还必须进行化学处理。表面处理是提高黏结强度的首要步骤之一。

2.清洗脱脂

一些金属、塑料基材的表面常常易被汗、油、灰尘等污染，另外，塑料表面还有脱模剂，所以这样的塑料与胶黏层仅形成弱的黏结界面。对聚氨酯胶黏剂来讲，金属或塑料表面的油脂与聚氨酯相容性差，而存在的水分会与胶黏剂中的—NCO基团反应产生气泡，使胶与基材接触表面积减小，且使胶黏层内聚力降低，因而黏结前必须进行表面清洗、干燥处理。一般是用含表面活性剂及有机溶剂的碱水进行清洗，再水洗干燥，或用有机溶剂（如丙酮、四氯化碳、乙醇等）直接清洗。对有锈迹的金属一般要先用砂纸、钢丝刷除去表面铁锈。

3.粗糙化处理

对光滑表面一般须进行粗糙化处理，以增大胶与基材的接触面积。胶黏剂渗入基材表面凹隙或孔隙中，固化后起"钉子、钩子、棒子"似的嵌定作用，可牢固地把基材黏在一起。常用的方法有喷砂、木锉粗化、砂纸打磨等。但过于粗糙会使胶黏剂在表面的浸润受到影响，凹处容易残留或产生气泡，反而会降低黏结强度。如果用砂磨等方法又容易损伤基材，所以宜采用涂底胶、浸蚀、电晕处理等方法改变其表面性质，使之易被聚氨酯胶黏剂黏结。

4.金属表面化学处理

对金属表面可同时进行除锈、脱脂、轻微腐蚀处理，可用的处理剂很多。一般是酸性处理液。

如对铝、铝合金，可用重铬酸钾/浓硫酸/水（质量比约10∶100∶300）混合液，在70~12℃浸泡5~10min，水洗，中和，再水洗，干燥。

对铁可用浓硫酸（盐酸）与水1∶1混合，室温浸泡5~10min，水洗，干燥。或用重铬酸钾/浓硫酸/水混合液处理。

5.塑料及橡胶的表面化学处理

多数极性塑料及橡胶只需对表面进行粗糙化处理及溶剂脱脂处理。不过聚烯烃表面能很低，可采用化学方法等增大其表面极性，有溶液氧化法、电晕法、氧化焰法等。

① 化学处理。处理液可用重铬酸钾/浓硫酸/水（质量比75：1500：12，或 5g/55mL/8mL 等配比），PP 或 PE 于 70℃浸泡 1~10min 或室温浸泡 1.5h 后，水洗，中和，水洗，干燥。

② 电晕处理。用高频高压放电，使塑料表面被空气中的氧气部分氧化，产生羰基等极性基团。常常是几种表面处理方法相结合，如砂磨→腐蚀→清洗→干燥。

6.上底涂剂

为了改善黏结性能，可在已处理好的基材表面涂一层很薄的底涂剂（底胶），底涂还可保护刚处理的被黏物表面免受腐蚀和污染，延长存放时间。

聚氨酯胶黏剂和密封胶常用的底涂剂有：聚氨酯清漆（如聚氨酯胶黏剂或涂料的稀溶液）；多异氰酸酯胶黏剂（如 PAPI 稀溶液）；有机硅偶联剂的稀溶液；环氧树脂稀溶液等。

7.胶黏剂的配制

单组分聚氨酯胶黏剂一般不需配制，可按操作要求直接使用，这也是单组分胶的使用方便之处。

对于双组分或多组分聚氨酯胶，应按说明书要求配制，若知道组分的羟基含量及异氰酸酯基的含量，各组分配比可通过化学计算而确定，异氰酸酯指数 R=NCO/OH 一般在 0.5~1.4 范围。一般来说，双组分溶剂型聚氨酯胶黏剂配胶时，两组分配比宽容度比非溶剂型大一些，但若配胶中 NCO 基团过量太多，则固化不完全，且固化了的胶黏层较硬，甚至是脆性大；若羟基组分过量较多，则胶层软黏、内聚力小、黏结强度差。无溶剂双组分胶配比的宽容度比溶剂型的小一些，这是因为各组分的初始分子量较小，若其中一组分过量，则造成固化慢且不易完全，胶层表面发黏、强度低。

已调配好的胶应当天用完为宜，因为配成的胶适用期有限。适用期即配制后的胶黏剂能维持其可操作施工的时间。黏度随放置时间而增大，因而操作困难，直至胶液失去流动性，发生凝胶而失效。不同品种、牌号的聚氨酯胶黏剂适用期不一样，从几分钟至几天不等。在工业生产上大量使用时，应预先做适用期试验。

若胶黏剂组分中含有催化剂，或为了加快固化速度在配胶时加入了催化剂，则适用期较短。另外，环境温度对适用期影响较大，夏季适用期短，冬季长。经有机溶剂稀释的双组分聚氨酯胶，适用期可延长。一般溶剂型双组分胶黏剂，如软塑复合薄膜用双组分聚氨酯胶黏剂，适用期应大于8h。

若配好的胶当天用不完，可适当稀释，并上盖封闭，阴凉处存放，第二天上班时检查有无变浊或凝胶现象，若胶液外观无明显变化，流动性好，则仍可使用，一般可分批少量兑入新配的胶中。若已变质，则应弃去。

为了降低黏度，便于操作，使胶液涂布均匀，并有利于控制施胶厚度，可加入有机溶剂进行稀释。聚氨酯胶可用的稀释剂有丙酮、丁酮、甲苯、乙酸乙酯等。

加入催化剂能加快胶的固化速度。固化催化剂一般是有机锡类化合物。

8.黏结施工

（1）涂胶

涂胶（上胶）的方法有喷涂、刷涂、浸涂、辊涂等，一般根据胶的类型、黏度及生产要求而决定，关键是保证胶层均匀、无气泡、无缺胶。

涂胶量（实际上与胶层厚度有关）也是影响剪切强度的一个重要因素，通常在一定范围内剪切强度较高。如果胶层太薄，则胶黏剂不能填满基材表面凹凸不平的间隙，留下空缺，黏结强度就低。当胶层厚度增加，黏结强度下降。一般认为，搭接剪切试样承载负荷时，被黏物及胶层变形，胶层被破坏成一种剥离状态，剥离力的作用降低了表观的剪切强度值。

（2）晾置

对于溶剂型聚氨酯胶黏剂来说，涂好胶后需晾置几分钟到数十分钟，使胶黏剂中的溶剂大部分挥发，这有利于提高初黏力。必要时还要适当加热，进行鼓风干燥（如复合薄膜层压工艺）。否则，由于大量溶剂残留在胶中，固化过程容易在胶层中形成气泡，影响黏结质量。对于无溶剂聚氨酯胶黏剂来说，涂胶后即可将被黏物贴合。

（3）黏结

这一步骤是将已涂过胶的被黏物黏结面贴合起来，也可使用夹具固定黏结件，保证黏结面完全贴合定位，必要时施加一定的压力，使胶黏剂更好地产生塑性流动，以浸润被黏物表面，使胶黏剂与基材表面达到最大接触。

9.胶黏剂的固化

大多数聚氨酯胶黏剂在黏结时不立即具有较高的黏结强度，还需进行固化。所谓固化就是指液态胶黏剂变成固体的过程，固化过程也包括后熟化，即初步固化后的胶黏剂中的可反应基团进一步反应或产生结晶，获得最终固化强度。对于聚氨酯胶黏剂来说，固化过程是使胶中 NCO 基团反应完全，或使溶剂挥发完全，聚氨酯分子链结晶，使胶黏剂与基材产生足够高的黏结力的过程。聚氨酯胶黏剂可室温固化，对于反应性聚氨酯胶来说，若室温固化需较长时间，可加催化剂促进固化。为了缩短固化时间，可采用加热的方法。加热不仅有利于胶黏剂本身的固化，还有利于加速胶中的 NCO 基团与基材表面的活性氢基团反应。加热还可使胶层软化，以增加对基材表面的浸润，并有利于分子运动，在黏结界面上找到产生分子作用力的"搭档"。加热对提高黏结力有利。

固化的加热方式有烘箱或烘道、烘房加热，夹具加热等。对于传热快的金属基材可采用夹具加热，胶层受热比烘箱加热快。

加热过程应以逐步升温为宜。溶剂型聚氨酯胶要注意溶剂的挥发速度。在晾置过程中，大部分溶剂已挥发掉，剩余的溶剂慢慢透过胶黏层向外扩散，若加热过快则溶剂在软化了的胶层中汽化鼓泡，在接头中形成气泡，严重的可将大部分未固化、呈流黏态的胶黏剂挤出接头，形成空缺会影响黏结强度。对于双组分无溶剂胶黏剂及单组分湿固化胶黏剂，加热也不能太快，否则 NCO 基团与胶中或基材表面、空气中的水分加速反应，产生的 CO_2 气体来不及扩散，而胶层黏度增加很快，气泡就留在胶层中。

单组分湿固化聚氨酯胶黏剂主要靠空气中的水分固化，故应维持一定的空气湿度，宜以室温缓慢固化为宜。若空气干燥，可添加少量水分于涂胶面，以促进固化。若胶被夹于干燥、硬质的被黏物之间，且胶层较厚时，界面及外界的水分不易渗入胶中，则易固化不完全，这种情况下可以在胶中注入极少量水分。

第六节
高端绿色胶黏剂技术开发与配方实例

一、概述

胶黏剂是一种使物体与物体黏结成为一体的媒介，它能使金属、玻璃、陶瓷、木材、纸质、纤维、橡胶和塑料等不同材质黏结成一体，赋予不同物体各自的应用功能，是一种重要的精细化工产品。

胶黏剂工业的发展密切关系到汽车、建筑、电子、航空航天、机械、纺织、制鞋、包装、冶金、造纸、医疗卫生等行业，其产品不仅广泛应用于上述领域，也直接应用于人们的生活当中。由于胶黏剂的广泛应用，引发了一系列的环境保护问题，例如生产过程中的废水、废气以及危险废弃物的处置问题，产品使用过程中的有害物质——有机挥发物（VOC）的挥发问题，产品废弃后处置过程中引起的污染问题等。随着我国环保法规的日趋健全以及人们自身健康意识的提高，大力研制和开发适应日趋严格的环保法规要求、质量好、无污染、与国际标准接轨的绿色环保型天然胶黏剂和合成胶黏剂已成为 21 世纪我国胶黏剂工业的发展方向。

胶黏剂分类方法很多，如可从胶黏剂的组成结构、不同的固化条件以及不同用途等不同角度进行分类，这些分类方法同样适用于绿色胶黏剂。从目前胶黏剂的研制开发和生产应用来看，绿色胶黏剂包括天然胶黏剂、水性胶黏剂、热熔型胶黏剂、无溶剂型胶黏剂、无机胶黏剂以及符合国际标准的低甲醛、低有机溶剂的溶剂型胶黏剂，其中以水性胶和热熔胶为主，发达国家水性胶占50%，热熔胶占20%左右，并成增长趋势。

1.天然胶黏剂

天然胶黏剂是人类最早应用的胶黏剂，至今已有数千年的历史，在人类社会发展和进步过程中，起了很大的促进作用。天然胶黏剂主要是利用天然物质及其改性材料为主体材料而制备，原料易得，价格低廉，生产工艺简单，使用方便，一般为水溶性，且大多低毒或无毒，因此尽管合成高分子胶黏剂的迅速发展在相当程度上取代了天然胶黏剂，但目前天然胶黏剂仍在木材、纸张、皮革、织物等材料的黏结上有广泛应用。特别是近年来，随着人类社会对环境保护意识的逐步增强，进一步促进了天然胶黏剂的应用和发展。

由于天然胶黏剂的黏结强度不够理想，耐水性差等缺点，限制了其应用。近年来，人们致力于对天然胶黏剂进行改性，以进一步提高性能，扩大应用范围。天然胶黏剂的品种较多，按其来源可分为植物胶黏剂、动物胶黏剂、矿物胶黏剂和海洋生物胶黏剂等，而按化学结构则可分为葡萄糖衍生物、氨基酸衍生物及其他天然树脂胶黏剂。

2.水性胶黏剂

以水为分散介质的胶黏剂，称为水（基）性胶黏剂。水性胶黏剂是胶黏剂发展趋势之一，与溶剂型胶黏剂相比，其具有无溶剂释放、符合环境保护要求、成本低、不燃、使用安全等优点，因此受到国内外广泛重视，正在大力研究开发，并占有重要的市场地位。在胶黏剂市场上，水性胶黏剂占50%以上。水性胶黏剂属于中国近年来增长最快的胶种之一，年均增长率为18.4%。水性胶黏剂主要包括水溶性胶黏剂、水分散性胶黏剂及水乳液型胶黏剂。水溶性胶黏剂包括天然或改性天然高分子的水溶液和合成聚合物的水溶液，主要有天然胶黏剂、三醛树脂胶、聚乙烯醇（PVA）胶等；水分散型胶黏剂主要包括水性环氧树脂胶、水性聚氨酯胶等；水乳液型胶黏剂主要包括合成树脂或橡胶胶乳，如聚醋酸乙烯（PVAC）乳液、乙烯-乙酸乙烯（EVA）乳液、聚丙烯酸酯乳液及橡胶乳液等。

3.热熔型胶黏剂

热熔型胶黏剂简称为热熔胶，是指在室温下呈固态，加热熔融成液态，涂布、润湿被黏物表面后，经压合、冷却至室温即能通过硬固或化学反应固化而实现黏结的一类胶黏剂，具有一定的胶结强度。热熔胶是一种以热塑性树脂或弹性体为主体材料的多成分混合物，它以熔体的形式应用到基材表面进行黏结。在大多数情况下，它是一种不含水或溶剂的100%固含量胶黏剂，其优点之一是可制成块状、薄膜状、条状或粒状，使包装、储存、使用都极为方便。另外，它的黏结速度较快，适合工业部门的自动化操作以及高效率的要求。特别地，由于它在使用过程中无溶剂挥发，因而不会给环境带来污染，利于资源的再生和环境的保护。热熔胶是我国增长最快的胶种，年均增长率为30.1%，在发达国家热熔胶（包括热熔压敏胶）已占合成胶黏剂总量的20%以上，而中国仅占3%，因此，今后将有很大发展。除了传统的EVA热熔胶外，聚酯类（PET）、聚酯胺类（PA）热熔胶也发展很快，以SIS树脂弹性体为主要原料的热熔压敏胶在中国是近几年发展起来的，它主要用于妇女卫生巾、老人和小孩尿布、双面胶和商标胶等，有很大的市场。

4.无溶剂型胶黏剂

无溶剂型胶黏剂又称反应胶，是将可进行化学反应的两组分分别涂刷在黏合的物料表面，而后在热活化或其他条件下，组分紧密接触进行化学反应，达到交联的目的。两组分必须对各自的黏合物具有较强的黏附性，并且反应的时间、压力、温度等工艺因素适当。

典型的无溶剂型胶黏剂是辐射固化型胶黏剂，它是以辐射能固化的胶黏剂，主要包括紫外光（ultra violet，UV）固化型和电子束（electron beam，EB）固化型。与其他单组分反应型胶黏剂相比，辐射固化胶黏剂不但具有储存期长、不含溶剂以及固化时和固化后气味较低等长处，更突出的优点还在于固化速率快以及综合性能好。辐射固化胶黏剂可在瞬间完成固化，比水性胶黏剂甚至热熔型胶黏剂的固化速率都快得多，辐射固化胶黏剂是网状交联结构，具有极好的耐热、耐湿、耐化学品等特性，因此，在既需要快速固化，又需要高性能的条件下，使用辐射固化胶黏剂是最佳选择。与热熔型胶黏剂相比，辐射固化胶黏剂是常温固化，可避免对基材的热损伤和对操作人员的热灼伤，因此更安全。与双组分反应型胶黏剂相比，单组分的辐射固化胶黏剂使用更方便，可见辐射固化胶黏剂的优点不是单一的，而是综合性的。

进入 21 世纪以来，人们环保意识的逐渐增强，作为"绿色"技术的辐射固化取代传统固化必将成为一种趋势。辐射固化技术已由最初的 UV 固化及 EB 固化拓展到了可见光、红光、蓝光及荧光照射固化，并在智能化控制固化条件和固化程度方面、自由基固化和离子固化双重固化体系方面取得了重要进展，同时还发展了光、热固化和可见光/UV 辐射等多重固化体系。

5.无机胶黏剂

无机胶黏剂是由无机盐、无机酸、无机碱和金属氧化物、氢氧化物等组成的一类范围相当广泛的胶黏剂。其种类主要有磷酸盐、硅酸盐、硼酸盐、硫酸盐等。无机胶黏剂的突出优点是耐高温性极为优异，而且又能耐低温，可在-183~2900℃的温度范围内使用；另外，它耐油性优良，在套接、槽接时有很高的胶接强度，而且原料易得，价格低廉，使用方便，可以室温固化。其缺点是耐酸、碱性和耐水性差，脆性较大，不耐冲击，平接时的胶接强度较差，而且耐老化性不够理想。无机胶黏剂种类很多，按照固化条件及应用的方式，无机胶黏剂可分成四类，即气干型、水固型、热熔型及反应型。

随着社会的发展和科学技术的进步，胶黏剂已得到广泛的应用，它不仅为社会创造了物质财富，取得了良好经济效益，而且给人们的工作、学习、生活带来极大方便，已成为国民经济建设各个领域和人们日常生活不可缺少的化工产品，为社会的物质和精神文明进步做出了应有的贡献。从发展的观点看，绿色胶黏剂是将来唯一的胶黏剂，它是环境保护的需要，是人类生存的需要。

二、绿色胶黏剂开发实例

1.松香不饱和聚酯

松香不饱和聚酯，是一种比通用型不饱和聚酯更耐水的胶黏剂，主要用作地下工程采用的树脂锚杆的锚固剂，它可将杆体与岩石黏结在一起，有固化快、锚固力强、安全可靠等特点，可节约大量的木材和钢材。松香不饱和聚酯采用松香作为改性剂，价格低廉，也有的将它应用于涂料工业，做触变性腻子用。

松香不饱和聚酯的结构式为：

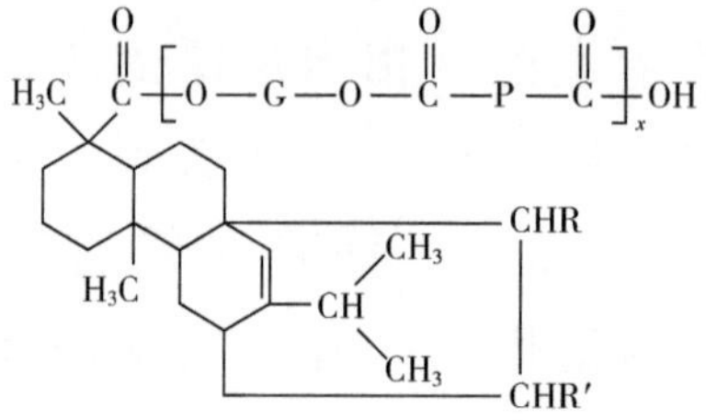

式中　G——二元醇除羟基以外的碳-碳链;

P——除二元酸酐以外的饱和或不饱和基团;

R 和 R'——不饱和聚酯中其他分子链节;

X——聚合度。

（1）绿色技术

① 本技术采用的原料松香系由松脂提炼而得,松脂是松树的分泌物,是一种可再生资源,故此生产具有可持续性。

② 本工艺的原子利用率较高,生产过程仅有少量缩合水生成,无其他"三废"产生,可实现清洁生产。

③ 本产品的力学性能、耐腐蚀性能等可达到锚固剂的质量要求,有的还优于通用型聚酯树脂。

（2）制造方法

1）基本原理

第一步:二元醇与二元酸（饱和的与不饱和的）的酯化反应,一般遵循聚合反应的规律。

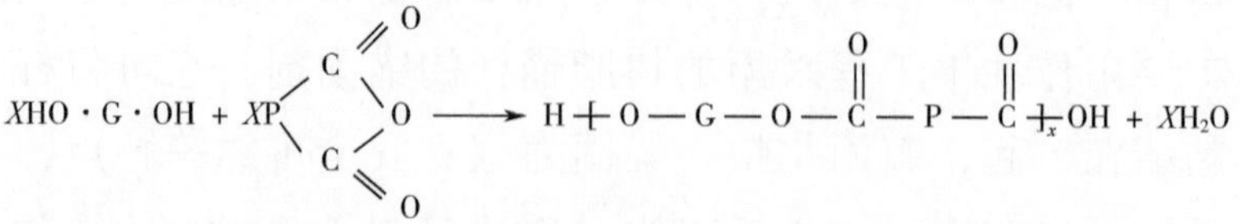

式中　G——二元醇除羟基以外的碳-碳链;

P——除二元酸酐以外的饱和的或不饱和基团;

X——聚合度，通常二元醇过量10%。

酯化反应是逐步进行的，首先是酸酐的开环酯化反应，生成单酯，没有缩合水分产生，其次是生成的单酯进一步生成双酯，即二元酸的两个羟基全部酯化，反应一直进行到所要求的酸值为止。

第二步：加入松香。松香主要成分是松香酸，它是带一共轭双键的一元酸，与含不饱和双键的聚酯可以发生下述两种反应；

① 狄尔斯-阿尔德尔加成反应；

② 松香酸的羟基与不饱和聚酯中的羟基进行酯化反应，可起封端作用。

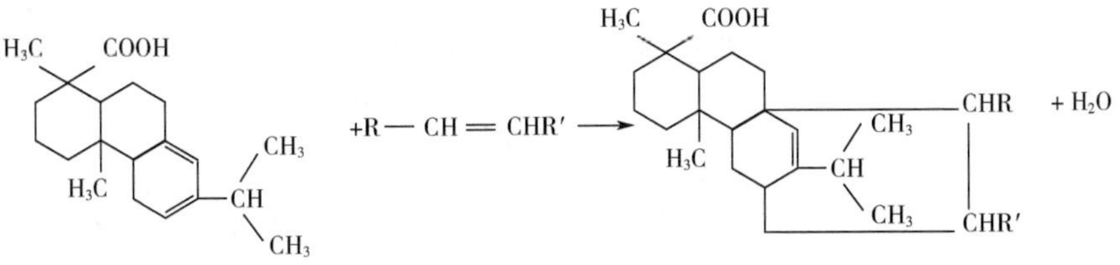

松香酸 不饱和聚酯

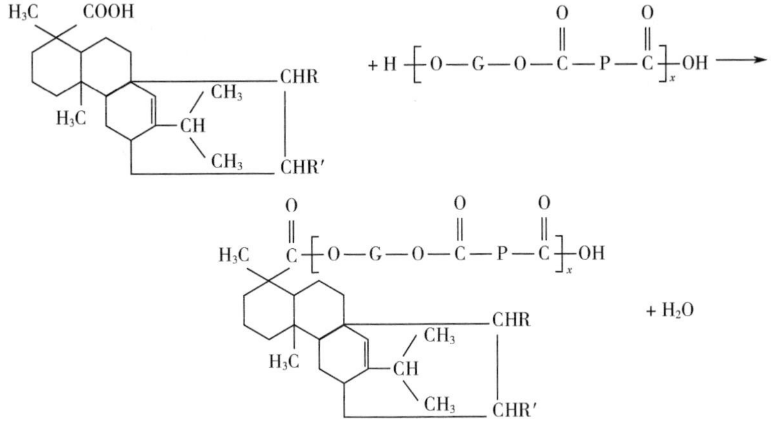

式中 R，R′——不饱和聚酯中其他分子链节。

2）工艺流程方框图（图5-7）

图 5-7　工艺流程方框图

3）主要设备及水电气

① 主要设备。预聚缩合反应釜　带有搅拌器、夹套加热、冷凝器、真空系统；

混合釜　带有搅拌器。

② 水电气。依设计规模而定。

4）原材料及配方（表 5-30）

表 5-30　原材料及配方

原料名称	缩写	1#配方		2#配方	
		摩尔比	质量/%	摩尔比	质量/%
乙二醇	EG	6.0	20.14	—	—
1,2-丙二醇	PG	—	—	6.0	23.53
邻苯二甲酸酐	PA	1.25	10.02	1.40	10.69
顺丁烯二酸酐	MA	3.75	19.90	3.60	18.21
理论缩水量(一次)	—	5.0	-4.88	5.0	-4.61
松香	RA	1.0	16.35	1.0	15.58
理论缩水量(二次)	—	1.0	-0.97	1.0	-0.96
聚酯产量	—	—	60.55	—	62.44
对苯二酚	HQ	—	0.05	—	0.05
苯乙烯	ST	7.0	39.45	7.0	37.56
聚酯树脂质量	—	—	100.0	—	100.0

5）具体操作

① 按配方在预聚缩合反应釜中，投入二元醇、二元酸酐，升温至物料溶解后，至 160℃保温预聚 30min。当物料温度达到 200～210℃时保温，进行缩合反应，直至酸值降到 50±2（此时酯化缩合反应已完成 90%以上，出水量等于理论缩水量的 90%）。

② 投入松香，在 200～210℃保温反应至酸值降到 65±5 时，真空减压蒸馏，除去余下的缩水。酸值达到 50±2 时，反应基本完成，加入阻聚剂对苯二酚，降温至 150℃，准备混合。

③ 在混合釜中加入苯乙烯，预热至 40℃，将已合成的聚酯慢慢地加入，控制温度在 70～95℃，加料完毕，继续搅拌 1h，停止加热，自然冷却降温至 70℃以下，即可出料。

（3）安全生产

① 松香、苯乙烯、醇类、酸酐等均属可燃、易燃物品，存放和使用过程中要切实注意防火。

② 生产过程温度较高，操作人员需穿戴防护用品，严守操作规程，确保安全生产，以免发生意外。

（4）环境保护

① 本品生产过程仅有少量缩合水生成，无其他"三废"产生，不污染环境。

② 生产所用原料均有气味，设备应密封，车间应通风良好。

（5）产品质量

1）产品质量参考标准（表 5-31）

2）环境标志

此产品可考虑环境标志。

表 5-31　产品质量参考标准

项目	指标	
	1#配方	2#配方
外观及透明度	淡黄色、透明液体	浅黄色、透明液体
酸值/(mgKOH/g)	30±5	30±5
黏度(涂-4 杯法，25℃)/s	50～200	100～300
82℃时的凝胶时间/min	8～18	10～20
25℃时的凝胶时间/min	7～12	9～14
贮存期(120℃以下)	三个月以上	三个月以上
固体含量/%	58～62	60～64

（6）分析方法

1）产品质量指标测定

① 外观及透明度。目测法测定。

② 酸值。取 0.5000g 试样，加甲苯-无水乙醇混合溶剂（体积比 2:1）40mL 溶解，以酚酞作指示剂，用 0.05mol/L 浓度的氢氧化钾乙醇标准溶液滴定。

$$酸值 = \frac{V \times C \times 56.1}{W} \times 100$$

式中　W——试样量，g；

　　　V——滴定所用氢氧化钾标准溶液体积，mL；

　　　C——氢氧化钾标准溶液的浓度，mol/L。

③ 凝胶时间。取 100g 试样，加 3～4mL 过氧化环己酮溶剂，2%环烷酸钴引发剂 1～2mL，立即搅拌，控温并计时，记录聚酯固化所需时间。

④ 黏度。用涂-4 杯法 25℃测量，记录 100mL 聚酯液完全流出的时间。

⑤ 固含量。150℃烘干，质量减量法测定。

2）玻璃钢性能测定

① 配方。

树脂（松香不饱和聚酯，307 树脂）：100g；

固化剂（98.5%过氧化苯甲酰）：1.5g；

促进剂（10%二甲基苯胺苯乙烯溶液）：2mL；

玻璃布规格：无碱无捻 40 支纱，0.2mm 厚的方格布。

② 试件。按玻璃钢测试标准试件制作。抗弯、抗拉试件，共 14 层玻璃布，含胶量 65%。电绝缘试件共 4 层玻璃布，含胶量 50%。

③ 测试结果（表 5-32）。

表 5-32　测试结果

测试项目	玻璃钢		
	1#松香聚酯	2#松香聚酯	307 通用型树脂
相对密度	1.49	1.48	1.5
拉伸强度/MPa	225	212	200
弯曲强度/MPa	206	215	210
表面电阻系数/Ω	7.4×10^{14}	2.9×10^{14}	4.3×10^{14}
体积电阻系数/(Ω·cm)	3.7×10^{15}	3.9×10^{15}	1.5×10^{15}
击穿强度/(kV/mm)	23.4	25.8	23.8

3）树脂浇铸体的抗压强度等试验

① 成型配方。

树脂（松香不饱和聚酯）：100g；

固化剂（98.5%过氧化苯甲酰）：2g;

促进剂（10%二甲基苯胺苯乙烯溶液）：3mL。

② 试块的制备。试块尺寸 2cm×2cm×2cm。所有试块经 80℃ 固化处理 3h。

③ 试件抗压强度保留率（表 5-33）。

表 5-33　试件抗压强度保留率

介质	树脂浇铸体	原始抗压强度/MPa	腐蚀后的抗压强度/MPa	保留率/%
沸水煮七天	1#松香聚酯配制	124.0	97.5	78.6
	2#松香聚酯配制	124.4	105.9	84.8
饱和 NaCl 溶液 [（97±2）℃]煮三天	1#松香聚酯配制	124.0	118.1	95.2
	2#松香聚酯配制	124.4	123.6	99.3
5% NaOH 溶液 [（97±2）℃]煮三天	1#松香聚酯配制	124.0	溶胀	—
	2#松香聚酯配制	124.4	106.7	85.8

从表中看出；用丙二醇制备的松香不饱和树脂（即 2#松香聚酯）的浇铸体的抗水性强些，而且它具有抗碱腐蚀能力。

4）用乙二醇制备的松香不饱和树脂（即 1#松香聚酯）胶泥浇铸体的性能测试

① 成型配方。

树脂：100g;

固化剂（98.5%过氧化苯甲酰）：2～4g;

促进剂（10%二甲基苯胺苯乙烯溶液）：4g;

填料（白云石粉）：400g。

② 试件的制备。

4cm×4cm×4cm 的试件用于测定拉伸强度。

4cm×4cm×16cm 的立柱体测树脂胶泥的收缩率。

4cm×4cm×12cm 的立柱体测树脂胶泥的弹性模量。

③ 测定结果。

a. 压缩与拉伸强度与 306、307 通用型树脂对照情况 (表 5-34)。

表 5-34 压缩与拉伸强度与 306、307 通用型树脂对照情况

树脂浇铸体	压缩强度/MPa			拉伸强度/MPa		
	试件组数	平均值	变化区间	试件个数	平均值	变化区间
1#松香聚酯	15	90.4	73.2～105	12	11.96	8.6～14.5
306 树脂	44	87.2	70.2～106	23	10.96	6.0～15.2
307 树脂	16	94.8	78.4～105	8	11.88	9.2～14.0

英国 ICI/TT 公司测定锚固剂压缩强度为 88.5MPa，松香不饱和聚酯树脂与之相近。

b. 胶泥收缩率的测定。试件用标准试模成型，胶泥固化是快速固化，5min 左右。测定收缩率分两个阶段进行。第一阶段，从胶泥成型脱模制成试件，定为 20min 第一次测定；第二阶段，20min 后至不再收缩为止，约需 72h 就基本不收缩了。

测定是在标准砂浆收缩仪上进行的，测定结果如表 5-35 所示。

表 5-35 在标准砂浆收缩仪上进行的测定结果

树脂胶泥	收缩率/%		总收缩率/%	总收缩率的百分数/%	
	第一阶段	第二阶段		第一阶段	第二阶段
1#松香聚酯	0.56	0.075	0.64	87.5	12.5
307 树脂	0.47	0.076	0.55	85.5	14.5

注：填料不同，配比不同，收缩率也不同。

　　树脂胶泥与砂浆、混凝土的收缩性能有很大差异，固胶泥固化是快速固化，短时间内固化反应基本上完成，释放热量使温度可升高 40～50℃，而且反应后立即收缩变形，这个收缩率占 85%以上。砂浆、混凝土的固化是水泥水化作用的结果，反应比较慢，故收缩变化也较慢。

　　法国 Celtite 树脂锚杆公司测定锚固剂收缩率为 0.8%～1.0%，这可能是所用填料配比不同之故。

　　c.胶泥弹性模量测定。试件纵向与横向均贴电阻片，以测定弹性模量与泊桑系数，结果如表 5-36 所示。

表 5-36　试件纵向与横向均贴电阻片测定的弹性模量与泊桑系数

树脂胶泥	试件编号	弹性模数 $\times 10^5$/MPa	泊桑比
用乙二醇制备的松香不饱和树脂（即 1#松香聚酯）	1	0.16	0.31
	2	0.149	0.29
	3	0.148	0.30
	平均值	0.152	0.30
307 树脂	1	0.18	0.34
	2	0.17	0.31
	3	0.17	0.32
	平均值	0.173	0.32

　　结果表明：其弹性模量与普通树脂混凝土的基本相近。

　　从胶泥测定的压缩、拉伸强度看，要比水泥砂浆大 3～7 倍。故松香不饱和聚酯树脂可以做锚固剂使用。

　　d.胶泥的耐水性测定。试块尺寸：4cm×4cm×4cm。试验方法：沸水浸渍法。浸泡于沸水中 2h，相当于常温浸泡一个月所测定的温度强度。表 5-37 为用乙二醇制备的松香不饱和聚酯树脂与 307 和 306 通用型聚酯树脂的耐水性比较。

表 5-37　松香不饱和聚酯树脂与 307 和 306
通用型聚酯树脂的耐水性比较

树脂抗压强度 /MPa		松香不饱和聚酯树脂		307 通用型		306 通用型	
		测定值	保留率/%	测定值	保留率/%	测定值	保留率/%
沸水中浸泡时间	原始值	94.5	100	92.5	100	92.5	100
	1 天	83.3	88.1	69.5	75.2	70.0	75.8
	4 天	61.2	64.8	50.0	54.1	46.4	50.2
	7 天	40.7	43.1	38.1	41.2	36.2	39.2
	14 天	39.8	42.2	33.5	36.2	32.0	34.6
外观变化情况		1~14 天后，仍良好		7 天后出现裂纹，14 天后有裂缝		4 天后有裂纹，14 天后开裂	

从表 5-37 中可见，用松香不饱和聚酯树脂较通用型聚酯 307、306 的抗水性优良，沸水中浸泡 1 天（相当于室温一年老化时间），强度保留率仍在 88%以上，其他两个牌号的树脂都已降到 75%附近。

2.聚氨酯胶黏剂（XK-908）

聚氨酯胶黏剂俗称 XK-908 胶，英文名称为 polyurethane XK-908（PUXK—908）。分子式为

$$\begin{smallmatrix} & O & H & & H & O \\ & \| & | & & | & \| \\ \fbox{} & C & N & R & N & C & O & R' & O & \fbox{}_n \end{smallmatrix}$$

式中，R 为二异氰酸酯，R′ 为聚酯或聚醚。

本品为浅黄色透明液体，有较高剥离强度，耐水和耐高温性能好，是一种性能优良的新型单组分胶。

本品用于食品软包装蒸煮袋的黏结。

（1）绿色技术

① 本工艺的原子利用率较高，除生成少量水之外，不产生任何其他副产物，有利于实现清洁生产。

② 产品无毒、安全，用于食品软包装蒸煮袋的黏结，使用寿命结束后可在自然界中被微生物分解，不致造成环境污染，是一种有益于人类的环境友好产品。

（2）制造方法

① 基本原理。聚酯多元醇与二异氰酸酯反应生成羟端基聚氨酯于乙酸乙酯中，其反应式如下：

$$(n+1)\ HO{-}R{-}OH + nHOOC{-}R'{-}COOH \longrightarrow$$

$$H{\left[ORO{-}\overset{\overset{O}{\|}}{C}{-}R'{-}\overset{\overset{O}{\|}}{C}\right]}_{n}OROH + 2nH_2O$$

$$mH{\left[ORO{-}\overset{\overset{O}{\|}}{C}{-}R'{-}\overset{\overset{O}{\|}}{C}\right]}_{n}OROH + (m{-}1)OCN{-}R''{-}NCO \longrightarrow$$

$$HO{\left[R''{-}NH{-}\overset{\overset{O}{\|}}{C}{-}O{-}Ar{-}O{-}\overset{\overset{O}{\|}}{C}{-}NH{-}R''\right]}_{m}OH$$

式中　R——二元醇烷基，此处为 $-C_2H_4-$；

　　　R′——二元酸的烃基，$-C_7H_{14}-$；　〈苯环〉；

　　　R″——二异氰酸酯的烃基，此处为异佛尔酮，〈异佛尔酮结构，含 H₃C、CH₃、$-CH_2-$、O〉；

　　　Ar——聚酯多元醇的躯干部分。

反应完成后加入乙酸乙酯制成聚氨酯溶液使用。

② 工艺流程图（图 5-8）。

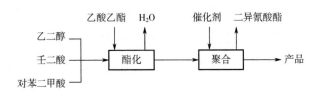

图 5-8　工艺流程图

③ 主要设备。反应釜（有搅拌器、换热夹套、分馏脱水设施、真空系统接口），真空系统等。

④ 原料规格及用量（表 5-38）。

表 5-38　原料规格及用量

原料名称	规格	用量/质量份
乙二醇	工业级	100
壬二酸	工业级	130
对苯二甲酸	工业级	106
异佛尔酮二异氰酸酯	工业级	20
乙酸乙酯	工业级	360
二丁基二月桂酸锡	工业级	0.7

注：一般原料性质和生产厂家可参阅湖南大学出版社《现代化工小商品制法大全》第 4 集。

⑤ 生产控制参数及具体操作。将乙二醇、壬二酸和对苯二甲酸按配方计量后投入反应器，加热至全部溶解，温度约 160℃开始搅拌同时通入 N_2，控制 N_2 流速，带出反应生成水。在 3h 内逐渐将反应温度升至 240℃，从冷凝器接收器中计量带出的水及醇作为反应参考。

当反应液达到透明时关闭 N₂，开启真空，保持反应温度 240℃，真空度 250Pa 以下，反应 2～3h，过程中定时测定反应物酸值，当酸值达到 1 以下时，停止加热，冷却至 70℃左右，关闭真空。

加入乙酸乙酯，搅拌溶解，加入催化剂，保持 70℃左右，逐渐滴加异佛尔酮二异氰酸酯，反应 3h，测定游离—NCO 基含量 0.5%以下时放料得产品。

物料配比，醇∶酸＝1.3∶1（摩尔比），脂族酸与芳族酸适当调节至 1∶1（摩尔比）左右；乙酸乙酯用量与聚酯多元醇质量略等；催化剂用二丁基二月桂酸锡，其量为总量的 0.1%～0.2%；异佛尔酮二异氰酸酯用量按聚酯的羟值和酸值计量加入，其计算方法为每 100g 聚酯多元醇加 0.192A，A 为羟值与酸值之和；本工艺控制酸值为 1，羟值为 50。

（3）安全生产

异佛尔酮二异氰酸酯有毒，操作时注意防护，勿使其与皮肤、眼睛接触，以防损伤。

（4）环境保护

生产中有少量废水排出，需集中处理达标后排放。

（5）产品质量

① 产品质量参考标准（表 5-39）。

表 5-39　产品质量参考标准

项目	指标	项目		指标
外观	浅黄色透明液体	酸值/（mgKOH/g）	≤	1
固含量/%	50±2	羟值/（mgKOH/g）	≤	10
相对密度 d_{20}^{20}	1.10～1.14	黏度/（Pa·s）		1.3～1.6

② 环境标志。此产品可考虑申报环境标志。

（6）分析方法

① 外观。目测法测定。

② 固含量。参见 GB/T 7193—2008 中的方法进行测定。

③ 酸值。参见 GB/T1668—2008 酸值测定法进行测定。

④ 羟值。采用苯酐-吡啶溶液与羟基酯化，用标准 KOH 溶液滴定过量酸，结果按每克试样消耗的 KOH 毫克数计算，操作方法如下。

精确称取 1g 试样（准确至 0.0002g），置于酯化瓶中，吸取 25mL 苯酐-吡啶溶液加于试样中，摇匀，于（115±2）℃甘油浴中回流反应 1h，冷至室温，用 15mL 吡啶冲洗回流管，加 5～6 滴酚酞指示剂，用标准 KOH 溶液滴定至桃红色为终点。同时进行空白滴定，按下式计算羟值。

$$[OH^-] = \frac{56.1 \times C \times (V_0 - V_1)}{W}$$

式中　V_0——空白滴定时 KOH 用量 mL；

　　　V_1——试样滴定时 KOH 用量 mL；

　　　C——KOH 浓度，用量 mol/L；

　　　W——试样质量，g；

　　56.1——KOH 摩尔质量，g/mol。

⑤ 游离—NCO 含量。—NCO 与胺反应，过剩胺用酸滴定，操作方法如下：称取 0.7～1.0g 试样置 100mL。碘量瓶中，加入 10mL 二氧六烷使其溶解；准确吸取正丁胺二氧六烷溶液 10mL 加入，摇匀，放置 5～6min，加入 25mL 蒸馏水和 3～4 滴甲基红指示剂，用标准 H_2SO_4 滴定过剩的胺，在接近终点时颜色由黄变红，同样做一次空白滴定。

$$[—NCO] = \frac{42 \times C \times (V_0 - V_1)}{W} \times 100\%$$

式中　V_0——空白滴定时用量 mL；

V_1——试样滴定时用量 mL；

C——H$_2$SO$_4$ 浓度，mol/L；

W——试样质量，g

42—— —NCO 摩尔质量，g/mol。

3.双组分无醛木材胶黏剂

双组分无醛木材胶黏剂为水性异氰酸酯系拼板胶，又称实木拼板胶，英文名称为 water based polymer-isocyanate adhesives for joining wood。

本品由乙烯基聚合物乳液（乳胶）及多异氰酸酯（固化剂）双组分组成，乳胶是乳白色黏稠状水性物质，无毒无味，无燃烧性，可在≥0℃室温下存放稳定，不产生胶凝结块。固化剂常用改性二苯、甲烷二异氰酸酯（液化 MDI）及多苯基甲烷多异氰酸酯（PAPI），均为棕黄色液体。两组分在使用时调和均匀后施胶，固化后具有优秀的耐水性及较高的黏合强度。

（1）绿色技术

家具制造等行业的木材黏合，过去常采用脲醛树脂胶黏剂，由于存在甲醛公害及耐水性差等问题，脲醛胶黏剂的应用已受到诸多限制。现介绍一种由乙烯基乳液和芳族多氰酸酯（亦可使用端异氰酸酯预聚物）组成的双组分水性胶黏剂，其不含醛类物质，使用过程及所生产的家具等产品无甲醛释放危害；施胶后可冷压（1～2h）或热压（数分钟）固化。由于本胶黏剂具有环保、节能等优点，现已在国内外推广应用，特别适用于实木拼接（平拼、齿拼等）等木材的各种黏合。

（2）制造方法

① 基本原理。乳胶组分是乙酸及丙烯酸类单体，在引发剂存

在下，于聚乙烯醇保护胶及乳化剂水溶液中共聚形成长链分子聚合物，以乳液形式分散于水中，其反应式如下：

$$m\mathrm{CH_2}\!\!=\!\!\mathrm{CH}\!-\!\mathrm{O}\!-\!\underset{\underset{\mathrm{O}}{\|}}{\mathrm{C}}\!-\!\mathrm{CR_3} + n\mathrm{M} \longrightarrow \{\mathrm{CH_2}\!-\!\underset{\underset{\underset{\mathrm{O}-\mathrm{C}-\mathrm{CR_3}}{\|}}{\mathrm{O}}}{\mathrm{CH}}\}_m\mathrm{M}_m$$

式中，R＝H、C_xH_{2x+1}；M 为丙烯酸丁酯或丙烯酸羟乙酯。

胶黏剂在使用时，由于乳胶中的聚乙烯醇及丙烯酸羟乙酯等含有羟基（—OH），与固化剂混合后，固化剂中的异氰酸酯基团—CNO 与—OH 发生交联反应，生成氨基甲酸酯聚合物（聚氨酯），其反应式为：

$$y\!-\!\mathrm{N}\!\!=\!\!\mathrm{C}\!\!=\!\!\mathrm{O} + y\mathrm{OH}\!- \longrightarrow \{\underset{\underset{\mathrm{H}}{|}}{\mathrm{N}}\!-\!\underset{\underset{\mathrm{O}}{\|}}{\mathrm{C}}\!-\!\mathrm{O}\}_y$$

聚氨酯与乳液中的其他成膜物质形成互穿聚合物网络（IPN）结构，因而使胶黏剂具有良好的黏合性能，如高耐水性及高黏结强度等。

② 工艺流程方框图（图 5-9）

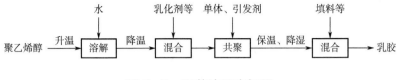

图 5-9　工艺流程方框图

③ 主要设备及水电气（以生产 1t 乳胶为基准）。

反应釜：1 台，1000L，夹层，搪瓷或不锈钢内壁，搅拌桨转速为 65r/min，2.5kW 电机，冷凝器为不锈钢内管，有效面积≥6m²；

高位槽：2 个，600L、50L 各 1 个，不锈钢板制造；

水池：1个，5m³，循环反应釜夹层冷却用水；

热水炉或蒸汽炉：1台，产100kg/h热水或50kg/h蒸汽，热水循环使用。

全部设备耗电3～4kW。

④ 原料规格及用量（见表5-40）。

表5-40　原料规格及用量

名称	规格	用量/质量份
聚乙烯醇	0588	5
聚乙烯醇	1899	17.5
聚乙烯醇	1788	47.5
K_{12}	工业级	1.19
T_x-10	工业级	5.94
磷酸氢二钠	工业级	1
乙酸乙烯	聚合级	240
丙烯酸丁酯	聚合级	92
三烷基乙酸乙烯	聚合级	15
甲基丙烯酸羟内酯	聚合级	7
过硫酸铵	工业级	1
邻苯二甲酸二丁酯	工业级	42.5
轻质碳酸钙	工业级，6000目	3.5
膨润土	工业级	0.4
六偏磷酸钠	工业级	0.15
消泡剂	有机硅类	适量
防霉剂	涂料专用	0.5
固化剂	MDI或PAPI	与乳胶1.5∶10配用
水	去离子水	480～500

⑤　生产控制参数及具体操作

将聚乙烯醇 0588 先用水加热至 50～60℃溶解，膨润土先用 4～5 倍水浸泡过夜，六偏磷酸钠先用水溶解，三者混合后再加入轻质碳酸钙，搅拌均匀后消泡备用。

往反应釜内加入定量水，通热水或蒸汽入夹层升温至 50℃左右，搅拌下加入聚乙烯醇 1788 和 1899，继续升温至 90～95℃，保温 1h 至聚乙烯醇溶解完全，加入 K_{12}、Tx-10 及磷酸氢二钠，通冷却水使物料降温至 78℃，加入 1/4 的预先加 40 倍水溶解好的引发剂过硫酸铵，然后开始滴加混合单体及补加过硫酸铵溶液进行聚合反应。单体约在 3.5h 内滴加完，过硫酸铵以 6L/h 速度补加，反应温度维持在 72～78℃。加完单体后加入 5kg 过硫酸铵并升温，10min 后将余下的过硫酸铵一次性加入，升温至 90℃时保温 30min。降温至约 70℃时加入增塑剂邻苯二甲酸二丁酯，约 60℃时加入防霉剂及浆料，50～55℃时过 60 目筛网出料，包装即得主胶。

将市售 MDI 或 PAPI 按主胶包装质量，以主胶:固化胶 = 1.5:1（质量比）分装于铁或塑料罐中，注意密封好，否则存放过程中会结块或固化。

（3）安全生产

聚合反应时要注意控制好温度及单体加入速度。如果物料温度过高，或者单体加入速度过快，容易引起爆聚溢锅等现象，溢锅严重时锅内压力骤增，将高温物料喷出反应釜外，造成浪费，甚至使全部产品报废，或产生安全事故。生产中所用的单体系易燃易爆的挥发性液体，因而储存要注意密封，生产车间严禁烟火。

（4）环境保护

本乳胶生产无"三废"排放。清洗反应釜使用去离子水，并用 120 目滤布过滤后作原料水使用。

（5）产品质量

产品质量标准（参考 HG/T 2727—2004 及日本工业标准 JISK6806—2003）如表 5-41 所示。

表 5-41　产品质量标准

项目名称		技术指标	
		乳胶	固化剂
外观		乳白色，无粗粒、异物	棕黄色均匀液体
不挥发物/%		50±2	—
黏度/(Pa·s)		1.0～2.5	0.6～0.8
pH 值		6.5～7.0	—
水混合性/倍	≥	2	—
稳定性(60℃)/h	≥	15	—
NCO 含量/%	≥	—	10
压缩剪切强度/MPa	常态	9.87	
	耐温水	5.88	
	反复煮沸	2.88	

（6）分析方法

对于水性异氰酸酯系拼板胶，国内尚未见其产品检测标准的有关资料，一般参考聚醋酸乙烯酯乳液方法进行产品检测。通常用户最关注的是胶黏剂的黏结强度及耐水性，故在此给出压缩剪切强度检验方法如下供参考。

1）试样制备　试样的尺寸按 QB 1093—2013 标准，黏合面施胶（125±25）g/cm², 加压 981 ~ 147kPa, 20 ~ 25℃, 24h 后除去压力, 放置 72h 后检测。

2）压缩剪切强度检测　参考 QB 1093—2013 标准。常态强度直接用上述试样检测; 耐温水强度系将试样置于（60±3）℃热水中浸泡 3h 后检测; 反复煮沸强度系将试样先在 100℃沸水中浸煮 4h, 然后在（60±3）℃水中浸泡 20h, 再在 100℃沸水中浸煮 4h 后进行检测。

4.改性 PS 胶黏剂

本产品是以回收的废聚苯乙烯泡沫为原料, 通过选择合适的低毒混合溶剂、改性剂等生产的一种黏结性能好、成本低的低毒改性 PS 胶黏剂。

本产品外观为米黄色的黏稠液体, 其黏度为 5.5Pa·s 左右, 主要适用于木材、纸张、纤维等制品的黏结。

（1）绿色技术

① 聚苯乙烯（PS）泡沫具有隔热、隔音、防震、防水、耐碱等特性, 且具有美观、质轻等特点, 被广泛应用于仪表、电子、快餐食品等的新型包装材料及隔音、绝热材料, 大多是一次使用, 用完后即成为废品。由于聚苯乙烯的化学性质比较稳定, 散布在自然界中既不腐烂也不降解, 从而造成严重的环境污染, 这种污染随着包装工业的快速发展日趋严重。本技术不仅回收利用资源, 而且大大减少废 PS 对环境的污染。

② 以清除工业污染、保护环境为目的的废旧 PS 处理方法多采用深埋和焚烧的方法。深埋是一种浪费, 焚烧则产生大量的浓烟, 造成环境污染。回收利用废旧 PS 的方法已有裂解回收制备汽油或裂解回收乙烯单体, 但这些方法所需设备投资大, 所得产品性能较差, 经济效益欠佳。本技术选用低毒混合溶剂、改性剂等,

制备了一种黏结性能好、成本低的低毒 PS 改性胶黏剂。

（2）制造方法

① 基本原理。聚苯乙烯为非极性物质，它在极性物质表面上的黏合力很弱，要使它成为较好的胶黏剂，必须对它进行改性处理。通过加入改性剂引入极性基团从而提高其黏附力，为达到此目的必须在极性溶剂中进行改性共聚。

② 工艺流程方框图（图 5-10）。

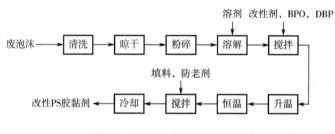

图 5-10　工艺流程方框图

③ 主要设备。带有搅拌与夹套加热装置的搪瓷或不锈钢罐的反应釜；净水池。根据生产规模配置水、电、气设施。

④ 原料规格及用量（表 5-42）。

表 5-42　原料规格及用量

原料名称	规格	用量/质量份
废聚苯乙烯泡沫	—	30
甲苯+乙酸乙酯（1:1）	工业级	70
邻苯二甲酸二丁酯（DBP）	工业级	2.0
过氧化苯甲酰（BPO）	工业级	0.2
填料（氧化镁、钛白粉、滑石粉）	0.044mm	10～15
松香改性的酚醛树脂	工业级	0.5～1.0
石油树脂	工业级	0.5～1.2

⑤ 具体操作。

废 PS 泡沫的处理：将废 PS 泡沫用稀的洗衣粉水溶液刷洗，再用自来水冲洗干净，晾干后粉碎。将粉碎后的废 PS 泡沫用溶剂（甲苯+乙酸乙酯）溶解配置成 30%的胶液。

胶黏剂的制备：将上述所制得的 PS 胶液加入反应釜，然后再加入邻苯二甲酸二丁酯（DBP）、过氧化苯甲酰（BPO）及适量改性剂，在回流、搅拌下慢慢升温到 70℃，然后在此温度下保温反应 3h，再加入氧化镁、钛白粉、滑石粉及适量防老剂，继续搅拌 0.5h，冷却出料即得胶黏剂。

（3）安全生产

① 生产过程中使用了有机溶剂，生产车间必须具备防火设施，同时要加强通风。

② 工作人员在取用有机溶剂时应戴好防护手套和口罩。

③ 注意设备的正确操作与电、气的安全使用。

（4）环境保护

① 洗刷废 PS 泡沫的废水经净水池处理后可循环使用。

② 生产车间应加强通风，设备和容器应无跑、冒、滴、漏，以减小有机溶剂对人体和环境的影响。

（5）产品质量

① 产品质量参考标准（表 5-43）。

表 5-43　产品质量参考标准

项目	指标	项目	指标
外观	米黄色，细腻	固含量/%	38.5
黏度/（Pa·s）	5.5	pH 值	6.0
剥离强度	5.5		

② 环境标志。本产品以回收废 PS 泡沫塑料生产胶黏剂，不仅变废为宝，而且大大减少"白色"污染，产品生产及使用过程中基本无"三废"，可考虑申请环境标志。

（6）分析方法

① 外观。将 20mL 胶黏剂到入 100mL 的玻璃杯中，静置 5min 后，观察其颜色及透明度，再用干燥清洁的玻璃棒挑起一部分胶黏剂，高于杯口 20cm，观察胶液下流时是否均匀，目测有无粒子，色调是否均匀。

② 黏度。按 GB/T 2794—2013《胶黏剂黏度测试方法　单圆筒旋转黏度计法》进行测定。

③ 剥离强度。按 GB/T 2791—1995《胶黏剂 T 剥离强度测试方法　挠性材料对挠性材料》进行测定。

④ 固含量的测定。称取 1.5g 胶样，置于干燥洁净的恒重瓷坩埚内，然后放入预先调好温度的烘箱内[（100±5）℃]干燥 2h，取出放入干燥器中，冷却至室温称重，按下式计其固含量：

$$R = C_1/G \times 100\%$$

式中　R——固含量，%；

　　　C_1——干燥后的胶量，g；

　　　G——干燥前的胶量，g。

⑤ pH 值的测定。参考 GB/T 9724—2007 进行测定。

5.水性塑料胶黏剂

本水性塑料胶黏剂主成分为由甲苯二异氰酸酯（TDI）改性的(三烷基)乙酸乙烯-丙烯酸丁酯共聚物，外观乳白色，可分散于水中。常温固化，固化后无色透明，无燃烧性。

本品是一种改性乙酸乙烯酯-丙烯酸酯类共聚乳液，属于水分散性塑料通用胶黏剂，适用于聚乙烯、聚丙烯、聚氯乙烯、聚苯乙烯及聚氨酯等材料与纸、木和布等材料的黏合，如包装业中BOPP过塑纸、PU纸及磨光纸等的纸-塑黏合，音箱PVC装饰材料的木-塑黏合，家具塑料装饰及塑料地板黏合等。

（1）绿色技术

① 本品为通用型塑料胶黏剂，不含任何有机溶剂。

② 本品生产工艺简单，采用清洁能源，基本无"三废"排放。

③ 塑料特别是聚烯烃类（如聚乙烯、聚丙烯）塑料材料，由于它们的弱极性表面与一些极性材料如纸、木和布等的黏合比较困难，过去通常使用以苯类、含氯烃类及四氢呋喃等有毒有机物作为溶剂的溶剂型胶黏剂，并且针对性强，往往不能通用，有时甚至还要对塑料黏合面进行电晕或化学表面处理。本品用水作分散剂，适合于塑料等的黏合，对环境无污染，对人体无毒害。

（2）制造方法

① 基本原理。本工艺系有机单体乳液聚合过程。在引发剂过硫酸铵（APS）的存在下，于含有聚乙烯酸（PVA）及混合表面活性剂的水溶液中，乙酸乙烯、丙烯酸丁酯及三烷基乙酸乙烯混合单体以滴加形式加入进行乳液聚合（共聚），最后加入TDI对乳液改性。TDI共聚乳液中的—OH基团及H_2O等反应生成聚氨基甲酸酯（聚氨酯）等物质，增进了胶黏剂对塑料的结合力。增黏剂环氧树脂在单体聚合前加入PVA液中，在乳化剂作用及一定的温度条件下，环氧树脂被均匀地乳化分散在体系中，避免了有机溶剂的加入。另一增黏剂松香则以松香乳液的形式在单体共聚反应结束之后加入。

② 工艺流程方框图（图5-11）。

③ 设备及水电气。

夹层反应釜：1台，1000L搪瓷或不锈钢内壁，带冷凝器（≥6m²）；

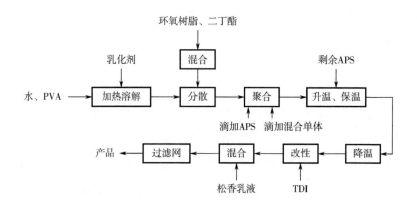

图 5-11　工艺流程方框图

搅拌电机：5.5kW；

流量计：2 个，浮阀式，通用型 0～250L/h 1 个，耐蚀型 0～5L/h 1 个；

高位槽：1 个，不锈钢板制成，650L 容积，带液位标尺；

APS 滴加桶：1 个，塑料板壁，10L 容积；

物料泵：3 个，0.1kW，耐腐蚀，防爆型；

小型锅炉：1 台，0.1～0.4MPa，产汽量 0.2～0.3t/h，如不用蒸汽而用循环热水加热，则需产 100℃热水 0.3～0.5t/h 的热水炉 1 台，配 0.12kW 热水泵 1 个；

循环水池：3 个，可容约 3t 水，储水备作生产遇停水时使用。

④ 原料规格及用量（表 5-44）。

表 5-44　原料规格及用量

名称	规格	用量/质量份
乙酸乙烯	工业级	300
丙烯酸丁酯	工业级	160

续表

名称	规格	用量/质量份
三烷基乙酸乙烯	工业级	25
TDI	80/20 型	5.5
PVA	17-99 型	25
PVA	17-88 型	16
OP-10	工业级	6.5
十二烷基硫酸钠	工业级	4
APS	工业级	1.2（加 15 份水溶解）
小苏打	工业级	2（加 10 份水溶解）
环氧树脂	E-44 型	25
二丁酯	工业级	30
松香乳液	含量 50%±1%	80

⑤ 生产控制参数及具体操作。

a. 将水、PVA 加入反应釜中，搅拌，通蒸汽（或热水）入夹层升温至 90℃，保持该温度 1h，加入环氧树脂、二丁酯混合物，继续搅拌，用冷却水冷却。

b. 将单体泵入高位槽中。

c. 配制好 APS 液，称出 5kg，其余倒入滴加桶。

d. 当釜内物料温度降至 80℃时，加入 OP-10 和十二烷基硫酸钠，15min 后加入称出的 APS 液 3kg，打开冷凝器的冷却水，开始滴加单体及 APS 液。反应控制参数：温度（75±3）℃；单体滴加速度控制在 200~230L/h；APS 液滴加速度为 2.0~2.5L/h；单体于 3h 左右滴加完毕。

e. 加完单体后加入称出的 APS 液 2kg；5min 后将滴加桶内

余下的 APS 液，全部一次性加入，排掉冷却水，让物料自动升温，0.5h 后通蒸汽（或热水），升温至 85~90℃，保温 20min。

f. 开冷却水降温，当物料温度降至 45℃时，慢慢加入 TDI，约 10min 加完。加入小苏打液调 pH 值为 6~7，加入松香乳液，搅拌 2min 后，过 40 目网筛出料即产品。

（3）安全生产

① 单体乙酸乙烯、丙烯酸丁酯、三烷基乙酸乙烯、TDI 等均为易挥发、易燃液体，对皮肤有一定的刺激性，因此，储存、生产时要注意密封。车间内应通风良好，严禁烟火，要严格按消防部门规定做好消防工作。在加 TDI 时，操作人员应穿戴好工作鞋、服、手套、口罩及眼镜。

② 聚合反应的温度及单体加入速度要控制好，专人操作，根据回流速度来调整单体加入速度及温度。

③ 若出料阀是闸阀或球阀而不是顶阀，则在 PVA 溶解时，会有一些 PVA 颗粒沉落在出料阀处，搅拌不到，要在溶解过程中开闸放料数次，以保证 PVA 溶解完全。放出的物料倒回反应釜内。

（4）环境保护

① 含少量共聚物乳液的废水，无毒害性，排放后共聚物可自然降解，但从节约的角度考虑，尽量不要排放。因此，清洗反应釜及包装用的水不排放，回收作 PVA 溶解时的原料水使用。

② 出料尽量避免洒漏，生产过程中保持车间清洁整齐。

③ 废乳液干燥固化后，所形成的胶片作为普通垃圾处理或放入锅炉燃烧炉内焚烧。

（5）产品质量

① 质量参考标准（表 5-45）。

表 5-45 质量参考标准

项目	指标	项目	指标
外观	细腻白色乳液	黏度/（Pa·s）	5～9
固体成分/%	50±2	最低成膜温度/℃	5
pH 值	6～7	保质期/月　　≥	6

② 环境标志。作为塑料用胶黏剂，本品摒弃有机溶剂且生产无"三废"排放，对消除环境污染具有积极意义，可考虑申请环境标志。

6.地毯胶黏剂

地毯胶黏剂，俗名蓝光乳白胶，学名乙酸乙烯-丙烯酸丁酯共聚物乳液。分子式为$(C_4H_6O_2)_m·(C_7H_{12}O_2)_n·(C_4H_7NO_2)_x·(C_3H_4O_2)_y$，分子量为$5×10^3～10×10^4$。

本品为水溶性聚合物，具有增褐性能、分散悬浮性能、絮凝性能、黏结性能和成膜性能。

本品用于地毯加工后整理中，也实用于 PVC 塑料、皮革、纸张、木材及纤维制品等的黏结。

（1）绿色技术

① 本品为水性胶黏剂，无有机溶剂挥发，不会造成对人员的伤害，不造成环境污染。

② 产品制造过程无"三废"排放，原子利用率几乎达 100%，有很好的原子经济性。

（2）制造方法

① 基本原理。本品为乙酸乙烯与丙烯酸丁酯及少量其他丙烯

酸类单体混合物经乳液聚合成产品。

② 工艺流程方框（图 5-12）。

图 5-12　工艺流程方框图

③ 主要设备。聚合釜：带有搅拌器、换热夹套、回流冷凝器、加料斗和测温口。

④ 原料规格及用量（表 5-46）。

表 5-46　原料规格及用量

名称	规格	用量/质量份
乙酸乙烯	工业级	300
丙烯酸丁酯	工业级	200
N-羟甲基丙烯乙酰胺	工业级	10
丙烯酸	工业级	5
聚乙烯醇（1799）	工业级	80
聚氧乙烯壬基酚基醚	工业级	10
十二烷基硫醇	工业级	0.5
过硫酸铵	试剂级	1.5
邻苯二甲酸二辛酯	工业级	30
碳酸氢钠	工业级	适量
水	去离子水	1350

⑤ 具体操作及生产控制参数

具体操作：将水加入反应釜内，投入聚乙烯醇，搅拌，升温至 90～95℃，使聚乙烯醇完全溶解。冷却至 60℃。加入乳化剂，搅拌 0.5h 使完全乳化。投入引发剂总量的 1/3。投入各单体混合液总量的 1/5。升温至 75～80℃，聚合 0.5h。从加料斗逐渐加余下的单体混合物，同时滴加余下的引发剂溶液，控制反应温度约在 80～85℃，5h 内滴完全部单体和引发剂。提高反应温度至 90～92℃，反应 0.5h。加碳酸氢钠调 pH 值至 6～7。加入全部增塑剂邻苯二甲酸二辛酯，充分混合。降温至 60℃出料包装。

主要控制参数。丙烯酸丁酯∶乙酸乙烯＝1∶2～2∶3（质量比）；功能性单体 N-羟甲基丙烯酸胺、丙烯酸的加量各为单体总量的 1%～3%；引发剂过硫酸铵用量为单体总量的 0.2%～0.8%，根据反应进行实际情况调节，也可用过硫酸钾。乳化剂为乳液总量的 0.5%～1%，用非离子表面活性剂和阴离子表面活性剂配合使用。本工艺采用种子乳液聚合，即在开始阶段先用少量单体聚合成种子然后以此为核心聚合。滴加单体聚合温度控制 82℃左右，加料 5h。反应后期升温 90℃聚合，可适当加入引发剂促进反应完成。

（3）安全生产

注意遵守安全规则，防止意外事故发生。

（4）环境保护

生产过程无"三废"排放，不造成环境污染。

（5）产品质量

产品质量参考标准如表 5-47 所示。

表 5-47　产品质量参考标准

指标名称		指标	指标名称	指标
固体含量/%		32±2	黏度（25℃）/（mPa·s）	150～200
溴值/%	≤	0.5	pH 值	6～7

（6）分析方法

① 外观。目测法测定。

② 固含量。参照涂料相关标准 GB/T 1728—2020 漆膜、腻子膜干燥时间测定法进行分析。

③ 溴值。用溴化物/溴酸盐标准溶液滴定，用电位仪指示终点。

④ pH 值。用酸度计测量，参照 GB/T 9724—2007 方法。

⑤ 黏度。用旋转黏度计测量，参照 GB/T 2794—2013 方法。

⑥ 干燥时间。参照涂料相关标准 GB/T 1728—1979（1989）进行测量。

三、绿色胶黏剂发展趋势

胶黏剂技术的兴起与蓬勃发展无疑应归功于各种各样的合成高分子树脂或弹性体的问世，以及它们为成膜材料配制而成的合成胶黏剂。胶黏剂具有应用范围广、使用简便、经济效益高等许多优点。随着经济的发展与科技的进步，胶黏剂正在越来越多地代替机械联结，其应用已扩展到木材加工、建筑、汽车、轻工、服装、包装、印刷装订、电子、通信、航天航空、机械制造、日常生活等领域。尽管胶黏剂含量比远远小于被黏结的材料，但已成为一个极具有发展前景的精细化工产品。

我国胶黏剂工业起步于 20 世纪 50 年代，80 年代形成了第一个生产高潮，近 10 年有了突飞猛进的发展，开始进入高速发展的新时期。

目前，发达国家合成胶黏剂工业处于高度发达阶段，在我国，胶黏剂工业得到了迅速的发展，产量快速增长，应用领域不断扩展，工艺技术不断进步。2009 年以来，我国胶黏剂产量保持了较快的增长。至 2019 年底，我国胶黏剂行业产量达到约 881.9 万吨，同比增长 5.21%。2020 年受新型冠状病毒的影响，我国平均增长率为 3%左右。

目前，全世界胶黏剂总产量大约为 1500 万吨，6000 多个品种，并以每年约 30~50 万吨的速度继续增长，技术先进的国家胶黏剂人均年消耗量超过 5kg，而工业不发达的国家人均年消耗量只有 0.2~0.3kg。预计在 2020—2025 年间，发达国家合成胶黏剂工业仍将保持 3~5%的发展速度。为符合日趋严格的环保法规，发达国家大力研制和开发水系和热熔型等无溶剂胶黏剂。2019 年发达国家合成胶黏剂市场上，水系胶黏剂占 50%。环保型合成胶黏剂将是胶黏剂市场的主导产品。高性能合成胶黏剂异军突起。这些高性能合成胶黏剂的特点包括两个方面：一是产品要求同时具有良好的力学性能和功能性；二是生产线上所要求的工艺具有可操作性。目前，由于建筑业和汽车业对胶黏剂质量的要求严格，施工条件要求苛刻，发达国家已致力于开发高性能、高质量的新型胶种，并取得了很大的进展，获得了很好的经济效益。提高产品质量，简化操作工艺提高施工效率，发达国家已经研制开发出一系列专用设备，这不仅给合成胶黏剂用户提供了更好的施工手段，更为胶黏剂工业的持续发展创造了重要条件。

我国的胶黏剂真正进入有规模的生产是从 1985 年开始的。20 世纪 70 年代一批中小专业厂相继建立投产，一批新型胶种被研制出来。

自改革开放以来，我国胶黏剂工业得到了迅速的发展，产量快速增长，生产技术水平和产品质量有了很大提高，新产品、新技术不断涌现，应用领域不断拓宽。到 20 世纪 80 年代胶黏剂发展形成了第一个高潮，进入 90 年代，我国胶黏剂工业有了突飞猛进的发展。我国合成胶黏剂的产量从 1985 年 20 万吨，1993 年 84 万吨，1996 年 133 万吨，2000 年增至 243.5 万吨，销售额达 166

亿元。在 2000 年，生产的各类胶黏剂中，仍然是"三醛"胶（脲醛、酚醛和三聚氰胺-甲醛树脂胶）和聚合物乳液产量最大，分别占总产量的 43.5% 和 31.2%。由于国内胶黏剂总产量持续增长，从 2006 年到 2016 年，年均复合增长率超 10%。2020 年末我国胶黏剂的总产量可达 1000 万吨左右，连续带动世界胶黏剂的产品需求平稳增长，但是由于新型冠状病毒的影响，世界复工复产受到了冲击，2019—2021 年这三年胶黏剂的产量也不同程度受到了影响。

目前国内生产厂家已达 1800 余家，品种超过 4000 种，设备生产能力达 800 万吨/年，密封剂生产能力达 380 万吨/年，已成为我国化工领域中发展最快的重点行业之一。预计未来我国胶黏剂消费仍将以 10%~12% 的速度增长。同时，胶黏剂及密封剂应用领域不断拓宽，已从主要用于木材加工、建筑和包装行业扩展到服装、轻工、机械制造、航天航空、电子电器、交通运输、医疗卫生、邮电等领域，成为国民经济和人民生活不可缺少的重要化工产品。此外，胶黏剂工业生产技术水平和质量有了较大提高，新产品、新技术不断涌现，如交联型聚乙酸乙烯乳液、叔碳酸乙烯乙酸乙酯共聚乳液、有机硅改性丙烯酸乳液、单组分湿固化聚氨酯密封胶、低硬度快固化聚氨酯建筑密封胶、SIS 热熔压敏胶、有机硅密封胶、单包装环氧树脂乳液胶等新品种。

虽然我国合成胶黏剂工业得到了快速发展，但走的基本上是一条粗放式、外延型的道路。目前我国合成胶黏剂生产非常分散，生产企业多达 1500 余家，其中产品上规模、上水平的厂家不过百家，多数企业的生产技术水平低，设备陈旧简陋，科技力量薄弱，产品质量不高，"三废"排放不符合环保要求。同时由于相关的法律、法规及其配套设施跟不上，对产品质量和性能以外的指标还缺乏相应的检验要求和标准，因此存在较大的资源浪费和环境污染问题。根据我国胶黏剂工业发展的现状，不难看出除在胶黏剂生产规模、技术水平、产品的品种质量存在不少问题外，胶黏剂生产大部分或主导产品还存在严重的环境污染。这是我国胶黏剂工业发展必须首先解决的重要问题。随着市场竞争的日趋激烈和国际贸易的不断扩大，如何实现我国胶黏剂工业的可持续发展，使我国胶黏剂工业的发展水平和贸易早日与国际发达国家接轨，已成为摆在我国胶黏剂工作者面前的新课题。

在世界范围内迅速掀起实施 ISO14000 系列环境管理标准热潮之时，在胶黏剂行业全面推行 ISO14000 系列标准，是我国胶黏剂工业实施"绿色工程"的重要举措和有效途径，也是将我国胶黏剂产品推向国际"绿色市场"、参与国际"绿色贸易"、减少国际"绿色壁垒"的重要通道。随着经济和科学技术的发展，胶黏剂的需求量将越来越大，工业、农业、交通、医疗、国防和人们日常生活各个领域都有胶黏剂的存在，在国民经济中将发挥愈来愈大的作用。

21 世纪以来胶黏剂的发展趋势突出表现为环保化和高性能化。为适应日趋严格的环保法规要求，应重视环保型合成胶黏剂及天然胶黏剂，大力研制和开发水基胶黏剂、热熔胶黏剂（简称热熔胶），以及符合国际标准的低甲醛、低有机溶剂的合成胶黏剂。我国胶黏剂今后的发展趋势应该从以下几方面考虑。

（1）加强科技创新，实施清洁生产，重点发展绿色环保型胶黏剂

清洁生产就是要使用更清洁的原材料、采用更清洁的工艺实施生产。胶黏剂对环境的污染，有些属于管理问题，有些属于生产方法问题。前者可以通过管理手段来解决，而后者必须通过原材料的重新选择、反应方法和反应工艺的改进等来避免。例如生产过程中的有机物挥发，可以通过封闭式生产方式得到解决，生产中的粉尘可以通过封闭设备或除尘设施来解决；生产中的易挥

发有机物、固化剂或改性剂中的有毒有害物质等，要通过重新选择原材料，改变原有反应方法或反应工艺等方法来解决，非溶剂型、水溶型、粉末型、高固体分型、辐射固化等类型的胶黏剂可以解决有机物引起的污染，即使使用有机溶剂，也可以通过低毒、高沸点溶剂来减少挥发性污染，对于一些毒性很大的原材料，则应取代或不使用。

随着国际上对环境问题越来越重视，国内的环境法规也逐步完善，部分质量差、污染大的胶黏剂产品，已被市场淘汰，而目前国内大多数企业都在重点开发绿色的水性胶、热熔胶产品外，也要加大对"三醛"胶和不利于环境的传统胶黏剂产品的科技开发力度，对其进行改性，使其向对环境友好方向转化。积极推进企业科技进步和胶黏剂工业的绿色化进程，研究开发出更多更好的绿色胶黏剂，满足环境要求，可以说环保型胶黏剂有可能是将来市场的唯一产品。

（2）大力开发、生产高性能和高附加值的胶黏剂

20世纪90年代以来，欧、美、日等发达国家大力发展高性能胶黏剂，而我国仍以生产通用型和中低档胶黏剂为主，在产品品种、质量和性能上还不能满足国民经济发展和人民生活水平提高的需要，每年必须从国外进口数量可观的高品质高性能胶黏剂，这表明在我国高品质高性能胶黏剂的发展方面还有很大潜力。

2008年以来，我国胶黏剂的产量已跃居世界第一位，但2019年我国的胶黏剂产值仅占世界胶黏剂的15%～20%左右，原因是环保型高性能附加值的产品太少，聚氨酯胶、环氧胶、有机硅和改性的丙烯酸酯胶等高性能高附加值胶黏剂，在我国不仅产量少，而且质量差、品种单一，远远落后于发达国家。今后，我们要加大资金投入，一方面可采取国家投资或鼓励有实力的科研和企业单位联合投资开发，一方面也可以引进国外先进技术与设备或与

外商合资开发，使在今后 5～10 年内高性能胶黏剂有大的发展，上一个新的台阶。根据市场需要，今后我国高品质、高性能胶黏剂的发展重点是改性丙烯酸酯胶、聚氨酯胶、环氧胶和有机硅胶等。

目前胶黏剂的应用范围已扩大到建筑业、纸品业及包装、制鞋、汽车、电子、木工、家用电器、住房设备、运输、航天航空和医疗卫生等领域。这其中很多新型行业对胶黏剂的质量要求和施工条件都是很苛刻的，传统的胶黏剂很难满足需求。对聚氨酯胶、环氧胶、有机硅胶和改性的丙烯酸酯胶及特种胶黏剂等的开发不仅可以在这些市场上争得一席之地，而且它的高附加值也是企业发展所追求的目标。可采取科研和企业单位联合投资开发或者引进国外先进技术与设备及与外商合资开发等方式。从目前发展速度来看，今后用于汽车、建筑和电子等支柱产业的聚氨酯胶、热熔胶和硅酮密封胶将会有很大的发展空间。

（3）调整产业结构，走胶黏剂工业的规模化、集约化生产

企业的转让合并可以说是一个国际化的争夺市场的方式。长期以来，国外胶黏剂公司的大联合产生了两大巨头，一为罗门哈斯，它吞并了 Morton，另一为 Total Fina 和 Elf Aquitaine 的胶黏剂业务联合成立 Bastik Findley，并使其成为销售金额在 10 亿美元以上的世界级生产商。我国的胶黏剂企业基本上还处在中小规模，充当着市场跟随者和拾遗补缺者的角色，只有相互联合或者转让才能壮大自己，包括科研、生产、管理等方面的能力，才不会成为这场争夺赛的落败者。

为了实现胶黏剂产品的更新换代，大力发展环保型和高性能、高附加值的胶黏剂，必须改变目前那种小规模低水平作坊的生产经营状况，对现有企业实行关停并转，强强联合，大力发展上规模、上水平的现代化生产，积极发展我国高端胶黏剂的名牌产品，

以便在国内外的市场竞争中占有一席之地。同时国家要认真规范市场行为，严厉打击假冒伪劣产品和保护知识产权，推进公平竞争，利用市场手段促进合成胶黏剂企业的优胜劣汰，使我国胶黏剂工业向优势企业集中，实现胶黏剂生产的集约化和规模化。胶黏剂生产的集约化和规模化可降低生产成本，提高产品质量和档次，并且有利于能源和资源的合理利用及环境污染的防治，提高在国际市场的竞争力。

参考文献

[1] 尚堆才，童忠良.精细化学品绿色合成技术与实例.北京：化学工业出版社，2011.

[2] 童忠良.化工产品手册——树脂与塑料.6版.北京：化学工业出版社，2016.

[3] 童忠良.化工产品手册——涂料.6版.北京：化学工业出版社，2016.

[4] 王大全.精细化工.北京：化学工业出版社，2002.

[5] 李梁.我国绿色精细化工的发展现状及关键技术.消费导刊，2019，48：192.

[6] 赵全忠.二甘醇催化氨化合成吗啉的工艺及本征动力学研究.南宁：广西大学，2018.

[7] 蒋峰.新型接枝型聚合物热塑性弹性体的合成及其结构与性能研究.合肥：中国科学技术大学.2015.

[8] 刘宁.有机氟硅改性聚氨酯单体、聚合物的合成及性能研究.济南：山东大学，2012.

[9] 白燾.基于PLC的环氧乙烷生产装置ESD的研究与设计.南昌：南昌大学，2016.

[10] 唐秋群.环氧乙烷装置的控制与联锁系统设计.杭州：浙江工业大学，2013.

[11] 张淑谦，童忠良.化工与新能源材料及应用.北京：化学工业出版社，2010.

[12] 童忠良.新型功能复合材料制备新技术.北京：化学工业出版社，2010.

[13] 曾繁涤.精细化工产品及工艺学.北京：化学工业出版社，1997.

[14] 李和平，葛红.精细化工工艺学.北京：科学出版社，1997.

[15] 余爱农.精细化工制剂成型技术.北京：化学工业出版社，2002.

[16] 童忠良.涂料生产工艺实例.北京：化学工业出版社，2010.

[17] 刘程.表面活性剂应用大全.北京：北京工业大学出版社，1992.

[18] 唐丽华.精细化学品复配原理与技术.北京：中国石化出版社，2008.

[19] 熊远钦.精细化学品配方设计.北京：化学工业出版社，2011.

[20] 宋启煌.精细化工工艺学.北京：化学工业出版社，2004.

[21] 美若明，张明国.中国化工医药产品大全·第一册.北京：科学出版社，1991.

[22] 樊能廷.有机合成事典.北京：北京理工大学出版社，1995.

[23] 钟静芬.表面活性剂在药学中的应用.北京：人民卫生出版社，1996.

[24] 许立信，张淑谦，童忠良.燃烧与节能技术.北京：化学工业出版社，2018.

[25] 郑忠，胡纪华.表面活性剂的物理化学原理.广州：华南理工大学出版社，1995.

[26] 郑斐能.农药使用技术手册.北京：中国农业出版社，2001.

[27] 熊蓉春，魏刚，周娣，等.绿色阻垢剂聚环氧琥珀酸的合成.工业水处理，1999（3）：11-13.

[28] 徐晓宇.生物材料学.北京：科学出版社，2006.

[29] 石淑先.生物材料制备与加工.化学工业出版社，2009.

[30] 王惠媛，许松林.异丙醇-水共沸物系分离技术进展//第九届全国化学工艺学术年会论文集，2005.

[31] 翟美玉，彭茜.生物可降解高分子材料.化学与粘合，2008，30（5）：66-69.

[32] 肖光，李迎堂.三氟氯菊酸产品合成工艺改进研究《盐业与化工》2010.

[33] 高振.绝热甲烷化技术工艺设计及设备选型研究《天然气化工》2018.

[34] 童忠良.胶黏剂最新设计制备手册.北京：化学工业出版社，2010.

[35] 童忠良.胶黏剂生产工艺实例.北京：化学工业出版社，2010.

[36] 董阳.一种可聚合聚氨酯高分子表面活性剂的合成.精细化工，2004.

[37] 张高勇，罗希权.表面活性剂市场动态与发展建议.日用化学品科学，2000.

[38] 罗希权，张晓冬.中国表面活性剂市场的现状与发展趋势.日用化学品科学，2004.

[39] 王世荣等.表面活性剂化学.北京.化学工业出版社.2005.

[40] 苏为科等.医药中间体制备方法·第一册.北京：化学工业出版社，2000.

[41] 徐克勋.精细有机化工原料及中间体手册.北京：化学工业出版社，1997.

[42] 童忠良.功能涂料及其应用.北京：纺织工业出版社，2007.

[43] 童忠良.纳米化工产品生产技术.北京：化学工业出版社，2006.

[44] 欧玉春，童忠良.汽车涂料涂装技术.北京：化学工业出版社，2009.

[45] 童忠良主编.涂料最新生产技术与配方.2 版.北京：化学工业出版社，2015.

[46] 丁浩、童忠良.新型功能复合涂料与应用.北京：国防工业出版社，2007.

[47] 徐克勋.精细有机化工原料及中间体手册.北京：化学工业出版社，1997.

[48] 童忠良.高炉粉尘纳微粉工业化生产工艺条件的研究.化工进展.2003.

[49] 赵国玺.表面活性剂物理化学（第二版）.北京：北京大学出版社，1991.

[50] 张光华.精细化学品配方技术.北京：中国石化出版社，1999.

[51] 朱洪法，朱玉霞.精细化工产品制造技术.北京：金盾出版社，2002.

[52] 肖进新，赵振国.表面活性剂应用原理.北京：化学工业出版社，2003.

[53] 童忠良.纳米稀土功能发光涂料的开发与研究.北京：涂层新材料，2004.

[54] 黄玉媛.精细化工配方研究与产品配制技术.广州：广东科技出版社，2003.

[55] 天津大学物理化学教研室.物理化学（第四版）.北京：高等教育出版社，2001.

[56] 夏清，陈常贵.化工原理（修订版）.天津：天津大学出版社，2005.

[57] 顾良莹.日用化工产品及原料制造与应用大全.北京：化学工业出版社，1997.

[58] 钟振声.章莉娟.表面活性剂在化妆品中的应用.北京：化学工业出版社，2003.

[59] 童忠良.纳米抗菌材料制备方法与应用研究.第三届氟硅涂料研讨会论文集
2004.

[60] 郑艳.烷基糖苷发展现状及新进展.日用化学品科学，2006.

[61] 夏毅然.可吸收高分子材料在植入产品中的应用及研发方向.第六届医用塑料
新材料与加工技术创新研讨会，2016.

[62] 张高章，李玲.聚乳酸改性及在骨修复中的应用.塑料工业，2015.

[63] 李晓强，莫秀梅，范存义.神经导管研究与进展.中国生物工程杂志，2007.

[64] 孙杰编.表面活性剂的基础和应用.大连：大连理工大学出版社，1992.

[65] 罗文新.双子型表面活性剂全新工艺诞生.《中国化工报》，2006.

[66] 唐琼，张新申，李正山.有机絮凝剂的研究现状及其应用前景.中国皮革，2002.

[67] 梁治齐.微胶囊技术及其应用.北京：中国轻工业出版社，1999.

[68] 崔正刚，殷福珊.微乳化技术及应用.北京：中国轻工业出版社，2002.

[69] 王建明，王和平.分散体系理论在制剂学中的应用.北京：北京医科大学出版社，
1999.

[70] 宋健，陈磊，李效军.微胶囊化技术及应用.北京：化学工业出版社，2001.

[71] 徐宝财，郑福平.日用化学品与原材料分析手册.北京：化学工业出版社，2002.

[72] 李和健.Cu-BTC 及其衍生物在苯甲醇选择氧化反应中的催化活性分子催化，2017.

[73] 柳魏，师同顾，安庆大.四（对一癸酰氧基）苯基卟啉过渡金属配合物的合成及红外光声光谱解析.高等学校化学学报.2001.

[74] 王美淞，邹培培，黄艳丽，et al.高活性、可循环的 Pt-Cu@3D 石墨烯复合催化剂的制备和催化性能.物理化学学报，2017.

[75] 侯红江，陈复生，可生物降解材料降解性的研究进展.塑料科技，2009.

[76] 谢凯，陈一民.聚酯型生物降解性高分子材料的现状及展望.材料导报，1998.

[77] 张富新，赵丰丽.生物降解材料的研究进展.信阳师范学院学报（自然科学版），2002.

[78] 陈朝吉基于二氧化钛的纳米复合电极材料的设计合成及其电化学储锂/钠特性研究《华中科技大学》2015.

[79] 王延平，孙新波，赵德智.微乳液的结构及应用进展.辽宁化工，2004.

[80] 相宝荣.精细化工的深加工产品—气雾剂.化工商品科技情报，1997.

[81] 张廷山等.微生物降解稠油及提高采收率实验研究.石油学报，2001.

[82] 尹华等.假单胞菌 XD—1 的产表面活性剂性能研究.环境科学学报，2005.

[83] 冷凯良等.微生物对石油烃降解代谢产物的分析方法研究.海洋水产研究，2001.

[84] 秦会敏，郦和生.绿色水处理剂聚环氧琥珀酸的研究进展.石化技术，2003.

[85] 童忠良.50/a 纳米 TiO₂ 工业化生产工艺的研究.《浙江化工》2003.

[86] 李冬，董鸿志，张利辉，等.聚合物阻垢剂研究进展日.河北省科学院学报，2005.

[87] 廖江芬，张波，袁良财，等.我国水处理剂的研究现状.化工生产与技术，2005.

[88] 陈际帆.环保型缓蚀阻垢剂的现状和发展.甘肃科技，2005.

[89] 黄洪周，周怡平，姚增硕.我国表面活性剂工业发展展望.精细石油化工，2000.

[90] 黄惠琴.表面活性剂的应用与发展趋势。现代化工，2001.

[91] 李大庆.浅谈我国表面活性剂工业的发展.辽宁省交通高等专科学校学报，2001.

[92] 朱步瑶.表面活性剂复配规律.日用化学工业，1988.

[93] 陈振东.表面活性剂的协同效应.表面活性剂工业，1990.

[94] 方云，夏咏梅.两性表面活性剂：（三）两性表面活性剂与其他表面活性剂的相互作用.日用化学工业，2000.

[95] 杨锦宗，张淑芬.表面活性剂的复配及其工业应用.日用化学工业.1999.

[96] 张雪勤，蔡怡，杨亚江.两性离子/阴离子表面活性剂复配体系协同作用的研究.胶体与聚合物，2002.

[97] 裘炳毅.乳化作用及其在化妆品工业的应用.日用化学工业，1999.

[98] 王正平，马晓晶，陈兴娟.微乳液的制备及应用.化学工程师，2004.

[99] 慕立义.植物化学保护研究方法.北京：中国农业出版社，1994.

[100] 颜红侠，张秋禹.日用化学品制造原理与技术.北京：化学工业出版社，2004.

[101] 孙绍曾.新编实用日用化学品制造技术.北京：化学工业出版社，1996.

[102] 陈卫丰，完全生物降解聚乳酸共混复合材料的研究进展.高分子材料科学与工程，2011.

[103] 杨福廷.脂肽类生物表面活性剂研究进展.精细化工，2006.

[104] 黄洪周，周怡平，姚增硕.我国表面活性剂工业发展展望.精细石油化工，2000.

[105] 吕应年，杨世忠，牟伯中.脂肽类生物表面活性剂的研究进展.生物技术通报，2004.

[106] 高学文，姚仕义，Huong Pham 等.枯草芽孢杆菌 B_2 菌株产生的表面活性素变异的纯化和鉴定.微生物学报，2003.

[107] 胡南.液晶分子超声模板法制备平行束状纳米 ZnO 晶须.精细化工，2004.

[108] 徐晓东.绿色水处理剂的研究及应用进展.石油化工腐蚀与防护，2001.

[109] 韩晶，张小燕，余中.我国水处理剂的研究与应用现状展望.精细石油化工，2001.

[110] 何慧琴，童仕唐.水处理中絮凝剂的研究进展.应用化工，2003.

[111] 王云斐.Gemini 型表面活性剂的合成进展.精细化工，2004.

[112] 范歆，方云.双亲油基—双亲水基型表面活性剂.日用化学工业，2000.

[113] 付冀峰，杨建新.二聚表面活性剂的制备、性质与应用.精细化工，2001.

[114] 陈海群.二聚阳表面活性剂改性蒙脱土的制备和表征.精细化工，2004.

[115] 徐群.含酯基不对称双季铵盐表面活性剂的合成.精细化工，2004.

[116] 陈胜慧.季铵盐类表面活性剂的生物降解性与其结构的关系.化工学报，2003.

[117] 钟振声，杨兆禧，匡科.阳离子咪唑啉表面活性剂的合成.精细化工，2000.

[118] 李伟年.脂肪酸甲酯磺酸盐工业的原料及其经济性.日用化学品科学，2007.

[119] 王军，葛虹，邹文苑.两性表面活性剂的合成路线概述.日用化学工业，2005.

[120] 兰云军，邹祥龙，谷雪贤.磷酸酯两性表面活性剂的合成及应用.中国皮革，2003.

[121] 孟庆茹.脂肪醇醚硫酸盐（AES）的生产与市场分析.精细与专用化学品，2004.

[122] 吕会田，陈存社.磷酸盐型表面活性剂概述.日用化学工业，2005.

[123] 严群芳.非离子表面活性剂的性质及应用.贵州化工，2005.

[124] 时憧宇，苏毅.绿色表面活性剂烷基多苷的合成方法评述.化学研究，2005.

[125] 秦勇，纪俊玲，汪媛等.烷基酚聚氧乙烯醚的分离与分析.日用化学品科学，2008.

[126] 赵勇.烷基酚聚氧乙烯醚的合成工艺及新进展.化工进展，1999.

[127] 邓金环，严挺，蔡再生.绿色表面活性剂烷基多苷的合成研究.印染助剂，2006.

[128] 张昌辉，谢瑜.烷基酚聚氧乙烯醚的安全性问题.日用化学品科学，2007.

[129] [美] R.C.奥汉德利.现代磁性材料原理和应用.北京：化学工业出版社，2002.

[130] 黄惠琴.表面活性剂的应用与发展趋势.现代化工，2001

[131] 严瑞，我国水处理剂的现状及发展战略.现代化工，1999.

[132] 辛焰，陈武.共聚物类阻垢剂的研制进展.工业水处理，2000.

[133] 殷德宏，王金渠，张雄福.PBTCA 合成与结构研究.大连理工大学学报，2001.

[134] 殷德宏，新低磷系列水质稳定剂—磷酸基羟乙酸的研究.大连理工大学学报，2000.

[135] 何焕杰.磷酰基羧酸共聚物阻垢分散剂的研究进展.工业水处理，2003.

[136] 方莉，谭天伟.聚天门冬氨酸的合成研究.化学反应工程与工艺，2003.

[137] 倪震宇.我国氟化工产业发展回顾与展望.有机氟工业，2008.

[138] 梁诚.含氟精细化工热点分析.有机硅氟资讯，2005.

[139] 程铸生.精细化学品化学.上海：华东理工大学出版社，1996.

[140] 刘德峥.精细化工生产工艺学.北京：化学工业出版社，2000.

[141] 叶文玉.水处理化学品.北京：化学工业出版社，2002.

[142] 闫鹏飞，郝文辉，高婷.精细化学品化学.北京：化学工业出版社，2004.

[143] 高辉庆，贺涛.绿色缓蚀阻垢剂的研究进展.精细与专用化学品，2006.

[144] 钱伯章.世界水处理化学品市场和行业并购态势.中国给水排水，2006.

[145] 王学川，安华瑞.两性磷酸酯的合成及其在皮革加脂中的应用.皮革化工，2004.

[146] 金谷.表面活性剂化学.合肥：中国科学技术大学出版社，2008.

[147] 李奠础.表面活性剂性能及应用.北京：科学出版社，2008.

[148] 程侣柏.精细化工产品的合成及应用.大连：大连理工大学出版社，2002.

[149] 郑延成，韩冬，杨普华.磺酸盐表面活性剂研究进展.精细化工，2005.

[150] 沈一丁.精细化工导论.北京：中国轻工业出版社，1998.

[151] 张光华，徐晓凤.水处理化学品的现状与发展.工业水处理，2005.

[152] 刘军.特种表面活性剂.北京：中国纺织工业出版社，2007.

[153] 何路明.仲烷基磺酸钠 SAS 生产概况及今后发展建议.精细与专用化学品，
1998.

[154] 罗涛.烷基苯 SO_3 磺化工艺改进.精细化工中间体，2004.

[155] 黄恩慧.烯烃磺酸盐（AOS）的性质及生产现状分析.精细与专用化学品，2006.

[156] 穆环珍，刘晨.木质素的化学改性方法及其应用.农业环境科学学报，2006.

[157] 彭亚勤.聚苯乙烯型离子交换树脂的研究进展.广州化学，2008.

[158] 钱庭宝.离子交换剂应用技术.天津：天津科学技术出版社，1984.

[159] 李凤起，木质素表面活性剂及木质素磺酸盐的化学改性方法.精细石油化工，
2001.

[160] 姜炜.李凤生.影响十二烷基多糖苷的合成因素研究.精细化工中间体，2004.

[161] 查敏.丁运生.Gemini 型表面活性剂的研究与应用进展.日用化学品科学，2008.

[162] 赵剑曦.Gemini 表面活性剂的研究与发展方向.精细与专用化学品，2008.

[163] 李乾.脂肪酸甲酯磺酸盐的发展现状.日用化学品科学，2008.

[164] 罗毅.我国醇系表面活性剂的现状及发展前景.日用化学品科学，2012.

[165] 王娜娜，于军胜，林慧.柔性有机电致发光器件导电基板的工艺性能.光学学

报.2008.

[166] 刘殿凯，童忠东.塑料弹性材料与加工.北京：化学工业出版社，2013.

[167] 鲁婷婷.手性 A 形体富集 Beta 分子筛的合成.CNKI：CDMD：1.1018.217836.

[168] 方国冶，藤一峰.FRTP 复合材料成型及应用.北京：化学工业出版社，2017.

[169] 陈妮娜.功能高分子膜的制备及其在电合成中的应用.福建师范大学.2008.

[170] 仵亚妮.相转移催化剂用于异戊基黄原酸盐台成工艺的研究.能源化工，2019.

[171] 童忠良.三元聚合纳米氟硅互穿网络的合成及防震新型砼体表面结构防护涂料的开发与研究（Ⅱ）.现代涂料与涂装，2006.

[172] Fujimoto K.Stud Surf. Sci Catal.，1994，81，73.

[173] Centi G，Perathoner S. Catalysis Today.，2003，77，287.

[174] Sekthivel A，Papurkar S E. Microporous & Meseporous Merarials.，2001，65.177.

[175] Centi G，Perathoner S. Catalysis Today.，2003，77，287.

[176] Sekthivel A，Papurkar S E. Microporous & Meseporous Merarials.，2001，65.177.

[177] From energysaving materials to gene delivery carriers. Journal of Bioscience and Bioengineering，2002.

[178]　Grishchenkov V G，Townsend R T，Mcdonald T J，et al，Degradation of petroleum hydrocarbons by facultative anaerobic bacteria under aerobic and anaerobic conditions. Process Biochemistry，2000.

[179] Hozumi T，Hiroaki T，Kono M，et al.Bioremediation on the shore after an oil spill from the Nakhodka in the sea of Japan.I.Chemistry and characteristics of heavy oil loaded on the Nakhodka and biodegradation tests by a bioremediation agent with microbiological cultures in the laboratory. Marine Pollution Bulletin，2000.

[180] Hua Z Z，Chen J，Lun S Y，et al.Influence of biosurfactants produced by candida antarctica on surface properties of microorganism and biodegradation of n-alkanes. Water Research，2003.

[181] Bereasandstone.JournalOfCollbidandInterfaceScience，2004.

[182] Banat I M，Rahman K S M，Thahira R J，et al.Bioremediation of hydrocarbon

pollution using biosurfactant producing oil degrading bacteria. Water Studies Series, 2003.

[183] Zhongkui Zhao, Fei Liu, Weihong Qiao, et al.Novel alkyl methylnaphthalene sulfonatesurfactants: AgoodcandidateforenhancedOilrecovery. Fuel, 2006.

[184] R Farajzadeh, R Krastev, P L J Zitha.Foam films stabilized with alpha olefin sulfonate (AOS). Colloids and Surfaces A: Physicochemical and Engineering Aspects, 2008.

[185] LifeiChe, HuaqingXie, YangLi, etal. Applications Of cationicgeminisurfactantin preparing multi—walled carbon nanotube contained nanofluids. Colloids and Surfaces A: Physicochemical and Engineering Aspects, 2008.

[186] Cutler W G, Kissa E.Dtergents and Textile Wmn&New York: Marcel Dekker, 1987.